国家自然科学基金重点项目
"生态系统服务与区域社会福祉耦合机制研究：基于地理学综合分析的途径"（41130534）成果

生态系统服务地理学

The Geography of Ecosystem Services

李双成 等 / 编著

科学出版社
北　京

内 容 简 介

本书首先界定了生态系统服务地理学的学科内涵、研究范畴和研究议题，阐述了生态系统服务的分类与分区、空间结构、流动和尺度效应，论述了生态系统服务与气候变化、土地利用/土地覆被变化的关系，并用国外案例对生态系统服务空间制图过程与可视化方法进行了解释。其次，建构了北京市社会经济系统的可计算一般均衡化模型，模拟了生态系统服务与区域人类福祉耦合关系。通过制定不同的政策情境，对京津冀地区的多种生态系统服务进行了权衡与协同分析，并提出了相应的管理对策。在总结国内外实践案例的基础上，对生态系统服务付费的理论及应用途径进行了归纳。最后，介绍了两种生态系统服务研究常用的模型与工具。

本书适合地理学、生态学、环境科学和经济学等专业的科研和教学人员阅读，可作为高等院校和科研院所相关专业的教材或教学参考书。

图书在版编目（CIP）数据

生态系统服务地理学 / 李双成等编著. —北京：科学出版社，2014.5
ISBN 978-7-03-040532-6

Ⅰ. 生… Ⅱ. 李… Ⅲ. 生态地理学–研究 Ⅳ. Q15

中国版本图书馆 CIP 数据核字（2014）第 088746 号

责任编辑：李 敏 王 倩 / 责任校对：钟 洋
责任印制：吴兆东 / 封面设计：李姗姗

科学出版社 出版
北京东黄城根北街 16 号
邮政编码：100717
http://www.sciencep.com

涿州市般润文化传播有限公司 印刷
科学出版社发行 各地新华书店经销

*

2014 年 5 月第 一 版　开本：787×1092 1/16
2023 年 8 月第七次印刷　印张：23 1/2 插页：2
字数：600 000

定价：148.00 元
（如有印装质量问题，我社负责调换）

《生态系统服务地理学》
编写组成员

组长 李双成

成员 （以姓氏笔画为序）

马　程　王　阳　王　珏　朱文博　刘金龙

李晓静　李　琰　张　津　高　阳

前　言

目前，生态系统服务已成为生态学、地理学、环境科学和经济学等学科的研究热点，国内外已有大量的研究成果面世。回顾研究历程，可以发现，生态系统服务研究已经超越单纯的价值评估和资产核算阶段，朝着深度解析生态系统服务与社会经济系统耦合关系方向演进。由于这种耦合关系跨越自然科学和社会科学两大领域，且具有空间异质性、动态演进性和尺度依存性等非线性特征，倚重单一的学科难以达到研究目标，因而构建多学科或跨学科的生态系统服务科学研究体系势在必行。在此过程中，兼具综合性和区域性特质且具有"3S"[遥感（RS）、地理信息系统（GIS）、全球定位系统（GPS）]信息获取与空间分析利器的地理学必将发挥重要作用。

尽管作者较早地意识到地理学应当且能够在生态系统服务研究中起到关键作用，并在20世纪末参加郑度院士作为首席科学家的国家重点基础研究发展计划（973计划）"青藏高原形成演化及其环境、资源效应"时有过一定的探索和尝试，但认知过于肤浅，成果寥寥。近年来生态系统服务研究的转向，尤其是生态系统服务研究级联框架的建立，给地理学深度参与其中带来了上佳的机遇，地理学的绝大多数分支学科都可以在其中谋得适当的研究位置和议题。传统上，地理学将人地关系及其地域系统作为研究核心，然而不将抽象的人地关系具象化，研究过程便无处着力，成果自然难以令人满意。我们认为，生态系统服务与人类福祉耦合关系恰可成为人地关系具象化的表征物。因为生态系统服务作为自然提供给人类的效能和福利，直接关系到人类社会的生存与发展；反过来，人类通过各种活动对生态系统服务的类型、数量和质量产生影响。重要的是，生态系统服务与人类福祉的双向作用过程可以定量测度和模拟，这就把抽象的人地关系转换成实实在在的研究命题。定量化的生态系统服务成为人地关系具象化的表征物，仍有较大的探索空间，相信将会有越来越多的地理学者认识到这一点。

基于上述认识，近年来笔者极力倡导加大从地理学途径研究生态系统服务的力度，并多次撰文阐述这一观点。2011年，我们荣幸地获得了国家自然科学基金重点项目"生态系统服务与区域社会福祉耦合机制研究：基于地理学综合分析的途径"（41130534）的资助，这使我们更有条件来推进生态系统服务研究的地理化进程。如今，奉献给读者的拙作——《生态系统服务地理学》，便是基金项目执行两年多来这方面工作的总结。

首先，本书界定了生态系统服务地理学的学科内涵、研究范畴和研究议题，分别论述了生态系统服务的分类与分区、空间结构、流动和尺度效应，分析了生态系统服务与气候变化、土地利用/土地覆被变化的关系，并用国外案例对生态系统服务空间制图过程与可视化方法进行了阐述；其次，在生态系统服务与人类社会关系方面，用CGE模型模拟了生态系统服务与区域人类福祉耦合关系，通过制定不同情境，进行了生态系统服务的时空权衡分析，提出了相应的管理对策，使用国内外的实践案例，对生态系统服务付费的理论及应用途径进行了总结；最后，介绍了目前常用的生态系统服务研究的模型与工具。本书凝结了众多人的智慧和辛劳。全书由各位作者分头编写，李双成统稿。在确定初稿提纲和组织写作过程中，赵志强做出了较大贡献，刘娅在文字校对和参考文献编排方面付出了许多心血，谨表谢忱！

各章内容及完成者如下：

第一章　绪论：李双成

第二章　生态系统服务分类与分区：马程、李琰

第三章　生态系统服务空间结构、流动和尺度效应：王珏、李双成

第四章　土地利用/土地覆被变化与生态系统服务：李晓静、李双成

第五章　气候变化与生态系统服务：李琰

第六章　生态系统服务的时空权衡与管理政策：刘金龙

第七章　生态系统服务与区域人类福祉耦合关系：高阳

第八章　生态系统服务付费：理论与案例：朱文博

第九章　生态系统服务制图与可视化：王阳

第十章　生态系统服务模拟模型与工具：张津、刘金龙

本书是从地理学视角研究生态系统服务的一次尝试。在编写过程中，引用了国外一些学者的研究成果，在书中已做标注。对这些学者的杰出工作，致以崇高的敬意。由于书中的一些内容具有很强的探索性，故难免有不妥甚至谬误，祈望读者不吝珠玉，慷慨赐教。

李双成

2014 年 3 月于北大燕园

目 录

第一章 绪论 ... 1
- 第一节 生态系统服务研究的历史过程及趋势 ... 1
- 第二节 生态系统服务地理学出现的科学背景与社会需求 ... 12
- 第三节 生态系统服务地理学的学科界定 ... 15

第二章 生态系统服务分类与分区 ... 26
- 第一节 主要的生态系统服务分类方案 ... 26
- 第二节 基于人类福祉视角的生态系统服务分类方案 ... 39
- 第三节 地理学视角的生态系统服务分类设想 ... 42
- 第四节 生态系统服务的地域分异特性 ... 44
- 第五节 生态系统服务分区的技术与方法 ... 49
- 第六节 案例：京津冀地区生态系统服务分区 ... 57

第三章 生态系统服务空间结构、流动和尺度效应 ... 64
- 第一节 生态系统服务的空间结构 ... 64
- 第二节 生态系统服务的空间流动与测度 ... 78
- 第三节 生态系统服务尺度特征及其推绎方法 ... 95

第四章 土地利用/土地覆被变化与生态系统服务 ... 115
- 第一节 土地利用/土地覆被变化与生态系统服务的关联 ... 115
- 第二节 LUCC 对生态系统服务脆弱性的影响 ... 139

第五章 气候变化与生态系统服务 ... 148
- 第一节 气候因素与生态系统服务的关系 ... 148
- 第二节 气候变化情景下生态系统服务的动态 ... 161
- 第三节 气候变化下生态系统服务管理的适应对策 ... 166

第六章 生态系统服务的时空权衡与管理政策 ... 172
- 第一节 生态系统服务的空间权衡及其原因 ... 172
- 第二节 生态系统服务时空权衡的测度与表达 ... 179

第七章 生态系统服务与区域人类福祉耦合关系 ... 200
- 第一节 基于人类福祉的生态系统服务概念框架 ... 200
- 第二节 生态系统服务对人类福祉的影响 ... 205
- 第三节 基于 CGE 模型的生态系统服务与区域人类福祉耦合关系模拟 ... 212

第八章 生态系统服务付费：理论与案例 ... 236
- 第一节 生态系统服务付费的概念与理论 ... 236
- 第二节 生态系统服务付费项目的属性特征 ... 241
- 第三节 生态系统服务评估与付费标准量化 ... 249
- 第四节 生态系统服务付费效率的诊断框架及案例 ... 259

第九章　生态系统服务制图与可视化 ··· 267
　　第一节　生态系统服务制图的研究进展 ··· 267
　　第二节　生态系统服务制图规范 ··· 275
　　第三节　制图案例——西南昆士兰地区的生态系统服务制图 ················· 281
第十章　生态系统服务模拟模型与工具 ··· 295
　　第一节　生态系统服务研究中的模型与方法 ····································· 295
　　第二节　InVEST 模型 ··· 299
　　第三节　ARIES：一种生态系统服务建模方法 ··································· 313
参考文献 ··· 325
有关生态系统服务研究的几个问题 ··· 364

第一章 绪　　论

第一节　生态系统服务研究的历史过程及趋势

一、生态系统服务及其研究的重要性

生态系统服务是指生态系统所形成和维持的人类赖以生存和发展的环境条件与效用（Daily，1997），为人类直接或间接从生态系统得到的所有收益（Costanza et al.，1997）。生态系统的能流、物流和信息流等生态过程产生的生态系统功能是生态系统服务的基本来源，而人类不同层次的需求则是生态系统服务形成的基本驱动力。以生态系统服务为主体构成的自然资本对人类社会福祉产生重要影响，其效能既包括为人类生存与发展提供所需的食物、淡水和生产生活原材料等基础服务，也包括愉悦人类精神文化层面的高级服务，更包括维系地球系统正常演进的环境支撑服务。因而，生态系统服务是人类赖以生存和发展的资源与环境基础（傅伯杰等，2009）。

随着人类社会对自然生态系统控制力的不断提高，为满足不断增长的物质和精神需求，人类对生态系统的直接和间接作用显著增加，表现为对生态系统类型的广泛替代或转换，对生态系统结构与功能的强烈干预，对生态系统服务的过度消费等。据千年生态系统评估结果（MA，2003），地球自然生态系统每年提供价值约15万亿英镑的产品，如新鲜的水、清洁的空气和鱼等，但是人类活动破坏了大约2/3提供上述产品的生态系统，包括湿地、森林、园地、河流和海岸等。目前，地球上24个生态系统中的15个正在持续恶化。大约60%的人类赖以生存的生态系统服务持续下降，如饮用水供应、渔业、区域性气候调节以及自然灾害和病虫害控制等，并且这种退化趋势在21世纪上半叶可能会更加恶化。生态系统服务的退化不仅危及当代人类社会的福祉，而且将极大地削减人类后代从生态系统所获取的利益。在全球气候变化和人类活动的双重作用下，生态系统功能的下降和退化，将引起人类生存环境无可挽回的逆转（Vitousek et al.，1997）。

从科学发展角度分析，过度消费生态系统服务，引起生态系统功能下降、生境恶化的原因是多方面的。从环境伦理学看来，是人类的价值观出现了偏差；从经济学角度看，是生态系统服务的外部性无法限制人类的无节制利用行为；从生态学角度看，是生态系统结构—功能—服务之间的内在机制与联系没有厘清；从地理学角度讲，是生态服务功能的承载力及其时空格局与区域社会经济没有得到优化配置所致。社会需求极大地刺激了科学研究，生态系统服务研究已成为国际生态学和相关学科研究的前沿和热点（傅伯杰等，2009；李文华等，2008，2009）。千年生态系统评估（MA）更是提出：生态系统和生态系统服务与人类福祉关系的研究将成为现阶段生态学研究的核心内容，并引领21世纪生态

学发展的新方向（MA，2003）。2006年英国科学家和决策者把100个生态问题分成14个主题，其中第一个主题就是生态系统服务（Sutherland et al.，2006）。在随后确定的有关保护全球生物多样性的100个重要问题中，同样把生态系统服务议题列在首位（Sutherland et al.，2006）。这说明了生态系统服务科学研究的极端重要性。

二、生态系统服务研究的历史过程

对于生态系统给人类提供服务的认知最早可以追溯到公元前400年的柏拉图（Plato，约公元前427~前347）。他认为地球系统是一个巨大的活生物体，森林砍伐可以导致土壤侵蚀和春季干旱。一般认为，现代生态系统服务的理念来自于马什（Marsh），他在1864年出版的《人与自然》（Man and Nature）一书中，通过大量资料和数据对欧洲和美国自然环境的过去与现状进行了比较分析，指出农业生产将会导致湿地和森林面积减少、物种灭绝、沙漠化加剧以及气候变化。他认为，人类如果不改变把地球当作消费对象的观念，那么地球将会被毁灭，人类文明亦将不复存在。然而，他对人类活动及其效应的劝诫与警示，并没有引起当时社会的重视。究其原因，一方面是当时人类活动给自然生态系统带来的负面效应还没有大规模、高强度出现，人类还没有检视自身行为的紧迫感；另一方面，当时的科学认知水平对于自然环境的功能还不能有更加全面的认识和评价。到了20世纪40年代末，西方国家的环境问题集中爆发，环境保护运动兴起，对于自然环境作用的认识和评价起到了积极的推动作用。

自从1869年赫克尔（Haeckel，1834~1919）创建生态学以来，生态科学得到迅速发展。尤其是1935年坦斯黎（Tansley，1871~1955）提出"生态系统"概念后，这一术语逐渐被生态学及其相关科学的科学家共同体所接受，并应用到自身的研究领域中。Fairfield Osborn强调了生态系统及其生境条件尤其是水、土壤、植物与动物对人类文明续存的作用（Osborn，1948）。Vogt首先提出"自然资本"的概念（Vogt，1948），他指出，若耗竭自然资源资本，就会降低美国偿债能力。利奥波德（Aldo Leopold，1887~1948）在《沙乡年鉴》中指出，土壤"不仅仅是由沙石、淤泥和泥土构成的，它是活的生命系统，起着多种作用：它是过滤器和缓冲器，它能分隔水域，储存并释放碳，它能加速氮和其他养分的形成，它是多种生命生存之地"（Leopold，1949）。利奥波德还认为，只以物种的经济价值为衡量标准而忽视自然整体价值的保护是无意义的，真正意义上的生态保护应该建立在大地的稳定性、多样性及复杂性的基础上，"必须首先作为一种对大地共同体的义务而得到激发，而不是一种获得利润的手段（Leopold，1949）"。在这一时期，Sears则对生态系统消解废弃物和养分循环等功能予以关注（Sears，1956）。

与生态系统服务相近的"环境服务功能"概念首先由关键环境问题研究组（Study of Critical Environmental Problems，SCEP）提出。1970年，该研究项目在报告 Man's Impact on the Global Environment 中首次使用"Service"一词（SCEP，1970），书中列举的"环境服务"功能包括害虫控制、昆虫传粉、渔业、土壤形成、水土保持、气候调节、洪水控制、物质循环与大气组成等方面。实际上，20世纪60年代，King和Helliwell分别在其著作 Wildlife and Man（King，1966）和 Valuation of Wildlife Resources（Helliwell，1969）中就都提到了"野生生物的服务"(wildlife service)。Holdren 和 Ehrlich 分析了生态系统在土壤肥力与基因库维持中的作用,并讨论了生物多样性丧失对生态系统功能的影响(Holdren and Ehrlich,1974)。经过多位学者的发展和补充,P. R. Ehrlich 和 A. Ehrlich(1981)正式将生态系统对于人类社会的影响及其效能确定为"生态系统服务"(ecosystem services)。

在科学研究上,真正具有生态系统服务研究里程碑意义的当属 Daily(1997)和 Costanza 等(1997)的工作。Daily 1997 年在 *Nature's Services: Societal Dependence on Natural Ecosystems* 一书中,系统介绍了生态系统服务的概念、研究历史、价值评估以及不同生态系统类型和区域的服务功能等内容,并将生态系统服务定义为:生态系统及其生态过程所形成与维持的人类赖以生存的环境条件与效用。主要包括:生态系统的产品生产、气候气象的调节和稳定、生物多样性的产生和维持、旱涝灾害的减缓、废弃物的解毒与分解、土壤的保持及其肥力的更新、农作物和自然植被的授粉及其种子的传播、空气和水的净化、病虫害爆发的控制、物质循环的保持、人类文化的发育与演化、人类感官心理和精神的益处等方面(Daily,1997)。1997 年,Costanza 等在 Nature 发表的 *The value of the world's ecosystem services and natural capital* 一文是生态系统服务价值评估的圭臬之作。他们将生态系统服务定义为人类直接或间接从生态系统得到的所有收益,包括生态系统所提供的商品和服务,可细分为气体调节、气候调节、干扰调节、水调节、水供应、侵蚀控制和沉积保存、土壤形成、营养循环、废物处理、授粉、生物控制、庇护、食物生产、原料、遗传资源、娱乐、文化等,并根据多种价值评估方法,核算出全球生态系统服务年度价值为 16 万亿~54 万亿美元,平均价值为 33 万亿美元,相当于同期全世界国民生产总值(GNP)约 18 万亿美元的 1.8 倍。其中,海洋生态系统服务价值约占 63%(20.9 万亿美元),陆地生态系统服务价值约占 37%(Costanza et al.,1997)。在 ISI Web of Knowledge 中以"ecosystem services"作为关键词检索,2013 年 1~5 月(截止到 5 月 10 日)共检索到 402 篇文献。其中,参考文献中引用 Costanza 等 1997 年 Nature 这篇文献的计有 51 篇,占 12.7%,名列第一位;引用 Daily 1997 年著作的共计 18 篇,占 4.5%,名列第三位。由此可以说明,这两篇文献在生态系统服务研究中占有重要地位。

2001~2005 年实施的 MA 计划,把生态系统服务研究推向了高潮。MA 对生态系统服务功能的定义是:"人类从生态系统获得的效益。"其中,包括供给功能、调节功能、文化功能以及支持功能。供给功能是指生态系统为人类提供各种产品如食物、燃料、纤维、洁净水,以及生物遗传资源等的效益;调节功能是指生态系统为人类提供诸如维持空气质量、调节气候、控制侵蚀、控制人类疾病,以及净化水源等调节性效益;文化功能是指通过丰富精神生活、发展认知、休闲娱乐,以及美学欣赏等方式而使人类从生态系统获得的非物质效益;支持功能是指生态系统生产和支撑其他服务功能的基础功能,如初级生产、制造氧气和形成土壤等。MA 认为,生物多样性和生态系统具有内在价值,人类在进行与生态系统有关的决策时,既要考虑人类福祉,同时也要考虑生态系统的内在价值;在人类与生态系统之间存在一种动态的相互作用,人类的变化状况直接或间接影响着生态系统的变化,同时生态系统的变化又引起人类福祉的变化。MA 尤其关注生态系统服务与人类福祉之间的联系。在 MA 的概念框架中,人类福祉是评估的核心内容。MA 的工作主要回答:①生态系统服务的变化是怎样影响人类福祉的?②在未来数十年中,生态系统的变化可能给人类带来什么影响？③人类在区域、国家和全球尺度上采取什么样的对策才能改善生态系统的管理从而提高人类的福利和消除贫困？通过回答上述问题，旨在综合评估生态系统变化对人类福祉的影响，提出加强生态系统保护以满足人类需求方面的行动对策等（MA，2003，2005）。同样，在402篇文献（检索条件与上文相同）中，引用2005年MA著作的共计29篇，占7.2%，居第二位，这也说明MA对于生态系统服务研究工作的影响力。

三、生态系统服务研究进展

1997年Daily和Costanza的研究成果发表后，国内外出现了生态系统服务研究的热潮，有大量的文章和研究报告面世（图1-1）。总结和评述在这一领域十多年研究所取得的成果，对于指引未来的发展方向具有重要意义。

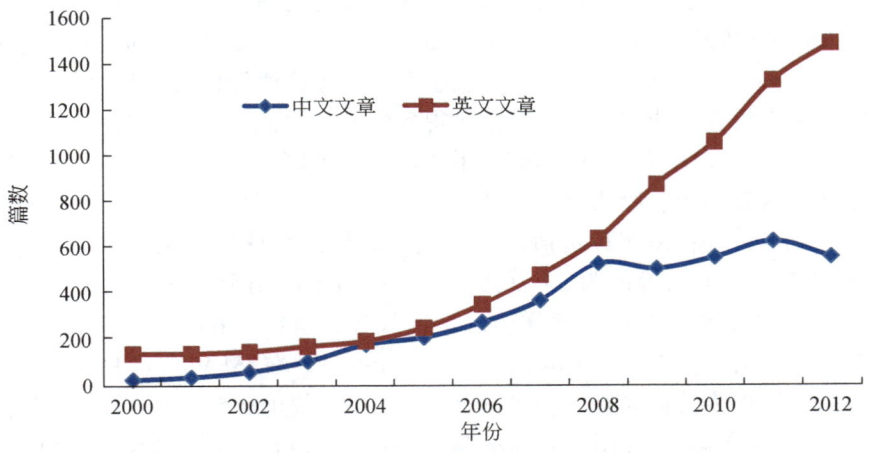

图1-1 2000~2012年国内外生态系统服务研究发展趋势

中文文章以"生态系统服务"作为关键词在CNKI检索，英文文章以"ecosystem services"作为关键词在Web of Knowledge检索。时间段：2000.01.01~2012.12.31

（一）国外研究现状和最新进展

1. 生态系统服务的分类

生态系统服务分类是价值评估及其应用的基础。早期权威的分类系统是由Daily（1997）和Costanza等（1997）完成的，前者将生态系统服务归为13类，而后者则分为17类。这些分类系统成为20世纪末21世纪初生态系统服务价值评估的重要依据。目前，应用最为广泛的是千年生态系统评估（MA，2003）提出的，将生态系统服务分为供给、调节、文化和支持服务四类。目前，对于生态系统服务的分类仍然有不同的看法。Wallace（2007）认为，由于对一些关键概念如生态系统过程、功能和服务界定不清，现有的分类系统将实现服务的过程（途径和手段）与服务本身（终极目标）混合在一起，限制了它们的应用范围。据此，他提出了一个用于自然资源管理的分类系统，在这个系统中，生态服务功能被分为以下几类，即充足的资源，良好的物理和化学环境，天敌、疾病和寄生虫的防护，以及社会文化满足与实现。响应 Wallace 的提法，Fisher 和 Turner（2008）提出以中间服务、终点服务和收益来建构起联结生态系统服务和人类福祉联系的概念框架。Costanza（2008）提出了辩护性解释，并给出了 Wallace 系统没有包容的两个分类系统，即依据空间特征的分类和依据排他性和竞争性的分类，前者将生态系统服务分为 5 类，包括全球非空间位置依存的服务、局部空间位置依存的服务、与方向相关的服务流、原位的服务、与用户迁移有关的服务，后者则依据排他性/非排他性和竞争性/非竞争性两维矩阵将生态系统服务归为 4 类。最近，欧洲环境署（European Environment Agency，EEA）提出了一个满足人类福祉的国际生态系统服务分类方案（Common International Classification of Ecosystem Services，CICES），将生态系统服务分为供给服务、调节与维持服务、文化服务三大类（Haines-Young and Potschin，2013）。事实上，由于生态系统结构复杂性和功能的多样性，很难找到一个普适的生态系统服务分类方案，但一个较好的方案应当包括生态系统功能和服务特征，同时又便于决策使用（Fisher et al.，2009）。

2. 生态系统服务之间的相互作用与联系

从供需双方来分析，除了人类的选择偏好外，生态系统服务类型及其驱动因素的多样性也是权衡形成的原因。生态系统对人类社会福祉提供的服务是多重的，并且各种服务之间相互作用相互联系。在管理生态系统服务时最大的挑战在于它们相互交织在一起，并且相互作用的关系是高度非线性的（Farber et al.，2002；Van Jaarsveld et al.，2005）。加强对生态系统功能非线性的理解和定量化水平的提升，将能提供更实际的生态服务价值评估，改善基于生态系统的管理实践（Barbier et al.，2008）。因此，近来的研究提倡关注对生态系统服务的多重和非线性关系背后的理论解释（Bennett et al.，2009；Carpenter et al.，2009）。对于一些特定的生态系统，已经发现了生态系统服务之间的一些相互关联。例如，通过 400000 km² 的森林调查，发现了云杉、松树、桦木、山杨、栎树以及山毛榉等树种丰富度与生物量、碳储存、林果生产以及狩猎产品等之间存在正的相关关系。但是，没有一个单一的树种能够维系这些生态系统服务之间的关系，而且生态系统服务之间存在着权衡，如生物量与枯立木、林果生产和狩猎之间（Gamfeldt et al.，2013）。然而，对于生态系统功能和服务之间关系的理解，仍然相当模糊。因此，尚不清楚权衡的时间和数量以及它们之间的相互作用，同样对引起这些问题的机制，如何将权衡的成本最小化，如何加强协同效应等方面缺乏认识。

在研究方法方面，Bennett 和 Balvanera 提出了一个依据不同生态系统服务之间驱动力和相互作用的分类体系，目的在于更好地理解多重生态系统服务之间的联系以及这些联系背后的机制（Bennett and Balvanera，2007）。研究发现几个独立的特征可同时影响多重服务传递，而单一服务常常依赖于多重特征，由此产生了特征的关联和服务的集聚。通过评述 247 个研究案例，提出使用生态系统的功能特征来评价多重生态过程和服务（De Bello et al.，2010）。目前，研究生态系统服务多重关系的关联与整体特征时常用相关和聚类分析方法，目的在于将其归并为更加简明的生态系统服务簇（Raudsepp-Hearne et al.，2010）。

3. 生态系统服务之间的权衡与协同

所谓权衡（trade-offs）是指某些类型生态系统服务的供给由于其他类型的生态系统服

务使用的增加而减少的状况。协同（synergies 或 co-benefits）是指两种或多种生态系统服务同时增强的情形。由于人口的增加和生活水平的提高，人类对生态系统服务需求不断增加。人们常常通过改造生态系统来增加其提供能力，如转换生态系统类型、减少自然生态系统面积或向生态系统投入更多的人为辅助能量等，其结果往往是牺牲一些服务来使另外一些服务的供给能力得以提高。比如，在山地农业区，开垦坡地种植农作物，粮食产量的提高是通过增大土壤侵蚀的风险取得的。按照目前趋势发展，人类对生态系统服务的需求将超过地球所能提供服务的能力。尽管供给服务有所增加，但过去 50 年大多数其他类型服务都呈现下降趋势，调节服务功能的下降速率尤其显著。生态系统功能的退化和提供服务能力的下降不仅危及当代人类社会的福祉，而且将极大地削减人类后代从生态系统所获取的利益，人类社会正面临着前所未有的挑战。

在权衡类型研究上，现在普遍认为有 3 种形式的权衡，即空间权衡、时间权衡和可逆性权衡（Rodríguez et al., 2006）。空间权衡是指区域间生态系统服务的相互消长。例如，某区域试图保持和提高一种服务的供给（如食物等），引起了另一区域很多生态系统服务的大幅下降。时间权衡是指现时的生态系统服务利用对未来造成的可能影响。例如，短期为追求经济利益增加粮食产量而使用的化肥和农药等措施，会引发土地长期的调节和支持功能间的权衡。可逆性权衡是指在可逆性恢复和不可逆性变化之间找到平衡点。另外，根据两种生态系统服务在二维坐标体系构成的曲线特征，权衡关系可以归纳为无相互关联、直接权衡、凸权衡、凹权衡、非单调凹权衡以及反 S 形权衡等（Lester et al., 2013）。

在权衡与协同的影响因素上，通常认为人们最容易感受到的是供给服务，但 Martín-López 等通过一项 3379 份的面对面问卷调查表明，个体对于与之生活密切相关的环境调节服务如空气净化等感知最深，而正规教育、环境行为和性别变量是影响人们认识生态系统提供服务能力的重要因素（Martín-López et al., 2012）。Bryan 的研究发现，市场激励政策和措施如商品市场、碳税、水总量管制与交易、生物多样性拍卖、生物质能源市场化等可通过土地利用的传导作用最终影响生态系统服务的权衡与协同（Bryan, 2013）。

在权衡的研究方法上，目前常用的主要有图形比较、情景分析及模型模拟等。其中，图形比较是通过对每一生态系统服务类型进行空间制图，然后应用 GIS 工具进行叠加等空间分析，比较其空间重合度，最终识别权衡与协同的类型及区域。例如，Chan 等通过 GIS 空间分析发现，在生物多样性保护优先地区和美国加利福尼亚州中心海岸生态区的 6 个生态服务功能供应区之间只有较弱的相关性（Chan et al., 2006）。情景分析是目前权衡与协同研究最为常见的一种方法，通过设定若干生态保护或社会经济发展优先或兼顾的情景，来分析各种生态系统服务之间的动态变化。例如，Alcamo 等通过设定 4 种不同情景进行模拟分析，表明 21 世纪不同生态系统服务之间此消彼长的关系日益加剧（Alcamo et al., 2005）。模型模拟途径是指通过机理或统计模型计算出不同生态系统服务的物理量，然后进行权衡与协同分析。例如，White 等利用一个空间详尽的权衡分析模型对美国马萨诸塞州的近海风能、商业捕鱼、鲸鱼观赏 3 个部门的生产活动的净现值和空间分布进行了分析，模型模拟的结果清晰地展示了不同部门间的权衡。通过逐步权衡的策略，得到了一个既能避免渔业和鲸鱼观赏部门收入减少，又能增加能源部门收入的规划方案（White et al., 2012）。

4. 生态系统服务的形成与影响机制

整体而言，从生态系统功能到生态系统服务的形成与转换不仅依赖于生态系统特征，而且也受到社会经济特征的影响，如个体与群体的认知、生态知识、经济发展水平以及管理实践等（Andersson et al.，2007）。然而，生态系统服务的形成机制尚不十分清楚。以生物多样性与生态系统服务关系为例，一些学者声称找到了两者关系的证据，如 Balvanera 等（2006）认为生物多样性总体上对生态系统服务有积极影响。生物多样性的损失往往意味着可以影响到生态系统的功能和服务（Hector and Bagchi，2007）。以海洋为例，生物多样性丧失，资源不断匮乏，恢复潜力、稳定性和水质呈指数降低；而恢复生物多样性能平均提高 4 倍生产力、降低 21% 的变异性（Worm et al，2006）。然而，生物多样性影响生态系统服务尚缺乏有力证据。很多情形下，两者的关系是与特定地点联系在一起的，并且结果与研究分区有关（Andersson et al.，2007）。因此，通过生物多样性管理来调控生态系统服务尚需谨慎，且难以制定一个普适的生物多样性策略（Anderson et al.，2009）。

由于生态系统服务依赖于不同空间和时间尺度上的生态与地理系统过程，因而不论是生态系统服务的供给和消费都存在着尺度效应（Kremen，2005）。研究集中在：确定生态系统过程和服务的特征尺度，即典型的空间范围和持续时段（MA，2005）；不同尺度下生态系统功能的转换；同一尺度下不同生态系统服务的相互关系；扰动情形下生态系统服务及其脆弱性的多尺度特征（Petrosillo et al.，2010）；管理措施与生态系统服务的尺度匹配等方面（Gabriel et al.，2010）。从生态系统服务的空间权衡来说，由于不同生态系统服务供给与需求在空间上不一致，生态系统服务的空间转移会导致不同层次利益相关方对服务的权衡与协同的不同认识。例如，上中下游对于河流在水源涵养、水质净化、土壤保持、灌溉、防洪、航运等方面的权衡与协同。不同尺度利益相关方对于生态系统服务需求的短期与长期利益差异，也会引起权衡与协同效应（Rodríguez et al.，2006）。

关于生态系统服务之间动态关系的特征，我们认为，生态系统服务之间非线性动态关系的形成有自然因素和人为因素两个方面的作用。即使没有人为干预，自然生态系统服务之间关系也会受到内外两方面的作用力从而发生变化，前者如气候变化、生物入侵等，后者是生态系统内在的演替过程。自然因素引起的生态系统服务之间的此消彼长，是一种竞争而非权衡关系；人类社会根据自身需求和价值伦理对生态系统施加的选择性干预引起的生态系统服务之间的动态变化，是为权衡与协同，驱动力通常包括市场化的激励措施、政策和利益相关方的偏好等（李双成等，2013）。

5. 生态系统服务评估的空间制图

为了有效管理生态系统和进行生物多样性保护，需要对生态系统服务进行空间制图，最近大量研究采用 GIS 分析测度生态因子对于一定服务功能供给的贡献（Beier et al.，2008；Nelson et al.，2009；Nemec et al.，2013）。Naidoo 等（2008）以 0.5° 的空间分辨率图示了碳汇、碳储存、草地畜牧业生产和水供应等四种全球生态系统服务的地理分布。在区域尺度上，Egoh 等（2009）对南非五种生态服务功能（地表水供给、水流调节、土壤聚积、土壤保持以及碳储存）进行了制图以评价它们之间的关系。Leh 等（2013）构建了一系列指数用于评价土地利用/覆被变化对于径流产生、碳储存、养分保持和泥沙调节等生态系统服务的影响，并图示了各项指数2005年和2009年相对于2000年的变化格局。除了对生态系统服务的供给空间表达外，服务的消费空间格局的制图需求也被逐渐认识到（Burkhard and Kroll，2010；Burkhard et al.，2012）。生态系统服务的供给与需求制图是复杂的，因为生态系统服务的供给和利用常常在不同的时空尺度上发生变化。尽管生态系统服务的"空间流动问题"已经得到认同，但如何超越"静态图"方式，考虑生态系统服务的跨尺度流动对于不同地域社会经济的影响还存在一些难题（Tallis and Polasky，2009）。

6. 生态系统服务与社会福祉的关系

理解从局部到全球尺度多个变化的驱动力作用下的生态系统服务和人类福祉动态关系，对于科学管理生态系统，实现区域可持续发展具有重要意义（Carpenter et al.，2009）。相关研究的主题集中在如何把生态系统服务应用于资源利用、生态系统管理、生物多样性保护、区域可持续发展以及减少贫困等项议题。Bryan 等（2010）使用多目标决策分析构建了多利益主体的自然资本和生态系统服务框架来确定区域环境管理的战略优先目标；Chapin III 等（2009）将人类活动和生态系统服务之间的社会-生态相互依存关系作为生态系统管理的基本导向；Mäler 等（2008）提出核算生态系统服务作为可持续发展的表征，并认为将来生态系统服务核算的策略应当将关键生态系统包含在核算框架中，尽可能建立动态评估框架和选择合适的评估技术，尽可能标准化不同生态系统评估方法。生态系统服务与区域贫困化问题密切相关，因为贫困人口生计更多地依赖于自然资源和环境。Comim 等（2009）以贫困化作为人类福祉的代用指标，分析了贫困与生态系统服务之间的联系。Tschakert（2007）则通过一个小尺度实证案例说明如何将生态系统服务（增加碳汇）转化为扶贫的具体项目，用于促进当地居民收入的增加，进而摆脱贫困。在生态系统服务与社会福祉关系研究上，以下一些议题是值得关注的（Carpenter et al.，2009），如土地利用变化、营养流动、种类构成和气候变化怎样影响生态系统服务流？人类的选择和行为怎样影响生态系统服务的局部流动，并且对其他区域产生溢出效应？什么样的管理机构、刺激政策和调节措施在维持生态系统服务流中是有效的？然而，生态系统服务与人类社会福祉之间的关系是复杂的，一些区域生态系统服务在下降，而人类福祉水平却在提高；另外一些地方的情况可能正好相反。这其中，可能有研究尺度的问题，也有可能是区域差异造成的，也很有可能是对于两者之间关系错误理解和不当测度导致。因此，理解和精准表达生态系统服务与人类社会福祉之间的关系仍是具有挑战性的研究课题（Raudsepp-Hearne et al.，2010）。

（二）国内研究现状和水平

1997年 Costanza 在 *Nature* 的文章发表以来，同国外一样，中国有关生态系统服务的科学研究总体上增多，成为相关研究领域的持续热点之一（图1-1）。同样，在2013年前4个多月检索到的402篇英文文献（检索条件与上文相同）中，以文章作者的国籍作为统计依据，中国作者的文章为32篇，仅次于美国（151篇）、英国（49篇）、德国（35篇）、澳大利亚（33篇），位居世界第5。早期国内生态系统服务研究除了对生态系统服务的含义、分类和评估方法进行探讨外，主要工作集中于在全国尺度和区域尺度对区域或不同类型生态系统服务进行价值评估。

在全国尺度上，欧阳志云等（1999）评估了中国陆地生态系统服务及其生态经济价值；陈仲新和张新时（2000）依据 Costanza 的生态系统各类型服务功能价值系数，核算了中国生态系统效益的价值。对于中国不同生态系统类型服务功能价值评估，早期主要集中于森林（蒋延玲等，1999；赵同谦等，2004）和草地生态系统（谢高地等，2001；赵同谦等，2004），同时也对农田生态系统（孙新章等，2007）和湿地生态系统（欧阳志云等，2004）予以关注。近年来开始评估海洋及海陆交互地带的生态系统服务（王其翔和唐学玺，2009；张秀英等，2013）。

在区域尺度上，对于生态系统服务价值的评估工作成果丰硕，评估对象几乎遍及各省市的森林、草地、水域和农田生态系统。在中国重要自然地理区域中，青藏高原（谢高地等，2003）是生态系统服务评估的重点区域，其他如内蒙古高原（闵庆文等，2004）和西南喀斯特地区（张明阳等，2009）等也多有涉及。以流域为评价单元的价值核算是评估工作的特色之一，涵盖了不同空间尺度的流域单元（张志强等，2001；陈国阶等，2005；王春连等，2010；杨朝晖等，2010；陈春阳等，2012）。

在评估方法上，已有的研究成果多采用物质量评价和价值量评价两种方法（赵景柱等，2000），其中生态系统服务的价值量评估方法占绝对优势，且单位面积生态系统类型的价值量大多采用 Costanza 的标准。谢高地等（2003）通过问卷调查形式，制定了中国生态系统服务价值当量因子，得到较为广泛应用。在评估手段上，除了应用已有的生态系统类型及空间分布数据外，通过遥感手段获取评价对象的时空动态特征也成为评估途径（史培军等，2002；李京等，2003；潘耀忠等，2004；王爱玲等，2007；姜立鹏等，2007；姜永华和江洪，2009；Feng et al., 2010；许旭等，2011；徐冉，2012）。

在生态系统服务的时间变化特性方面，早期的评估多是静态的或截面的。在遥感手段引入评估工作体系后，多个时段的服务功能及其价值量得以表征。近年来，随着土地利用及土地覆被变化对生态系统服务影响研究的增多，宏观尺度生态系统服务的动态特性得到较为充分表达（李文华等，2009；万利等，2009；叶长盛和董玉祥，2010；蒋晶和田光进，2010；石龙宇等，2010；王佳丽等，2010；周鑫等，2011；徐丽芬等，2012；白杨等，2013；李屹峰等，2013）。

在生态系统服务评估结果的应用方面，由于评价结果多以币值作为衡量单位，区域生态补偿政策的制定逻辑地成为应用最为广泛的途径之一（李文华等，2007；范小杉等，2007；徐中民等，2008；李晓光等，2009；刘桂环等，2010；杨振等，2012；刘玉卿，2012）。此外，区域可持续发展（欧阳志云和王如松，2000；宗跃光等，2002；史培军等，2005；吴建寨等，2007；陈亮等，2009；苏飞和张平宇，2009）、生态安全（傅伯杰等，2009；俞孔坚等，2010；钟祥浩等，2010；傅伯杰等，2012）和人类福祉（郑伟和石洪华，2009；杨莉等，2010；李惠梅和张安录，2013）等也是生态系统服务的重要应用方向。

整体来看，近十年来，中国生态系统服务评估及其应用研究取得了丰硕成果，表现为：全面评估了中国生态系统服务的价值，提高了公众生态保护意识，为中国生态系统保育政策制定与决策过程提供了理论依据（李文华等，2009）。

与国外发展趋势大体一致，经过十多年生态系统服务价值评估工作，国内生态系统服务研究出现一些转向，如重视生态系统服务供给与消费的空间和区域特征（魏云洁等，2009），开始关注生态系统服务之间权衡与协同（葛菁等，2012；林泉，2012；Bai et al.，2012），通过土地利用/土地覆被变化揭示生态系统的时空动态（石垚等，2012；李屹峰等，2013；潘韬等，2013）等。

诚然，客观地分析中国在此领域的研究水平和研究成果，与国际先进水平相比还有一定差距。表现为：跟踪性研究比较多，原创性成果比较少；生态系统服务的价值评估比较多，服务形成机理研究比较少；静态研究比较多，动态模拟比较少；生态系统本身特征研究比较多，与社会经济系统耦合研究比较少。

四、生态系统服务研究存在问题与发展趋势展望

（一）存在问题

回顾与总结近十几年国内外研究历程和成果，可以发现，尽管生态系统服务已经成为生态学、地理学和环境科学等相关学科的研究热点和前沿领域，并且取得了丰硕的研究成果，但仍存在一些问题和局限，主要表现在以下几个方面：

（1）生态系统服务的形成机制尚不清晰。目前，尽管在生态系统服务领域，科学家已经提出生态系统结构与功能—服务—人类收益级联框架，但在这一链条中，从上一级到下一级之间的传递关系如何？目前尚不完全清晰。尤其是从生态系统结构与功能到服务的形成机制，还没有令人信服的假说或理论能够解释。由于从生态系统结构与功能到服务的形成是跨越了自然生态系统和社会经济系统的鸿沟，除了自然因素外，还融入社会、经济、文化甚至是心理和行为因素，故生态系统服务的形成机制十分复杂。从对应关系上说，哪些功能形成了服务，哪些没有？是一对一，还是多对一，抑或是多对多的关系？从传递过程上说，哪些功能直接作用于社会经济系统，即形成了终端服务？哪些功能需要经过中间服务，最终对人类的社会福祉产生影响？从形成驱动力来说，到底社会经济系统的哪些因素对服务的形成发挥了作用，主导因素有哪些？具体来说，社会经济发展阶段与水平、群体或个体的心理及行为偏好对服务的形成有什么影响？从能量级秩来说，从功能到服务能量数量和质量有什么变化？从已有的研究成果看，对上述这些问题还不能给出清晰的答案，这也是制约生态系统服务研究进一步提高的关键所在。

（2）生态系统服务之间的相互关系及其时空表现形式认识不够深入。生态系统的功能是多种多样的，同样人类对其需求也是多层次和多方面的，故而产生了多重生态系统服务（multiple ecosystem services）。目前，生态系统服务之间相互联系与相互作用的机理尚不清楚，对其非线性动力学特征研究不够。前已述及，生态系统给人类提供的服务类型是多种多样的，服务之间的关系是非线性的，存在着突变、阈值、补偿或替代等复杂性特征。现在尚缺乏对生态系统服务之间非线性特征研究技术和方法，已有的研究工作仅仅是通过相关或聚类分析对多重生态系统服务关系进行"线性化"处理或空间叠加识别。生态系统结构与功能以及向人类提供的服务具有动态可变性，生态系统服务之间关系的调整是响应外

力作用的结果。没有人类的干预，生态系统服务之间也存在着竞合关系。人类的选择偏好使得生态系统服务之间的关系变得更加复杂，此消彼长的权衡（trade-offs）关系是最为常见的类型。权衡既是人类选择利用生态服务的决策过程，也是服务关系响应选择性利用而出现的外在表征。目前对于权衡与协同的研究多是基于统计关系的数量分析，缺乏形成机理的解释与表达，尤其缺乏对不同时空尺度下行为主体对生态系统服务动态变化的影响分析。因而，制定出的生态系统管理政策措施针对性不强。

（3）生态系统服务的时空异质性及其尺度效应研究尚需深化。大量的研究表明，生态系统服务具有时空异质性和尺度依存特性。然而，目前这方面还缺乏有分量的研究成果。生态系统服务的供需双方常常不在同一区域，供需关系也会随着时间变化而发生变动。现有的大多数研究案例对生态系统服务的空间流动及其社会经济效应的区域差异认识不足，大多数研究局限在域内效应研究和价值评估上。尤其是对生态系统服务的空间流动特征定量研究不够，例如对生态系统服务供给区、消费区和连接区以及流动路径的识别、流动速率及其衰减或增强的模拟等还不够深入。生态系统服务的供需双方均存在着尺度效应，且有区域差异。目前国内外对于生态系统服务供需之间关系的研究案例多是单一尺度的，且区域不同，时空尺度不同，分析涉及的生态系统服务类型也不尽相同，研究结果难以比较。另外，生态系统服务在全球环境（气候）变化影响和人类作用下变化态势尚不清晰，科学评估需要明晰这种变化是线性的还是非线性的，是否存在阈值？

（4）生态系统服务与人类社会福祉之间的耦合关系研究不够深入，尤其缺乏对多尺度下不同主体行为与生态系统服务之间内在联系的认识。目前对于生态系统服务与人类社会福祉之间关系的研究有两种模式：一种是将生态系统服务作为外生变量，通过分析其冲击作用下的社会经济系统的均衡过程，建立起生态系统服务与人类社会福祉之间的关系；另一种是将人类为提升福祉水平而对生态系统功能的影响作为一种扰动因素，分析不同的人类活动类型和强度下，生态系统服务的变化状况。事实上，两种研究模式均有不足，更为理想的研究模式是在社会-生态系统的框架范围内研究两者的关系，即如奥斯特罗姆（Elinor Ostrom）倡导的对于公共资源的研究与管理模式。在目前的研究中，常常用生态系统服务价值量与经济系统的特征值如 GDP 等做简单对比，没有与社会经济系统进行实质性整合分析，造成生态补偿等生态系统管理政策制定上的困难。

（二）发展趋势

如果 1997 年是国内外科学界大规模研究生态系统服务起始点，那么 2005 年是生态系统服务研究工作的另一个重要时间节点。随着联合国千年生态系统评估（MA）计划在这一年的完成，很多学者开始思考和规划生态系统服务的未来研究任务和发展方向（Carpenter et al., 2009; Ostrom, 2009; Zurlini et al., 2010; Seppelt et al., 2011）。有人更是提议开展第二次全球生态系统评估，并提出了后续行动计划，内容包括深入研究生物多样性、生态系统功能以及生态系统服务和人类福祉之间的内在联系，建立与完善生态系统服务方面的知识库，并开发将生态系统服务要素融入经济社会发展决策的有效工具等（张永民和赵士洞，2010）。综合学者们的建议并结合作者的认识，提出以下生态系统服务的发展趋势：

（1）生态系统服务研究范式由静态线性单一系统向动态非线性多系统耦合研究演进。具体表现为：①生态系统服务形成机制的多尺度和跨尺度研究。包括不同尺度上服务功能的相互联系以及同一尺度上不同服务功能的相互作用；生态系统服务形成机制的尺度推绎，尤其是尺度上推工作将会提高生态系统服务研究的科学性。②生态系统服务流的空间路径与通量研究。充分认识生态系统服务的域内（on-site）和域外（off-site）效应，对生态系统服务流的空间路径、速率及其影响因素的研究将会对制定合理的生态补偿政策提供科学依据。③生态系统服务的动态模拟研究。在机制模型支撑下，模拟未来全球气候变化及土地利用/土地覆被变化下全球或区域生态系统服务的变化趋势，为制定区域科学持续发展政策提供科学依据。④生态系统服务及其影响因素的复杂性研究。利用复杂性科学理论方法系统分析服务的非线性特征，包括外界扰动因素影响生态系统服务的过程与阈值；生态系统服务影响社会经济系统的过程与阈值；生态系统服务类型间的反馈与驱动；生态系统服务的慢变化与快变化及其役使结构等。⑤生态系统服务变化研究科学体系的建立。逐步改变单一学科的研究体系，建构地理学、生态学、环境科学、经济学以及社会学等共同参与的综合性研究体系。尤其是随着生态系统服务研究中时空异质性、区域差异以及自然生态与社会经济系统耦合分析研究重要性的凸显，地理学在其中发挥的作用将会得到显著提升。这也是本书倡导建立生态系统服务地理学的目的所在。

（2）生态系统服务研究成果的应用范围将进一步扩大。从生物多样性保护逐步向资源与环境管理、区域规划、可持续发展和社会福祉效应等多应用领域发展。尤其是关注全球气候变化和人类活动作用下的生态系统服务变化对区域社会经济发展的影响。在具体的社会实践中，生态系统服务付费或生态补偿是最为重要的应用方向之一。在科学研究层面，为生态付费或生态补偿提供依据，除了核算生态系统服务的价值量以外，更重要的是要确定生态系统服务是谁在哪里提供的，提供了多少？是谁在哪里消费的，消费了多少？对于这些问题的回答，以空间和区域分析见长的地理学可以发挥重要作用。

分析上述问题和发展趋势可以发现，生态系统服务研究超越单纯静态价值评估的阶段，朝着更加重视生态系统服务对人类福祉的影响以及不同层次的耦合关系、更加重视生态系统服务的区域差异性和跨越空间尺度的关联、更加重视生态系统服务的动态演化和时间耦合特性等方向演进。这一变化趋势说明生态系统服务研究需要多学科甚至是跨学科的研究范式。在此过程中，以系统综合集成分析见长的地理学将会发挥越来越大的作用。

第二节 生态系统服务地理学出现的科学背景与社会需求

任何一个学科出现都不是偶然的，而是在社会需求驱动下科学发展到一定程度的必然产物。本节从科学背景和社会需求两个层面阐述生态系统服务地理学产生的逻辑必然性。

一、科学发展背景

（一）生态系统服务研究的"地理"转向

在当代生态系统服务研究历程中，有两个重要的时间节点。一是 1997 年，以 Daily 和

第一章 绪 论

Costanza 的杰出工作为标志,引领了 8~10 年生态系统服务价值核算与评估工作,成果几乎遍及了世界或地区主要生态系统类型大部分生态系统服务,为生态系统管理和可持续发展战略的实施提供了一定的科学支撑。在这一时段,为生态系统服务价值评估提供科学支撑的是生态学和(环境)经济学。二是 2005 年,经过 10 年左右的生态资产评估以及千年生态系统评估的完成,科学界意识到仅仅依靠个别学科进行价值核算已经不能满足于科学发展和社会实践的需求,尤其是认识到生态系统服务具有空间流动和动态变化且对社会经济影响呈现区域差异性后,对生态系统服务研究的学科体系有了进一步的认识。"千年生态系统评估以后的研究工作,在评估、预估和管理生态系统服务流及其对人类福祉影响效应的基础科学方面面临新的挑战。但是,我们通过单一学科透析整个社会-生态系统来获取普遍结论的能力依然是有限的。与此同时,一些旨在改善生态系统服务和人类福祉的政策和措施是建立在未经检验的假设和零星信息之上的。受到影响和提供资源的人们日益希望获得干预改进生态系统服务和人类福祉的证据。新的研究需要考虑生物物理和社会系统的整体过程与反馈,以更好地理解与管理人类福祉和其所依赖的生态系统之间关系的动态特征。这样的研究将拓展解决复杂社会-生态系统根本问题的能力,同时评估旨在通过改善生态系统服务提高人类福祉的政策和措施的假设"(Carpenter et al.,2009)。

在千年生态系统评估工作结束前后,生态系统服务研究议题呈现显著的转向,表现为更加重视空间异质性、更加重视区域差异、更加重视社会经济因素,称为生态系统服务研究范式的空间转向、区域转向和综合转向(图 1-2)。从图 1-2 可以清晰地看出,生态系统服务研究的地理科学倾向抑或说地理特质已经十分明显。在目前情形下,地理学深度参与生态系统服务的研究具有十分重要的意义。引入地理学的理论、方法和技术,使得生态系统服务研究在时空格局分析与表达、空间流动模拟、尺度效应检视、区域差异分析以及形成过程中自然与人文因素的作用机理等方面将会有巨大的进步,这将有利于建构多学科参与的综合性的生态系统服务科学体系。

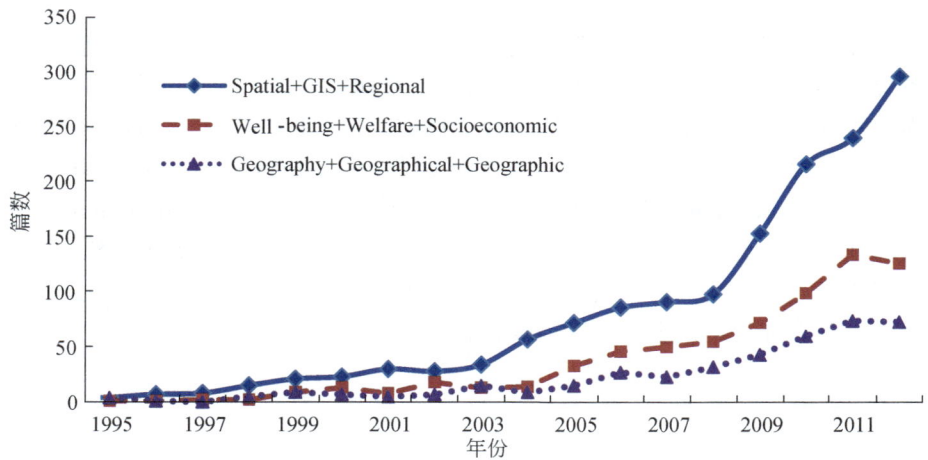

图 1-2 生态系统服务研究范式的转向:空间转向、区域转向和综合转向表征(以 "ecosystem services" 和 3 个图例的关键词在 Web of Knowledge 检索。时间段:1995.01.01~2012.12.31)

(二) 当代地理学研究范式的转变与学科特点

科学范式不是一成不变的，而是随着社会进步和人类科学认知水平的提高而动态演进，出现范式的演替或更迭，称为范式转型或变迁（paradigm shift）。地理学由事实描述的经验归纳主义起步，经历了前实证主义、实证主义和后实证主义等不同的研究范式，从单一范式逐渐走向多元化的研究范式。

在当代地理学中，理论视角同地理学的经验性知识及研究方法一样，本是发现自然和人文规律不可或缺的有效途径。美国著名社会学家贝尔（1984）指出：知识社会的重要特征之一是"理论知识处于中心地位"。但是，具有自然科学与社会科学二重属性的地理学，受到了自然科学实证主义方法与社会科学"人本主义"倾向的双重制约，地理学理论发展之路并非坦途。从自然科学层面，地理学一直强调实证观察高于理论，没有实证的地理理论常常被视为哲学或形而上学抑或非科学的无谓空谈。然而，随着逻辑实证主义的衰落，地理学尤其是人文地理学迎来了后经验主义时代。当人们醉心于定量统计方法和技术所带来的成果时，也逐渐发现人本主义等的价值及其在揭示问题上的普遍重要性，在人文地理学诸多研究领域中有关理论复兴的运动悄然发生。以人文主义、结构主义、行为主义、女性主义、后现代主义研究方法学为代表的学术流派，对根深蒂固的实证主义观点提出了新的反思与质疑。

经过范式转型的当代地理学，理论假说与科学实证兼具、定量分析与经验判断结合、自然科学与社会科学融合，具有学科内涵和研究方法上的综合性。当代地理学多样化的研究范式恰恰给生态系统服务研究提供了更加多维的研究视角和更广阔的研究平台。在生态系统结构与功能—服务—人类收益这个级联框架中，几乎所有地理学的分支学科都可以找到适合自身学科特点的研究议题。

(三) 地理分析工具的发展

当代地理学研究效能的显著提升得益于"3S"技术的出现，尤其是遥感（RS）和地理信息系统（GIS）技术的发展与应用。前者为地理研究提供了大范围实时更新的信息源，后者则为空间分析提供了强有力的软件平台。目前，GIS工具已经广泛应用于生态系统服务研究之中，一些著名的生态系统服务研究软件如InVEST（Integrated Valuation of Ecosystem Services and Trade-offs）就是基于GIS平台研发的。GIS应用于生态系统服务研究主要的领域包括：①生态系统服务空间制图；②通过空间叠置，分析生态系统服务的空间权衡；③寻找生态系统服务的热点和冷点；④揭示生态系统服务的时空动态；⑤制定空间详尽化的生态系统管理如生态补偿等政策和措施。

二、社会需求

地理学与经济发展、社会进步、人类生存息息相关，研究地理不仅可以优先掌握发展的主动权，更能增强地理学对社会的服务功能。地理学工作者要紧抓新机会，探索新境界，积极开拓创新，加强地理学与生产实际的紧密联系。经过改革开放30多年来的快速发展，中国经济总量已跃居全球第二位。经济快速成长的同时，也付出了沉重的资源与环境代价。就对影响自然生态系统而言，表现为对生态系统的供给功能过分依赖，尤其是对生态系统物质产品如粮食、纤维、林产品和水产品等过度索取，造成其他生态系统服务削弱或抑制；对自然生态系统类型转换的人为干预明显，人工化的生态系统比例加大，造成系统结构的简单化和功能的下降；通过环境污染或破碎化等形式恶化生境，造成生态系统服务下降，最终危及人类福祉。因而，党的十八大报告提出，"把生态文明建设放在突出地位"，"努力建设美丽中国，实现中华民族永续发展"。生态文明建设和经济建设、政治建设、文化建设、社会建设"五位一体"，要求在发展的同时加强生态保护，必须在发展与保护之间找到平衡点，这客观上要求强化生态系统生产功能与环境调节、支持功能的权衡分析，以期为各个层次的区域发展与生态建设提供决策依据。从形成机理、尺度特征以及与人类福祉的耦合机制上系统研究生态系统服务，对于遏制区域生态环境恶化态势，解决区域生态系统服务供给与消费的时空差异引起的不公平和生态贫困，缓解稀缺生态系统服务对于社会经济发展的限制等问题，保障中国生态安全和社会经济持续发展具有重要的实践意义。

在社会实践中，迫切需要回答以下一些与生态系统服务有关的科学问题，如哪些服务由哪些生态系统在哪里提供，数量和类型如何？特定服务的传递途径如何？传递过程中服务的数量和质量发生了哪些变化？不同用户对于服务的需求如何？谁在哪里消费了多少服务？这些问题本质上是属于地理学研究范畴的。因此，建构中的生态系统服务地理学可以很好地解决上述问题，从而为缓解区域生态危机、建设美丽家园、实现永续发展提供强有力的科学支撑。

第三节 生态系统服务地理学的学科界定

一、什么是生态系统服务地理学

生态系统服务地理学以地理学的原理和方法作为指导，研究生态系统服务形成、传输和使用过程中自然与人文因素相互作用机理，分析生态系统服务的时空特征和区域差异的地理学应用基础学科，是地理学分支学科之一。

二、研究对象、范畴及学科关联

（一）研究对象

概言之，生态系统服务地理学的研究对象是生态系统提供给人类社会的各种服务和集合体。从时空角度，研究对象的内涵可以表征为生态系统服务的时空异质性、供需双方时空格局及地域分异特征；从自然–人文过程角度，研究对象的内涵表现为生态系统服务形成、传输和使用中的社会–生态系统特征及其界面过程。

(二) 研究范畴和主题域

任何一个学科都有其特定的研究范畴，不能过宽或过狭。在生态系统结构与功能—服务—人类收益级联框架中，生态系统服务地理学以服务为核心研究内容，向级联框架的两侧适当延伸，前端与生态学有一定重叠，下游与社会科学有一定联系。表1-1是级联框架中不同环节的主题域以及主导该议题研究的优势学科。从中可以看出，在生态系统结构与功能—服务—人类收益级联框架中，主导议题的优势学科性质依次为：自然科学、自然和社会科学交叉、社会和自然科学交叉、社会科学。遥感和地理信息系统作为信息源和分析工具，在每一主题域均能发挥作用。每一环节的研究主题域均与地理学的不同分支学科发生关联。

生态系统服务地理学研究主题域的特点可以归结为：①重视生态系统服务级联过程多系统多要素的相互作用及非线性特征；②强调生态系统服务供给与消费的时空异质性；③关注生态系统服务供给与消费的多尺度效应；④分析生态系统服务的空间流动路径和通量；⑤区分生态系统服务响应扰动的时间快慢；⑥表征生态系统服务人类选择和自然因素作用导致的权衡与协同。

表 1-1　生态系统服务研究主题域及其与地理学的关联方式

主题域	主导议题的优势学科	地理学科的作用
生态系统结构与功能	生态学、地理学（自然地理学）、遥感和地理信息系统等自然科学分支	1. 提供分析影响生态系统结构与功能的地理环境的理论、技术和方法 2. 通过土地利用/土地覆被变化等研究与生态系统服务时空动态联系起来 3. 通过生态功能分区或区域划分参与研究过程
生态系统服务	地理学（自然地理学和人文地理学）、生态学、遥感和地理信息系统、经济学等自然–社会科学分支	1. 生态系统服务时空动态制图 2. 分析生态系统服务的形成机制及服务之间的相互关系 3. 应用GIS模拟与展示服务供需格局与传输路径 4. 对生态系统服务进行分区
生态系统服务消费	地理学（人文地理学）、遥感和地理信息系统、经济学、心理学和行为学等社会–自然科学分支	1. 建立生态系统服务与区域人类福祉的耦合关系 2. 明晰消费偏好对生态系统服务的影响程度 3. 剖析影响群体和个体对于生态系统服务感知的因素 4. 分析生态系统服务的区域溢出效应及消费的时空优化
生态付费或生态系统服务管治	经济学、社会学、管理学、地理学（人文地理学）等社会科学分支和遥感及地理信息系统	1. 提出空间或区域差异化的生态付费或补偿方案 2. 根据区域社会、经济和文化因素提出生态系统服务管治的对策

(三) 学科关联

生态系统服务地理学是一门综合性交叉学科，故其与很多学科有着较为紧密的联系（图1-3）。其中，只列举了与生态系统服务地理学一些直接相关的二级学科。

在自然科学方面，作为地理学的分支学科之一，生态系统服务地理学与地理学中的自

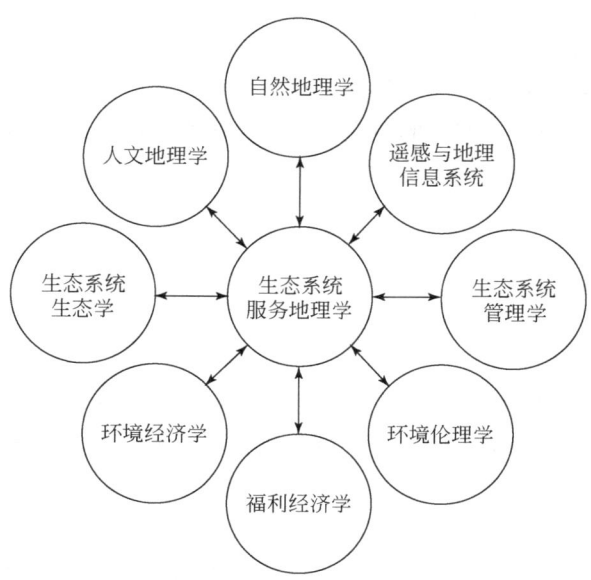

图 1-3　与生态系统服务地理学有关联的二级学科分支

然地理学、人文地理学、遥感与地理信息系统关系最为密切。其中，自然地理学的理论、方法和技术可以用来分析生态系统服务形成与传输的地理环境背景条件。自然地理学家可以通过土地利用/土地覆被变化研究分析某一区域生态系统服务的时空动态，可以应用地域分异规律和区域研究成果，对生态系统服务进行分区，建立生态系统服务分区体系；人文地理学可以在分析生态系统服务形成、传输和消费过程中的社会、经济和文化因素时发挥重要作用，可以指导生态付费或补偿方案的制订与实施；遥感与地理信息系统的技术支撑作用则体现在生态系统结构与功能—服务—人类收益级联框架的每一研究环节，遥感技术主要用以提供基本信息源，不论是某一区域或某一生态系统类型的生态资产评估，还是某一生态系统服务物理量的模拟计算，都需要遥感技术提供实时更新的下垫面覆被信息。地理信息系统的作用主要是为生态系统服务时空格局分析和制图提供支撑平台，具体途径包括空间数据管理与建模以及成果可视化等。生态学的理论、方法和技术是生态系统服务地理学的主要组成部分，尤其是生态系统生态学可以提供有关生态系统组成与结构、物质循环、能量和信息流动等生态过程的基础理论，如生态系统演替理论、生态系统多样性理论、生态系统生产力理论、生态系统等级与尺度理论等均可纳入生态系统服务地理学的理论体系之中。人类在生态系统管理实践中汲取了生态学的理论与方法，如结构与功能原理、多样性原理、限制因子原理、渗透性原理等更是可以为生态系统服务管理提供指导。

在社会科学方面，经济学的一些分支学科是建构生态系统服务地理学的重要科学支柱。如环境经济学不仅提供了对自然生态系统价值认定的理论视角，而且能对生态系统服务的价值评估和核算起到具体指导作用；福利经济学则以经济学视角分析生态系统服务与人类福祉关系、生态系统服务消费效率以及服务之间的权衡等议题。人类不同群体或个体对于生态系统服务价值的感知和认定与人的环境伦理意识有一定关系，因而环境伦理学对于生态系统服务地理学也有一定的支撑作用，尤其是在价值形成和评估方面。

从研究对象关系论出发，科学研究存在着马克思和恩格斯在《费尔巴哈》中谈到的3种关系，即人与人的社会关系、物与物的自然关系、人与自然的关系。从学科发展和分工来看，自然科学研究物与物关系，人与人关系更多地被社会科学所关注，而人与自然的关系则是自然与社会科学交叉或综合的研究领域。生态系统服务地理学定位于研究人与自然生态系统关系的自然–社会科学交叉或综合学科层面。

三、学科特点

（一）综合性

生态系统服务地理学的综合性体现在两个方面：首先，从本体论角度，研究对象是自然生态系统为社会经济系统提供的服务，具有综合性特征。不论是单一服务类型对人类福祉的影响，还是各种服务之间的关系，都在社会–生态复合系统中发挥作用；其次，从认识论角度，研究生态系统结构与功能—服务—人类收益这一链式关系，需要用系统科学研究范式，综合考虑自然和社会、经济、文化因素。因此，生态系统服务地理学由自然科学和社会科学两部分综合交叉而成。自然科学包括地理学、生态学、生物学以及环境科学等；社会科学主要指经济学、社会学、心理学和行为学等。综合性是地理学的重要特性，综合分析与研究的意义长期以来得到地理学家的广泛关注和认可。然而，寻找深入的、交叉性的和综合性的人文与自然要素的综合途径仍是地理学具有挑战性的课题。地理学尤其是人文地理学将人地关系作为研究的核心，但人地关系的抽象性且解构的多义性，给地理学综合研究的深化带来一定困惑。在一定程度上，生态系统服务的级联框架是人地关系的特定表征，在地理学学科范围内对其进行研究有利于提高地理学的综合研究水平。

（二）整体性

整体性具有两方面含义。首先，研究对象具有整体性特征。不论是单一的生态系统服务类型还是服务簇，不是孤立存在和发展的，而是作为整体一部分发展变化着，具有层次嵌套和时空广延性。机械还原论不能解释生态系统服务形成、传输和使用过程中的复杂性，只能应用现代复杂性科学理论，以整体系统观认识和分析生态系统服务。其次，由于生态系统服务与人类福祉之间的关系十分复杂，多种影响因素交织在一起，只有集中多学科理论与知识，才能对其耦合关系及其时空特点做出合理阐释。与生态系统服务地理学有关的诸多学科并不是堆砌在一起的，而是发挥各自优势，形成一个学科体系整体，对生态系统服务整体特性进行研究。例如，生态学提供生态系统结构与功能的知识，经济学在生态系统服务价值评估和经济系统均衡化剖析过程中发挥作用，而地理学除了以空间和区域视角分析生态系统服务的时空动态和区域溢出效应外，还在自然生态系统与社会经济系统的耦合关联上提供研究方法论和工具。

（三）应用性

生态系统服务地理学作为一门应用基础性学科，其鲜明特色是应用性。生态系统服务研究议题的兴起源自人类活动对自然生态系统功能的不适当或过度使用，如降低生态系统服务质量，改变生态系统服务的空间分布和流动路径，引起服务之间的权衡等。因而，通过在地理学学科范围内研究生态系统服务，可以明晰其时空格局与动态，把握供需双方的地域特征，进而使得制订的生态系统管理方案更具针对性。例如，空间详尽化的生态补偿方案使其具有较大的可操作性。如同手术对生理学、战争对政治学的关系一样，应对各种环境、生态和资源问题，做出科学决策，使得生态系统服务地理学具有使命性、行动性和社会性等特点。同时，生态系统服务地理学的不断发展和完善，也会拓展地理学的应用领域和方向，尤其是在中国目前建设"生态文明"的背景下，地理学的适度"生态化"发展不仅能够使其进一步满足社会需求，而且对于拓展地理学的研究领域都是有益的。

四、研究方法

（一）野外调查和访谈

野外调查和访谈是地理学和生态学等学科常用的传统研究方法。通过野外观察、调查访谈、定点观测和采样，可以获得生态系统服务的第一手数据，如生态系统的结构与功能、服务的类型、数量及其影响因素等。野外调查与观测获得的信息是对生态系统服务时空动态进行分析的基础资料。随着社会经济发展和科技进步，新技术广泛应用于地理学研究的野外观测与调查，如全球定位系统（global positioning system，GPS）、地理信息系统（geographic information system，GIS）和遥感（remote sensing，RS）技术等。使用这些技术可以对研究对象进行精确定位，获取实时更新的海量数据，并可进行数据处理和空间模拟分析等。调查访谈在生态系统服务研究中发挥着重要作用，可以弥补仪器观测和监测在人文、情感、行为和心理等方面信息获取的缺失，如社会、经济和文化因素对于生态系统服务的感知和价值形成等方面的影响等信息均可以通过调查访谈途径获得。

（二）生态系统服务价值评估

根据环境经济学和资源经济学理论，可以用多种方法定量评价生态系统服务的价值量。以市场为主的价值评估方法将生态系统及其提供的服务视为一种资源要素，资源存量和生产成本可以在市场上表现出来，其价值通过直接或间接的市场价格来估算。在此理论指导下，衍生一系列的币值估算途径，如直接市场方法（市场价格法、收入损失法）、间接市场方法（保护费用法、重建费用法、影子工程法、旅行成本法等）。以调查为主的方法也称模拟市场法，是一类主观性较强的估算方法，其理论支撑为生态系统服务对于人类的生存具有重要作用，人们对于生态系统的保护或重建具有一定的需求，并愿意支付一定的费用。这类方法多以直接或间接的方式征询人们的支付愿望，进而估算出生态系统的价值。

（三）数学模型和计算机模拟

数学模型模拟是指通过数学符号语言定量表达研究对象的一种研究范式，而计算机模拟则是用计算机对研究对象或系统进行模仿性试验研究的过程。对于生态系统服务地理学而言，模型模拟和计算机模拟方法是重要的研究方法。主要应用领域有：①模拟和计算某一种生态系统服务物理量。目前常见的模拟模型有，通过土壤和水评价工具（soil and water assessment tool，SWAT）模型模拟与水有关的生态系统服务；应用修订的通用土壤侵蚀方程（revised universal soil loss equation，RUSLE）来模拟土壤保持和泥沙沉积等生态系统服务。InVEST是一个综合性的软件平台，可以模拟和计算多种生态系统服务。②定量表达生态服务之间的相互关系。在生态系统服务价值量或物理量计算的基础上，定量分析不同服务类型之间的相互关系，确定是权衡还是协同，并根据服务类型的相似性归并成生态系统服务簇。③分析生态系统服务供给和消费及其影响因素之间的关系。通过定性分析确定影响生态系统服务的自然和社会、经济和文化因素，并通过建立回归模型等途径定量表达这种关系。

（四）生态系统服务空间分析与制图

进行空间分析并以制图形式表达是生态系统服务研究中最具地理特色的研究方法之一。因而，构建中的生态系统服务地理学将此作为最为倚重的研究手段。在生态系统服务研究中进行空间分析工作，主要包括：①建立生态系统服务及其基础数据空间数据库，为空间建模、制图及成果可视化提供数据基础；②生态系统服务空间特征分析。内容包括：定位生态系统服务的热点区域，分析服务之间的空间权衡关系，定量表达生态系统服务的空间格局；③应用GIS工具，辨识和定位生态系统服务的供给区、消费区和连接区；④生态系统服务及其影响因素的空间建模。如应用地理加权回归（geographically weighted regressin，GWR）模型，建立某种生态系统服务和影响因素之间的空间回归关系。

五、优先研究领域与主要研究议题

（一）生态系统服务地理学的逻辑前提

从生态系统功能到生态系统服务都存在着时空异质性，不同利益相关方对服务的需求与选择也有群体和层次差异。因而，在外力（自然力或人为影响）刺激下，生态系统服务供给与消费双方相互作用及耦合关系在不同时空尺度上有不同的表现形式，呈现出显著的空间异质性和区域分异性，由此衍生出的政策措施也是有一定适用地域和时间范围的。本质上，对于生态系统服务尺度依存和区域分异特征的解构与整合是属于地理学科研究范畴的，这也是生态系统服务地理学存在的逻辑前提。

（二）主要优先研究领域

1. 基于地理学视角的生态系统服务分类体系

目前有多种生态系统服务的分类系统，如Costanza等（1997）、MA（2003）、Wallace（2007）、Fisher和Turner（2008）、Costanza（2008）都提出了各自不同的分类方案。尤其是Costanza（2008）依据空间联系和排他性/竞争性提出了具有空间特征的分类方案。上述这些生态系统服务分类方案均根据特定目标提出，因而到目前为止还缺乏具有鲜明地理特色的分类体系，特别是服务于与社会福祉耦合分析的生态系统服务分类框架。

因此，从生态系统服务地理学学科建设目标出发，有必要构建基于地理学视角的生态系统服务分类体系。从研究对象的本体论承诺和认识论指向角度，体现空间与区域和综合特征是满足地理学要求的生态系统服务地理学的基本特性。所谓体现空间与区域特性是指分类方案对于空间结构、空间流动以及区域间相互联系的实质性涵盖与表达；体现综合性特征要求分类方案是在综合考虑自然生态系统供给与人类社会需求基础上抽象得到的，综合性指向不仅要求在分类方案中加入社会经济元素，而且应当是建立在深刻分析社会-生态系统基础上的。在满足基本系统分析功能的前提下，本着数据可得性和可操作性原则，基于地理学视角的生态系统服务分类体系，可以土地覆被类型组合为基本分类对象，分类依据兼顾功能类型、服务对象、空间联系及区域差异等。分类方案中区域性与综合性特质要求其应用指向是针对区域人类福祉和可持续发展的。

2. 生态系统服务的形成机制及其相互作用关系

在生态系统服务形成机制研究上，以生态系统结构与功能—服务—人类收益级联框架为研究思路，重点研究生态系统结构与功能到服务的形成过程，以及形成过程中自然和人文因素的作用机理。研究内容包括：利用复杂性科学理论方法，系统分析生态系统结构与功能的非线性特征；外界扰动因素（自然因素与人为作用）影响生态系统服务形成的过程与阈值；揭示外力刺激作用由生态系统功能到服务的传导路径；明晰生态系统服务与社会经济系统双向作用关系。

在生态系统服务相互作用关系研究上，重点分析各类生态系统服务响应外力作用如气候变化或土地利用类型转换而引起变化的快慢。应用自组织和协同学理论，辨识快变量和慢变量及其役使关系；揭示因生态系统服务动态关系调整而出现的外在表现形式，如权衡或协同等，并利用 GIS 和数理统计模型，对权衡或协同的空间结构及影响因素进行分析。

土地利用/土地覆被变化是地理学的传统核心研究领域，将此研究主题拓展为分析多功能土地利用与生态系统服务形成与维持之间的关系。内容包括不同土地利用类型及格局与生态系统服务的空间关联和对应关系，多功能土地利用形成与维持过程中各类生态系统服务的权衡与协同作用等。重点厘清土地类型转换影响生态系统服务的机理以及生态系统服务供给与消费随时间变化的趋势。

3. 生态系统服务供给与需求时空异质性

供给与需求的时空异质性是生态系统服务的基本属性，也是生态系统服务地理学的核心研究命题和优先领域。在空间上，主要研究三个方面的内容：① 明晰生态系统服务的空间范围及空间传输特征。从供给角度来说，不同的生态系统服务具有不同的空间尺度和传输特征，对其使用构成直接影响。通过专家知识、模型模拟和 GIS 空间分析等手段，明晰每一类生态系统服务的空间范围和传输特征，用以比较不同生态系统服务的空间一致性，判断其空间联系。② 识别不同行政尺度利益相关方生态系统服务需求。通过调查访谈等形式获取不同利益相关方对于生态系统服务的感知和选择偏好。分析不同年龄、职业、收入、教育背景等特征对生态系统服务需求的影响。研究内容包括与生态系统服务相关政策的效能、不同类型区域生态系统服务重要性和使用优先度排序、影响生态系统服务价值形成的社会经济和文化因素等。③ 生态系统服务的供给区和受益区及连接路径。根据每种生态系统服务的类型、空间分布范围和流动性特征以及整个区域消费者区域分异特征，确定主要生态系统服务的供给区、受益区及连接路径，并对其空间制图。从时间变化分析角度来说，主要研究两个方面的内容：① 预测各种生态系统服务供给量的时间变化趋势。通过模型模拟等手段，分析在自然因素（系统演替和气候变化外在刺激）和人类活动影响下每一种生态系统服务供给量的动态特征。② 分析不同利益相关方需求的变化态势。通过对一定区域内社会经济发展态势以及不同利益相关方对服务需求偏好的时间变异特征分析，从需求角度阐明生态系统服务动态变化的诱导因素。

4. 区域生态系统服务与人类社会福祉耦合关系

将生态系统服务及其币值化结果内化作为社会经济系统的组成部分，应用地理学综合分析途径，定量和定性分析生态系统服务与人类社会福祉的关系，并在政策框架下，制订基于生态服务研究结果的生态付费或补偿方案，为区域生态系统管理和可持续发展提供科学依据。

在小尺度上，分析生态系统服务与人类福祉之间的关系。主要研究：① 不同类型生计方式对生态系统服务的影响。研究内容包括：特定生计方式下对不同生态系统服务的依存度以及选择服务的优先次序；不同行为主体对于生态系统服务的感知和行为特征；主要生态系统服务选择对于其他服务的抑制及其生态与环境效应，尤其是对生产性供给服务的过度依赖对调节和支持服务的负面影响。② 生态系统服务变化对于农村生计和主体行为的影响。研究内容包括：预估生态系统服务在数量与质量、类型与结构等方面变化下农村生计的可能变化趋势；分析生态系统服务替代或下降与微观经济单位（农户/牧户/渔户）收益的非线性关系；确定研究对象脱贫或致贫的主导生态系统服务及其数量阈值；推断不同智能体（主体）适应生态系统服务变化的方式或生计转型的可能性。

在区域尺度上，按照生态系统服务类型和地区，将价值化的生态资产作为整个系统的约束条件，建立社会核算矩阵，构建可计算一般均衡（computable general equilibrium，CGE）模型定量模拟生态系统服务变化引起的经济结构和产出的变化。通过敏感性分析，评估相应的生态与环境政策的有效性。将经济投入的变化作为约束条件，运行 CGE 模型定量评估生态系统服务对经济结构和总量变化的响应；在分析区域自然–社会经济系统结构与功能的基础上，构建系统动力学模型，将生态资产作为驱动变量，分析不同的生态系统服务情景下，社会经济系统的增益或损耗状况，以及不同的社会经济发展模式对于生态系统服务的影响。

（三）主要研究议题

优先研究领域的确定是建立在对某一学科主要研究方向凝练基础上的，主要研究议题则是对这一学科科学问题的具体化。通过分析研究对象及其内涵，确定生态系统服务地理学的主要研究议题如下。

第一章 | 绪 论

1. 生态系统服务的权衡与协同

权衡与协同是生态系统服务在外力特别是人类活动影响下的服务类型之间出现的关系动态调整。通过图形比较、情景模拟以及模型模拟等方式，研究生态系统服务的权衡与协同关系，可以对区域生态补偿等政策的制定起到支撑作用。需要回答的研究问题包括：① 生态系统服务权衡（竞争）与协同的形成机制。哪些因素导致了权衡或协同的出现？主导因子是什么？影响因素导致生态系统服务之间相互关系变动的传导途径有哪些？② 时间和空间上的权衡与协同关系在不同的区域和尺度上有哪些表现形式？③ 如何完善和丰富权衡与协同的研究途径和表现形式？如何在经济学框架内完善和深化权衡和协同关系的解释？④ 如何通过权衡与协同关系来调控和优化生态系统服务的时空格局，以更好地管理生态系统服务？

2. 生态系统服务的尺度效应

尺度效应普遍存在于自然科学和社会科学的研究对象之中，生态系统服务地理学也不例外。生态系统服务供给双方均存在着多尺度特性，因而服务的形成、传递以及消费也呈现尺度依存特性。从管理角度说，供需双方的尺度不匹配，是生态系统服务效用不能最大化的原因之一。要充分理解生态系统服务供给与消费的尺度特性，在多个尺度上分析生态系统服务的形成机制、相互作用及其与人类社会福祉的关系。在小尺度上重点探讨生态系统服务与农村生计方式相互作用机理；在中尺度上，重点评价关键生态系统服务形成机制、时空格局及其对人类社会福祉的影响；在宏观尺度上，重点研究全球气候变化和贸易体系驱动下的生态系统服务与社会经济系统之间的耦合关系。在多尺度研究的基础上，寻求各个尺度之间生态系统服务与社会经济系统之间的内在联系。

在跨尺度研究方面，通过对不同尺度上生态系统服务关系类型、强弱和表现形式的比较分析，研究其尺度依存特征。在空间尺度上，主要回答：在小尺度上某种关系如权衡（如农业灌溉和径流量水质净化）或协同（如土壤保持和水质净化）在中尺度乃至大尺度上有怎样的变化？包括关系性质（权衡或协同抑或无关）是否改变，联系程度是否增强或变弱。在时间尺度上，主要研究在自然因素如气候变化和人为因素如补贴或贴现等财政与金融政策作用下，上述这些关系的时间变化趋势。

3. 生态系统服务的区域分异及其效应

自然和人文现象的地域分异特征是地理学的重要研究内容之一，研究地域分异规律并对其进行区域划分是地理学的经典研究工作。构建中的生态系统服务地理学也将其作为重要研究议题，主要回答：引起生态系统服务地域差异的自然和社会经济因素有哪些？生态系统功能分区与生态系统服务分区有什么异同？生态系统服务是否存在着区域溢出效应，其效应大小与服务的区域梯度以及流动距离、范围和速率及使用效率有什么样的关系？在此基础上，通过建立分区原则、划分依据和指标等，对生态系统服务进行区域划分。在生态系统服务分区后，评估不同区域发展或生态保护政策效能的时空特征及区域差异，辨识引起服务权衡与协同的关键环节和驱动力，厘清各个区域所承担的社会、经济和生态主体功能，并制定出兼顾三者功能的区域发展战略。

（四）研究的科学命题

（1）生态系统服务是自然价值的主观认定，因而服务的形成既受生态系统功能的影响，也受人类个体和群体心理、行为和文化等因素的作用，是自然价值内化的过程。

（2）生态系统服务对于人类的作用大小，抑或是人类对于生态系统服务的依存程度高低是随着社会的富裕和文明的提升而发生变化的，并因人类的需求具有不同层次。贫困型社会、温饱型社会、小康型社会以及富裕型社会对于生态系统服务需求的类型不同，对于生态系统服务的扰动程度具有倒 U 形变动趋势。

（3）生态系统服务成为人类收益的过程融入了人类劳动因素，其中包括生产方式和科技因素等，因而存在选择偏好，具有动态演进之特性。

（4）随着一些生态系统服务逐渐成为稀缺资源，以及经济体系对其依存度的提高，其对经济系统的冲击作用日趋显著，施加作用后能够引起经济系统的再均衡。

（5）从生态系统功能到服务，由于叠加了人类的价值判断和社会经济因素，原有的生态系统功能被异化，一些功能被放大，一些功能被缩减；一些功能的时空异质性被增强，一些时空异质性被削弱，生态系统服务是被人文因素分异的系统功能。

（6）与经济系统存在生产函数一样，生态系统也存在生产函数，它构成了系统服务最基本来源。

（7）按照能值（emergy）和㶲（exergy）理论，因融入的人类劳动多少有异，不同的生态系统服务类型具有的效用大小不同，中间服务低于终端服务，供给服务小于文化服务。因此，增大服务效用的途径可以是延长服务链条，也可以提高服务附加劳动的数量和质量。

（8）对于流动性服务来说，其服务与反服务的效用往往随着距离的增加而得到强化。因为流动距离的增加，用户数量和类型会增加（水和景色），服务类型也会增加（水）。一般情况下，服务效用是距离的函数。

六、学科贡献

（一）有助于拓展地理学研究领域和提升地理学综合研究的水平

研究生态系统服务，可以拓展地理学过程研究的深度和广度，提供地理学综合研究的核心议题。首先，在生态系统结构与功能—服务—人类收益级联关系研究链条中，涉及自然过程、自然—人文过程和人文过程递进关系研究。不论是自然地理学还是人文地理学都可以在这一链条中找到适合学科特点的研究议题，能够拓展地理学的研究领域。例如生态系统服务研究的空间化、区域化和综合化转型给地理学参与研究提供了难得的机遇。在地理学家为主体的土地利用/土地覆被变化研究中，已经把土地覆被类型的生态系统服务供给作为一项重要研究内容。生态系统、生态功能及生态补偿是地理学有关环境变化及其影响方面的重大区域性问题，相信越来越多的地理学家将会进入这一研究领域。其次，对生态系统服务进行研究，涉及自然和人文两个系统的耦合分析，这对于提升地理学综合研究水平将会有所裨益。综合性是地理学的重要特性，综合分析与研究的意义长期以来得到地理学家的广泛关注和认可。然而，寻找深入的、交叉性的和综合性的人文与自然要素的综合途径仍是地理学具有挑战性的课题。理论上，不论是基于币值，还是基于物理量的生态系统服务价值评估，都是一个比较适宜的地理学人文与自然综合研究的途径，因为它将自然系统和人文系统的单位统一到币值或相同的物理量上来（对于能值分析，单位是太阳能值；对于生态足迹，单位是空间面积），便于两个系统的集成分析。因而，生态系统服务的价值评估及其应用研究对于提升地理学的综合研究水平具有重要作用。同时，也有益于拓展地理学参与生态服务功能研究的广度和深度。

（二）有利于提高生态系统服务研究的深度和广度

目前的生态系统服务研究以生态学为主要学科支撑，关系型研究范式居主导地位。然而，随着研究的深入，生态系统服务的时空异质性表征、区域社会经济发展中的生态资产内化作用和供需约束以及生态补偿政策的制定等问题，都迫切需要地理学、经济学和社会学等学科参与才能得到圆满解决。地理学作为一门研究地球表层的科学，其研究对象是地球表层地理环境的结构、演化过程、区域分异及人类对地理环境的利用和适应，其方法论的精髓在于把握区域的差异性及区域之间的相互依赖性。研究地球表层系统的地理学，有些分支学科早已将生态系统作为地球表层中的主要研究对象，目标主要是生态系统的结构和功能。地理学深度参与甚至在其中占主导地位，有利于提高生态系统服务研究的深度和广度，表现在：可以辨析生态系统服务生成与维持的自然背景和人为因素；可以揭示生态系统服务的时空动态和空间流动路径；可以区分生态系统服务供给与消费的区域差异；可以明晰区域可持续发展中的生态资产的促进与约束作用。

由此可见，建构生态系统服务地理学不论对于深化和完善生态系统服务研究学科体系，提升生态系统服务研究水平，抑或是发展和丰富当代地理学，都具有重要意义。

第二章 生态系统服务分类与分区

第一节 主要的生态系统服务分类方案

一、生态系统服务分类的发展

Daily（1997）在著作 *Nature's Services: Societal Dependence on Natural Ecosystems* 中系统地提出了生态系统服务的定义，并列举了一些服务清单以对服务概念做进一步解释（表2-1）。虽然所提出的服务清单还不够完全，但已经涵盖主要生态系统服务类型，表明生态系统所提供的服务是多样化的，从不同方面对人类福祉发挥作用。同时，Costanza 等（1997）将生态系统服务划分为 17 类，并评估了全球生态系统的服务价值。这一时期的服务分类大都是对服务的列举，没有从更深层次去考虑服务之间的内在联系。随着生态系统服务研究的不断深入，学者们认识到生态系统的服务或产品与生态系统结构、功能和过程之间存在复杂的联系，服务的分类需要将这些过程考虑在内。不同于以往的一维分类体系，De Groot 等（2002）将生态系统功能按照调节功能、提供生境功能、供给服务和信息功能 4 大类别进行划分，每个类别下包括若干子项。这反映出对服务分类认识的逐渐深化，意识到不同生态系统服务间存在内在联系和共同机制。在前人工作的基础上，MA 的服务分类具有里程碑式意义，标志着对服务分类的研究进入了新的阶段。尽管 MA 服务分类方案认可度高，应用广泛，但也存在一些问题。对此，陆续又有学者讨论服务的定义及内涵，并从不同角度提出新的服务分类方案，比较有代表性的如 Boyd 和 Banzhaf（2007）、Wallace（2007）、Costanza（2008）、Fisher 等（2009）的工作。他们针对服务的不同特性如人类收益、个人福祉、服务的地理和市场属性等对服务分类进行了拓展。随着生态系统服务研究成果在实践中的广泛应用，一些专业研究报告中也开始涉及这一问题并开发出新的服务分类方案，如 CICES（Common International Classification of Ecosystem Goods and Services for Integrated Environmental and Economic Accounting）（Haines-Young and Potschin, 2010）、TEEB（The Economics of Ecosystems and Biodiversity）（Andrew et al., 2008）等。一些国内学者如张彪等（2010）、李琰等（2013）也分别从人类需求和人类福祉角度建立了服务分类体系。总结生态系统服务分类的发展历程可以发现，新的服务分类体系的产生是建立在对生态系统认识更加全面基础之上的，并伴随着生态系统服务应用领域的拓展，具有更加明确的决策背景指向和目标导向。因此，只有将生态系统过程、功能与服务的机理研究与人类需求和福利、决策的背景和目的有机结合，才能使生态系统服务分类体系日趋完善。

表 2-1　Daily 的生态系统服务清单（Daily，1997）

- 净化空气和水
- 减轻干旱和洪水
- 解毒和降解废物
- 生成和保育土壤和更新肥力
- 作物和自然植被传粉
- 大部分潜在农业害虫控制
- 传播种子和营养转移
- 维持生物多样性使人类从中获得农业、医疗、工业的主要元素
- 保护免受太阳有害紫外辐射的损害
- 局部气候稳定
- 气温极端事件和风、波浪
- 缓解极端温度和风浪力量
- 支持多元人类文化
- 提供美学、智力激励与人文精神

二、主要生态系统服务分类方案及其应用

虽然学界对于生态系统服务的定义仍有争论，但其内涵都是一致的：生态系统是服务提供的基础，服务产生于生态系统的组分、过程和功能及它们之间的相互作用；生态系统服务满足人类需求并为人类福祉做出贡献，是人类生存和发展的基础（李琰等，2013）。

在生态系统服务研究过程中出现了多种服务分类方案。究其原因，一方面，由于生态系统是一个复杂、动态的自适应系统，具有非线性反馈、阈值和滞后效应。研究者对服务的认识存在分歧，表现为：服务本身与服务产生机制间难以被清晰界定，对生态系统结构、过程、功能、服务和收益等概念的理解存在歧义，对服务产生过程认识仍不够清晰；另一方面，从社会实践上来说，人类社会经济系统也具有区域差异大、价值观多元、管理模式和应用背景复杂、受多种利益相关方影响的特征。总之，理论的复杂性和实践的多样化使得难以对生态系统服务建立清晰统一的定义和分类体系。因此，没有普适的服务分类体系，而只有"适合于目的"的服务分类方案。

建立任何服务分类方案时都需要遵守一定的规则和程序，这里归纳为以下四个步骤（图 2-1）。

（1）确定应用目的与背景。事实上，建立一种生态系统服务分类并不困难，但需明确的是，分类必须与最终使用用途一致。例如，用于评估的分类就应该避免重复计算问题，用于宣传教育的分类就应该简洁明了。所确定的应用目的和社会政策背景必须贯穿于整个建立服务分类的流程中。

（2）确定服务定义。确定生态系统服务的定义是建立服务分类的基础和前提。不同应用背景下的定义可能会各有侧重。因此，服务的定义应当是清晰明确的，特别要确定服务实体，因为这是服务定义的核心。

（3）确定分类考虑的服务属性以及原则。生态系统自身的复杂性，使得服务具有多重

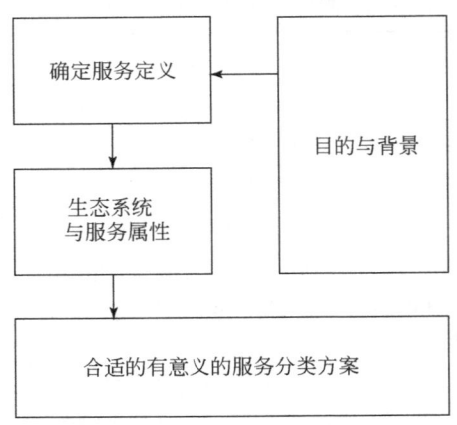

图 2-1　制订生态系统服务分类方案的一般流程（根据 Fisher 等（2009）修改）

属性。如一种服务同时具有不同的空间或市场属性，也在服务形成的级联中居于不同的位置。又如，多种生态系统服务可能共同来源于某种生态系统过程。因此，必须依据应用目的确定需要进行分类的服务属性，然后基于这种服务属性的内部一致性和差异性将服务实体归类合并。

（4）服务分类的验证和调整。在将服务类型初步归并后，需要进一步根据实际案例验证并调整分类，以确保分类之间的独立性和内部一致性，以及与分类目标和应用保持统一。

由于不同方案具有各自的侧重点和应用范围，这里按照其主要特点对用于评估的分类方案、针对特定服务属性的分类方案、人类福祉的服务分类方案和通用型服务分类方案进行介绍。

（一）用于评估的分类方案

1. Costanza 的 17 项服务分类方案

1997 年，Costanza 对全球生态系统服务的价值进行了评估，该研究是首个对生态系统服务进行的全面定量评估，具有重要的理论和实践意义。在此分类中，Costanza 等（1997）将生态系统服务定义为人类直接或间接地从生态系统功能获取的收益，并将其划分为 17 种类型（表 2-2），每种服务均来源于特定的生态系统功能。这套分类方案侧重于价值评估，并未考虑服务从生态系统到人类价值的链式（cascade）形成过程。

表 2-2　Costanza 对生态系统服务的划分方案（Costanza et al.，1997）

生态系统服务	生态系统功能	例子
气体调节	调节大气化学组成	CO_2/O_2 平衡、O_3 对 UV-B 的防护、SO_2 的浓度水平
气候调节	调节全球温度、降水及其他生物参与调节的全球和区域气候过程	调节温室气体，影响云形成的二硫化物的生成

续表

生态系统服务	生态系统功能	例子
干扰调节	生态系统响应环境干扰的容量、抑制和整合	主要是由植被结构控制的生境对环境变化的响应如风暴防护、洪水控制、干旱恢复等
水调节	调节水流动	为农业（灌溉）、工业过程和运输提供水
水供给	储存和保持水	由流域、水库和地下含水层提供水
控制侵蚀和保持沉积物	保持生态系统中的土壤	防止风、径流和其他过程对土壤的侵蚀，将淤泥储存于湖泊和湿地
土壤形成	土壤形成过程	岩石的风化和有机质的积累
养分循环	养分的储存、内部循环、处理和获取	固氮过程，N、P和其他元素的养分循环
废物处理	易流失养分的再获取，多余或异类养分和化合物的去除或降解	废物处理、污染控制、解毒作用
传粉	花卉配子的移动	为植物种群的繁殖提供传粉媒介
生物控制	种群的营养动态调节	关键捕食动物对被捕食动物种类的控制，顶级食肉动物使食草动物数量减少
提供避难所	为种群的定居和迁徙提供栖息地	育雏地、迁徙种群和栖息地，当地收获物种的栖息地，越冬场所
食物生产	总初级生产中可作为食物的部分	通过猎、渔、采集和农耕获取鱼、猎物、坚果、水果、作物等的生产
原材料	总初级生产中可作为原材料的部分	木材、燃料和饲料的生产
基因资源	特有的生物材料和产品	医药，材料科学的产品，抵抗植物病原和作物害虫的基因，装饰物种（宠物和园艺植物品种）
休闲	提供休闲活动的机会	生态旅游、体育垂钓，其他室外休闲活动
文化	提供非商业用途的机会	生态系统的美学、艺术、教育、精神和科学价值

2. De Groot 4 类 23 项服务分类

在 De Groot 等（2002）的服务分类方案中，并未对生态系统服务做直接定义，而是将服务与产品并列作为人类收益。De Groot 将生态系统功能定义为"自然过程和组分提供产品和服务，直接或间接满足人类需要的能力"，并把生态系统功能划分为 4 大类别，包括调节功能、提供生境功能、供给服务和信息功能，共 23 子类（表 2-3）。其分类的意义在于提供了一种清晰而连续的概念框架，用于解释、分类和评估生态系统的功能、产品和服务。虽然该分类不是完全针对生态系统服务的，但已与后来 MA 的服务 4 分类方案十分接近。

表 2-3 De Groot 生态系统服务四分类方案（De Groot, 2002）

功能	生态系统过程和组分	产品和服务（示例）
调节功能：维持必要的生态过程和生命支持系统		
1. 气体调节	生态系统在生物-地球化学循环中的作用（如 CO_2/O_2 平衡、臭氧层等）	1.1 O_3 防御 UVb 的功能 1.2 维持清新的空气质量 1.3 影响气候
2. 气候调节	地表和植被对气候的调节过程	为诸如人类生境、健康和繁育维持适宜的气候条件
3. 阻止扰动	生态系统结构对潮湿环境扰动的影响	3.1 对风暴潮的防御 3.2 对洪水的防御
4. 水源调节	地表植被在调节径流中的作用	4.1 排水和自然灌溉 4.2 传输媒介
5. 水源供给	过滤，保留和存储新鲜的水资源	提供水资源供给人类消费
6. 土壤保留	植物根系母质和土壤生物区系在土壤保留中的作用	6.1 维持可耕作的土地 6.2 防止侵蚀/盐碱化
7. 土壤形成	岩石风化、养分聚集	7.1 维持可耕地的生产力 7.2 维持自然的、有生产力的土壤
8. 养分调节	生物区系在养分存储和循环中的作用	维持健康的土壤和有生产力的生态系统
9. 废物处理	植物和生物区系在氙化合物的去除和分解中的作用	9.1 污染物的控制/去毒化 9.2 尘埃颗粒的过滤 9.3 噪声去除
10. 传粉	生物运动在花粉传播中的作用	10.1 野生植物物种的传粉 10.2 农作物的传粉
11. 生物控制	通过营养物质动态关系实现的种群控制	11.1 害虫和疾病的控制 11.2 减少侵害庄稼的食草动物
提供生境功能：为野生植物和动物物种提供生境，维持生物和基因的多样性		
12. 残遗种保护	为野生动植物提供适宜的生存空间	维持那些商业上可获利的物种
13. 苗圃功能	提供可再生的生境	13.1 鱼、猎物、水果等的捕捞和采集 13.2 小规模的生计农业和水产养殖
供给服务：提供自然资源		
14. 食物	将太阳能转变为可食用的植物和动物	14.1 建筑业和制造业 14.2 燃料和能源 14.3 饲料和肥料
15. 原材料	将太阳能转变为生物量以供人类建设等使用	15.1 提高作物对病原体和害虫的抵抗力 15.2 其他应用
16. 基因资源	野生植物和动物的基因原料和演变	16.1 药品 16.2 化学模型和工具 16.3 实验和对照实验组生物体

续表

功能	生态系统过程和组分	产品和服务（示例）
17. 医疗资源	自然生物群系中的生物化学物质在医疗中的使用	
18. 装饰资源	自然生态系统中的生物群系在装饰中的作用	时尚、手工艺品、珠宝、宠物、祭祀、装饰、纪念品等资源
信息功能：提供认知发展的机会		
19. 美学信息	魅力景观特征	享受自然风光
20. 休闲	景观多样性在休闲中的作用	前往自然生态系统从事生态旅游和户外运动等
21. 文化和艺术信息	自然特征的多样性在文化和艺术中的作用	自然在书籍、电影、绘画、民俗、自然象征、建筑、广告中的作用
22. 精神和历史信息	自然特征的多样性在精神和历史中的作用	自然在宗教和历史中的作用
23. 科学和教育	自然特征的多样性在科学和教育中的作用	自然系统在课外教学中的作用

3. MA 服务分类方案

MA（2005）提出的生态系统服务 4 分类方案产生了巨大影响，是目前广泛接受和使用的方案之一（表 2-4）。MA 将生态系统服务定义为"人类从生态系统中获得的收益"，把服务分为供给服务、调节服务、文化服务、支持服务 4 大类。这套分类方案对后来生态系统服务研究产生了深远影响，被广泛用于评价和核算生态系统服务的价值。然而，该方案并非完美，许多学者对此分类也提出了批评，如该分类没有区分生态系统过程（中间服务）和生态系统服务（最终服务），在服务评估时容易产生重复计算问题（Fisher and Turner，2008）。

表 2-4　MA 生态系统服务分类方案（UNEP，2005）

生态系统服务类型	生态系统服务
供给服务	食物 纤维 遗传资源 生物化学物质、天然药材和药物等 装饰资源 淡水
调节服务	空气质量调节 气候调节 水调节 侵蚀调节 疾病调节 害虫调节 传粉

续表

生态系统服务类型	生态系统服务
文化服务	文化多样性 精神和宗教价值 娱乐和生态旅游 审美价值 知识系统 教育价值
支持服务	土壤形成 光合作用 初级生态力 营养循环 水循环

（二）针对特定服务属性的分类方案

1. 中间服务与最终服务分类

根据 Haines-Young 和 Potschin（2010）提出的生态系统服务形成的级联框架，生态系统服务是生态系统过程、功能到人类价值链条的中间环节。也就是说，生态系统过程、功能与其提供的生态系统服务是不同的。对此，Fisher 等（2009）提出生态系统服务是生态系统用于（主动或被动）产生人类福祉的功能部分，应当区分中间服务、最终服务以及实现的收益。中间服务是指生态系统结构与过程的作用，而最终服务是它们对人类的直接贡献，它们位于不同的级联（cascade）环节上，与人类福祉的关联程度存在差异。这种分类方案强调了生态系统功能与服务的区别。应当说，这种区分是必要的，否则会在服务核算中产生重复计算的问题（Fisher and Turner, 2008；Fu et al., 2011）。表 2-5 给出了中间服务、最终服务和收益的例子。

表 2-5 部分中间服务、最终服务和收益（Fisher and Turner, 2008）

非生物输入	中间服务	最终服务	收益
阳光、降水、营养等	土壤形成 初级生产力 养分循环	水调节	灌溉用水 饮用水 水电
	光合作用 传粉 害虫控制	初级生产力	食物 木材 非木材产品

2. 生态系统服务的空间分类

由于生态系统过程和功能具有空间尺度属性，因此其传递的生态系统服务也具有空间属性，这使得服务的生产（供给）和利用（消费）在空间上产生不一致，表现出多种空间异质性特征。Costanza（2008）将这种空间特征总结为全球非邻近、局部邻近、有向性流动、原位和用户流动5种,并将其17项生态系统服务按照空间特征进行了划分(表2-6)。例如,碳吸收服务属于全球非邻近的,因为它的空间位置并不重要。大气是混合均匀的,在任何地方去除二氧化碳(或其他温室气体)都是等效的。局部邻近服务是指人类收益方与生态系统在位置上邻近,如风暴防护服务等。有向性流动服务是指从产生区流动到使用区的服务,如水供给和调节服务需要从上游到下游的流动来实现。可以看出,这种空间分类方案包含着生态系统服务的地理特征,对于研究服务的空间流动特征是不可少的。

表2-6　生态系统服务的空间特征分类(Costanza,2008)

1. 全球非邻近(不需要邻近)
(1) 气体调节
(2) 气候调节
(17) 文化
2. 局部邻近(需要邻近)
(3) 干扰调节
(9) 废物处理
(10) 传粉
(11) 生物控制
(12) 提供避难所
3. 有向性流动:从生产点流向使用点
(4) 水调节
(5) 水供给
(6) 沉积物调节/侵蚀控制
(8) 养分调节
4. 原位(使用点)
(7) 土壤形成
(13) 食物生产
(14) 原材料
5. 用户流动:人类向独特自然特征的流动
(15) 基因资源
(16) 休闲
(17) 文化

注:(1)~(17)代表Costanza等(1997)生态系统服务分类的17种类型

3. 生态系统服务的市场属性分类

许多种生态系统服务和产品作为资源可在市场中交易,因此具有市场属性,如大多数供给服务。这样,可根据经济学中对物品的竞争性和排他性进行分类(表2-7)。竞争性是指部分人对物品的使用会减少其他人的使用,排他性是指部分人对物品的使用限制他人的使用。生态系统服务提供的收益也具有这种竞争性和排他性属性,如木材、水产品和药品等。当然,服务的这种属性是渐进的、过渡的而非绝对的。从市场属性角度去理解生态系统服务,有利于强化对服务的市场化管理。

表 2-7　生态系统服务的竞争性和排他性分类（Costanza，2008）

	排他性	非排他性
竞争性	市场性产品和服务（多数供给服务）	开放资源（部分供给服务）
非竞争性	收费/俱乐部物品（部分休闲服务）	公共物品和服务（多数调节和文化服务）

（三）人类福祉的服务分类方案

生态系统服务与人类福祉具有密切关联，这也是生态系统服务概念提出的初衷。目前也有学者从对人类福祉贡献的角度对服务进行了分类。

1. 收益相关分类

针对 MA 分类方案存在对服务概念界定不清晰、在实践中难以核算等问题，Boyd 和 Banzhaf（2007）认为，必须对中间服务和最终服务进行区分，进而引入了最终生态系统服务的概念。他们认为，最终服务是直接被享用、消费或利用以产生人类福祉的自然组分，服务是不加入人类劳动的终端自然组分，并据此提出了与特定收益相关联的生态系统服务分类（表 2-8）。这种分类方案突出了每种服务收益的特殊性，将人类获得的收益指向产生服务的自然组分，从而揭示了人类福祉和生态系统的内在联系。

表 2-8　与特定收益相连的生态系统服务分类（Boyd and Banzhaf，2007）

分类	收益举例	生态系统服务举例
收获	管理型收获[a] 维持生存 非管理型收获 制药	授粉者数量、土壤质量、避难所、水资源可利用量 目标捕鱼量、农作物产量 目标海洋族群量 生物多样性
令人愉快和满足	美学 遗产、精神、情感 存在效益	可视域中的自然风景[b] 荒地、生物多样性、不同的自然土地覆被 相关的物种种群
防止灾害	健康 财产	空气质量、饮用水质量、不利于疾病传播的土地利用或捕食者数量[c] 湿地、森林、自然土地覆被
垃圾同化	免除清理成本	地表水和地下水、空地
饮用水供应	免除处理成本 免除抽取、运输成本	含水层及地表水质量 可利用含水层
娱乐	捕鸟 徒步旅行 钓鱼 游泳	相关种群物种 自然土地覆被、地表水 地表水、目标总体、自然土地覆被 地表水、海滩

注：a. 管理型收获包括食物、纤维和能源等作物类型。
　　b. 可视域是一个地形学概念，描绘了一个特定的地点所能看到的范围。
　　c. 生物多样性被很多生态学家认为是促进了害虫的抵抗力。

2. 连接人类价值与生态系统服务的分类

Wallace（2007）认为，管理生态系统过程的目标是为了更好地提供满足人类价值的服务，管理目标应与分类相一致，而现有的服务分类混淆了目的（服务）与手段（过程）。例如，传粉、水调节、光合作用和土壤形成等服务不是管理者追求的最终目的，相反，它们只是为实现诸如粮食生产和饮用水目的（服务）的一切手段（过程）。因此，服务分类系统应考虑生态系统对人类福祉产生的结果，即生态系统对人类福祉的贡献（目的），而产生这些目的（服务）的手段（自然过程和资产）则不作为服务，也就是说服务与收益是不同的。从这个角度出发，生态系统服务的目的是为满足特定的人类价值，而从不同的服务中获得的收益则满足了不同的价值层次。据此，Wallace将服务按照人类价值类别划分为充足的资源、保护不受捕食者/疾病/寄生虫损害、友好的自然和化学环境以及社会文化成就等类别（表2-9）。这种分类亦是一种体现人类福祉的服务分类体系。

表2-9 生态系统服务分类与人类价值、生态系统过程和自然资产的联系（Wallace，2007）

人类价值类别	生态系统服务——从个人水平感知	产生生态系统服务需要管理的过程和资产举例
充足的资源	食物（供生物能量、结构、关键的化学反应所需） 氧气 水（可饮用） 能源（如用于烹饪的提供热量的自然和化学组分） 分散辅助（运送）	生态系统过程 ● 生物调节 ● 气候调节 ● 干扰机制，包括野火、飓风和洪水 ● 大气调节 ● 景观和区域尺度的"美学"管理 ● 娱乐用地管理 ● 营养调节 ● 传粉 ● 衣服、食物和建筑等的原材料生产 ● 能源如木柴的原料生产 ● 药物的生产 ● 社会文化相互作用 ● 土壤形成 ● 土壤保持 ● 废弃物调节和供给 ● 经济过程 生命和非生命元素 提供特定生态系统要素组成和结构的过程。要素可被视为自然资源资产，如： ● 生物多样性资产 ● 土地（土壤/地形）资产 ● 水资产 ● 大气资产 ● 能源资产
保护不受捕食者/疾病/寄生虫损害	保护不受天敌捕食 保护不受病虫害	
友好的自然和化学环境	友好的环境机制包括： ● 温度（能源，包括取暖用途的火） ● 湿度 ● 光（如昼夜节律的建立） ● 化学药品	
社会文化成就	利用资源以实现： ● 精神/哲学满足感 ● 一个友好的社交团体，包括好友和爱人 ● 娱乐/休闲 ● 有意义的工作 ● 美学 ● 机会价值、文化和生物进化能力 ——知识/教育资源 ——遗传资源	

3. 基于人类需求的生态系统服务分类

人类从生态系统服务中获得收益，是为了满足各种人类需求，这也是人类福祉构成的基础。参照马斯洛的需求理论，张彪等（2010）从生态系统服务满足人类需求的角度制订了服务分类方案。他们从人类物质需求、安全需求和精神需求三种需求层面出发，与生态系统服务对应，将服务划分为物质产品生产服务、生态安全保障服务与景观文化承载服务（表 2-10）。

表 2-10　基于人类需求的生态系统服务分类（张彪等，2010）

人类需求	生态系统服务
物质需求	物质产品生产服务
生活资料	生活资料生产服务：生产供给粮食、果品、木材、薪柴等生活资料
生产资料	生产资料生产服务：生产供给橡胶、纤维、树脂、颜料等生产资料
安全需求	生态安全保障服务
大气安全	气候调节：生态系统在局地尺度影响气温和降水，在全球尺度吸收或排放温室气体，调节气候，提供了适宜人类生存的气候环境
水安全	水文调节：生态系统截留、吸收和储存降水，调节径流，降低了洪灾、旱灾 水质净化：生态系统滤除、分解降水中的化学物质，提供了洁净的水资源
土壤安全	土壤保持：生态系统固持土壤，减缓侵蚀，免除了土地废弃和泥沙滞留淤积 土壤培育：生态系统截留、分解有机物，提供了肥沃的土地资源
生物安全	物种保护：生态系统提供生物栖息生活环境，保存了生物多样性
精神需求	景观文化承载服务
美学景观	景观游憩：提供了与生态系统有关的美学和消遣的机会
文化艺术	精神历史：寄托与生态系统有关的精神与文化，如灵感、宗教、故土情结
知识意识	科研教育：提供观测、研究和认识生态系统的机会，如作为科研教育对象

（四）通用型服务分类方案

多种生态系统服务分类方案并存的现实，使得利用不同服务分类进行的核算结果难以比较和交流。对此，Haines-Young 和 Potschin（2010）提出了用于综合环境和经济核算的生态系统产品和服务的通用国际分类方案（Common International Classification of Ecosystem Services，CICES），试图建立一种较为全面的、兼容并包的分类体系，可对不同的服务分类进行转换。这套分类方案的内容相当广泛，包含从服务主题、服务类别、服务组、服务类型、服务实例和收益的多个层次，在设计时就考虑了和 MA、TEEB、SEEA（System of Economic and Environmental Accounts，环境与经济核算体系）等服务分类的转换，具体内容见表 2-11。

表 2-11　通用型服务分类方案 CICES（Haines-Young and Potschin，2010）[①]

主题	服务类别	服务组	服务类型	亚类	实例和收益
供给	营养	陆生植物和动物	商业种植	通过作物	谷类、蔬菜、葡萄等
			生计种植	通过作物	谷类、蔬菜、葡萄等
			商业畜牧生产	通过动物	牛羊肉和奶制品
			生计畜牧生产	通过动物	牛羊肉和奶制品
			收获野生植物和动物为食物	通过资源	浆果、菌类等
		淡水植物和动物	商业捕鱼（野生种群）	通过渔业	通过物种
			生计捕鱼	通过渔业	通过物种
			水产养殖	通过渔业	通过物种
			收获淡水植物为食物	通过资源	水芹
		海洋植物和动物	商业捕鱼（野生种群）	通过渔业	包括甲壳类动物
			生计捕鱼	通过渔业	包括甲壳类动物
			水产养殖	通过渔业	包括甲壳类动物
			收获海洋植物为食物	通过资源	海藻
		饮用水	水储存	通过功能	泉水、井水、河水、水库、湖泊
			水净化	通过产地	湿地
	材料	生物质材料	非食用植物纤维	通过资源	木材、稻草、亚麻
			非食用动物纤维	通过资源	皮肤、骨骼、鸟粪
			装饰资源	通过资源	球茎、鲜花，贝壳、骨头和羽毛等（宝石）
			基因资源	通过资源	育种中使用的野生物种资源
			药用资源	通过资源	生物勘探活动
		非生物质材料	矿产资源		盐、碎石等（不包括地下资产）
	能源	可再生生物质燃料	植物资源	通过资源	木材燃料、能源作物等
			动物资源	通过资源	粪便、脂肪、油
		可再生非生物质能源	风能	通过资源	
			水能	通过资源	
			太阳能	通过资源	
			潮汐能	通过资源	
			地热能	通过资源	

最新的 CICES 分类见：http://cices.eu

续表

主题	服务类别	服务组	服务类型	亚类	实例和收益
调节和维持	废物调节	生物处理	使用植物处理	通过方法	植物富集、植物降解、植物稳定等
			使用微生物处理		原位、异位生物降解、反应
		稀释和封存	稀释	通过方法	废水处理
			过滤	通过方法	过滤微粒和气溶胶
			封存和吸收	通过方法	封存有机沉积物中营养物质，去除异味
	流量调节	气流调节	防风林、防护林带	通过过程	
			通风	通过过程	
		水流调节	减少径流和排泄率	通过过程	林地、湿地及其对排泄率的影响
			水储存	通过过程	灌溉用水
			沉降	通过过程	航行
			减小海浪能量	通过过程	红树林
		质量流调节	侵蚀保护	通过过程	湿地削减泄流高峰
			雪崩保护	通过过程	稳定泥石流，侵蚀保护
	物理环境调节	大气调节	全球气候调节	通过过程	大气成分、水文循环
			局地和区域气候调节	通过过程	改变温度、湿度等，维持区域降水
		水质调节	水质净化和氧化	通过过程	维持缓冲带中营养
			冷却水	通过过程	应用于发电
		成土过程和土壤质量调节	土壤肥力维护	通过过程	植物覆盖、固氮植物
			土壤结构维护	通过过程	土壤生物活动
	生物环境调节	生命维护和栖息地保护	传粉	通过过程	通过植物和动物
			种子传播	通过过程	通过植物和动物
		病虫害防治	生物控制机制	通过过程	通过植物和动物、病原体控制
		基因库保护	维护幼小种群	通过过程	栖息地提供避难所
文化	象征性的	审美、文物	特色景观		自然风景秀美的地域
			文化景观		地方感
		精神	荒原、自然地		安静、偏远
			神圣的地方或物种		林场墓葬、天空墓葬
	智慧和体验	娱乐及社区活动	吸引人的、标志性的野生动物及其栖息地		观鸟或赏鲸、保护活动、志愿服务
			狩猎或收集		钓鱼、射击、环保团体和组织成员
		信息与知识	科学		花粉记录、树木年轮记录、遗传模式
			教育		野生动物节目和书籍等

第二节　基于人类福祉视角的生态系统服务分类方案

一、从生态系统服务到人类福祉的级联框架

生态系统服务的形成过程非常复杂，生态系统如何通过自然组分来提供服务，最终使人类获得收益的过程不十分清晰。Haines-Young 和 Potschin（2010）提出了生态系统服务级联框架（ecosystem service cascades），以级联方式系统地梳理了从服务到收益的形成过程，从而建立起从生态系统到人类福祉的关联（图 2-2）。

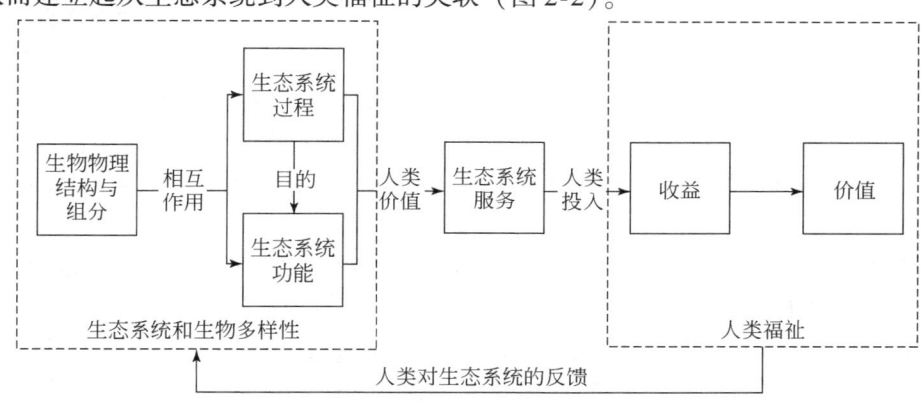

图 2-2　生态系统级联框架（李琰等，2013）

在级联框架中，从左至右伴随着人类价值取向的渗透与人类投入的增加，与人类福祉的关系也更加密切。人类投入的内涵十分广泛，代表人类获得收益的能力，可包括劳动、资本、技术、制度、政策、文化和价值等各方面的物质或非物质输入、贡献或限制。其中，生态系统是服务形成的起点，它固有的组分和结构及相互作用（生物、物理或化学的）而形成的过程与功能，是生态系统提供多种服务的基础。生态系统过程与功能在融入人类价值取向后形成服务。服务则是生态系统与人类福祉的中介，它的存在依赖于自然的供给，也体现着人类价值取向，是实现人类收益的基础。生态系统服务与人类投入结合产生的收益构成人类福祉。可对收益进行价值评估，反映出不同群体的偏好和价值取向。需要强调的是，生态系统级联是一种高度概括的框架，实际上从服务到收益的转化是非常复杂的过程，受到多种因素的影响。

二、生态系统服务与人类福祉的关联

生态系统服务无疑对人类福祉具有重要贡献。然而，来自生态系统服务的贡献只是人类福祉体系的子集而非全部，更多的非自然生态因素如社会经济对福祉的影响更大。不同层次的福祉与生态系统服务的关联度存在差异。低层次的基本福祉对生态系统服务的依赖更大，而高层次福祉的实现则更多体现了人文因素的贡献。只有同时考虑自然与人文因

素，才能建构完整的人类福祉体系。

这里，通过定义终端生态系统服务来建立生态系统服务与人类福祉的关联。终端生态系统服务（简称终端服务）是直接影响人类福祉（收益）的生态系统服务，具体定义为："与人类收益直接相关、为人类福祉做出贡献的终端自然组分。"这里所称的终端生态系统服务具有 Boyd 和 Banzhaf（2007）提出的 3 个特点：①服务实体是级联链条中的终端自然组分，而非加入人类投入后的收益。②终端组分是生态系统过程与功能产生的具体的、可感知、可测量的结果。生态系统功能和过程是中间自然组分，它们的价值包含在终端组分中。③终端服务与特定人类收益直接关联，不需要通过其他生态过程直接影响人类收益。

李琰等（2013）利用服务形成的级联框架解释了服务与人类福祉的作用关系。生态系统服务与人类福祉的相互关系是非常复杂的，但可以从服务–收益–福祉的级联框架去理解生态系统服务对人类福祉的贡献，将收益看作是生态系统服务与人类投入相互作用的输出结果。终端服务可通过生态生产函数（生态–服务函数）与"中间服务"建立联系，它是生态生产函数的输出结果。生态系统如何产生终端服务则不在我们的讨论范围内，这里只关注的是从服务到收益的转化。如图 2-3 所示，某种生态系统服务（ecosystem service，ES）加上人类投入（human input，HI），通过服务–收益函数 F 产生收益（benefits，B）。收益 B 对应不同层次上的人类福祉，而 F 反映了服务到收益的转化能力，这与 Mäler 等（2008）提出的福祉生产函数类似。ES 和 HI 的变化都会影响人类获得的收益 B。服务与收益具有多种对应关系：①一种收益 B_1 的实现可能需要多种生态系统服务 ES_1、ES_2 和 ES_3（服务间也可能存在权衡或协同）以及人类投入 HI_1、HI_2 和 HI_3，这表示服务与收益的多对一关系；②某种生态系统服务 ES_1 也可产生多种收益，如 ES_1 可在服务–收益函数 F_1 和 F_2 中分别实现不同的收益 B_1 和 B_2，这表示服务与收益的一对多关系；③人类投入与收益也具有相互作用，如人类投入 HI_2 可以是从其他服务 ES_5 中获得的收益，收益 B_2 也可以

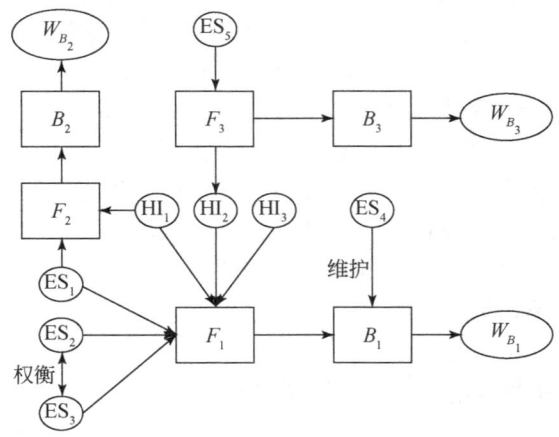

图 2-3 生态系统服务到收益的转化（李琰等，2013）

W_B 代表收益 B 所对应的福祉。ES 可在不同链条 F 中形成不同的收益（如 ES_1–F_1–B_1 与 ES_1–F_2–B_2），HI 也可以是从其他服务–收益链条中获得的人类收益（ES_5–F_3–HI_2）。不同的 ES 间也存在协同和权衡（如 ES_2 与 ES_3）。ES 和 HI 的变化会影响收益 B。人类福祉 W 对 ES 的反馈表现在加强或替代部分 ES、提高 F 的效率等方面

作为人类投入参与服务-收益函数 F_3 而产生收益 B_3。因此，图 2-3 中的服务-收益链条可以从横向和纵向扩展，从而构成了网状结构，这表示服务与收益的多对多关系。此外，人类福祉对生态系统服务具有反馈作用。如人类的社会发展和技术进步可以加强、替代部分生态系统服务，提高服务-收益函数的效率，进而改变人类福祉。

三、基于多层次人类福祉的服务分类框架

根据生态系统服务与多层次人类福祉的关系，李琰等（2013）提出了基于人类福祉的服务分类框架（表 2-12）。按照终端生态系统服务所实现的收益从福祉构建、福祉维护和福祉提升三个方面进行划分。

表 2-12　连接多层次人类福祉的终端生态系统服务分类框架（李琰等，2013）

要素	过程	生态系统功能	终端服务示例	指向人类收益的服务组	福祉层次
自然要素	生态系统过程				
水	水循环	病虫害调控	可食用动植物	食物	
土地	养分循环	空气调节	可利用的地表水或地下水	水	福祉构建
大气	碳循环	洪水调节	可用于产生能源的生态组分	能源	满足人的基本生存需求，是人类福祉的输入，主要输出物质性收益
生物多样性	能量循环	气候调节	可用于各种材料的物种或组分	材料	
能量	光合作用	水源调节	清洁的空气	空气	
⋮	⋮	废物处理	⋮	⋮	
		土壤形成 传粉	减少灾害的生态组分	灾害防护	福祉维护 提供安全舒适的生存环境，维护已有的福祉（物质+精神）
		侵蚀调节	有利于维护人类健康的生态组分	健康维护	
人文要素	人文过程	风暴防护	具有审美价值的生态组分	审美	
政治	社会进程		具有娱乐价值的生态组分	娱乐	福祉提升 提高人的生活质量，是人类福祉的输入，主要输出非物质性收益
经济	经济进程		具有教育价值的生态组分	教育	
文化	⋮	⋮	具有宗教意义的生态组分	宗教	
⋮			⋮	⋮	

注：此框架从左至右反映了从生态系统到人类福祉的服务形成过程，以及过程/功能与服务间的多重联系。表中每行的终端服务示例与生态系统过程/功能并非一一对应关系，它们实际上是复杂的非线性关系 Wallace（2007）将收益部分作为生态系统服务，De Groot 等（2002）将自然过程、功能与收益作为生态系统服务，Fisher 等（2008）将自然过程和功能作为中间服务。图中所示生态系统过程、生态系统功能、福祉构建服务和福祉提升服务分别对应 MA 中的支持、调节、供给与文化服务。从上到下反映生态系统实现不同层次的人类福祉。表中从左到右表示生态系统服务的传递过程，越向右代表与人类福祉关系越密切与直接

1. 福祉构建服务

福祉构建服务是指产生人类基本福祉要素的终端生态系统服务，主要指物质性收益，包括食物、水、能源、土地、材料和空气等收益类别。这一类型服务作为服务-收益函数的输入，经过额外人类投入后，其收益是构成人类福祉的基础要素。一旦缺少某些服务，特定的物质性收益将不能产生。这些基本福祉要素与人类投入通过复杂的相互作用和协同进化，可以产生更高层次的收益和福祉。从福祉层次上讲，福祉构建要素与马斯洛需求理论中的最底层的生理需求类似。

2. 福祉维护服务

福祉维护服务指用于维护人类已实现的福祉，使其免受损害的终端生态系统服务，包括灾害防护和健康保护收益类别。人类福祉以福祉构建服务为基础，经过自然与人类的相互作用，产生了更高级、复杂的人类福祉体系，这一过程需要生态系统服务为福祉提供维护。此类服务不是服务-收益函数的必需输入，不直接产生收益，而是维护已实现的人类福祉（包括物质性和非物质性收益）使其免受损失。它们为人类提供安全舒适的生存环境，对应马斯洛需求理论中的人类安全需求。其中，灾害防护服务用于保护已有福祉，减少或免除自然生态系统因超过人类适应范围对福祉造成的减损。健康维护服务用于保护人类自身健康，减小或免除自然环境对人类健康的负面影响。

3. 福祉提升服务

福祉提升服务指用于提升人类福祉层次，实现更高层次福祉的终端生态系统服务，主要产生满足人类精神需求的非物质性收益，包括审美、娱乐、旅游和教育等收益类别。这一类型收益产生需要人类投入，并且与社会文化价值关系密切。对应马斯洛需求中的高层次人类需求，它也是完整人类福祉中的重要部分。此类服务与福祉构建服务类似，都是服务-收益函数的必需输入，但产生的主要是非物质收益。

第三节 地理学视角的生态系统服务分类设想

生态系统服务研究需要来自多学科的交叉与融合，地理学将在其中发挥越来越多的作用。特别是，地理学所擅长的对时间和空间异质性的分析，以及重视尺度效应等都是深化生态系统服务研究所不可少的。Potschin 和 Haines-Young（2011）强调了自然地理学在生态系统服务评估中的重要作用。他们认为，自然地理学者需要寻找表征服务提供单位结构和动态特征的新途径，以更深入地了解驱动力变化对生态系统服务边际产出的影响。李双成等（2011）提出，需要从地理学视角研究生态系统服务，以空间异质性和区域差异作为切入点，围绕生态系统结构与功能—生态系统服务—人类社会福祉这一主线，将"自然系统提供生态服务与社会经济系统内化消费"之间的耦合联系作为研究核心，综合集成分析社会经济系统对自然资本内化的响应。在这种背景下，从地理学视角建立服务分类体系有助于深化对服务形成、结构与分布的认识，并对服务权衡和服务流动等问题的深入阐释做出贡献。

目前虽然还没有基于地理视角的生态系统服务分类方案，但一些学者（Costanza，2008；Fisher et al.，2009）做出了有益的尝试。基于地理视角制订服务分类方案时，需要重点考虑生态系统服务的尺度特征、时空异质性以及服务流动特征等因素。

1. 生态系统服务的时空尺度依存特征

由于生态系统服务产生于具有一系列时空尺度的生态系统过程和功能，因此服务也具有尺度依存效应（表2-13）。例如，气候调节服务在全球尺度上发挥作用，而土壤保持服务则更多发生在小尺度上。一些生态系统服务如洪水控制持续的时间较短，而另外一些服务如水源涵养则能够长期持续。在生态系统管理中，不同尺度大小的生态系统也需要相应尺度的管理方式，即生态系统服务管理需要尺度匹配，否则将带来负面影响（Cumming et al.，2006）。需要依据全球性公约或国家层面的法规解决诸如碳排放和海洋渔业控制等全球性环境问题。生物多样性的维护，如保护一些濒危物种，则需要长期的、连续的政策。因此，在建立分类方案时应当考虑区分生态系统服务的不同尺度特征。

表2-13 生态系统服务的空间尺度（Fu et al.，2011）

空间尺度	范围/km²	主要生态系统服务
全球	$>10^6$	CO_2、N、P循环，气候调节
区域	$10^4 \sim 10^6$	洪水控制、保护地表水、自然保护区
景观	$1 \sim 10^4$	土壤保持、污染分解、物种栖息地
生态系统	<1	水保持、生物氮固定

2. 生态系统服务的时空异质性

许多生态系统服务具有空间异质性，其供给依赖其地理位置。不同位置的服务提供者会影响到服务的供给量。例如，位于流域上游的森林比位于下游的森林在水源涵养上具有更高的价值。湿地和红树林的洪水控制服务也取决其所处的位置，服务效能是距人口密集区远近的函数。此外，红树林的海岸防护也会随纬度变化，植物生物量的显著差别导致了不同地方对波浪衰减作用的差异，其提供的服务在赤道附近最大（Koch et al.，2009）。位于不同空间位置的森林生态系统，其提供的碳储存服务也各不相同。如热带森林具有最高的碳储存服务，而高寒森林的碳储存服务较低。不同地理位置的森林甚至服务的性质也不同，如热带森林的生物物理气候调节服务有降温效应，而位于高纬森林的生物物理气候调节服务则具有增温效应。生态系统服务也具有时间异质性，如红树林的海岸防护服务存在季节性，尤其在温带。另外，植物覆盖的年际变化也会影响海岸防护的强度和价值（Koch et al.，2009）。不同年龄森林的碳固定服务也存在差别，如快速生长的幼年林比老龄林具有更高的碳固定能力。

3. 生态系统服务供给与消费的空间流动

生态系统服务供给与消费都具有尺度依存和时空异质性。服务在空间上的异质性必然产生服务的流动,而服务流动的数量、方式和路径等依赖于服务供给方与消费方,及其背后自然和人文过程的地理特征。生态系统结构的空间异质性导致其功能或生态学特性上的空间异质性,而后者又使得生态系统服务功能出现了空间异质性,这也决定了所产生服务的异质性(郭中伟和甘雅玲,2003)。服务供给的地理学属性主要来自自然生态系统过程和功能的自身属性,而服务消费的地理属性则来源于背后的人文过程,如服务收益者偏好、政策制度、社会经济特征、管理模式的尺度和异质性。因此,生态系统服务的空间流动也是基于地理学视角服务分类的重要基础之一。

地理视角的生态系统服务分类需要综合考虑服务供给与消费、自然生态系统与人文过程的地理特征。然而这些过程和要素非常复杂,在制订服务分类的过程中需要做出必要的简化,其简化原则应当由服务分类制订的目的和应用来指导。

第四节 生态系统服务的地域分异特性

生态系统服务是人类通过生态系统的功能直接或间接得到的产品和服务。由于生态系统的服务功能依赖于不同空间和时间尺度上的生态与地理系统过程,因而不论是生态系统服务的供给和消费都存在着尺度效应。也就是说,生态系统服务供给与消费双方相互作用及其耦合关系在不同尺度上有不同的表现形式,呈现出显著的空间异质性和区域差异性。因此,生态系统服务呈现地域分异特征(Kremen,2005)。土地利用/覆被变化不仅仅表现在景观空间格局的改变,还体现在景观内部物质循环和能量流动上,对诸如土壤侵蚀等生态过程产生作用,进而影响到生态系统服务的供给,同时引起地域分异(苏常红和傅伯杰,2012)。例如,目前城市化进程逐步加快,农田等土地类型迅速向城市建设用地等类型转变。不同的土地利用类型提供生态系统服务的种类和能力有差异,如果森林、草地等自然用地类型不断转化成城镇商住用地等类型,必将会导致土壤保持、水源涵养、气体调节和气候调节等服务的降低,还会导致生物多样性的下降。土地开发程度和利用方式的不同,形成了区域间生态系统服务的异质性。

一、不同生态系统类型中服务的异质性

生态系统服务地域分异的一个重要表现就是生态系统服务价值存在空间异质性,这种异质性与资源分布、开发利用方式及资源管理有关。从生态系统功能到生态系统服务的形成与转换,强烈依赖于提供服务的生态系统的特征(Andersson et al.,2007),生态系统服务不可能脱离生态系统而独立存在。特定地域的生态系统的组成、生境、被利用程度等因素互不相同,因此必然会造成生态系统内部组成结构、物质循环和能量流动途径等存在差异。此外,不同生态系统提供生态系统服务的种类和能力不同,同一生态系统内部生态系统服务的空间分布也存在较大的差异性。

(一)森林生态系统

森林具有丰富的生物多样性、复杂的结构和多种生态过程,是自然界最丰富和稳定的

有机碳储存库、基因库、蓄水库和能源库，对改善生态与环境，为人类生存和发展提供物质和环境等起着不可替代的作用（中国可持续发展林业战略研究总论，2002）。根据第七次全国森林资源清查（2004～2008）结果，中国现有森林面积19545.22万 hm^2，森林覆盖率达到20.36%。其中，天然林面积11969.25万 hm^2，天然林蓄积114.02亿 m^3。在森林生态系统提供的服务中，涵养水源价值占总价值量的40%，固碳释氧价值占16%，保育土壤占10%，净化大气环境价值占8%，积累营养物质价值占2%。中国各省级行政区单位面积森林生态系统服务价值量分布不均，单位面积价值量较高的省级行政区主要分布在南部沿海地区，单位面积价值量较低的省级行政区分布在西北地区和中部地区（王兵等，2011）。中国森林生态系统的各项服务也存在空间差异性，各省级行政区差异较大，处于同一等级各省级行政区的森林生态系统服务功能的影响因素也不一致。低纬度和高纬度省级行政区的综合评价指数较高，中纬度地区的省级行政区综合评价指数较低。其中，西南地区和南部沿海地区的省级行政区综合评价结果最高，华中东部省级行政区的综合评价指数较低（王兵等，2010）。此外，中国森林植被碳储量和碳密度空间差异显著，森林植被碳库主要集中于东北和西南地区，平均碳密度以西南、东北及西北地区为大（徐新良等，2007）。其中，东北地区森林碳库在全国森林碳库中占有重要位置，研究区面积占全国森林的31.4%，但是土壤储碳量却为全国的63.88%（赵俊芳等，2009）。

此外，即使是同一类型生态系统，分布区域和组成树种不同提供服务的能力也不尽相同。对比辽宁省本溪市和大连市的森林生态系统服务差异发现，本溪市阔叶树种提供的单位面积生态服务价值量要大于大连市的阔叶树种；对于针叶树种，则相反。以辽宁省为例，森林生态系统服务出现空间异质性的原因主要是环境因素尤其是气候条件的差异，降水量分布极不均匀，由东南向西北逐渐减少，南北年平均温差达到5℃左右，蒸发量分布明显为西部多于东部。环境因子的区域差异导致各树种在生态过程中发挥的功能有所不同。通过对各人工林树冠对降雨截留作用的研究发现，树冠截留率随着人工林郁闭度的增大而增加，树冠的降雨截留率从大到小依次为沙棘林、油松沙棘林、杨树沙棘混交林、油松纯林、杨树纯林（王兵等，2010）。

（二）草地生态系统

草地是世界上分布最广的植被类型之一，是陆地生态系统的重要组成部分（赵同谦，2004）。根据2010年草地监测报告，中国草地面积达到4亿 hm^2，占世界草地面积的13%，占全国国土面积的40%，其中84.8%的草地分布在西部（中国农业部草原监理中心草原监测报告，2010）。草地生态系统为人类提供了多种产品和服务，主要包括：提供净初级生产物质、碳蓄积与碳汇、调节气候、涵养水源、土壤保持和防风固沙、改良土壤。另外，草原还是重要的动植物基因库。草原生态系统服务价值约占到陆地生态系统服务总价值的17.9%（何浩等，2005）。单位面积生态系统服务价值存在明显的地域分异，最小值不到10万元/km^2，而最大值在90万元/km^2以上。青藏高原的东部和东北部地区、内蒙古东部的呼伦贝尔、科尔沁以及锡林郭勒草原、新疆西北部等地区是中国的主要畜牧区，单位面积服务价值较高，一般在50万元/km^2以上。其中，青藏高原东北部（青海、甘肃、四川的交界处）地区的草地单位面积服务价值在90万元/km^2以上。虽然青藏高原地区和内蒙古西部地区是中国草地分布面积较大的地区，且以畜牧业生产为主体，但其单位面积服务价值还不到20万元/km²，大多数地区在10万元/km²以下。华北、华东和华南等大部分地区草地分布零星，单位面积服务价值差别也较大，有些地区（如云南省部分地区）单位面积服务价值可达80万元/km²以上，而有些地区还不到10万元/km²（姜立鹏等，2007）。草地类型的地域分异是造成草地生态系统服务能力地域性差异的主要原因之一。例如，在三江源地区，沼泽的净初级生产力最高，提供的各项生态系统服务的单位面积价值也最高，其他依次为高寒草甸、温性草原、高寒草原，最低的为高寒荒漠（陈春阳，2012）。对青藏高原高寒草原生态系统服务价值的空间分区研究表明，服务价值从高到低依次为喜马拉雅山南翼亚区、青藏高原东部亚区、祁连山山地亚区、藏西南山原湖盆亚区、藏西北高原亚区，这与5个亚区沿东南向西北依次分布与气候由温暖湿润向干旱寒冷的变化趋势相一致（谢高地等，2003a）。

（三）湿地生态系统

湿地是地球上生产力最高的生态系统之一，兼有水、陆两种系统特征。中国大于1km²的天然湖泊有2700多个，湿地面积3848万hm²（未包括水稻田），居世界第四位。在湿地总面积中，自然湿地占到总面积的94.07%。天然湿地和库塘湿地面积分别为3620万hm²和228万hm²，分别占全国湿地总面积的94%和6%。在天然湿地中，沼泽湿地、湖泊湿地、河流湿地、沿海湿地面积分别为1370万hm²、835万hm²、820万hm²、594万hm²（牛振国等，2009）。从寒温带到热带、从沿海到内陆、从平原到高原山区都有湿地分布，而且还表现为一个地区内分布有多种湿地类型和一种湿地类型分布于多个地区的特点，构成了丰富多样的组合类型。

目前，国内对湿地生态系统功能的关注集中在物质生产、调蓄洪水、调节大气组分、净化水质、提供生物栖息地、休闲娱乐等方面（张苹等，2011）。不同的湿地类型，其主导功能不尽相同。例如，海河流域气候调节价值占总价值的52.97%，调蓄洪水价值占22.19%，地表蓄水价值占18.06%（江波等，2011）。乌梁素海湿地生态系统服务以水资源调节功能和大气调节功能为代表的间接使用价值要高于以提供生态系统产品为功能的直接使用价值，且大气调节是价值量最高的服务（段晓男等，2005）。盘锦地区湿地生态系统的服务价值从高到低依次为水调节功能、气体调节功能、物质生产功能、文化、栖息地、净化和休闲娱乐功能（辛琨和肖笃宁，2002）。但是，并不是所有的地域都是间接价值大于直接价值，在长江口湿地生态系统服务中，由于长江口的潮间带滩涂湿地的优势植物是芦苇和海三棱藨草，潮下带是重要水产资源日本鳗鲡的幼鱼和中华绒螯蟹蟹苗的生长区域，所以成陆造地和物质生产价值居于首位（吴玲玲等，2003）。

根据功能地域分异特点，赵其国等（2007）将中国湿地生态功能初步划分为3个一级区、7个二级区。海岸带和浅海区是生态功能一级区，横贯中国东部海岸线，海洋生物多样性丰富，湿地生态功能为生物多样性保护。东部区包括5个二级区。其中东北区的湿地类型以沼泽和河流湿地为主，气候湿润温和，生物多样性丰富，湿地生态功能为生物多样性保护、生物栖息地、调蓄水量、水土保持和物质生产；黄淮海区的湿地类型以库塘、河流湿地为主，温暖半湿润气候，人类活动影响强烈，湿地生态功能为调蓄水量、水土保持、生物多样性保护和物质生产；长江中下游区的湿地类型以湖泊和河流湿地为主，气候温湿，水资源丰富，生物多样性复杂多样，人类活动影响强烈，湿地生态功能为调蓄水量、净化水体、生物多样性保护、生物栖息地、物质生产和水土保持；云贵区的湿地类型以湖泊为主，生物类型复杂多样，湿地生态功能为生物多样性保护、生物栖息地和水土保持等；华南区的湿地类型以河流为主，高温多雨，水资源和生物多样性丰富，人类活动影响强烈，湿地生态功能为生物多样性保护、生物栖息地、净化水体、物质生产。西部区以高原湖泊和沼泽湿地为主，干旱少雨，生态脆弱，湿地生态功能为水土保持、生物多样性保护和生物栖息地（赵其国等，2007）。

二、生态系统服务分区

1967年，"生态区"的概念首次被提出，是指具有相似生态系统或预期发挥相似生态功能的陆地及水域（Crowly，1967），这个概念的提出意味着传统的地理分区研究进入了生态学领域。研究者开始认识到城市周边地区农业和自然用地的多功能性（Ilbery and Bowler，1998；Aubry et al.，2011；Zasada，2011），如食品特别是新鲜食品的供应（Temple and Moustier，2004）、地下水补给（Haase and Nuissl，2007）、洪水控制（Kenyon et al.，2008；Wheater and Evans，2009）、城市气候调节（Lamptey et al.，2005）、碳吸收（Hutchinson et al.，2007）、环境风险防御（Mougeot，2005）、废物回收循环（Temple and Moustier，2004）、文化景观（Davoudi and Stead，2007）和社会教育功能（Ba and Moustier，2010）等。基于城郊农业（periurban agriculture，PUA）多功能性和相应的城市需求产生的一些新型农业活动模式受到关注，如景观管理与农业环境生产（landscape management and agri-environmental production）、休闲农业（lifestyle farming）、娱乐方向的多样化（recreation-oriented diversification）和社会农业（social farming）（Zasada，2011）。生态系统服务区（ecosystem services districts，ESD）的概念最早由Heal等（2001）提出，并建立了生态系统服务区概念模型（图2-4）。模型包括上游森林、中游农地和下游城市三个组成要素，河水流动使三者建立联系，成为一个整体系统。通过对系统中食物供给、木材供给、气候调节、洪水控制、娱乐等生态系统服务之间的权衡分析，讨论了不同土地利用情境的优劣，希望建立起一个上下联合、跨行政区的管理体制，旨在从局地尺度出发，

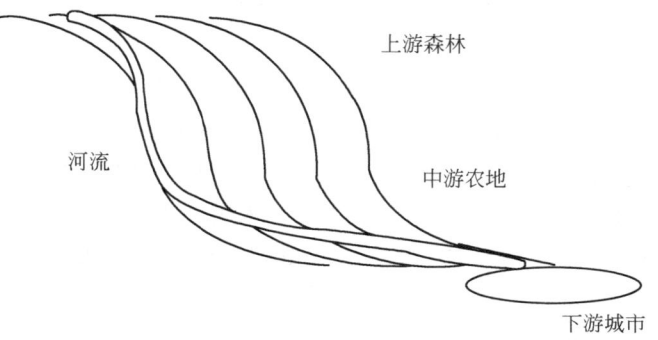

图2-4 生态系统服务区的概念模型（Heal et al.，2001）

结合人类对生态系统服务的需求，对生态系统服务管理提供支持。

Goldman 等（2007）比较了三种创新的景观管理机制——合作基金（cooperation bonus）、联合体（entrepreneur）和生态系统服务区的优缺点，进一步丰富了生态系统服务区的理念。比如，"生态系统服务区"的部分自愿性，组合管理多种生态系统服务，对区内活动的监测和管理，促进内部个体之间的合作，减少交易的成本等。Irwin 和 Ranganathan（2007）在世界资源研究所（World Resources Institute，WRI）的报告 *Restoring Natures' Capital，An Action Agenda to Sustain Ecosystem Services* 中，阐述了推进生态系统服务区管理机制从理念到现实的一些途径，如从目前最为熟知的水源净化、洪水控制以及固碳三种生态系统服务入手。Feldman 和 Blaustein（2007）、Thompson（2000）等也肯定了生态系统服务区在环境管理中的作用。Lant 等（2008）研究认为，生态系统服务区是解决公共品特性导致的"生态系统服务悲剧"的三种有效管理机制之一。

三、生态系统服务区与土地利用管理

城市人口大量聚集，人类活动强度大，是生态系统服务流的重要的汇。在城市扩张和城市管理中应该维护城市生态安全底线，维护最低限度生态系统服务的安全格局（俞孔坚等，2010）。"生态系统服务区"途径，能够明确城市主要生态系统服务的来源和供应机制，加强城市与周边地区（包括近郊和远郊地区）的功能联系，建立起一套基于生态系统服务赖以产生的生态系统结构和功能的完整单元且跨越行政边界的管理机制。生态系统服务区的划定主要包括两方面内容：一是识别生态系统服务的源、受益者、空间流和地理边界；二是内部利益相关方和行政管理实体（地方政府、区县、基金会、自然保护协会、企业、农场主和居民等）就区内进行统一管理达成共识，从而突破行政边界的障碍，使管理尺度与生态过程和功能尺度相符合，对土地利用等进行统一规划和管理。

北京是中国的首都，政治、经济和文化中心，对物资需求、环境质量和生态安全保障需求很高。然而，北京市本身却是一个水资源不足、生态系统服务的供需矛盾十分突出的区域（宋秀杰和郑希伟，2001；俞孔坚，2010）。但是，作为首都，北京市相对来说更能够调配周边地区的资源，并调控周边地区采用有利于北京市的土地利用方式。北京市和周边地区需要建立紧密的生态联系，虽已出现生态涵养区、生态与环境屏障建设等生态系统服务管理的需求，但相关管理机制非常不健全，资源与环境的一体化管理问题亟待解决。

黄姣（2012）基于 DEM 的流域划分技术，构建了北京周边大区、二级区和小流域的生态系统服务区等级体系，并考察了北京周边生态系统服务区内的自然地理结构，包括地形、景观格局等。然后对北京市区与周边地区的生态系统服务关系进行了系统分析，并利用大区内植被覆盖度的变化评价了保护生态系统服务的区域政策效果，最后提出了一个基于流域的生态系统服务区概念模型。三个流域（永定河流域、北三河流域和北拒马河流域）涵盖的区域作为北京生态系统服务区的范围，命名为"北京周边生态系统服务大区"。永定河流域、北三河流域和北拒马河流域相对独立，但又保持联系，且都包括北京市区的一部分，因此作为北京周边生态系统服务大区的二级区。北京周边提供的生态系统服务种类主要有水源供应、新鲜农产品供应、城市垃圾废水收纳、旅游、土壤保持、调蓄洪水。在 Heal 等（2001）概念模型的基础上，综合已有的城市周边地区与城市多功能联系的研究结果，根据北京城市与周边地区的生态系统服务关系，构建了一个基于流域的简化生态系统服务区模型（图2-5）。

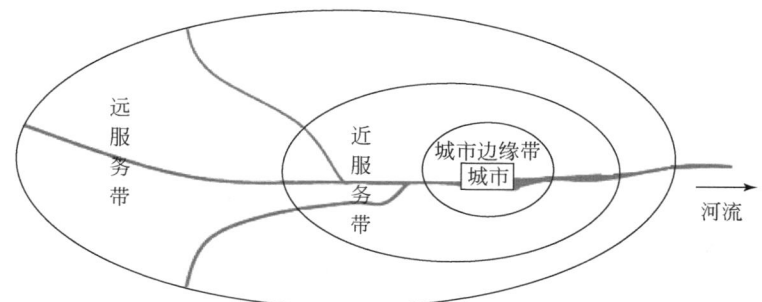

图 2-5　基于流域的生态系统服务区一般模型（黄姣，2012）

流域由上游山区和下游平原两部分组成，城市位于平原上。从城市到流域的分水岭分为 3 个圈层，分别是：①城市边缘带。该区靠近城市外围，城市化过程剧烈，城市的扩张对周围农用地和自然用地的侵占是最主要的特征。②近服务带。从城市外围到浅山区的地带，为城市提供水资源、高品质农副产品和娱乐休闲方面的服务，并吸纳城市的废弃物和废水。③远服务带。从浅山区到流域分水岭的地带，提供土壤保持、洪水调蓄等调节服务，随河川径流、地下水运动和水库间的调度等过程，为近服务带的生态系统提供服务，当城市居民利用水资源、农产品时，就间接从这些调节服务里得到了收益。以北京市为例，各个服务带之间的关系可概括为：北京周边生态系统服务区近服务带和远服务带的分界处在官厅水库所在的位置。官厅水库及其以下山地和平原是与北京城市直接接触的、为城市提供生态系统服务的地带，包括饮用水源的供给、农副产品的供给、休闲观光场所的提供等。永定河流域在官厅水库以上的广阔区域，间接为北京城市提供服务，如土壤保持、为下游水库提供干净水源等。

此研究案例一方面丰富了生态系统服务的研究内容，有效识别了生态系统服务的空间异质性。另一方面，能够推动这种基于生态系统服务的跨行政边界的管理机制在北京城市周边地区土地利用管理中的运用，以促进城市与周边地区的协调发展，这也是生态系统服务分区的意义和目的所在。

第五节　生态系统服务分区的技术与方法

分区（regionalization）又称区域划分，是指按照一定的标准或依据，将某一区域的自然或人文要素进行划分和合并，将一个大区域划分为若干个小区域的过程（图2-6）。区域划分通过揭示区域内部的相似性和差异性来对区域特征进行科学认知，进而对区域可持续发展提供决策支持。分区性能的判断规则是使得属于同一个区的样本之间应该彼此相似，而不同区的样本差异足够明显。而对于生态系统服务的分区，其目的在于识别不同区域的生态系统服务供给与消费状况，从而制定科学的生态系统服务管理政策，发挥生态系统服务对区域发展的最大支撑效能。

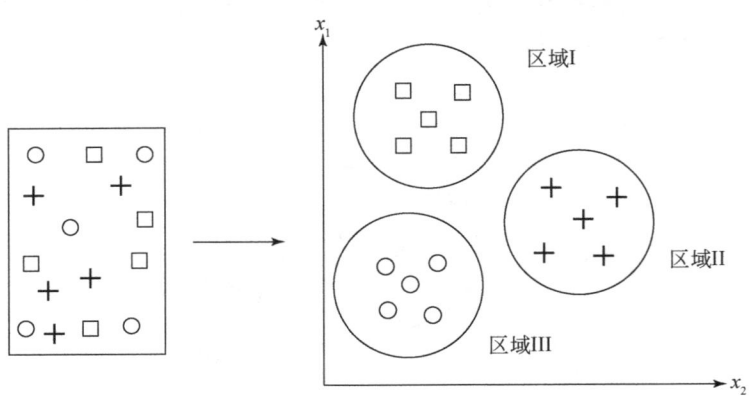

图 2-6　一般分区示意图

一、生态系统服务分区的一般思路

使管理尺度和生态过程/功能尺度一致，是生态系统服务分区的重要目的之一。在生态系统服务分区时，明确区域之间自然和人文要素的差异性以及生态系统服务的时空特征至关重要，辨识生态系统生物物理过程方面的功能联系是建立生态系统服务区的基础。主要内容包括：对生态系统结构、过程与功能进行识别，厘清生态系统为人类提供哪些服务，明晰生态系统服务的空间传递机制，确定生态系统服务区的空间范围等。其中，生态系统服务区的边界应当根据对区域人类福祉最为重要的，或者是人类想要保护的一种或几种生态系统服务的生物物理范围来确定。

生态系统服务分区的目的在于为管理生态系统服务提供依据和策略，进而提高管理效能。因此，服务分区应当基于生态系统结构与功能—服务—人类收益的生态系统服务级联框架来进行，即生态系统服务由相应的生态系统功能产生，而后者依赖于特定的生态系统结构和过程；服务使人类获得收益，对生态系统服务价值的衡量与人类得到的收益相关。生态系统服务分区的一般过程为：首先，对区域内自然地理结构与过程进行全面和整体分析，认识区域内各个单元的功能联系，以及周边地区为目标区域提供生态系统服务的传递路径；其次，量化生态系统服务，包括价值量和物质量评估以及空间制图等；最后，依据评估结果进行地域划分，为区域生态系统管理提供科学依据。

生态系统服务分区是建立在对地域生态系统结构与功能分析、服务识别和服务核算基础之上的，同时这些因素也是分区标准的重要组成部分。例如，流域生态系统服务分区的重要依据就是由服务供给与消费类型、服务流动、流域与周围区域服务关系等构成。虽然目前国内外还没有生态系统服务分区的统一框架，对技术和方法的研究还很欠缺，但可以基于生态系统服务分区思想，应用地理学中成熟的区划理论和方法，逐渐建立生态系统服务分区的技术和方法体系。

二、生态系统服务分区的原则

区划是地理学中经典而重要的工作之一，根据区划对象的不同分为自然区划、经济区划以及两者结合在一起的综合区划等类型。自然区划以地表自然综合体为划分对象，应用自然地域分异规律，按自然地理环境特征的相似性和差异性，划分或合并为不同的自然地域单位，并按这些地域单位的从属关系建立起一定的地域等级系统。经济区划是根据社会劳动地域分工的规律、区域经济发展的水平和特征的相似性、经济联系的密切程度或者国家经济社会的发展目标与任务分工对国土制订战略性区划。综合区划是将划分对象从自然地域拓展到自然与人文综合作用形成的地域系统。由于当今人类对自然环境深刻而广泛的影响，综合区划更具有现实意义。

区划常用的基本方法包括顺序划分法和合并法。顺序划分法又称"自上而下"的区划方法。"自上而下"进行区划，主要是根据大、中尺度的区域分异因素，按照区域相对一致性以及区域共轭性等原则，从划分高级区域单元开始，逐级向下进行剖分。"自上而下"通常用在大范围分区和对区划高、中级单元的划分。合并法又称"自下而上"的区划方法，是从划分最低等级区域单元开始，然后根据相对一致性原则和区域共轭性原则将它们依次合并为高级区域单元。在实际应用中，合并法常与类型制图法结合，以类型图为基础进行区划。合并法在部门自然区划中普遍应用，如地貌区划、土壤区划和植被区划等。具体来说，地貌区域是各种不同地貌类型的结合，土壤区域是一定土类或土种的有规律综合。在综合自然区划中应用合并法，是在土地类型图或景观类型图基础之上，根据土地类型或景观类型组合分布的差别进行区划。

根据地理区划的一般原则，结合生态系统服务的地理特征，生态系统服务分区的原则包括：

第一，地带性和非地带性相结合原则。地带性和非地带性是地表自然界最基本的地域分异规律。地球表层中的所有自然与人文过程均受到地带性因素和非地带性因素的共同作用。地带性和非地带性因素的对立统一始终贯穿着从生态系统结构与功能到服务的全过程，并决定着这一过程的本质与方向。从大尺度来说，生态系统服务的空间分布、流动以及供给与消费都存在着明显的地带性，因自然与人文因素的地域分异所致。

第二，发生同一性与区内特征相对一致性原则。既要考虑同一级别区划单元特征的相对一致性，又要照顾区域单元形成和发展过程的同源性。这一地理区划原则同样也适用于生态系统服务分区。在分区中要考虑多重生态系统服务成因上的一致性，通过空间聚类等技术，对发生一致的生态系统服务合并成簇；同时，在分区层级及特征使用上，还要考虑区域内生态系统服务类型和数量的相对一致性。

第三，综合性原则和主导性原则。强调在进行某一级区划时，必须全面考虑构成地理环境的各组成要素及其综合体的相似和差别；同时，需要选取反映区域分异的主导因素及其主导标志作为确定某级分区的主要根据。作为具有综合区划性质的生态系统服务分区，识别生态系统服务的类型、空间分布和动态变化离不开对区域自然和人文地理特征的认识，必须将影响生态系统服务的自然和人文要素综合起来加以考虑，抓住主要特征进行分区，或将某一地理要素特征作为代用指标进行生态系统服务分区。

第四，自然与行政区划单元相结合。一方面，作为一种综合地理区划，生态系统服务分区兼具自然与人文区划特征。因而在区划单元的选择上，尽可能选择生态系统服务形成与分布相一致的自然单元，如流域就是与水生态系统服务相关的最佳区划单元。另一方面，生态系统服务分区的最终目的是对其生态系统进行科学利用与管理，各项保护、建设与管理工作须由各级相关政府部门实施。因此，区划单元适当考虑行政界线是必要的。

三、生态系统服务分区的数理方法

20 世纪六七十年代，地理学计量革命兴起之后，在计算机技术快速进步的推动下，区域划分研究中逐渐引入数理方法和技术，如回归分析、聚类分析、判别分析和主成分分析等。但到目前为止，还没有成熟的数理方法直接应用到地理分区中，大多数定量化的区划工作是首先对区划要素进行分类或聚类，然后在 GIS 和专家经验支持下，将分类或聚类结果转换成分区方案。下面介绍几种生态系统服务分区中常用的分类和聚类方法。

（一）朴素贝叶斯分类

朴素贝叶斯分类是最早的贝叶斯分类器，其算法逻辑简单，模型构造容易，运算速度快，分类所需时间短，并且在大多数情况下分类精度较高，在实际中得到了广泛应用。该分类器有一个朴素假定：以属性的类条件独立性假设为前提，在给定类别状态条件下，属性之间相互独立（图 2-7）。

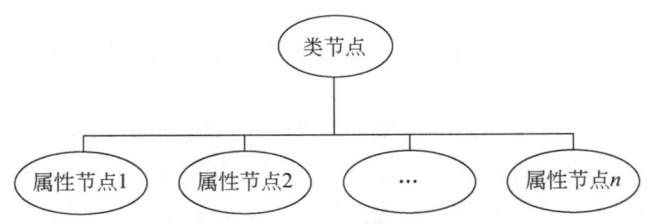

图 2-7　朴素贝叶斯分类器结构示意图

假设样本空间有 m 个类别 $\{C_1, C_2, \cdots, C_n\}$，数据集有 n 个属性 $A_1, A_2, \cdots, A_n$，给定一个位置类别的样本 $X=(x_1, x_2, \cdots, x_n)$。其中，$x_i$ 表示第 i 个属性的取值，即 $x_i \in A_i$。则可用贝叶斯公式计算样本 X 属于类别 $C_k(1 \leq k \leq m)$ 的概率。由贝叶斯公式，有

$$P(C_k|X) = \frac{P(C_k)P(X|C_k)}{P(X)} \propto P(C_k)P(X|C_k)$$

即要得到 $P(C_k|X)$ 的值，关键要计算 $P(X|C_k)$ 和 $P(C_k)$。令 $C(X)$ 为 X 所属的类别标签，由贝叶斯分类准则，把未知类别的样本 X 指派给类别 C_i，贝叶斯分类器的计算模型（郑默，2011）为

$$V(X) = \arg\max_i P(C_i)P(X|C_i)$$

由朴素贝叶斯分类器的属性独立性假设，假设各属性 x_i（$i=1, 2, \cdots, n$）间相互类条件独立，则

$$P(X|C_i) = \prod_{k=1}^{n} P(x_k|C_i)$$

那么，朴素贝叶斯分类器的计算公式可修正为：

$$V(X) = \arg\max_i P(C_i) \prod_{k=1}^{n} P(x_k|C_i)$$

式中，$P(C_i)$ 为先验概率，可通过 $P(C_i) = d_i/d$ 计算得到。其中，d_i 是属于类别 C_i 的训练样本的个数，d 是训练样本的总数。若属性 A_k 是离散的，则可由 $P(x_k|C_i) = d_{ik}/d_i$ 计算得到。其中，d_{ik} 是训练样本集合中属于类别 C_i 并且属性 A_k 取值为 x_k 的样本个数，d_i 是属于类别 C_i 的训练样本的个数。

朴素贝叶斯分类器具体过程如下：

（1）用一个 n 维特征向量 $\boldsymbol{X} = (x_1, x_2, \cdots, x_n)$ 来表示数据样本，描述样本 X 对 n 个属性 $A_1, A_2, \cdots, A_n$ 的度量。

（2）假定样本空间有 m 个类别状态 $C_1, C_2, \cdots, C_m$。对于给定的一个未知类别标号的数据样本 X，分类算法将 X 判定为具有最高后验概率的类别。也就是说，朴素贝叶斯分类算法将未知类别的样本 X 分配给 C_i，当且仅当对于任意的 j，始终有 $P(C_i|X) > P(C_j|X)$ 成立，$1 \leq j \leq m, j \neq i$。使 $P(C_i|X)$ 取得最大值的类别 C_i 被称为最高后验假定。

（3）由于 $P(X)$ 不依赖于类别状态，对于所有类别都是常数，则根据贝叶斯定理，最大化 $P(C_i|X)$ 只需要最大化 $P(X) P(X|C_i)$ 即可。如果类的先验概率未知，则通常假定这些概率是相等的，所以只需要最大化 $P(X|C_i)$ 即可，否则就要最大化

$$P(X|C_i)P(C_i)。$$

（4）当实例空间中训练样本的属性较多时，计算 $P(X|C_i)$ 可能会比较费时，开销较大，此时可以做类条件独立性的假定：在给定样本类别标号的条件下，假定属性值相互条件独立，属性之间不存在任何依赖关系，则下面等式成立：

$$P(X|C_i) = \prod_{k=1}^{n} P(x_k|C_i)$$

式中，概率 $P(x_1|C_i), P(x_2|C_i), \cdots, P(x_n|C_i)$ 的计算可由样本空间中的训练样本进行估计。

（5）对于未知类别的样本 X，对每个类别 C_i 分别计算 $P(X|C_i) P(C_i)$。样本 X 被认为属于类别 C_i，当且仅当 $P(X|C_i) P(C_i) > P(X|C_j) P(C_j)$，$1 \leq j \leq m, j \neq i$，也就是说样本 X 被指派到 $P(X|C_i) P(C_i)$ 取得最大值的类别 C_i。

（二）决策树

20 世纪 60 年代以来，决策树方法在分类、预测和规则提取等领域得到广泛应用，特别是在 1986 年 Quilan 提出 ID 3 算法以后，在机器学习和知识发现领域成为重要的数据挖掘途径。整体上，决策树是一种归纳分类算法，具有良好的可伸缩性，可与超大型数据库结合，并能处理包括连续、离散和布尔在内的多种数据类型。决策树算法的另一个优点是结果容易理解，分类模式可方便地转化成分类规则。

决策树是一种树状结构，每一个树节点可以是叶节点，对应着某一类，也可以对应着一

个划分,将该节点对应的样本集划分成若干个子集,每个子集对应一个子节点。对一个分类或规则学习问题,决策树的生成是一个自上而下、分而治之的过程。决策树从根节点开始,对数据样本进行测试,根据不同的结果将数据样本划分成不同的数据样本子集,每个数据样本子集构成一个子节点。对每个子节点再进行划分,生成新的子节点。重复这个过程,直至达到特定的终止准则。允许节点含有多于两个子节点的树称为多叉树。每个分支要么是一个新的决策节点,要么是树的结尾(即叶子)。对于生成的决策树,可以从根节点开始,由上至下,提取规则,也可对数据点进行分类或预测。对一个样本进行分类时,从树根节点开始,根据每个节点对应的划分将其归到相应的子节点,直至叶节点。叶节点所对应的类别就是该样本对应的分类(朱绍文等,2000;朴亚杰,2007)。决策树数据分类操作通常有两个步骤:

(1)根据给定的训练集,找到合适的映射函数 $H: f(x) \rightarrow C$ 的表示模型。这一步通常称为模型训练阶段。

(2)使用上一步训练完成的函数模型预测数据的类别,或利用该函数模型,对数据集中的每一类数据进行描述,形成分类规则(图2-8)。

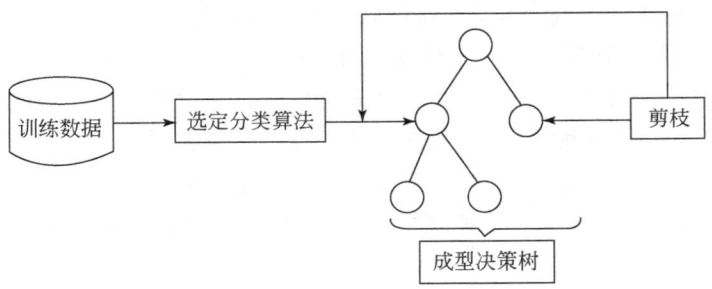

图 2-8 决策树的工作原理

决策树(decision tree)学习是以实例为基础的归纳学习算法。它着眼于从一组无次序、无规则的事例中推理出用决策树表示形成的分类规则,学习过程中不需要使用者了解很多背景知识,这个特点同时也是它的缺点,因为决策树技术是一种"贪心"搜索,贪心算法难以获得整体最优。

(三)聚类分析

近年来,聚类分析技术得到迅速发展,应用领域不断拓展,成为数据挖掘、模式识别和机器学习等领域中一个备受关注的研究课题。应用领域不同,对聚类算法的具体要求也有差异。聚类分析的主要步骤(图2-9)如下。

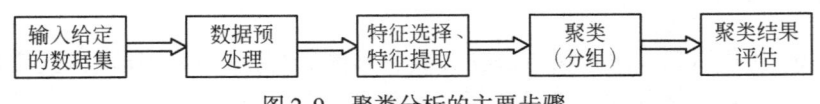

图 2-9 聚类分析的主要步骤

(1)数据预处理:根据聚类分析的目的和要求,对输入数据集进行标准化及降维等前处理操作。

(2)特征选择、特征提取:对数据预处理过程得到的最有效特征进行选择,并将其存放于特定向量中,然后对这些有效特征进行相应的转换,得到新的有效突出特征。

(3）聚类（分组）：根据需要选择合适的相似性度量函数对数据对象进行相似程度度量，以此进行数据对象的聚类（分组）。

(4）聚类结果评估：依据特定的评价标准对聚类结果进行有效评估，评估聚类结果的优劣，以此对聚类分析过程进行进一步改进和完善（Jain，2000；Sambasivam，2006）。

1. K 均值聚类

K 均值聚类又叫快速聚类，是一种把对象聚成给定数目 K 类的动态聚类方法，其工作过程大致如下：首先，确定要划分的类别数 K。在聚类对象中随机地挑选 K 个点作为凝聚核，将研究对象粗略地聚为 K 类。计算所有样本点到这些凝聚核的距离。如果初始划分刚好合理，则聚类结束，给出 K 个聚类的结果。其次，如若不然，则将样品归为最近的凝聚核所在的一类。用新归类的结果代替初始聚类，以类簇的平均位置为作为新的凝聚核，重新聚类，并检查结果是否合理，如果合理则聚类结束，否则根据到凝聚核距离的远近调整聚类方案，用调整后的方案代替第二步聚类。聚类的循环过程如图 2-10 所示，每修改一次聚类，并用修正结果代替上一次的聚类，称为一次迭代；每经过一次迭代，类簇的平均位置即类中心位置移动一次。随着聚类结果的渐趋合理，类簇中心的移动幅度越来越小，最后归之不动，这个过程称为收敛。对于简单的聚类体系，类簇中心很快收敛。但是，如果聚类对象数量大且奇异值多，则收敛较慢。当类簇中心移动幅度非常之小，上下两次移动的差值小于特定阈值时，就可以近似视为收敛，聚类结束（陈彦光，2011）。

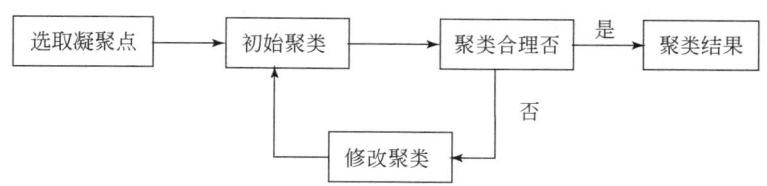

图 2-10　K 均值动态聚类过程（陈彦光，2011）

K 均值算法是一种基于划分的聚类算法，它通过不断的迭代过程来进行聚类，当算法收敛到一个结束条件时就终止迭代过程，输出聚类结果。由于其算法思想简便，又容易实现，因此 K 均值算法已成为目前最常用的聚类算法之一。然而，K 均值聚类过分依赖于初始中心点的选取，且容易受数据噪声的影响，为解决这一问题，出现了各种基于全局最优化思想的 K 均值聚类方法，比如模拟退火算法和遗传算法等（Maulik and Bandyopadhayay，2000；Selim and Al-sultan，1991）。

2. 系统聚类法

系统聚类法是目前国内外使用最多的一种聚类分析方法，其基本思想是：先将 n 个样本各自看成一类，然后规定样本之间的距离、类与类之间的距离；然后选择距离最小的一对并成一个新类，计算新类和其他类的距离；再将距离最小的两类合并，这样每次减少一类，直至所有的样本都成为一类为止（图 2-11）。其过程为：首先，选择一个适当的分类统计量，用以度量分类对象的相似程度或非相似程度；然后，用适当方法进行聚类，建立分类谱系图。聚类分析方法通常使用相似系数（向量夹角余弦）和欧氏距离系数等作为分类统计量。

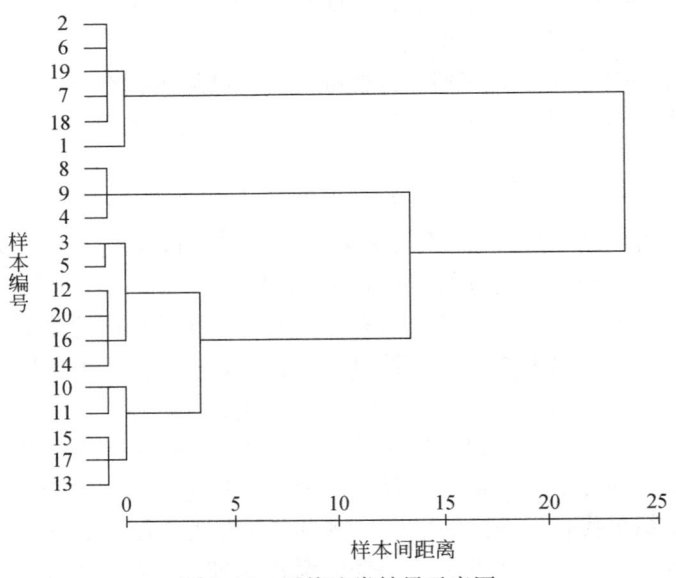

图 2-11　系统聚类结果示意图

聚类的出发点是距离矩阵或者相似系数矩阵，相似系数也可以转换为距离。距离有多种表达，任何一种距离的定义都必须服从距离公理，常用的距离有欧氏距离、马氏距离和明氏距离等。不同距离有各自的优缺点。最普通的是欧氏距离，性能最好的是马氏距离。马氏距离不仅可以消除量纲影响，同时可以消除变量之间的相关性问题。当然，并非任何情况下都是马氏距离最优，采用何种距离需要根据具体情况决定。相似系数则是任何距离都不可以代替的一种测度。

3. 自组织特征映射网络聚类

自组织特征映射（self-organizing feature maps，SOFM）网络是由芬兰赫尔辛基大学神经网络专家 Kohonen 教授在 1981 年提出的一种聚类方法，是根据相似神经活动总是映射到大脑皮质的某个特定区域的神经生理学原理而抽象提出的数学模型。

根据脑神经学的研究成果，人脑由大量的神经细胞组成，它们并非都起同样的作用，处于空间上不同区域的神经细胞分工也有所不同。它们对各自的输入信息模式的不同特征敏感，这样就形成了大脑各种不同感知路径和区域。在大脑皮层中，神经元的输入信号一部分来自感觉组织或其他区域的外部输入信号，另一部分来自同一区域的反馈信号。神经元之间的信息交互具有的共同特征是：最邻近的两个神经元互相激励，较远的神经元相互抑制，更远的则又具有较弱的激励作用。SOFM 是一种以无教师信号示范的具有自组织功能的神经网络，网络通过自身训练，自动对输入模式进行分类。在网络结构上，SOFM 一般由输入层和竞争层两层构成（图 2-12）。网络没有隐含层，两层之间各神经元实现双向连

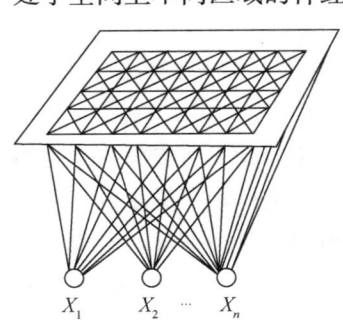

图 2-12　SOFM 网络拓扑结构

接，有时竞争层各神经元之间还存在横向连接。

SOFM 的基本原理是：网络竞争层各神经元竞争对输入模式的响应机会，最后仅一个神经元成为竞争胜者，并对那些与获胜神经元有关的连接权值朝着更有利于他竞争的方向调整，这样获胜神经元就表示输入模式的某一个类别。所有输入都和网络网格上的输入层每一节点相连，每一网格节点都是输出节点，它们只和相邻的其他节点相连。也就是说，每个神经元接收的外部输入均一样，它有两种权重：一种是神经元对外部输入响应的权值；另一种是神经元之间的连接强度，控制着神经元之间的相互作用大小，其值可以为零。

SOFM 学习过程分为以下几步：

（1）权值初始化，用小的随机数对各权向量赋予初值。

（2）在样本集中随机选择一个样本 x 作为输入。

（3）在时刻 t，选择最佳匹配单元 i（竞争过程）。这里是选定输入向量 x 与所有权向量之间的最相似者作为获胜单元。

（4）修正权值 $\triangle W_i = \eta (x - W_i)$，$i \in NB_c$。其中，$\eta$ 为正的学习率；NB_c 表示对应于获胜单元 c 周围的一组下标。为了实现较好的收敛性能，学习速率和邻域规模应逐步缩小。

（5）进行下一次学习，直到形成有意义的映射图。

SOFM 人工神经网络被广泛应用于模式信息处理与模式识别、最优化问题计算、复杂控制、信号处理以及预测等方面。叶敏婷等（2007）运用 SOFM 网络，将云南省土地利用程度划分为高土地利用程度、高人口压力和高经济压力区等 6 种类型。蔡博峰等（2008）以土壤侵蚀、地表水环境、地下水环境和生境等生态敏感性因子为网络输入参数，构建了 SOFM 模型，对北京市房山区的生态敏感性进行了分区。郝成元等（2008）尝试用 SOFM 网络对云南省南部基于气候、地形和植被数据进行地域划分。李双成等（2002）以青藏高原环境与生态系统资产作为待分客体，建立 SOFM 网络完成了对青藏高原范围内生态资产的地域划分，分类结果与传统的聚类方法所得结果相比较，在精确度上有明显优势。

第六节　案例：京津冀地区生态系统服务分区

一、研究背景

长期以来，人类过分重视自然资源的经济价值，为满足自身需求对自然资源进行了掠夺式开发，使得生态系统功能日趋降低，生态系统服务供给能力下降，对人类福祉构成威胁。土地利用是人类与自然相互作用最为密切的资源要素，通过区域社会经济发展进程直接影响生态系统服务。探究土地利用变化与生态系统服务价值的互馈关系，有利于制定科学的土地管理政策，并优化土地利用布局（全斌，2011）。将土地利用变化与生态系统服务价值评估结合起来，依据生态系统服务的差异对土地进行分区，可以消除土地利用分类体系过度重视利用现状而忽视生态系统功能的弊端（肖宝英等，2002；谢高地等，2003；贾良清等，2005；徐立等，2009；蒋晶和田光进，2010；唐秀美等，2011；Ralf et al.,

2011），可以明晰不同地区生态系统服务优势类型。同时，生态系统服务分区结果对区域社会、经济和生态一体化发展政策和方案制定提供有针对性的科学支撑（张振明和刘俊国，2011）。

引入生态系统服务已成为土地变化科学领域新的研究趋势（Turner II，2007），探讨如何将生态系统服务纳入土地利用决策，并在政策制定中充分考虑不同利益相关者的需求，对于土地可持续利用以及人类福祉长期保障具有重要价值（Cowling，2007）。从近年来国内外研究动态来看，服务价值逐渐成为衡量生态系统服务重要性的主要指标和进行土地资源优化配置的重要依据（Turner et al.，2000；Sutherland et al.，2006；Naidoo et al.，2008；Naidoo et al.，2011；Winfree et al.，2011）。

基于以上分析，马程等（2013）在校正中国不同陆地生态系统单位面积生态服务价值系数（谢高地等，2003）的基础之上，核算了京津冀地区各县（市、区）不同类型生态系统服务的价值，以表征空间异质性和区域差异为研究目标，围绕"生态系统服务价值核算—生态系统服务分区—生态系统服务类型识别—各分区存在问题和建议"这一研究主线，采用 SOFM 网络进行生态系统服务分区，将各分区的服务价值用类似于"生态系统服务簇"雷达图的形式加以表征，同时用 ArcGIS 中的热点区分析模块（hot spots analysis）识别了生态系统服务热点区。在此基础上，归纳和总结了不同区域主导生态系统服务的类型，进而为京津冀地区今后的发展提供政策建议。

二、研究区概况

京津冀地区位于 113°04′E ~ 119°53′E，36°01′N ~ 42°37′N，包括北京市、天津市和河北省 3 个省（直辖市），共计 164 个县级行政单位，总面积为 21.66 万 km^2。该区地势由西北向东南倾斜，地貌类型多样，北部和西部有坝上高原、燕山和太行山地，中部和东南部有广阔的山麓平原、低平原和滨海平原。该区属于典型的温带半湿润半干旱大陆性气候，降水量自东南向西北递减。近年来，随着京津冀经济一体化进程加快，该区经济快速发展。土地利用效率提高，人口密度增大，城市扩张迅速。经济高速增长带来一系列生态与环境问题。例如，太行山和燕山山地土壤侵蚀严重，冀北地区土地沙化趋势明显，整个区域水资源日益短缺（于维洋等，2008）。相关研究显示，受人类活动和政策因素的驱动，近年来京津冀地区的土地利用/覆被和景观格局变化非常剧烈，尤其在居民地附近十分明显，已经成为区域生态系统服务变化的主要驱动力（胡乔利等，2011）。

三、数据准备

（一）数据来源与处理

本研究案例所用土地利用数据为 IGBP 基于 MODIS 遥感影像解译得到，空间分辨率为 454m×454m，时段为 2001 ~ 2009 年。依据 2007 年国家土地利用分类体系，对原始数据重新划分，将原数据中的 17 种土地类型合并为森林、草地、农田、湿地、水体、荒漠、未利用地和城镇用地等 8 种类型。

（二）生态系统服务价值核算

本研究案例采用谢高地等制定的中国不同陆地生态系统单位面积生态服务价值表。在修正系数的基础之上，核算了京津冀地区 164 个县（市、区）单位面积的生态系统服务价值，包括气体调节、气候调节、水源涵养、土壤形成与保护、废物处理、食物生产、生物多样性保护、原材料和娱乐文化功能价值。系数校正方法为：以 2001~2009 年京津冀地区平均粮食产量 4287.5kg/hm² 为基准单产，粮食单价按照国家退耕还林第一阶段 2002~2010 年的补助标准 1.4 元/kg，考虑在没有人力投入的自然生态系统提供的经济价值为 1/7，得到矫正后的系数表见表 2-14，由于未利用地和建设用地的生态系统服务功能不显著，本研究未予考虑。

表 2-14　京津冀地区不同陆地生态系统单位面积生态系统服务价值表（单位：元/hm²）

生态系统服务价值	森林	草地	农田	湿地	水体	荒漠
气体调节	3001.25	686	428.75	1543.5	0	0
气候调节	2315.25	771.75	763.175	14663.25	394.45	0
水源涵养	2744	686	514.5	3291.25	17475.85	25.725
土壤形成与保护	3344.25	1672.125	1251.95	1466.325	8.575	17.15
废物处理	1123.33	1123.325	1406.3	15589.35	15589.35	8.575
食物生产	85.75	257.25	857.50	257.25	85.75	8.58
生物多样性保护	2795.45	934.675	608.825	2143.75	2135.175	291.55
原材料	85.75	257.25	857.5	257.25	85.75	8.575
娱乐文化	2229.5	42.875	85.75	60.025	8.575	0

（三）数据输入

为了全面表征生态系统服务价值特征，本研究以县（市、区）为单位，统计 9 年中 9 种生态系统服务价值的最小值、最大值和平均值，以表征一个县（市、区）9 年中生态系统服务价值的平均情况并计算了 9 年中各县（市、区）每种生态系统服务单位面积价值相对时间变化率。然后，将每个县（市、区）的 9 种生态系统服务价值的 4 个指标（最大值、最小值、平均值和时间变化率），共计 36（4×9）个指标，5904（36×164）个数据，输入 SOFM 神经网络进行训练，得到分区结果（图 2-13、图 2-14 和表 2-15）。以服务的平均值作为输入，采用 ArcGIS 中的热点区分析模块识别出不同服务类型的热点区（图 2-15）。

四、研究结果

（一）坝上高原和冀西北山区

该区域位于河北坝上高原和冀西北间山盆地区。从生态系统服务空间热点图（图 2-

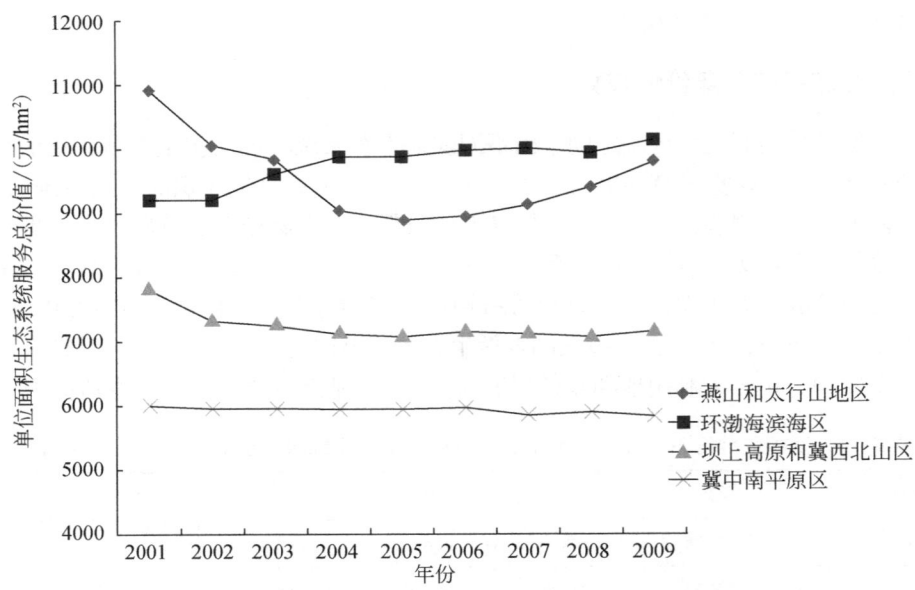

图 2-13 2001~2009 年各分区单位面积生态系统服务总价值变化（马程等，2013）

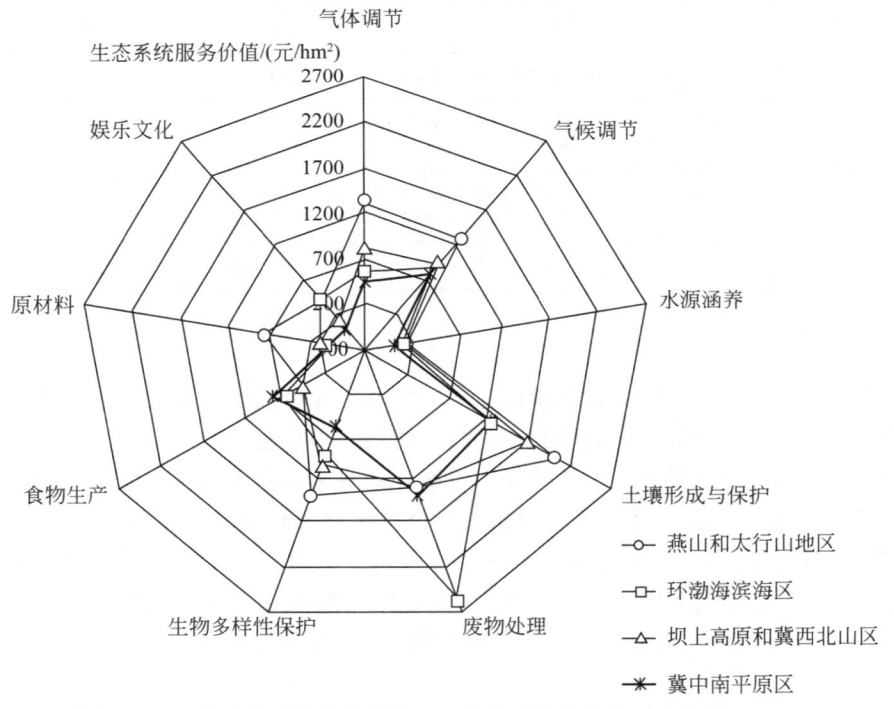

图 2-14 9 种生态系统服务价值在四个分区中的分布（马程等，2013）

15）可以看出，在整个京津冀地区中，该区域是土壤形成与保护、生物多样性保护的主要集中区域。从生态系统服务价值分布雷达图（图 2-14）来看，与其他分区相比较，土壤形成与保护、气候调节和气体调节服务占了较大比例，分别占单位面积总价值的 25.3%、

14%和12.3%，但娱乐文化、原材料和食物生产服务较弱，只占到总价值的1.5%、3.0%、5.9%。2001～2009年，农田面积以每年0.49%的速度增加，森林和草原的减少速度分别为1.72%/a，2.31%/a，在康保县和张北县等地内陆湖盐碱化严重，草场放牧过度。根据全国主体功能区划，该区域的丰宁满族自治县、沽源县和张北县等均属于沙漠化防治的重点生态功能区，生态系统脆弱，干旱频发，多大风天气，是北京乃至华北地区沙尘的主要来源地。这些特征表现在生态系统服务上，呈现气体调节、气候调节和水源涵养等生态系统服务价值逐年下降，9年间分别下降了5.8%，4.83%和6.1%。从生态系统服务总价值来看，9年来总价值呈现下降趋势，在2005年之前，下降幅度比较明显，平均为每年减少18.3%；但2005年之后，下降幅度逐渐减小，总价值的平均下降率为6.37%。在2006年以后，该区域生态系统服务价值下降率明显减少的原因，主要是这一时段国家实施退耕还林还草政策（郝瑞彬等，2010）。因此，建议该区域应该加大退耕还林还草工程的实施力度，提高区域植被覆盖率，发展生态农业以及农林产品深加工业，控制土壤侵蚀，增大水源涵养和气候调节功能。

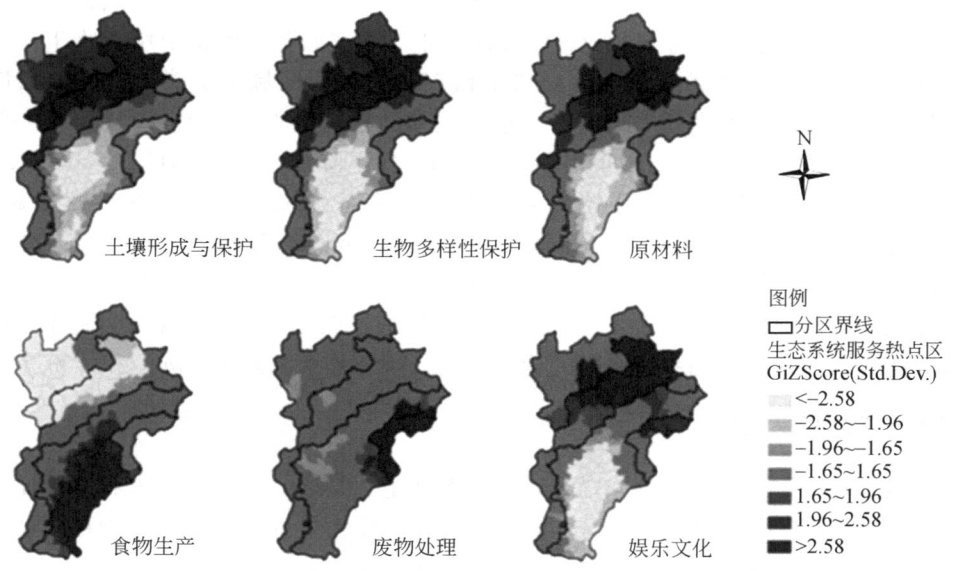

图2-15　生态系统服务热点区分布（马程等，2013）

（二）燕山和太行山地区

该区域的土地利用类型以森林、灌丛和灌草丛为主，植被覆盖率较高。2001～2004年，由于不合理的土地利用方式，土壤侵蚀加剧，特别是具有"天然生态屏障"之称的太行山地生态系统脆弱性增加。该地区2001～2009年占主导作用的生态系统服务是土壤形成与保护、气体调节、气候调节和生物多样性保护，分别占总价值的22.2%、14.1%、14.7%和15.4%。从图2-15看，与其他分区相比，该区域服务类型构成最均衡，除了废物处理和食物生产服务，其余服务热点在该区域均有分布，几乎全部的食物生产的热点区都分布在此区域。2001～2009年，森林面积减少了563725hm^2，平均每年减少4.52%/a，从系数表（表2-14）中可以看出，森林生态系统服务主要集中在气体调节、水源涵养和生物多样性保护上，这3种服务价值的降低导致了燕山和太行山地区生态系统服务总价值呈现逐年下降趋势。其中，2005年生态系统服务总价值与2001年相比下降了38.4%。但是，2006年之后国家加大森林保护力度，实施退耕还林还草项目（国灵华，2007），使得该区域的生态系统服务价值得到提升。截止到2009年，其总价值较2005年增加了10.1%，达到9843.2元/hm^2。总体来看，9年来服务总价值平均每年下降142.1元/hm^2，9年间总价值下降了25.4%。其中，变化率最大的气体调节和水源涵养服务，分别下降了24.0%和23.1%。因此，该区域应当注重提高地表植被覆盖度，加大退耕还林还草政策的实施力度，在强化气体调节、土壤形成与保护服务的同时，增加水源涵养等生态系统服务。同时，该区域还是生物多样性保护的热点区域，因此，应加强自然保护，禁止对野生动物滥捕，采取自然和人为措施恢复自然植被。

（三）冀中南平原区

该区域是中国重要的食物供给区，土地利用类型中耕地占主导地位，面积占总面积的48.2%。因此，与其他3个分区相比较，在区域生态系统服务价值构成中食物生产价值和废物处理价值占了很大比例，分别为15.2%和25.2%。该区域是京津冀地区的人口密集区域，近年来，土地开发程度不断提高，建设用地面积持续上升，2009年比2001年增加了10.4%，与之相伴随的是农田面积减少，平均每年下降3.14%。因此，该区域2009年食物供给价值与2001年相比，下降了4.48%。从生态系统服务价值的年变化量来看，2009年单位面积总价值较2001年下降了2.6%。从服务热点分布区来看，该区域是食物生产的热点集中区。但是，该区域其余的服务价值较其他3个分区低，与农业相关的水源涵养服务仅占总价值的2.35%。因此，该区域今后的发展方向是，在保证食物生产的前提下，努力提高其他几种生态系统服务的构成比例，特别是水源涵养、碳汇和传粉等。

（四）环渤海滨海区

该区域濒临渤海，土地资源丰富，特别是湿地生态系统分布较广，未利用地比例高达28.9%，是近年来经济发展较快的区域。几乎所有的废物处理热点区都集中在此区域，秦皇岛、昌黎、丰南和天津市的一些区还承担着娱乐文化功能。从服务价值角度分析，废物处理和气候调节功能占了很大比例，分别为33.8%和12.0%。该区域是4个分区中唯一生态系统服务总价值逐年上升的区域。单位面积生态系统服务总价值从2001年的9232.7元/hm^{2}增加到2009年的10095.3元/hm^2。其中，2004年的增加幅度最大，增长量达到7.4%。9年中，除了废物处理和水源涵养服务外，该区各项生态系统服务均有不同程度的增加，气候调节、气体调节和原材料单位面积生态系统服务价值大幅增加，与2001年相比，分别增加了313.5元/hm^2、179.8元/hm^{2}和142.0元/hm^2。该区域湿地生态系统分布广泛，蕴含丰富的物种资源，兼具有生物多样性维持、调蓄洪水、风暴潮防护和娱乐文化等功能，因此应该加强湿地保护，适度开展生态旅游，增加娱乐文化价值。

表 2-15　各分区单位面积 9 种生态系统服务价值的相对时间变化率（马程等，2013）

分区	相对时间变化率									
	气体调节	气候调节	水源涵养	土壤形成与保护	废物处理	生物多样性保护	食物生产	原材料	娱乐文化	总价值
坝上高原和冀西北山区	-0.30	-0.36	-2.00	-0.23	-1.68	-0.26	-0.66	0.71	-0.64	-6.37
燕山和太行山地区	-24.05	-16.28	-23.06	-16.34	-1.96	-19.07	-0.10	-23.82	-11.70	-36.39
冀中南平原区	-1.18	1.61	-1.96	-1.15	1.06	1.12	-4.48	0.75	0.75	-2.10
环渤海滨海区	21.42	35.17	-21.04	19.99	-23.69	12.09	1.02	16.32	2.61	63.89

五、结论

（1）在 9 年中，除了 2009 年略微增加以外，京津冀地区的单位面积生态系统服务总价值均呈现减少趋势，单位面积生态系统服务总价值下降了 4.2%。

（2）根据 SOFM 网络聚类结果，将京津冀地区划分为 4 个生态系统服务功能区：燕山和太行山地区、环渤海滨海区、坝上高原和冀西北山区、冀中南平原区。2001～2009 年，除环渤海滨海区的生态系统服务价值呈现增加趋势外，其他 3 个分区均呈现不同程度的减少，其下降程度为燕山和太行山地区＞坝上高原和冀西北山区＞冀中南平原区。

（3）燕山和太行山地区、坝上高原和冀西北山区的生态系统服务类型以气候调节、水源涵养、生物多样性保护为主，但是 9 年来两个分区的服务价值逐年降低，森林和草原面积锐减，因此今后应当降低载畜量，恢复草地生产力，适度垦殖，做好水土保持工作。冀中南平原区为京津冀地区的人口密集区域和重要的食物生产区域，也是 2001～2009 年城镇扩张速度最快的区域，但其生态系统服务类型单一，集中在食物生产和废物处理上。在强化和巩固作物生产地位的同时，应该适当增加湿地和绿地面积。惟其如此，与之相关的气候调节、气体调节等功能将会增强。另外，其他生态系统服务尤其是碳汇、传粉以及文化景观功能是该区域服务强化的重点，以便在保证满足粮食需求的同时能有效弥补其生态系统服务功能单一的缺点。环渤海滨海区近年来大幅度增加对未利用地的开发，是 4 个分区中唯一生态系统服务价值逐年上升的区域。但是，土地利用结构不合理，湿地锐减，盐渍化严重，风暴潮风险加大，都对该区域生态系统服务构成潜在威胁。未来应当在保护好滨海湿地和海域环境的基础上，充分利用好岸线资源，创造更高的生态系统服务价值。

第三章 生态系统服务空间结构、流动和尺度效应

第一节 生态系统服务的空间结构

生态系统服务具有显著的空间异质性和区域差异性已经成为基本共识。从地理学和生态学角度分析，生态系统服务的供给具有空间异质性和区域差异，因为不同地域生态系统的类型、结构和功能不尽相同，所能提供的服务类型、数量和质量也会有差异；从经济学角度分析，生态系统服务是个体、利益相关者、企业和政府机构对于生态系统组分和功能的消费。显然，生态系统组分和功能是空间不可替代的——这意味着，一个湖、一片森林、一个生物种群被移动到另一个地理位置而不可能不改变其功能和服务的品质。实际上，生态系统服务的品质是地理区位依存的，只有在特定位置才能发挥其最佳的服务功能。另外，生态系统服务的稀缺性、替代性和互补性同样具有空间差异。它不像一般的商品可以被购买者和销售者移动，生态系统服务不允许空间套利。从管理角度分析，决策者往往想要知道要投资哪里或者怎么样明确计划目标，使得他们的投资获得最大的收益。比如，生态系统服务保护区应该设置在哪里，以获得最多的生物多样性维持和气候调节收益？一个控制水质量的新农业补贴计划应该定位在河流附近还是更远的区域？贫困地区的树木种植计划是否会有益于洪水控制？所有这些问题都有空间特性。因而，厘清生态系统服务空间结构的类型、组成要素、形成原因和测度方法对于深化生态系统服务研究具有重要意义。

一、生态系统服务空间异质性的表征和成因

（一）生态系统服务空间异质性的表征

由于自然地理背景的宏观地域分异使得生态系统及其结构与功能呈现区域差异性，导致生态系统服务表现出显著的空间异质性，加之人类利用方式和强度的地域差异，更加剧了服务的空间不均衡性。归纳起来，生态系统服务的空间异质性表现在以下几个方面：

1. 服务类型多样性的空间分异

不论是按照哪种分类方案，生态系统服务基本类型及其包括的子类多种多样。受到自然地理环境复杂程度及其生态系统类型差异的影响，生态系统服务类型的多样性在空间上呈现异质性。从类型角度看，陆地自然生态系统中的森林、湿地、草地等提供的服务类型多样性要高于荒漠和苔原等类型；从人对生态系统的作用程度来看，大多数自然生态系统提供的服务多样性要远高于人工生态系统如农田和城市等；从空间分布来看，陆地热带、亚热带和温带地区的生态系统服务类型丰富程度普遍较高。海洋生态系统的服务种类也大

致有随纬度变化的规律。在同一个自然带内，不同小生境作用下，生态系统服务类型的多样性也有差异。有的小区域服务类型丰富多样，成为服务的"热点"地区，而有的小区域则服务种类单一，成为服务的"冷点"地区。

2. 多重生态系统服务相互作用的空间异质性

多重生态系统服务类型之间的相互作用通常表现为相互抑制的权衡和相互增益的协同两种方式，尤其是在人类活动的干预下，权衡和协同更是生态系统服务类型之间的常见作用形式。一般认为，多重生态系统服务之间相互作用关系呈现非线性特性，而作用关系的地域差异就是这种非线性的表现形式之一，即所谓空间权衡或协同。空间权衡常常表现为一个区域一种或少数几种服务为主导，形成对其他服务的抑制作用，空间格局表现为一种服务的高值区而其他服务则为低值区；空间协同是指多种生态系统服务空间分布具有较高的一致性，且相互之间表现为增益，空间格局表现为没有明显的高值区或低值区。空间权衡或协同格局的形成常常是人类通过土地利用强度或类型转换等方式，选择性利用多重生态系统服务的结果，是对自然生态系统提供初始服务格局的再分异。

3. 服务供给与需求的空间异质性

生态系统服务空间异质性的一个重要表现是服务供给与消费在空间上的不重合或不一致。这实际上是生态系统服务的基本特性之一，即服务的域外效应。域外效应在调节服务中最为常见，在上游一地形成的保持土壤、调节径流等服务，其收益区往往在距离很远的下游。在供给与使用分离形成的空间结构中，供给区、使用区和连接区是三个面状要素最基本的构成单元，其间通过流或汇的线性路径加以连接。衡量生态系统服务供给与使用的空间异质性，常用空间传递路径、通量和距离等指标。重视这种空间异质性对于制定合理的生态系统付费政策具有重要意义。

（二）生态系统服务空间异质性的成因

1. 生态系统类型、结构与功能的空间分异

从本源上分析，生态系统功能是形成生态系统服务的基本前提。因而，不同类型、结构、功能和空间分布格局的生态系统可提供的生态系统服务的类型、数量、质量及地域分布明显不同。生态系统作为地球表层系统重要的构成要素，其空间分布也受到地域分异规律的制约，因此说，在大尺度上，宏观地理背景地域差异是形成生态系统服务空间异质性的主要因素。以中国东部季风湿润区、西北干旱区和青藏高原高寒区三大自然地理单元为例，自然地理环境不同，生态系统类型、结构和功能有所差异，生态系统服务的主体类型也不尽相同。东部季风湿润区以供给服务为主，西北干旱区则以环境支撑和调节服务为主，而青藏高原高寒区由于地势高亢，成为中国许多大江大河的发源地，生态系统的调节服务对东部地区来说至关重要，成为中国维护国土生态安全的生态屏障。目前，国家制定实施的主体功能区划，生态系统服务的区域差异是一个很重要的划分因素。在流域尺度上，由于地形的分异作用，生态系统服务呈现显著的空间异质特性，上中下游的生态系统

服务通过水这一媒介进行输送。上游和中游的土壤保持、水源涵养和泥沙调节等服务，对下游居民产生惠益，体现在洁净的饮用水、水产品供给、河流航运以及洪灾抵御等方面。

2. 生态系统服务的空间距离衰减特性

按照地理学的基本规律，毫无疑问，生态系统服务特征量是距离变化的函数。一般来说，生态系统服务特征量随距离增加呈现减少、增加和不变三种情形。其中，服务随距离增加而衰减更为常见。由于自然因素和人为活动的共同影响，一些生态系统服务类型其强度呈现明显的距离衰减效应（Kozak et al.，2010；Koch et al.，2009）。例如，热带海岸滩涂上的红树林生态系统，其消减波浪和防御风暴潮的服务效能随着向陆地延伸而显著减少；中下游居民或企业对水资源的大量利用，使得水供给服务减少；空间距离的增大，会降低公众对娱乐休闲服务的消费意愿。从衰减特性区分，服务随距离衰减主要呈现线性和非线性两种形式（图 3-1）。图 3-1（a）（b）是线性下降的图示。其中，图 3-1（b）表示随距离增大在周期性波动中下降。图 3-1（c）（d）是非线性下降的图示。其中，图 3-1（d）表示在下降过程中有一些明显的跳跃。诚然，生态系统服务随距离衰减的类型远比图 3-1 中所示的要丰富。例如，下降模式还有脉冲式、分段式和跳跃式等。不同类型生态系统服务随距离而出现变化的特性是导致服务空间异质性的主要原因。

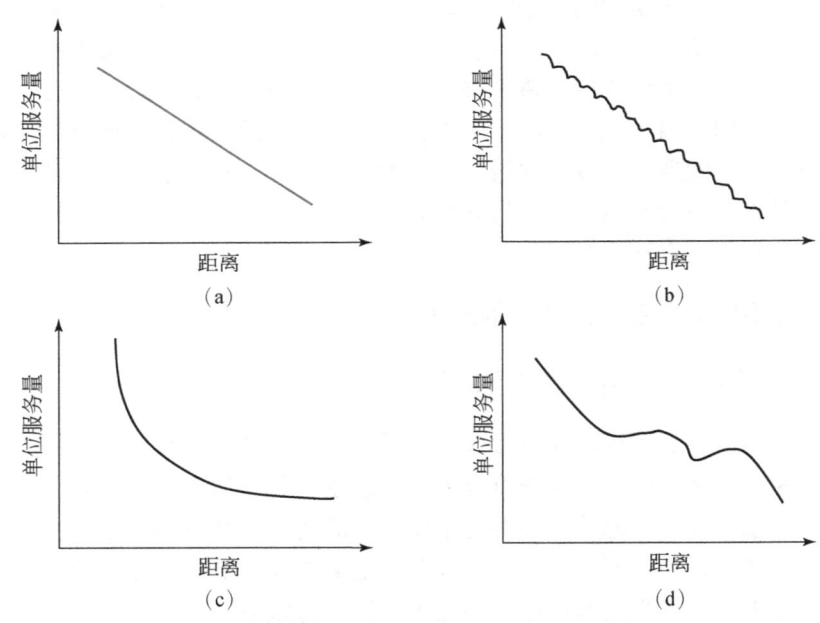

图 3-1 生态系统服务随距离衰减的几种形式

3. 人类对生态系统服务需求的区域差异性

生态系统服务的空间异质性不仅体现在服务供给地、受益地的空间位置不同，同时也体现在服务消费数量和质量上的空间差异。生态系统服务是不同尺度上生态系统生物物理过程和社会经济条件相互作用的结果（Wiggering et al.，2006），没有人类需求，生态系统输出的仅仅是功能，只有与社会经济系统发生联系，生态系统服务才能形成。影响生态系统服务形成的人类需求受到个体或群体的心理、社会、经济和文化等多种因素的影响，而这些因素中又往往具有区域差异性。因此可以说，与人类需求密切相关的社会经济和文化因素对生态系统服务格局起到了再分异的作用。不同社会经济发展水平区域的个体或群体，对生态系统服务依赖的类型不同，对其重要性的感知及其价值的认定也会存在较大差异。例如，贫困区的居民对于生态系统提供的供给服务尤其是农林牧产品、木材和草药等依赖程度较高，而富裕地区的居民则对环境调节服务和文化服务则更加关注。又如，藏族居民对于神山和圣湖文化价值的认定要高于非藏区居民。

4. 多重生态系统服务之间的空间相互关系

在一个区域中存在着不同类型的生态系统，同一个生态系统亦有不同类型的生态系统服务。不同生态系统服务的空间分布范围或一致或不一致，相互之间的空间关系使得生态系统服务呈现空间异质性。根据两种及其以上生态系统服务之间的空间位置关系，可以分为以下几种空间型式：①空间无关型。生态系统服务之间空间范围不同且相互之间没有交集，呈现离散分布状态。例如，流域森林生态系统提供水源涵养和抵御洪灾服务，一种在流域的上游，一种在流域的下游，空间相互分离。②空间包含型。两种及两种以上生态系统服务之间在空间位置上相互有重叠，且服务范围大小不同，作用范围小的服务在空间上包含在作用范围大的服务之内。例如，一个区域的传粉服务只限定在有蜜源和传粉昆虫分布的地点，而整个区域的生态系统都能提供气体调节的功能。③空间一致型。两种及两种以上的生态系统服务空间范围及位置基本重合，相互之间呈现出协同、权衡抑或无关等方面的作用关系。例如，河流生态系统提供的径流调节、泥沙调节和水质净化等服务，由于流量、泥沙和水质方面关系密切，因而三种服务的空间范围和位置基本一致。

二、生态系统服务空间结构组成及类型

（一）生态系统服务空间结构组成

1. 层次结构

从生态系统服务供给角度分析，不同层次生态系统结构与组分上形成的生态系统服务类型不同。一般情况下，在个体和种群层次上提供的服务类型多为生物多样性维持和遗传资源保存，而在群落层次上提供的生态系统多为环境调节服务；在地域结构上，小尺度区域中的生态系统服务类型单一，而大中尺度区域的服务类型多样，构成复杂。小尺度生态系统服务空间组成结构与格局是大中尺度服务结构组成与格局的基础，而大中尺度服务类型与格局是小尺度服务类型与格局的综合表征。

从生态系统服务需求角度分析，人类社会对其需求也有不同的层次。在个体需求水平上，偏重可感知的、对生计或改善生活质量有帮助的服务类型，如与日常生活密切相关的食物、薪柴、药材、饮用水和木材等，而对碳储存等全局性服务不十分关注。不同区域个体对服务的感知与需求也不尽相同。农村区域的居民偏重与生计高度相关的服务，而城市

居民除了洁净的饮用水外，则更关注气体和气候调节服务以及文化服务等；在群体水平上，一个国家或地区对该区域生态与环境质量、国土生态安全更为关注，因而重视调节服务、支持服务以及文化服务。例如，前几年中国大规模实施退耕还林还草工程，在一定程度上以供给服务的损失换取调节服务和支持服务的增强，取得了较好的生态效益和社会效益。同时，在国家尺度上，还必须对碳储存等服务予以关注，因为和此服务相关的全球气候变化将会影响到世界各个国家或地区。

整体上，一个区域生态系统服务层次结构表现为不同层次嵌套而成的服务等级体系。层次结构的可分解性为生态系统服务分区提供了理论依据。

2. 水平结构

（1）结构组成要素。

生态系统服务的水平空间结构是指其在地表水平方向上表现出来的空间组合形式。这种空间组合在供给方和使用方内部以及两者之间均有特定的表征方式。例如，在生态系统服务供给空间格局上，可以区分为服务的空间均衡、空间集聚和随机分布等多种型式。这里着重分析服务供给与使用共同构成的空间格局。Fisher 等（2009）将生态系统服务在景观中的分布和传递分为三种类型区，即供给区、受益区和连接区。

①供给区。

在区域中，提供生态系统服务的空间单元为生态系统服务供给区（service providing area，SPA）。生态系统服务供给区具有以下特征：

A. 净服务输出区。

在供给区，生态系统服务最显著的特征之一就是大量服务输送到区外，产生域外效应。尽管本地居民也使用或消费一些服务，但多集中在供给服务类型，且数量少。整体上，自然生态系统受到人类活动的干扰较小，区内经济活动强度不大。因而，该区为生态系统服务的净输出区，是大多数生态系统服务的源，通过风力、水流或人等媒介将服务输送到区外。

B. 空间嵌套多层次的服务供给体系。

在供给区，生态系统服务的生产者有物种、种群、群落和生态系统等多个层级。同时，区内景观空间的异质性使得服务供给呈现空间嵌套的结构。因此，服务供给区通常是一个空间嵌套多层次的服务供给体系，不同层次或空间提供不同的服务类型（Burkhard and Diembeck，2006；Porter et al.，2009）。

C. 特定的服务供给区位。

在陆地上，生态系统服务供给区一般位于流域上游或上风向地区，地势较高且偏僻，自然生态系统发育良好。在这些地区，生态系统服务提供的环境调节功能如涵养水源、径流调节、泥沙调节等通过河流输送到中下游地区，而对于观光休闲服务，则需要游客通过主体移动来享受其服务。

②受益区。

在区域中，使用生态系统服务以满足人类需求的空间单元为生态系统服务受益区（service benefiting area，SBA）。生态系统服务受益区具有以下特征：

A. 净服务输入区。

在受益区中，生态系统服务最显著的特征之一就是大量服务被输入区内，以满足不同个体或群体的需求。这类区域虽然也能产生一些生态系统服务，但由于社会经济活动强度很高，对各类服务的需求量大，且质高，因而必须依赖于外区生态系统服务的输入。例如，北京市作为首都和特大城市，需要周边区域提供多种生态系统服务，需求类型包括清洁的饮用水和空气、食物和能源等。尤其是清洁水源服务需要上游的河北省和山西省提供。

B. 空间嵌套多层次的服务消费体系。

同生态系统供给区一样，受益区内也是一个空间嵌套多层次的服务消费体系。前已述及，个体多关注对自身生产生活有直接帮助的服务类型，而群体及其代理机构则更多地关注涉及区内全体居民的公共服务产品，如优良的环境、生态安全的国土等。同时，受益区内也存在对生态系统服务感知、认知和需求的地域差异。

C. 特定的服务消费区位。

在陆地上，生态系统服务受益区一般位于流域下游，靠近居民或生产要素密集的城镇、都市或工矿区。在这些地区，自然生态系统受到人为活动影响显著，自身提供服务的能力降低，需要使用区外服务来满足量大质高的生产生活需求。常见的服务需求类型包括清洁的水源、干净的空气和充足的食物等。值得注意的是，输入本区域的不都是正服务，诸如洪水之类的反服务可能对该区基础设施和人民生命财产构成破坏和威胁。另外，本区居民若享受区外观光休闲服务，则需要通过主体移动来实现。

③连接区。

当供给区和受益区在空间上不重合时，连接两者的中间区域为生态系统服务连接区（service connecting area，SCA）。很显然，连接区的存在依赖于供给区和受益区在空间上的分离。一般而言，连接区的面积大小和形状取决于供给区提供的生态系统服务类型、尺度大小、输移介质等因素。以中国三江源为例，江河源提供的涵养水源、保持土壤、调节气体等服务，受益区在中国东部广大地区，供给区与受益区服务之间由水流和气体等媒介加以连接，因而中间连接区域面积广大。

（2）水平空间结构。

从生态系统服务形成到人类受益中间经过供给、输送和使用等环节，在空间上供给区、受益区和连接区形成了生态系统服务的地域结构。根据三个区域的空间位置关系，这种地域结构有多种构成形式，以下几种形式较为典型：① 供给区与受益区完全重合，无连接区；② 供给区与受益区部分重合，有连接区，表现为一个供给区为多个受益区提供服务，或多个供给区为一个受益区提供服务；③ 供给区与受益区分离，有连接区。其中，第三种类型最为常见，多表现为多对多的服务供给-消费关系，也是近年来学者们研究较多的服务空间关系类型，其结果可以为区域生态补偿提供科学依据。

从整体上看，供给区以自然或者生物物理属性为主，通过生态系统过程产生生态系统服务，并维持生态系统自身的续存；受益区以人文或者社会经济属性为主，侧重分析区域对服务的需求类型、数量和质量，以及服务对区域人类福祉的影响；连接区则以自然和人文属性共存及相互作用为特色，侧重分析对服务的传递或阻隔效应（Fisher et al.，2009）。

(3) 空间识别与制图。

在界定了某种生态系统 SPA、SBA 和 SCA 内涵及特征后,就可以通过描述地域单元的类型、结构和地理属性等来识别和绘制相应的空间单元(表3-1)。Syrbe 等(2012)根据识别结果绘制了德国萨克森地区洪水调节服务的 SPA、SBA 和 SCA 空间单元图,并展示了其分布格局(图3-2)。其中,SPA 主要分布于研究区的南部,为洪水径流的发源地,以深色斑块表示;SBA 散布于区域各部,为泄洪区的基础设施、农场、牲畜圈舍等分布区,用浅色斑块表示;在 SPA 和 SBA 之间的条纹斑块表示服务连接区 SCA,为洪水淹没区上游的自然土地和人工建构物类型。在图3-1中可以看到,生态系统服务供给区和受益区有部分重叠区域。

表 3-1 不同生态系统 SPA、SBA、SCA(Syrbe and Walz, 2012,有改动)

服务类别	服务子类	SPA	SBA	SCA
供给	地下水补给	地下水源区的耕地和湿地及其他土地类型	流域内的基础设施和灌溉地	集水区污染风险高的区域
	饲料和肥料	放牧和饲草	农场、牲畜棚	密植的小径
调节	减缓暴风雪灾	路缘林木、树篱、灌草丛等	道路交通区	路肩及附近区域
	减少土壤侵蚀	农田防护林、农田四周树篱等	农田	农田边缘地带
	抵御洪水	上游洪水产生区	泄洪区的人工建构物等	洪水淹没区上游区
	气候调节	城市周围山地开敞空间	山麓城市	城市周围低山缓坡
	噪声消减	路边树林、树篱、灌草丛	日常居住和休闲地区	噪声源到居住地
	防止雪崩和山崩	房屋或休闲区域山上的植被	陡坡处的房屋和休闲区	崩塌源到居住区的山坡
	传粉	蜜源植物及昆虫分布地	农作物	觅食地区
	净化水质	地面水体	沿河居民	集水区
文化	旅游观光	自然和人文景观	旅游接待区	交通网络
	旅游休闲	地面水体、山体和森林	旅游接待区	交通网络

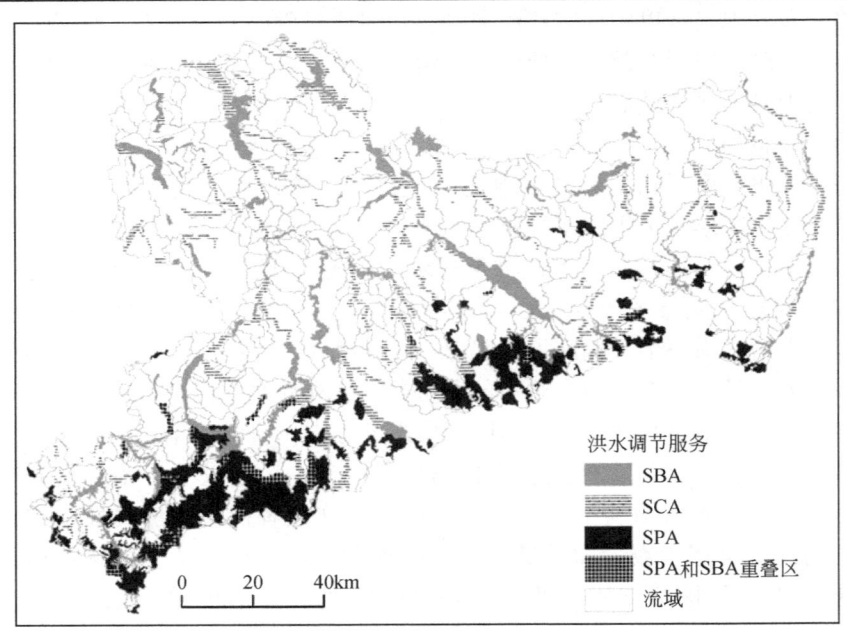

图 3-2 德国萨克森地区基于自然单元的洪水调节服务(SPA、SBA、SCA)(Syrbe et al., 2002)

（二）生态系统服务空间结构类型

根据生态系统服务供给区与受益区的空间重叠、临近抑或分离关系，Fisher 等（2009）讨论了不同生态系统服务供给与使用的空间类型，将其划分为原地（in situ）、无方向性邻近（omni-directional）和有方向性（directional）三种类型。图 3-3 展示了这几类服务供给区和受益区的空间位置关系。其中，1 表示生态系统服务供给区和受益区在同一个位置（如土壤形成和原材料供应等），无连接区。2 表示生态系统服务的供给是无特定方向的，其周围区域均可获益（如授粉和碳储存等）。3 和 4 表示生态系统服务从供给区到受益区具有一定方向，3 为下游区域获得来自上游区域的服务。例如，上游森林为下游居民提供了水源涵养和径流调节服务。4 为提供服务的生态系统，可以是抵御风暴潮和洪水侵袭海岸带的湿地。与之类似，Costanza（2008）将生态系统服务划分为原地（in situ）、本地邻近（local proximal）、有方向性服务流（directional flow related）和无方向性全球性（global non-proximal）等几个类别，并单独关注了使用者移动（user movement）的服务类型。

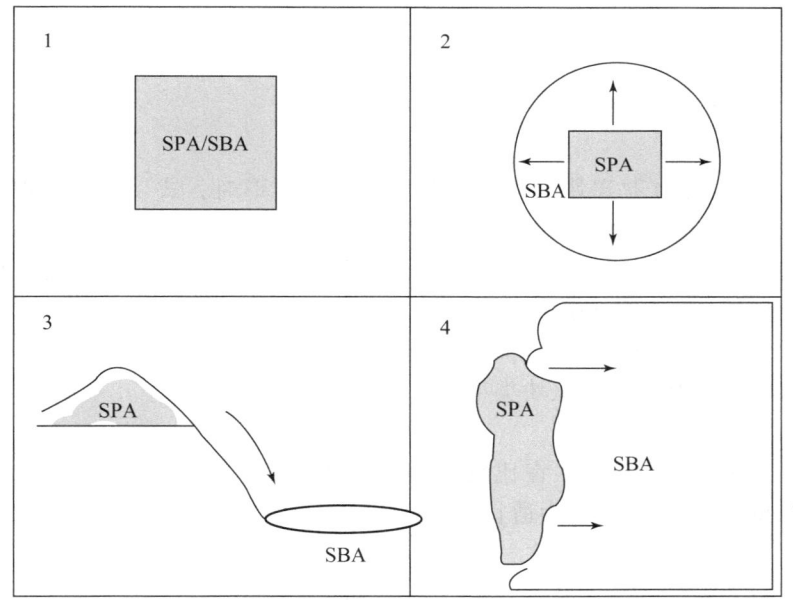

图 3-3　生态系统服务供给区和受益区之间的空间位置关系（Fisher et al.，2009）

三、生态系统服务空间结构的测度方法

（一）景观格局指数

1. 主要景观格局指数算法及意义

景观结构影响空间格局，进而制约景观功能。由于景观格局具有空间显性特征，因而在景观生态学研究中，常用景观格局指数化来表征景观功能的改变。景观是由不同生态系统组成的地表综合体，景观多功能也是多重生态系统服务存在的前提与基础。因此，用景观格局指数测度生态系统服务空间结构，是适当的。

景观格局指数是指能够高度浓缩景观格局信息，反映其结构组成和空间排列等方面特征的简单定量指标。景观格局指数在三个层次上分析景观格局特征：①单一斑块；②若干斑块组成的斑块类型；③若干斑块类型镶嵌而成的景观。景观格局指数繁复，且一些指数之间冗余度较大。这里仅列举一些对测度生态系统服务空间格局有帮助的指数。

（1）斑块形状指数（patch shape index）。

一般而言，形状指数通常是经过某种数学转化的斑块边长与面积之比。结构最紧凑而又简单的几何形状（如圆或正方形）常用来标准化边长与面积之比，从而使其具有可比性。具体地讲，斑块形状指数是通过计算某一斑块形状与相同面积的圆或正方形之间的偏离程度来测量其形状复杂程度的。常见的斑块形状指数 S 有两种形式：

①以圆为参照几何形状。

$$S = \frac{P}{2\sqrt{\pi A}} \tag{3-1}$$

②以正方形为参照几何形状。

$$S = \frac{0.25P}{\sqrt{A}} \tag{3-2}$$

式中，P 是斑块周长；A 是斑块面积。当斑块形状为圆形时，式（3-1）的取值最小，等于1；当斑块形状为正方形时，式（3-2）的取值最小，等于1。对于式（3-1）而言，正方形的 S 值为1.1283，边长分别为1和2的长方形的 S 值为1.1968。由此可见，斑块的形状越复杂或越扁长，S 的值就越大。

（2）景观丰富度指数（landscape richness index）。

景观丰富度 R 是指景观中斑块类型的总数，即

$$R = m \tag{3-3}$$

式中，m 是景观中斑块类型数。在比较不同景观时，相对丰富度（relative richness）和丰富度密度（richness density）更为适宜，即

$$R_r = \frac{m}{m_{\max}} \tag{3-4}$$

$$R_d = \frac{m}{A} \tag{3-5}$$

式中，R_r 和 R_d 分别表示相对丰富度和丰富度密度；$m_{\max}$ 是景观中斑块类型数的最大值，A 是景观面积。

（3）景观多样性指数（landscape diversity index）。

多样性指数 H 是基于信息论基础的，用来度量系统结构组成复杂程度的指数。常用以下两种。

①Shannon-Weaver 多样性指数（亦称 Shannon-Wiener 指数或 Shannon 多样性指数）：

$$H = -\sum_{k=1}^{n} P_k \ln(P_k) \tag{3-6}$$

式中，P_k 是斑块类型 k 在景观中出现的概率（通常以该类型占有的栅格细胞数或像元数占景观栅格细胞总数的比例来估算）；n 是景观中斑块类型的总数。每一斑块类型所占景观总面积的比例乘以其对数，然后求和，取负值。取值范围：$H \geq 0$，无上限。当景观中只有一种斑块类型时，$H = 0$。随着斑块类型增加或各类型斑块所占面积比例趋于相似，H 的值也相应增加。

②Simpson 多样性指数：

$$H' = 1 - \sum_{k=1}^{n} P_k^2 \tag{3-7}$$

式中，各项定义同式（3-6）。多样性指数的大小取决于两个方面的信息：一是斑块类型的多少（即丰富度），二是各斑块类型在面积上分布的均匀程度。对于给定的 n，当各类斑块的面积比例相同时（即 $P_k = 1/n$），H 达到最大值 [Shannon-Weaver 多样性指数：$H_{\max} = \ln(n)$；Simpson 多样性指数：$H'_{\max} = 1 - (1/n)$]。通常，随着 H 的增加，景观结构组成的复杂性也趋于增加。选择多样性指数的目的在于分析研究区内景观组分空间组合的变异状况。

（4）景观优势度指数（landscape dominance index）。

优势度指数 D 是多样性指数的最大值与实际计算值之差。其表达式为

$$D = H_{\max} + \sum_{k=1}^{m} P_k \ln(P_k) \tag{3-8}$$

式中，$H_{\max}$ 是多样性指数的最大值；P_k 是斑块类型 k 在景观中出现的概率；m 是景观中斑块类型数。$0 \leq D \leq 1$，用来测定景观结构中一种或多种景观类型支配景观的程度。通常较大的 D 值对应于一个或少数几个斑块类型占主导地位的景观。

（5）景观均匀度指散（landscape evenness index）。

均匀度指数 E 反映景观中各斑块在面积上分布的不均匀程度，通常以多样性指数和其最大值的比来表示。以 Shannon 多样性指数为例，均匀度可表达为

$$E = \frac{H}{H_{\max}} = \frac{-\sum_{k=1}^{n} P_k \ln(P_k)}{\ln(n)} \tag{3-9}$$

式中，H 是 Shannon 多样性指数；$H_{\max}$ 是其最大值。显然，当 E 趋于 1 时，景观斑块分布的均匀程度亦趋于最大。

（6）景观形状指数（landscape shape index）。

景观形状指数 LSI 与斑块形状指数相似，只是将计算尺度从单个斑块上升到整个景观而已。其表达式如下：

$$\text{LSI} = \frac{0.25 E'}{\sqrt{A}} \tag{3-10}$$

式中，E' 为景观中所有斑块边界的总长度；A 为景观总面积。当景观中斑块形状不规则或偏离正方形时，LSI 增大。

（7）景观蔓延度指数（contagion index）。

景观蔓延度 C 的一般数学表达式如下：

$$C = C_{\max} + \sum_{i=1}^{n} \sum_{j=1}^{n} P_{ij} \ln(P_{ij}) \tag{3-11}$$

式中，C_{max}是蔓延度指数的最大值（$2\ln(n)$）；n是景观中斑块类型总数；P_{ij}是斑块类型i与j相邻的概率。

蔓延度指数反映景观中不同斑块类型的非随机性或团聚程度。如果一个景观由许多离散的小斑块组成，其蔓延度的值较小；当景观中以少数大斑块为主或同一类型斑块高度连接时，其蔓延度值则较大。与多样性和均匀度指数不同，蔓延度指数明确考虑斑块类型之间的相邻关系，因此能够反映景观组分的空间配置特征。一般来说，高蔓延度值说明景观中的某种优势斑块类型形成了良好的连接性；反之则表明景观是具有多种要素的密集格局，景观的破碎化程度较高。

2. 基于景观格局指数的生态系统服务空间结构测度

为了应用景观格局指数分析生态系统服务的空间结构，首先在InVEST软件中分别计算出河北省承德市围场县食物供给和碳储存两种生态系统服务，并在ArcGIS中制作成栅格图层。然后，在Fragstats3.4软件中利用式（3-6）计算两种服务的Shannon多样性指数。为了揭示多样性指数的空间分布特征，用半径为2km的圆形窗口移动平滑，得到图3-4。从中可以看出，两种服务的多样性指数空间部分格局大体一致，都呈现出在坝上高原的东部和西部，多样性指数较小，而在坝缘山地和坝下燕山山地，多样性指数较高的空间分布特征。究其原因，坝上高原地势平坦，环境异质性较低，两种服务斑块破碎度不高。而在坝缘山地和燕山山地，地形破碎，环境异质性高，故导致生态系统服务物理量在局部变异显著。

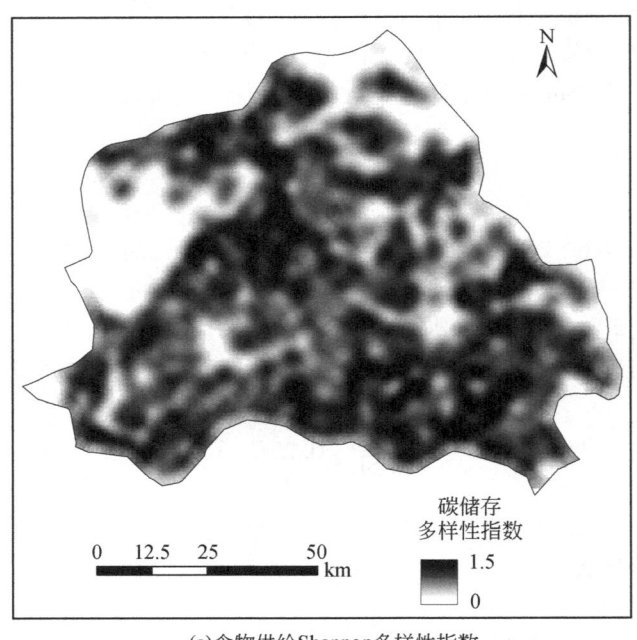

(a)食物供给Shannon多样性指数

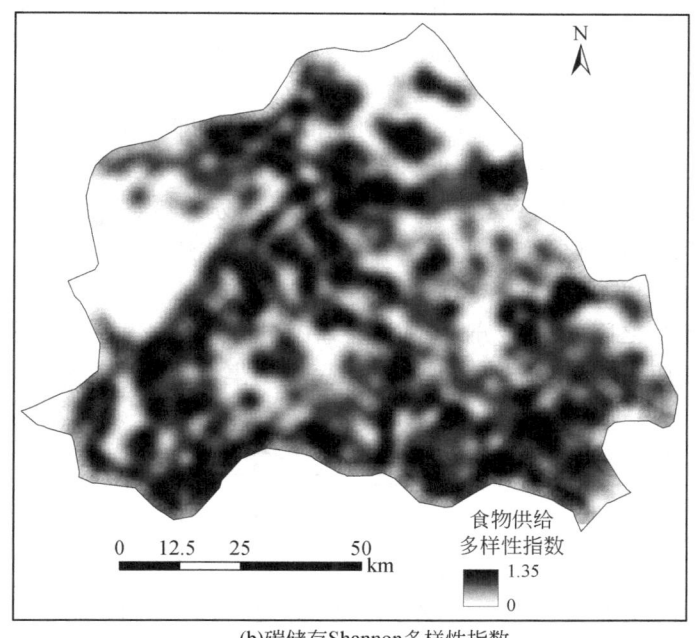

(b)碳储存Shannon多样性指数

图 3-4　河北省承德市围场县生态系统服务多样性指数空间格局

(二) 热点和冷点分析

地理学中的所谓热点（hotpot）或冷点（coldpot）是指某种地理事物特征值分布的高值或低值中心，如生物多样性分布的多度中心等。对于生态系统服务来讲，服务的类型多样性高、某种服务物理量或币值的高值区，抑或提供服务能力高的区域，就是服务的热点地区，反之，就是冷点地区。在生态系统服务研究中，通过识别服务供给与消费的热点地区并在图上加以表征，能够直观地反映出生态系统服务供给源和重要使用区，对于生态系统服务分区与管理提供了重要依据。

GIS 对探索区域内生态系统服务的热点或冷点地区提供了便捷工具。应用 GIS 进行生态系统服务热点区域识别，需要确定生态系统服务的评价单元、特征值和阈值等。①评价单元是衡量生态系统服务的最小评价单位，一般具有 3 种类型。第一类为像元尺度或栅格尺度，即采用遥感影像中的单个像元或若干个像元组成的集合作为最小评价单元；第二类为生态系统尺度，即采用某种特定的生态系统边界作为划分评价单元的依据，如流域和土地覆被类型等；第三类为行政尺度，即采用行政边界作为评价单元界线，多用于政策分析等。②特征值是确定生态系统服务强度大小或类型多样性的指标，可采用服务类型的多度、服务的等级、服务的物理量或币值等。如采用净初级生产力表征固碳服务强度，或者根据专家评分结果确定生态系统服务强度相对等级。③在研究中得到广泛采用的阈值确定方法有两种。一种方法是设定某一个比例值，如规定本区域内提供该项服务能力在前 10% 的评价单元为热点区域，后 10% 的评价单元为冷点区域。使用这种方法可以比较便捷地找到热点和冷点区域，并加以分析，但缺乏相应的内在机制解释，且不同区域难以比较。另一种方法是选择某一个物理量的数值作为阈值，提供服务指标大于该数值的即被称为热点区域。与第一种方法相比，这种方法具有一定的科学基础，但是阈值设定往往需要经过大量类似研究成果的比较和判断。

在确定生态系统服务的评价单元、特征值和阈值后，即可通过 GIS 分析工具识别研究区生态系统服务的热点和冷点区域。此外，当研究对象为多种生态系统服务时，还可以通过将各个生态系统服务的热点区相叠加，探索多重服务的热点区，或者采用同质综合方法，将不同生态系统服务化为统一量纲，再划定阈值寻找热点区域。

在 GIS 平台中提供了基于 Getis-Ord G_i^* 统计指数的热点分析工具（hot spot analysis）。其通过计算各个斑块之间的 Z 得分，可以直接在空间中反映高值区（热点区域）与低值区（冷点区域）的集聚，Z 值越高，说明热点区域的集聚越明显。其计算公式如下：

$$G_i^* = \frac{\sum_{j=1}^{n} w_{ij} x_j - \bar{X} \sum_{j=1}^{n} w_{ij}}{S \sqrt{\frac{[n \sum_{j=1}^{n} w_{ij}^2 - (\sum_{j=1}^{n} w_{ij})]^2}{n-1}}} \tag{3-12}$$

式中，x_j 为斑块 j 的属性值；w_{ij} 为斑块 i 与斑块 j 之间的空间权重矩阵；n 为总斑块数；且有

$$\bar{X} = \frac{\sum_{j=1}^{n} x_j}{n} \tag{3-13}$$

$$S = \sqrt{\frac{\sum_{j=1}^{n} x_j^2}{n-1} - (\bar{X})^2} \tag{3-14}$$

图 3-5 是在计算单项生态系统服务的基础上，通过叠加分析得到的北京地区生态系统服务的热点区分布图。如图 3-5（a）所示，北京及周边大部分地区都能提供两种或以上的景观服务。其中承德南部，北京北部和西南部，张家口张北县、怀安县、阳原县、蔚县等地区能提供 3 种或以上的景观服务，是景观多功能服务的热点区域。图 3-5（b）所展示的是每种景观服务的前 10% 热点区域的叠加分析结果。研究区北部高海拔地区大多可以归为一种景观服务的热点区域。具有多个景观服务的热点区域分布在承德南部、北京北部、保定东部以及北京、保定、张家口三地交界区域。

（三）空间自相关

在地理学中，空间自相关分析是衡量空间地理变量分布是否具有集聚性的一种方法。生态系统服务及其影响因素在空间上均具有随机性和结构性，存在着一定的空间结构，可以运用空间自相关方法进行分析。

1. 空间自相关算法

空间自相关分析主要通过空间自相关指数来测度，可分为全局空间自相关和局部空间

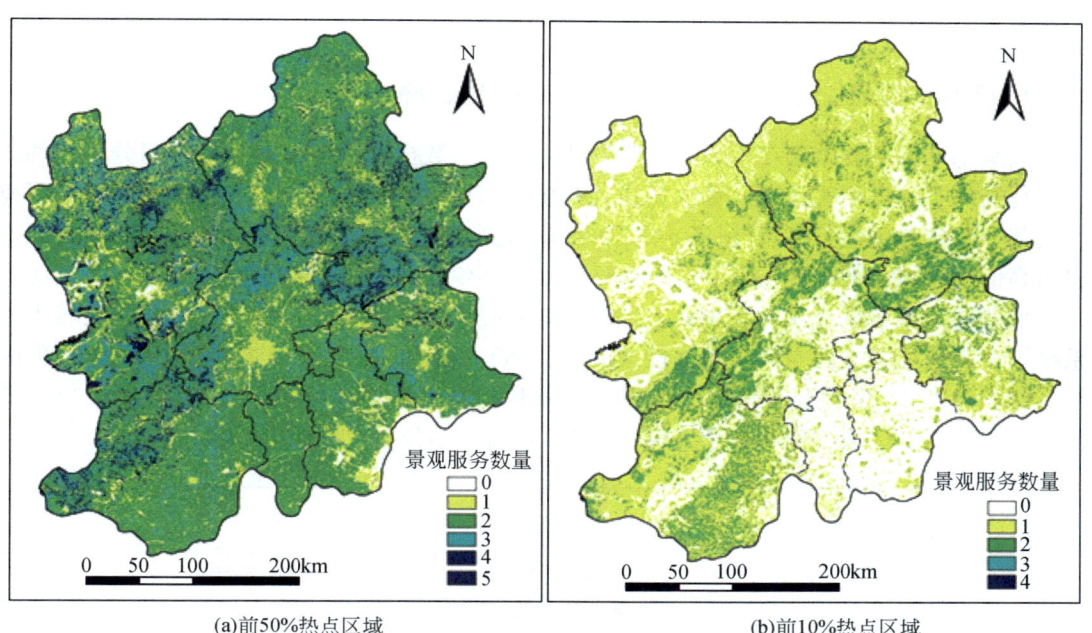

(a)前50%热点区域　　　　　　　　　(b)前10%热点区域

图 3-5　京津冀地区景观服务热点区域叠加分析

自相关两种指数。

（1）全局空间自相关。

全局空间自相关可反映观测生态系统服务变量在整个研究区域内空间相关性的总体趋势。全局空间自相关 Moran's I 指数计算公式为

$$\mathrm{MI} = \frac{n\sum_{i=1}^{n}\sum_{j\neq i}^{n}w_{ij}(x_i - \bar{x})(x_j - \bar{x})}{\sum_{i=1}^{n}\sum_{j\neq i}^{n}w_{ij}\sum_{i=1}^{n}(x_i - \bar{x})^2} \tag{3-15}$$

式中，n 为空间单元的数量；x_i 和 x_j 分别代表变量 x 在第 i 和 j 个空间单元的观测值；$\bar{x}$ 为 x 的均值；w_{ij} 为空间权重矩阵；x_i 和 x_j 相邻时为 1，不相邻为 0。Moran's I 指数的取值为 $-1 \sim 1$。小于 0 时，表示负相关；等于 0 时，表示不相关；大于 0 时，表示正相关。其值越大，表示观测值在空间分布上的关联性越大，聚集性越强。

（2）局部空间自相关。

尽管全局空间自相关指数可以揭示生态系统服务特征值空间上的总体依赖程度，但不能反映局部区域单元的空间自相关性。可采用局部 Moran's I 指数 LISA 测度单元 i 和 j 之间空间要素的异质性，计算公式为

$$\mathrm{LISA}_i = \frac{(x_i - \bar{x})}{m_0}\sum_{j}w_{ij}(x_j - \bar{x}) \tag{3-16}$$

式中，$m_0 = \sum_{i}(x_i - \bar{x})^2/n$；$x_i$、$x_j$、$w_{ij}$ 以及 $\bar{x}$ 的含义同上。LISA 的值大于 0，表示空间单元高-高值或低-低值的空间聚集；LISA 的值小于 0，表示空间单元高-低值或低-高值的

空间聚集。

2. 承德市围场县碳储存生态系统服务空间自相关分析

以承德市围场县碳储存生态系统服务计算结果为数据源，应用GeoDa空间分析软件对其进行局部空间自相关计算。算法见式（3-16），计算结果见图3-6。从空间分布看，研究区大部分区域相关性不显著（$p=0.05$），面积占到86%左右。高−高类型区也即高值周围也为高值的区域，面积约占7.0%，主要分布在坝缘山地区；低−低类型区也即低值周围也为低值的区域较少，仅占0.8%，零散分布在东部的燕山山地区。上述这两类区域生态系统服务表现出强烈的空间正相关性（$p=0.05$）。高−低类型区也即高值周围为低值的区域，面积约占6.0%，分布较广，在坝上高原和坝缘山地均有分布；低−高类型区也即低值周围为高值的区域，面积最小，仅占0.2%左右，多分布在坝缘山地区。

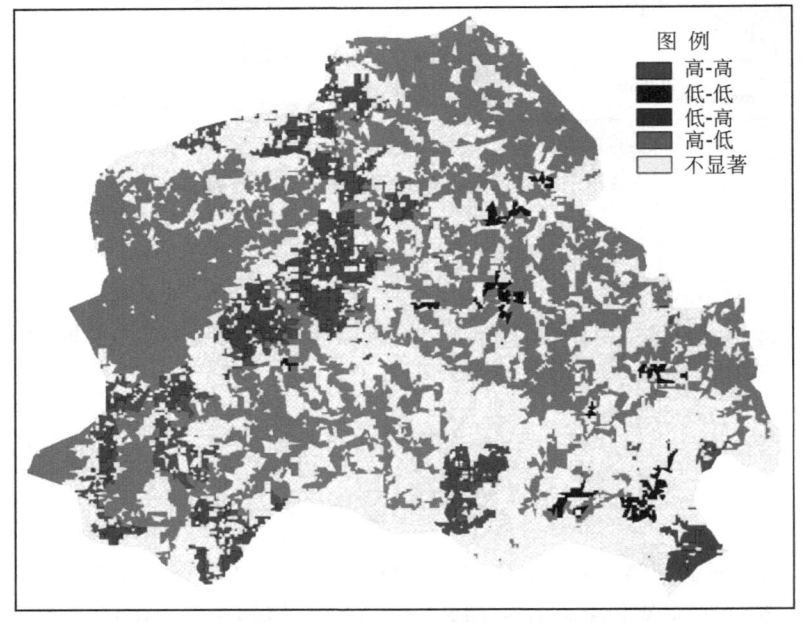

图 3-6　河北省承德市围场县碳储存生态系统服务局部空间自相关指数（$p=0.05$）

第二节　生态系统服务的空间流动与测度

流是自然界和人类社会常见的一种现象。在自然界中，在重力、温度、气压、浓度等梯度差的作用下，许多要素借助水或空气等媒介从一个地方移动到另一个地方；在人类社会中，借助交通运输工具，物质从一个地区被运送到另一个地区，人口从一个区域迁移到另一个区域。凡此种种，都是地球表层系统中流的表征。从系统动力学角度看，物质流、能量流和信息流是地球表层系统演进的基本驱动因素。生态系统服务作为自然生态系统和人类社会经济系统耦合作用的产物，既有自然界中常见的流态，如水流、气体扩散和土壤侵蚀等，也有社会经济系统中流的特质，如观赏自然美景的客流等。研究生态系统服务的空间流动包括明晰服务的源汇关系、流动路径和通量等,对于生态系统服务管理具有重要意义。

一、生态系统服务的空间流动及其成因

(一)生态系统服务的空间流动类型及特征

所谓生态系统服务的空间流动是指服务在形成地和使用地之间空间位移。生态系统服务可以看作是在特定时空范围内,生态系统向人类社会提供的具有流动效应的福利。生态系统服务形成之后,有些在当地发挥作用,而有些要惠及其他区域的社会经济系统。服务在产生地发挥的作用或影响称为域内效应,在产生地之外的称为域外效应。对应于表2-6中的"生态系统服务的空间特征分类"(Costanza,2008),"原位"(使用点)中的生态系统服务具有域内效应,而"局部邻近"(依赖于邻近)、"有向性流动"和"全球非邻近"(不依赖于邻近)中的生态系统服务具有域外效应。根据不同的分类标准,生态系统服务空间流动类型及特征多种多样(表3-2)。根据有无方向性,可以分为有向性服务流和无向性服务流;根据路径形状,可以分为线状服务流和面状服务流;根据路径长度,可分为短距离服务流和长距离服务流;根据供需主体移动性,可分为供给移动服务流和使用移动服务流;根据累积或耗散特性,可以分为累积性服务流和弥散性服务流;根据驱动力特性,可以分为自然过程服务流和人为过程服务流;根据过程平稳性特征,可以分为平稳性服务流和非平稳性服务流;根据周期性特征,可以分为周期性服务流和非周期性服务流。

表3-2 生态系统服务空间流动类型及其特征

划分依据	流动类型	基本特征	举例
服务流的方向性	1. 有方向性服务流 2. 无方向性服务流	1. 服务从源流向汇 2. 服务在源处无特定流向	1. 调节径流和保持土壤等,生态系统服务从流域上游向下游流动 2. 碳储存和碳汇服务对各个方向调节大气都有益,昆虫传粉无特定路径
服务流的路径形状	1. 线状服务流 2. 面状服务流	1. 服务流动路径为线状 2. 服务流动路径为面状	1. 与河流相关的服务流如径流调节、泥沙调节等 2. 大气调节、气候调节和生物多样性维持等
服务流的路径长度	1. 短距离服务流 2. 长距离服务流	1. 服务半径一般在几千米范围内 2. 服务可以输送到几千米以外	1. 昆虫传粉服务等 2. 气体调节服务等
供需主体移动特性	1. 供给移动服务流 2. 使用移动服务流	1. 服务从供给方流向使用方 2. 使用者通过空间移动消费生态系统服务	1. 水源涵养、净化水质等绝大部分生态系统服务 2. 旅游休闲及文化服务等

续表

划分依据	流动类型	基本特征	举例
服务积累或消散性	1. 累积性服务流 2. 弥散性服务流	1. 服务在流动过程中得到强化增益 2. 服务在流动过程中强度减弱弥散	1. 如从流域上游开始向下游，生态系统提供的饮用水供给、灌溉和发电等服务不断累积增加 2. 由于地形等条件的影响，泥沙调节服务向下游逐步降低
驱动力特性	1. 自然过程服务流 2. 人为过程服务流	1. 服务流的主要驱动因素为自然力，如风力、水流和生物等 2. 服务流的主要驱动因素是人为力，如人口迁移、交通客流等	1. 碳储存和碳汇、水源涵养、土壤形成与保持、生物多样性维持、昆虫传粉等环境调节和支持服务 2. 食物供给、文化服务、旅游休闲等满足人类初级和高级需求的服务
平稳性特征	1. 平稳性服务流 2. 非平稳性服务流	1. 在一定时段内服务流呈现平稳状态，表现为流量恒定或波动很小 2. 在一定时段内服务流呈现非平稳状态，表现为流量波动大，变化明显	1. 土壤保持、生物多样性维持、调节大气等环境调节服务；陶冶情操和休闲娱乐等文化服务 2. 抵御洪水、风暴潮灾害和病虫害表现为脉冲式服务流
周期性特征	1. 周期性服务流 2. 非周期性服务流	1. 服务流表现为周期性波动 2. 服务流无显著周期性变化	1. 与生物种群有关的生产性服务随着生物发育节律具有周期性变化 2. 在人类历史时间尺度内没有周期性变化特征，如土壤形成等

表 3-3 列举了几种常见的生态系统服务空间流动的特征，包括传递的媒介、流动路径形状、流动距离以及衰减或损耗状况。从表中可以看出，几种常见的传递媒介包括大气、河流、生物和人类等，流动路径一般为线状和面状，流动距离数千米至数千千米，有的有明显衰减或损耗，有的则较少损耗。

表 3-3 主要生态系统服务空间流动特征（李双成等，2002，有改动）

生态系统服务	传递媒介	路径特征	流动距离	衰减或损耗
大气调节	大气	面状	数千米至数千千米	较少衰减
水供给	河流	线状	数千米至数千千米	逐渐损耗
侵蚀控制	河流、大气	线状、面状	数千米至数百千米	逐渐衰减
传粉	大气、昆虫	面状	数千米至数百千米	逐渐衰减
养分循环	大气、水体、土壤	面状、线状	数千米至数千千米	逐渐衰减
食物生产	人类	线状	数千米至数千千米	较少损耗
娱乐文化	人类	线状	数千米至数千千米	较少损耗

(二) 生态系统服务空间流动的成因

1. 自然生态系统运动

在太阳能和地球内能等多种能量作用下,地球表层系统的各个自然要素及其组合体都时刻处在运动之中,表现为多种时空尺度的物质和能量输送和交换。从直接动因上分析,各种标度量的梯度差是物质、能量和信息流动的驱动力。例如,地势高低而致的重力差异引起岩屑、土壤和水流的空间位移;气压差和温度差导致大气流动,形成特定的风场格局;温度差和密度差使得海水流动,出现不同路径的洋流。作为地球表层系统重要组成部分的生态系统也在不断演进当中,各种生态过程持续进行,物质循环和能量流动在不同界面上的表征形成了生态系统功能。因此可以说,在内外力作用下的自然生态系统运动是服务空间流动的基本动力。

按照服务流的自然媒介不同,生态系统服务流可以分为以下几种:①水流携带-容纳型。这类服务流的运送媒介为水流,通过水流的携带和容纳功能实现服务的空间位移,如泥沙调节和涵养水源等。②气体混合-传播型。这类服务流的运送媒介为气体,通过气体流动的混合和传播功能实现服务的空间位移,如风力传粉,CO_2混合、传播和污染物的扩散。③生物体移动型。这类服务流的运送媒介为生物体,通过生物的运动实现服务的空间位移,如昆虫传粉和生物类疾病传播等。④多媒介综合作用型。这类服务流的运送媒介为多种自然要素,涉及多个生态过程。如水质净化服务就是在植被-土壤-水体连续体综合作用形成和输送的。

2. 人类需求及其活动

人类需求是生态系统服务形成的动力之一。没有人类需求,生态系统功能不能形成服务,更不能成为收益而对人类福祉有所裨益。同样,由人类需求而导致的人类活动行为对生态系统服务空间流动产生显著影响。

在直接作用方面,人类需求是实现特定服务空间流动的动力条件。例如,生态系统提供的自然美景只有通过人的空间移动才能亲身感受到;在间接作用方面,人类活动可以改变服务流的路径、数量和质量,对正服务尽可能延伸流动链条,最大化服务效益。对反服务,采取措施缩小其流转范围,将负面效应降到最低。例如,通过跨流域调水,改变了原有服务流的路径;又如,通过汲取河水灌溉农田,减小了河水径流量;再如,通过修建水库,可以改变河流的流速、流量、泥沙含量及其时间特性,进而对服务产生影响。在减小反服务效应方面,通过修建防波堤或泄洪区,减少风暴潮或河流洪水对人类社会的冲击。

二、生态系统服务空间流动研究内容与方法

生态系统服务空间流动是一个复杂的研究命题,涉及服务流供需双方的空间位置及相互关系。归纳起来,整个研究内容一般由以下几个方面构成。

(一) 选择研究区和研究对象

研究生态系统服务空间流动的首要任务是确定研究区。因为生态系统的类型、结构和功能具有区域依存特性，因而形成服务的类型、数量、质量和空间分布也烙有鲜明地域特色。从服务的使用方来说，区域人口数量多少、社会经济发展水平和文化因素等都会影响到对生态系统服务的需求。另外，研究区内的自然地理环境特点如地形高差、地势走向、河流网络以及盛行风向等对服务流形成及格局维系都会有较大影响。

在研究区选择上，一般以自然地理单元最为理想，如具有明显边界的流域等。特别是对于水源涵养、水质净化、泥沙调节、径流调节、土壤保持、灌溉、航运和发电等服务类型，应当以流域为研究区。然而，为了使得研究成果具有政策指导意义，有时也会以行政单元作为研究区。利用行政单元作为研究区的另一个便利之处在于社会经济统计资料的可获得性较高。另外，在实际研究过程中，还可以采取自然地理单元和行政单元相互嵌套的研究区模式。

(二) 量化和分析各类生态系统服务及空间范围

在确定研究区及研究对象的基础上，下一步工作是采用物理量或价值量衡定各类生态系统服务。以物理量测度是用模型计算出某类生态系统服务的物质量，如土壤保持量可为单位面积重量，实际工作一般用 g（或 kg）/栅格表示；以价值量测度生态系统服务，是将生态系统服务换算成币值，单位面积生态系统服务价值量可以用美元（或元）表示，抑或累计成整个区域的某类或所有生态系统服务价值量。

为了便于生态系统服务空间流动的分析，对于服务评价结果最好对空间分布格局以栅格或矢量形式进行表达，这样能够很直观地展示出生态系统服务供给的高值区和低值区，找出服务的热点和冷点，这些标志区对于识别服务的供给区、连接区和使用区是极为有用的信息。

在对各类生态系统服务进行物理量或价值量评价后，需要进一步明晰各类服务的空间范围。不论是服务供给还是服务需求，都存在一定的空间尺度效应。从服务供给角度看，诸如碳储存和碳汇之类的服务作用空间范围大，而土壤形成服务则作用范围局限在当地；从服务需求角度看，流域上游的居民更多地关注与其生计有关的服务，而对环境调节服务的域外效应则不够重视，下游居民关注和使用的服务则与上游居民明显不同。与此同时，随着行政单元扩大、机构级别的提升，对生态系统服务需求类型也会发生变化，关注的重点从初级的供给服务向高级的生态安全和景观文化服务变化。在明晰各类服务供给和需求的空间尺度后，利用 GIS 工具对其进行空间分析，对识别服务的源与汇并划定服务供给区、受益区和连接区将会有所帮助。

(三) 识别生态系统服务的流动特性

各类生态系统服务在自然和人为因素作用下，在空间上产生流动，实现服务从供给到消费各个环节的传递。因而，要想更清晰地描述各类服务的空间流动，对其流动特性识别显得十分重要，这些特性包括流动的媒介、载体和路径等。

1. 生态系统服务流传递的媒介

生态系统服务流传递的媒介是指服务供给区（者）与受益区（者）之间一种可以移动的物质、能量或信息。媒介可以识别或觉察，一般通过物理单位进行表征。识别生态系统服务流的传递媒介是判定人类从生态系统中获得受益类型和数量多少的前提。每种服务传递的媒介类型各不相同，可能是物质（如流水、CO_2 和生物种群等）、能量（如野火等）或信息（如对自然景色的美学鉴赏等）。

2. 生态系统服务流传递的载体

生态系统服务流的载体是指具有权重和路径属性、由服务移动功能支配的智能体，是量化生态系统服务媒介的单位（Johnson et al.，2010）。生态系统服务流从自然产生地到人类使用地的移动需要一种承载手段，这种承载手段可以用数量来表征，从而反映人类获得受益的多少。例如青藏高原是中国的生态屏障，三江源是中国三大河流的发源地，其生态系统服务无论是径流调节还是大区域气候调节都影响到江河下游地区，许多服务也可以长距离传递到东部地区。服务流传递的载体可以是水、空气，也可以是人等。依托载体的移动，生态系统服务实现了空间流动和传递。

通过媒介和载体传递的生态系统服务流对人类福祉有不同的影响效应。如果人类与服务载体的接触是有益的（如欣赏风景、获得食物或饮用水等），那么生态系统产生了有益的自然福利并且提供和传递给人类，有利于提升和维系人类福祉，称为提供的效益（provisioning benefit）。如果与服务媒介的接触不利于提高人类的生活质量（如发生洪水、接触有害污染物、传播疾病或发生野火等），那么生态系统提供了防止这些因素侵害人类社会的福利，称为防护的效益（preventive benefit）。提供的效益通过受益者积累载体所负载的服务来获得，而防护的效益则通过限制这种积累产生来减少对自身的伤害（图3-7）。

由于人类的价值判断与选择具有多样性，一些生态系统服务流可以同时具备提供正面效益与预防负面效益双重功能。例如，过量的泥沙沉积对水库的休闲娱乐、水力发电和防洪服务有害，但在某些情况下，河流淤积物中的营养成分对保持耕地土壤肥力却是有利的。又如，土壤风蚀对于大气环境质量是有害的，但悬浮物中的营养元素对提高降尘区的土壤肥力有利。

对于用户需求来说，服务流提供的正效益有满足或未满足两种情形。"源"产生并提供的生态系统服务流，由于在流动路径上存在着自然性质的"汇"效应，一些服务流不能达到特定用户的"使用区"，从而不能满足用户需求。而有些服务能够穿越"汇"区域，到达"使用区"，从而满足用户需求，使其获益。因此，在服务流路径上采取措施减少从"源"到"使用区"的"汇"效应，对满足用户需求来说至关重要。

在防护效益产生过程中，大多数情况下人类接触服务流媒介会招致一定程度的损害。在这种情形下，上游"源"或服务流的存在是有害的，因为它们使反服务通过媒介危害人类社会经济系统，而在服务流路径上的"汇"则对人类提供了福利，因为它消耗了有害的载体数量。如在洪水防御服务中，在不同河段上修建的水库或下游设置的泄洪区，就起到了这种"汇"效应。

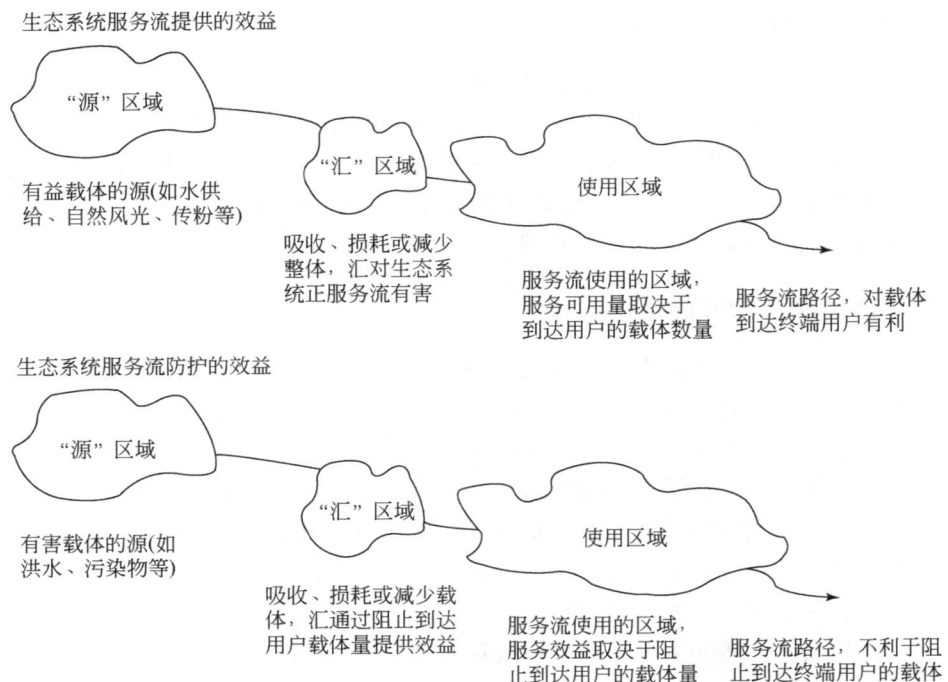

图 3-7　生态系统服务流提供正效应和防护负效应而产生的效益（Bagstad et al.，2013）

（四）确定服务供给方与受益方及空间位置

生态系统服务的供需双方是服务形成、输送和最终被消费的主体。因而，识别服务的供给方和受益方是服务空间流动分析的重要基础性工作。由于自然生态系统分布位置固定以及结构与功能相对稳定，服务的供给方及其空间区域容易确定。然而，由于人类需求及社会经济系统的复杂性，确定受益方及其空间区域需要考虑更多的因素。这里所称的生态系统服务流受益方特指消费终端生态系统服务（final ecosystem services）个体和群体。所谓终端生态系统服务，是指对人类福祉有益、直接被享有、消费或使用的自然组分（Johnston and Russell，2011）。"直接被享有、消费或使用"意味着终端生态系统服务是自然终端产品，有别于中间产品，这样区分可避免生态系统服务量化中的重复计算（Turner and Daily，2008；Boyd and Krupnick，2009；Fisher et al.，2009）；"自然组分"意味着终端生态系统服务是生态产品或者属性，而不是生态功能与过程，后者不是最终产出，而是产生前者的中间投入。

在实际案例中，测度生态系统服务的价值量（或者物理量）常会出现偏向于对生态资本或生态存量的计算，而不是服务流，这多是由于服务流不易被觉察或识别。例如，垂钓产生休闲服务，依赖于鱼群类型、种群数量大小、周围环境和水体生态与环境质量产生的最终服务。通常，以鱼群存量和水质的生态资本来测度生态系统服务数量，而不是用服务流来表征。但只要两者数量大致相当，生态资本存量可以用来作为替代服务流的度量指标。

生态系统服务作为生态系统的自然组分，其空间位置和地理分布对其流动特性具有重要影响；同时，生态系统服务的社会经济价值，也决定了生态组分的空间不可替代性。空间位置和地理区域不同，生态系统服务的价值流就会有差异。另外，生态系统服务的稀缺性、替代性和互补性同样也具有空间异质性（Boyd and Banzhaf，2007）。因此，要度量生态系统服务流和人类受益状况，必须要明晰其空间属性。在实际分析过程中，服务流受益单元的空间特征可以通过地理信息系统等工具进行描述。

在建立空间显性模型时，需要在空间上明晰受益方的地理区域及其分布范围，以使服务流模拟和评估更加准确（Boyd and Banzhaf，2007；Fisher et al.，2008；Haines-Young and Potschin，2010；Nahlik et al.，2012）。至于如何识别受益方的空间特征，可以通过上述 SBA 和"源汇"分析方法来完成，也可以在 GIS 空间分析工具中建立相应的指标集来表征。

确定服务供给方与受益方及空间位置，是进行生态系统服务流定量模拟和空间制图的基础。归纳起来，识别工作主要包括：①判定供需双方的地理位置。在大多数情况下，两者在空间上分离，往往相距较远。但有时两者部分交合，甚至完全重叠；②分析供需双方的层次水平。主要任务是确定不同生态系统服务类型产生的层次，以及不同等级用户对服务需求的异同；③确定供需双方的数量对应关系。主要任务是明晰双方一对一、多对一和一对多的供需关系。

（五）判定服务流的自然与经济属性

1. 服务流使用的竞争性与非竞争性

为了模拟生态系统服务的空间流动，还必须了解某些使用者利用或接触服务媒介是否减少了其他使用者接触媒介或获取服务的能力或机会。一般情况下有竞争性和非竞争性使用两种情形，竞争性使用意味着使用服务的受益者留给其他人的使用服务机会变少。例如，流域中游用户水的使用减少了下游用户使用水的机会，或者下游农业用户灌溉用水的使用减少了同一地区其他类型用户使用水的机会。而非竞争性的使用则不会减少这种机会，例如，美学鉴赏不会因为观看的人多而影响其服务品质，尽管该地点作为休闲场地使用时可能会变得拥挤。根据排他性和竞争性标准，Costanza（2008）将生态系统服务进行了如下划分（表3-4）。

表3-4 根据排他性和竞争性划分生态系统服务（Costanza，2008）

	排他性	非排他性
竞争性	市场化产品和服务（大多数供给服务）	开放进入的资源（一些供给服务）
非竞争性	俱乐部产品（一些休闲服务）	公共产品和服务（大多数调节和文化服务）

2. 服务流的有限性与无限性

对于以生物物理为基础的服务，"源"、"汇"和"使用"通常在提供、消耗和使用服务方面的能力有限。例如，湿地生态系统可以作为洪水、污染物或营养元素（作为载体）

的"汇",但是湿地容纳这些载体的数量有限,超过承载阈值,生态系统将趋于退化或崩溃。对于水生态系统服务,大多数用户需要适当数量的水来满足其生产和生活需求,而符合用户水质要求的水资源数量往往有限,很多区域淡水资源成为制约社会经济发展和人民生活的限制因素;对于一些文化服务,如自然景观的美学享受,"源"、"汇"和"使用"在提供、消耗和使用服务方面的能力是无限的。例如,市区周围的山景可以同时接纳大量游客来观赏,而没有降低服务流,尽管游客过于拥挤会降低旅游舒适度。

(六) 确定生态系统服务的"源"、"汇"和路径

研究生态系统服务空间流动,明晰生态系统服务的"源"与"汇"特征是重要工作之一。"源"(source)是指一种或多种生态系统服务产生与提供的区域;"汇"(sink)有两层含义:一方面是指在没有消费者使用服务的情况下,生态系统服务的自然损耗。例如,服务随着传输距离的增加可能发生衰减或弥散;另一方面是指人类使用引起的服务损耗,相比自然形式的汇,人类使用引起的汇效应更应引起关注,因为关系到人类的受益。从服务"源"到"汇"的连接通道称为生态服务的流动路径。路径的几何形状有线状和面状两种形式,其中线状路径的空间格局有平行、枝状和网状等不同类型。

识别生态系统服务的"源"、"汇"及其两者连接路径,可以借助 ArcGIS 等相关软件来实现。例如,利用 ArcGIS 中的水文分析模块,根据地形数字高程等数据很方便地完成流域边界确定、流域空间划分、河流网络建构、汇流效应分析等工作,这对于识别与河流生态系统服务有关的"源"、"汇"和"路径"是极为重要的信息。在识别和测度生态系统服务流路径方面,服务路径属性网络(service path attribution networks,SPAN)是目前最为详尽的算法之一,它可以辨析"源"、"汇"和"使用"区的空间位置,并通过网络流来确定服务达到不同用户的数量,并跟踪服务承载体的路径(Johnson et al.,2012)。本节下面会详细介绍 SPAN 算法的内容。

生态系统服务媒介通过服务流网络来移动。根据路径的方向属性,可以分为生态系统服务通过路径达到用户和用户通过路径达到服务两种。Costanza(2008)、Fisher 等(2009)使用一系列的服务流路径指标来描述生态系统服务流的空间移动。例如,使用距离衰减函数(distance decay function)来计算与距离变化有关的服务流变化,如接近开放空间、传粉媒介经过生境与农田的距离等;使用最短路径算法(shortest path algorithm)近似模拟服务的空间流动,该算法寻找将用户连接到服务提供地的最短路径作为服务流的最佳通道。用户通过路径到达服务提供地获取服务的例子,多是与可移动主体有关的例子。譬如,人们通过交通网络获取生态系统的产品如自给性渔业,或获取服务如休闲活动。以青藏高原旅游休闲服务为例,从消费角度来看,东部游客可通过旅行到青藏高原欣赏美景,服务没有流动,而是消费者主体的流动。

为了描述生态系统服务流的空间动态轨迹,需要在模拟模型中确定可能的"源"、"汇"和"使用"的空间位置,用物理单位或者相对排名来标记其数量,同时根据服务的类型确定是否存在某些生物物理功能,在实际中扮演着消耗服务载体的角色(即"汇")。并非所有的生态系统服务流都有"汇"效应,不具有生物物理特性的生态系统产品和某些类型的文化服务,就没有"汇"来消耗其服务流。在这种情形下,需要采用没有"汇"

的服务流路径模型来模拟服务媒介在空间中的移动轨迹。

图 3-8 模式化几种特定的生态系统服务空间流动型。从中可以看出，左上侧浅灰色斑块为生态系统服务的"源"区域，从此区域形成和提供的生态系统服务流可能的路径有三大类：第一大类是流入竞争性使用区域（深灰色斑块），被不同用户竞争性利用。第二大类是流入非竞争性区域，供不同的非竞争性用户使用。这一大类可区分为两种情形：一种情形是在流入非竞争性区域的路径中，有"汇"区域存在，消耗了部分服务流量。另一种情形是在流入非竞争性区域的路径中，没有"汇"区域存在，服务流得以无损耗传递。第三大类是从"源"区域流出的服务流，没有到达"使用"区域，中间被阻塞或损耗。值得提出的是，这仅仅是几种典型的服务空间流动类型，在实际中可能有更多更复杂的情形存在。

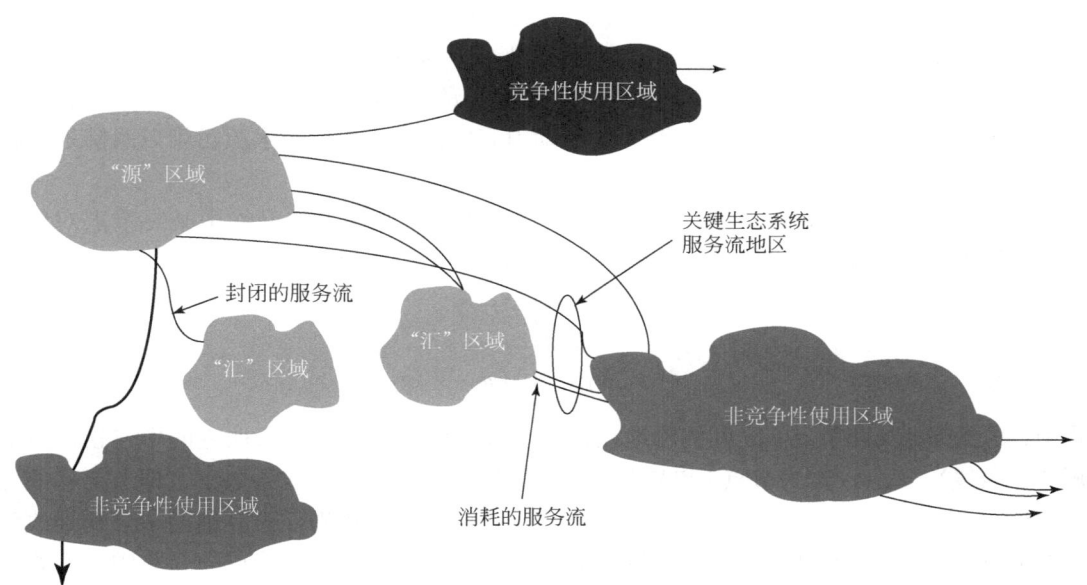

图 3-8 生态系统服务的空间流动类型

图中标示了"源"、"汇"和"使用"的空间相对位置及服务的流动路径（Bagstad et al., 2012）。箭头粗细表示服务流的相对数量。服务流量可能因与"汇"或者竞争性使用区域相连而消耗，导致流量变小

（七）建立服务空间流的测度网络

根据研究区的地形地貌、河流网络等特征，在确定生态系统服务"源"和"汇"及连接路径、供给区和受益区及连接区的基础上，构建抽象的模拟生态系统服务流的网络，并用一些指标来评价服务的空间流动特征。

根据生态系统服务及其空间流动的基本特征，服务流网络可以抽象为一个有向复杂网络模型（G）。该网络可用两个基本要素进行简化表达，即节点集合（V）和边集合（E）。节点是由"源"、"汇"和"使用"区域抽象而成，边是服务流的空间路径。服务流网络可以表示为

$$G = \{V, E\} \tag{3-17}$$

式中，$V = \{v_1, v_2, \cdots, v_n\}$ 表示服务流网络由 n 个节点组成；$E = \{<v_i, v_j> \mid v_i, v_j \in$

$V\}$，E 表示边的集合。

如同光的波粒二相性一样，生态系统服务是实体和过程的统一体，也就是说服务既是静态的实体，可以用一些物理量单位具体衡量，同时又是动态的过程，用流率等单位表征。生态系统服务从"源"区流出，中间经过连接区，或被损耗或被增益，最终达到使用区。可用通量表示生态系统服务在某一时刻某一地区的流动强度。所谓通量是单位时间单位面积物质、能量或信息的流通量。由于生态系统服务流的媒介不同，自然媒介有气体、液体和固体三种形式，另外还有生物（昆虫）和人等类型，因此可用不同形式的通量表达形式，如水汽通量、气体扩散通量等。

衰减率可用来衡量服务流在流动路径上的衰减情况，可用下式表示：

$$S = ((Q_s - Q_u)/Q_s)/L \tag{3-18}$$

式中，S 为服务流的衰减率；Q_s 为源区的服务量；Q_u 为达到使用区的服务量；L 为路径长度。引起服务流衰减的汇有两大类：一类是自然类的自然阻力引起，如地形、地表粗糙度、风力、水流和植被等；另一类是人为活动引起的损耗，如对于水质污染以及陡坡种植引发的土壤侵蚀等。

介数中心性（betweeness centrality，C_B）可以用来刻画服务流网络中某一节点对服务流动的影响力。设服务流网络具有 n 个节点，则节点 x 的介数中心性定义为

$$C_B = \frac{\sum_{j<k} g_{jk}(x)}{\frac{1}{2}(n-1)(n-2)g_{jk}} \tag{3-19}$$

式中，g_{jk} 为节点 j 和节点 k 之间的测地线条数（测地线是指在一个弯曲空间中连接两点最短的一条线）；$g_{jk}(x)$ 为节点 j 和节点 k 之间经过节点 x 的测地线条数，也即节点 x 的介数（betweeness）；$(n-1)(n-2)/2$ 为最大可能的点介数，也即任意其他两节点测地线都经过节点 x。介数中心性刻画了服务流经给定节点的可能性，任一节点的介数中心性均会随着经过该节点的服务流的增加而增大，利用这一指标可以确定服务流负载大的网络节点，这对于判断"汇"和"使用"节点的重要性程度非常重要。

三、生态系统服务空间流动分析的 SPAN 框架

（一）SPAN 算法及其对关键流要素的表达

1. SPAN 算法

SPAN 是一个用于分析生态系统服务空间流动的算法。SPAN 基于智能体模型来识别"源"、"汇"和"使用"区域之间的空间连接及相互关系，确定用户之间因资源稀缺而致的竞争关系对生态系统服务流的影响（Johnson et al.，2012）。SPAN 算法中采用 3 类智能体：①承载智能体（carrier agents），指所有在源位置产生，遵循服务流移动规律，经由网络移动的所有载体；②汇智能体（sink agents），指在接触承载智能体时可以减少其数量的载体；③用户智能体（user agents），是指接触载体时从中受益或受损，并且对服务产生竞

争性使用时，会减少承载智能体数量的智能体。

SPAN 算法以具有空间属性的"源"、"汇"和"使用"数据初始化这些智能体，通过网络来确定达到用户的服务数量，并跟踪承载智能体的路径。模型一般由如下 3 个步骤构成：首先，创建承载、"汇"和用户 3 类智能体，以便在服务流模拟中交互使用。其次，初始化智能体。一个汇智能体在其汇位置（sink location）被初始化，其初始吸收能力等于该地点输入的汇值。同样，用户智能体在其使用位置（use location）以服务的相应初始使用水平来创建，表示为需求量（对于提供的效益）或脆弱性（对于防护的效益）大小。最后，承载智能体在每个源位置（source location）按照以下特性进行初始化：

（1）实际权重（actual weight，A）：每个智能体在网络运输中的服务载体的数量，用物理单位或相对排名衡量，是智能体在起始位置"源"上的初始值。

（2）可能权重（possible weight，P）：在缺乏"汇"情形下将被智能体运输的载体数量。$P-A$ 为"汇"的数量，这在评估防护性效益流时应特别予以关注。P 具有与实际权重 A 相同的初始值。

（3）路径（route，R）：位置（l_1，l_2，…，l_n）的列表，载体通过这些位置进行传输。

（4）汇效应（sink effects，Q）：沿着路径 R 激活的"汇"位置列表，以及在模拟过程中每个载体被吸收的量。

（5）使用效应（use effects，X）：沿着路径 R 激活的"使用"位置列表，以及在模拟过程中载体每次使用的量。

2. 服务空间流动类型

SPAN 服务流模型通过界定各种与生态系统服务空间流动相关的概念内涵（表3-5），来模拟 5 类服务流。

（1）理论的"源"、"汇"和"使用"（theoretical source，sink，and use）：不考虑生态系统服务的空间流动，在原位置计算"源"、"汇"和"使用"的数量。

（2）可能的"源"、"使用"和服务流（possible source，use and flow）：不用考虑"汇"效应，计算在服务流路径上从"源"到达用户的服务数量。这一计算值为服务流的数量上限。根据服务类型的不同，增加或去除"汇"可以作为强化生态系统服务流管理的策略之一。

（3）实际的"源"、"汇"、"使用"和服务流（actual source，sink，use，and flow）：在考虑"汇"效应情形下，计算服务的供给、耗损、"使用"和流动的数量。

（4）无法到达的"源"、"汇"和"使用"（inaccessible source，sink，and use）：通过理论和可能的"源"和"使用"，以及理论和实际的"汇"之间的差值来计算服务流数量。它表征了未在物理介质上与流动路径连接的源、汇和使用地的区域，即服务流没有空间传递。

（5）阻塞的"源"、"使用"和服务流（blocked source，use，and flow）：计算可能和实际的"源"、"使用"或服务流之间的差值。它显示了由于"汇"损耗而丧失的"源"、"使用"和服务流。

表 3-5 与量化生态系统服务空间流动有关的概念及含义（Johnson et al.，2012）

概念	定义	基本含义及目的
基于终端受益方的生态系统服务模型	明确的、唯一的生态系统服务终端受益者	避免重复计算，支持空间制图和受益评估
生态系统服务载体	一种以物理单位或相对排名来表征的，可移动的物质、能量或信息量	用以跟踪服务流在源、汇和使用地点之间的路径和数量
提供的效益	从有益载体到达用户的传递而提供的收益	将"源"定义为正效益提供区，"汇"定义为正效益损耗区
防护的效益	防护或抵御有害载体到达用户而产生的收益	将"源"定义为负效益提供区，"汇"定义为负效应防护区
竞争性使用	衡量服务使用者是否减少了供其他用户可获取服务的类型和数量	竞争性使用减小了"下游"用户获得载体的权重；非竞争性使用则不会
有限制或无限制的"源"、"汇"、"使用"行为	源、汇或使用地点具有供给、损耗或使用一种服务的有限或无限的能力	确定了源、汇或使用地点具有供给、损耗或使用一种服务的有限或无限的能力
服务流路径类型	服务通过特定的路径移动，如河流、交通线或视线等，可具距离衰减特性	确定了在 SPAN 模型内载体移动的路径
"源"区	供应载体的区域	"源"为服务流模拟生成承载智能体
"汇"区	损耗载体数量的区域	"汇"减小了"下游"用户的载体可获得性
"使用"区	研究区内用户（特定受益个体或群体）的位置	用户从与载体的相互作用中受益或受损
服务流	生态系统服务在空间上从"源"到用户的移动	服务流的量化和空间制图，为 SPAN 模型的主要输出结果
理论的"源"、"汇"、"使用"流型	服务的原位供给、损耗或"使用"	由 SPAN 模型中不考虑服务流而得到的输出结果
可能的"源"、"汇"、"使用"流型	没有"汇"的服务空间流动	由 SPAN 模型不考虑汇而得到的输出结果
实际的"源"、"汇"、"使用"流型	具有"汇"的服务空间流动	由 SPAN 模型同时考虑服务流和汇而的输出结果
无法到达的"源"、"汇"、"使用"流型	缺乏流连接，服务流没有被传递	从理论输出中减去可能输出部分计算得到的结果
阻塞的"源"、"汇"、"使用"流型	被"汇"阻塞的服务流	从可能输出中减去实际输出部分计算得到的结果

3. 路径表达

识别关键的生态系统服务"源"和"汇"对保障服务流的持续供给有重要意义。

SPAN 模拟过程，使用数据和模型来量化和绘制"源"位置（产生服务载体的地点）、"汇"位置（可以吸收、降低或损耗服务载体的地点）以及"使用"位置（受益者的地点）。为了模拟服务流，SPAN 用流动路径将"源"、"汇"和"使用"在空间上连接起来。

在 SPAN 中，承载智能体的移动由特定服务流路径的类型确定，用距离衰减函数测度。通过检查每个位置及其近邻点的特性，承载智能体沿着服务流路径进行移动（图3-9）。SPAN 算法适合于规则空间网格和不规则多边形，通常需要河流网络数据来确定地表径流路径，需要河漫滩和堤坝数据来确定洪水路径，需要道路网络运行所需的交通模型。在模拟过程中，承载智能体的流动路径通过不断加入新接触位置而扩展其路径网络。承载智能体的权重大小与服务轨迹载体数量和路线分支多少有关。如果承载智能体移动到没有下一步有效位置时，智能体的服务流路径由此终止。距离衰减函数测度了载体数量及其服务流量随着移动距离增大而衰减的特征。在 SPAN 中，服务流路径上的某一位置以衰减函数（如高斯函数等）作为确定权重的依据。

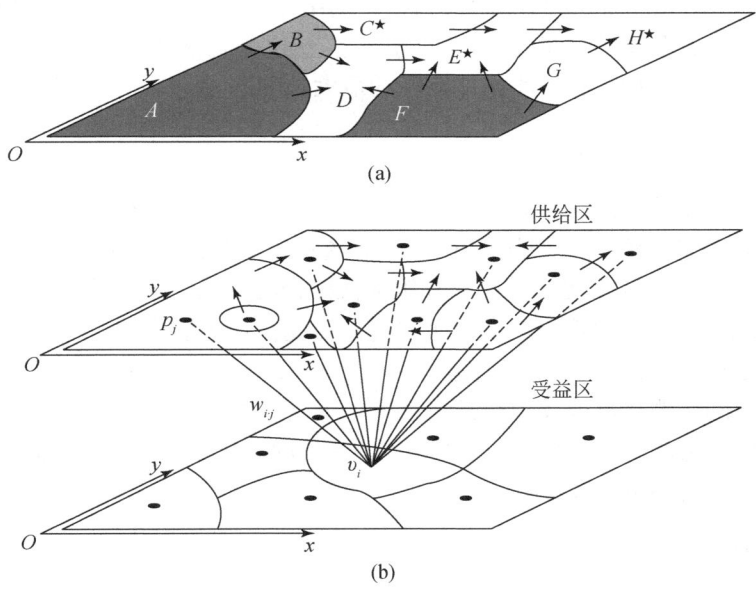

图 3-9 从地理实体空间的点位映射抽象到模型中点位（Johnson et al.，2012）
（a）基于栅格的景观划分为"源"、"汇"和"使用"区域。每个区域对应 SPAN 中的一个位置，箭头表示区域之间服务流的方向。A 和 F 是源区域，B 是汇区域，C^*、E^* 和 H^* 含有潜在用户。（b）服务流量在景观中的使用位置上累积。供给区与受益区相比，数量不等，为多对一的关系

在 SPAN 模拟中，生态系统服务媒介由具体的承载智能体来表征。承载智能体具有服务权重和路径属性，通过计算累计通过服务流路径的智能体数量，从而实现生态系统服务流通量的测算（Johnson et al.，2010）。其中，服务权重（service weight，W）是指可以代表经过网络传输的服务媒介（此处是服务载体）的数量或质量的数值抑或其他量化指标。服务路径（service route，R）是指生态系统服务载体所经过的一系列点（v_1，v_2，v_3，…，v_N），包括载体目前的所在位置。现在所处的点可以作为最新的路径（Last（R）），最初

所在的点可以作为最初的路径（First（R））。

通常，生态系统服务载体在 SPAN 中的移动由以下参数来设定：

（1）移动函数（movement function，$(W, R) \rightarrow (W, R)^*$）：该函数将载体（$W_0$，$R_0$）映射到一组新的载体中（（$W_1, R_1$），（$W_2, R_2$），…，（$W_N, R_N$）），$N$ 表示从最新路径（Last（R_0））起的总路径点数量。新的路径通过不断将一个最新的路径（Last（R_0））点填加到路径（R_0）上形成。这些点外边缘相接却不重复，它们的权重描述了从最新路径（Last（R_0））起经过特定路径的服务媒介的数量。如果载体没有移动到可以与外边缘相接的点上，Move（W, R）将得不到赋值。

（2）衰减函数（decay function，$(W_{old}, R) \rightarrow W_{new}$）：某些服务媒介在移动时其质量和重要性随距离函数或遵循路径的某些限制性影响而衰减。例如，随着距离增加，一座山的景色视觉感知会逐渐减弱，直至消失。在 SPAN 中，将服务载体赋予新的权重 $W_{new} \leqslant W_{old}$，这是在路径 R 上施加了衰减影响后的权重。与衰减函数相反的计算为 Undecay：$(W_{old}, R) \rightarrow W_{new}$。

（3）转换阈值（transition threshold）：流动网络中任何一个载体成为备选移动函数的最小权重。如果服务载体的权重 W 一旦小于 θ_{trans}，这个载体便失效，且载体负担的媒介终止传播服务。阈值的增大将缩小载体路径的最大长度。

4. "载体缓存器" 与载体移动

在 SPAN 模拟过程中，给每个位置都分配了一个"载体缓存器"——初始值为零的位点，并在其位置跟踪"汇"、"使用"和服务流数量。一旦服务流模型运行完成，给定位置的"载体缓存器"将获得每个智能体和服务流路径的信息。这些信息可以用来确定每个位置上接收的载体总数量和载体继续传递的路径状况，对于后者，"汇"和竞争性使用效应有可能阻断通往"下游"载体的通道。另外，通过分析"载体缓存器"中的信息，可以揭示出景观空间中哪些部分表现出最大密度的服务流量。通过设置"载体缓存器"，使得模拟服务流成为可能，因为每个承载智能体不仅具有实际和可能的权重，具备汇效应和使用效应，而且还有完整的流动路径。

5. 路径点位置属性

在 SPAN 中，载体在服务流路径上的位置点 v 被分配了 8 个属性（表3-6）。具体属性用物理单位标记，抽象属性用量纲一的 [0, 1] 表示。饱和性表示吸收和使用能力的有限性，而非饱和性表示吸收和使用能力依赖于遇到媒介的数量多少。

一般情况下，文化和审美服务（如景色优美的自然景观或文化遗产地等）的"源"、"汇"和"使用"采用相对数值如等级和排序等表征，而实数值则更适合于用物质量和能量表征的服务，如水供给、土壤保持或碳储存等。

对于提供正效益的服务类型，一个地区的最小使用值是指不能在受益者边界内使用的服务媒介数量，用物理单位或总量的百分比表示。最大使用值是指可以被受益者获取的总媒介量；对于预防负效益的服务类型，最小使用值是指遇到服务媒介后不会对地区受益者造成损害的数量，最大使用值是指没有造成进一步损害之外的数量。

"使用"服务的另一个属性是其对服务媒介的破坏性,这固然与竞争性的生态系统服务相关。例如,对于水供给服务而言,大量提取和使用水对"源"明显具有竞争性和破坏性,因为在一个地区取水,限制了另一个地区(通常是下游地区)的使用。碳储存服务也是一样,生态系统固碳能力的有限性要求在众多使用者之间分配温室气体排放量,以使大气碳平衡维持在安全水平。然而,在洪水防御服务中,在一个地区造成了水灾的洪水仍有可能在其他地区造成更多的灾害。因此,通过对一个地区提供防洪服务,其他许多地区可能同样受益。诚然,这取决于它们的地理位置。"使用"服务也有可能对其服务媒介不构成破坏,这是针对非竞争性的生态系统服务而言,尤其是基于信息和可达性的服务类型。例如,风景优美的视域可以让不同地区的用户受益,服务源没有竞争性,正常状态下的使用不产生破坏性。

表3-6　SPAN中每个点的位置属性(Johnson et al., 2010)

位置属性	函数	单位类型	饱和性	与媒介的关系
绝对的"源"	$Source_{abs}(v)$	具体的	N/A	生产数量
绝对的"汇"	$Sink_{abs}(v)$	具体的	是	可能的吸收量
最小绝对"使用"	$Use_{abs}^{min}(v)$	具体的	是	可能的无法使用量
最大绝对"使用"	$Use_{abs}^{max}(v)$	具体的	是	可能的可以使用量
相对的"源"	$Source_{rel}(v)$	抽象的	N/A	生产数量
相对的"汇"	$Sink_{rel}(v)$	抽象的	否	可能吸收百分比
最小相对"使用"	$Use_{rel}^{min}(v)$	抽象的	否	可能的无法使用的百分比
最大相对"使用"	$Use_{rel}^{max}(v)$	抽象的	否	可能的可以使用百分比

(二)典型生态系统服务流SPAN分析示例

SPAN分析框架提供了9个生态系统服务类型,并以此作为量化其服务流的基础。这9个服务类型分别是:审美视域、开放空间接近、地表水供给、河流洪水调节、泥沙调节、海岸洪水调节、自给性渔业、休闲娱乐、碳吸收和储存等。作为示例,表3-7描述了其中4种具有代表性的生态系统服务流特征。

1. 审美视域

在SPAN模型中,使用可见视域来连接和量化"源"(因视觉感知而产生价值的物体)与"使用"地点(潜在享用处,如住房等)之间的路径,检查是否有障碍物或"汇"(如视觉阻碍)作用的存在,并使用数字高程模型(DEM)确定从一个给定使用位置有多少服务"源"美景可以被观察到,其算法类似于ArcGIS中的可视域分析。"源"、"汇"和"使用"的数值为使用者因视觉产生价值的相对排序。当"汇"区域处于用户的"源"位置视线的前方,"汇"区域可以起到遮障作用,降低视域价值。在模型模拟中,可用距离衰减函数来计算从"源"位置到达每个用户的视域价值的减小速度。

2. 河流洪水调节

依据DEM、径流网络和洪水淹没范围数据,SPAN模型可以跟踪分析洪水从山区到平原区的路径。"源"为模拟时间段内每个位置的预期总径流量,"汇"则是每个位置的预期径流吸纳能力，用户用人类居住区或其他可能受到洪水危害的资产量表征。洪水承载智能体在不同位置之间移动，当遇到"汇"时，其权重（剩余径流）会减少。在洪水路径上，用户受到洪水威胁程度与达到他们洪水量的大小有关。

地表水供给、泥沙调节、营养物调节等服务流的 SPAN 量化方式大致类似。但与防护洪水危害不同，这些服务对人类社会提供正效益。

3. 自给性渔业

在 SPAN 模型中，自给性渔业模块主要模拟近海岸、主要水体附近的非商业渔民的竞争性捕捞行为。"源"位置的数值为一段时间内可获得的鱼生物量，"使用"位置主要是生计依赖捕鱼的渔民定居点，并按个体需求分配。道路和其他路径将渔民与他们最近的可达渔场连接。这个模型中没有"汇"效应。自给性渔业模块也可以扩展到其他基于资源获取的自给性生态系统服务的模拟。

4. 休闲娱乐

在 SPAN 模型中，休闲娱乐活动有多种，如远足、划船、观鸟、狩猎和野生动物观赏等。在模拟时，设置若干预期光顾的站点，基于站点访问状况来定量表达生态系统服务流。休闲娱乐服务流由人类对服务提供地区的选择与旅行而生成，受到与人类对特定活动和位置偏好等多种因素的影响，如对某一地点提供接待设施的满意程度、目的地拥挤状况和道路可达性等。因为过去经验、地方情结、距离远近、旅游网络的完善程度等都能影响人类偏好，极大地增加了休闲娱乐模拟的复杂性。

（三）生态系统服务流 SPAN 分析结果政策意义

生态系统服务空间流动研究可以为科学决策提供依据。使用生态系统服务流信息的主要障碍之一是由于科学研究成果通常晦涩难懂，管理者不能够充分理解，进而无法在管理实践中应用。理论上，生态系统服务流到处存在，但除了与河流有关的服务流之外，从形成的源区到终端用户之间流动的路径并不直观，不能够清晰分辨。通过生态系统服务流动的 SPAN 分析，可以有效地弥补这一不足。

第一，SPAN 空间化的输出结果，直观清晰，有助于决策者明晰服务在哪里产生，流向哪里，中间有哪些消耗，哪些人（地区）受益，获益多少。此外，服务流量空间分析不仅能衡量每个受益人的累积收益，也能提供因"源"和"使用"地点空间尺度不匹配等造成的不能到达受益人的服务供给量。诸如此类的信息对于制定生态补偿政策至关重要，因为明晰服务提供方和受益方及其两者所在区域、量化服务收益或损失程度，是实施区域生态系统服务付费或生态补偿的前提。

第二，SPAN 通过各种假设条件下的服务流计算，使得决策者理解可用的服务是多少，还有多少改善的空间。在 SPAN 模拟中，理论服务流格局表征了在理想情况下（假设产生的所有服务都能够达到使用者）可以产生的受益量，潜在服务流格局（假设景观上没有汇存在）揭示了可能到达受益者的服务数量，实际服务流格局则描绘了在考虑供给、竞争性使用、消耗和连接之后达到用户的服务量。通过比较这些服务流的空间格局，可以帮助理解该地区的服务流效率,即如果潜在受益大于实际受益,则表明通过政策干预提升或恢复服务流尚有可能。

第三,生态服务流空间结构特征分析对于管理也有所裨益。例如,阻塞服务流分析及空间制图可以揭示出生态系统产生但不能到达用户的服务流信息,包括地理位置和路径等。通过阻塞服务流成因分析,可以发现自然景观结构或人类活动干预等影响服务流的具体表征,这些信息对于通过生态系统生境修复、疏通服务流具有指导意义。例如,地表水服务流供给源阻塞分析,能反映出失于蒸散、堤坝截留,或环境污染等造成的水量损失。通过正确引导,决策者可以通过服务流模型输出结果,获得服务流发生阻塞的地理位置、类型、数量及成因等方面基础信息,从而制定出更加科学的疏浚服务流的管理政策。

第四,在政策设计方面,定量测度生态系统服务流,让决策者更准确地制定政策以尽量减少重要生态系统服务流的损耗,或恢复受损的生态系统服务流,以使更大区域和更多用户使用生态系统服务。例如,根据生态系统服务的空间流动特征以及社会经济系统特征,政策设计目标可以为:①增加受益人使用流经当地服务流的能力;②通过增加或削减服务流路径上"汇"效应,重新配置达到用户的服务流;③重新定向连接或阻塞服务流路径以使其达到更多潜在的用户(Villa et al.,2011)。

表3-7 4种典型生态系统服务流特征(Johnson et al.,2010,有修改)

项目	审美视域	河流洪水调节	自给性渔业	休闲娱乐
受益类型	供给性	防护性	供给性	供给性
服务单位	景色质量(相对排序0~100)	流量(mm/a)	渔产量	娱乐享受(相对排名0~100)
空间尺度	视域	流域	到作业水体距离	旅行距离
流路径	视线	水流	作业通道	旅行道路
衰减函数	反平方	无	高斯函数	加权的路径成本
竞争性	无竞争	无竞争	有竞争	非竞争但具拥挤效应
服务"源"	山、水体等	降雨和融雪	渔场	对于某项活动适合的娱乐场地
服务"汇"	视觉衰退	土壤和植被吸收	无	无
服务"使用"	房屋/房产价值	洪水淹没区的居民和生产单位	渔场附近的生产单位	对某种活动感兴趣的休闲娱乐者

第三节 生态系统服务尺度特征及其推绎方法

一、生态系统服务尺度依存特性及其成因

(一)生态系统服务尺度效应及其表征

大量的研究证实,地球表层系统中的许多要素分布与自然过程具有尺度依存特性,即

其特征随着尺度改变而发生变化。作为自然生态过程与人文过程相互作用形成的生态系统服务也不例外，不同尺度下的服务生成、流动与使用呈现出不同的机制与表征。

从供给角度来说，不同类型生态系统服务的产生与流动发生的时空尺度不同。在空间上，一些生态系统服务只在局地尺度发挥效应，而另外一些服务则在宏大空间范围产生影响。前者如土壤形成等，后者如气体调节等。根据作用范围大小，可以将生态系统服务区分为局地服务、区域服务和全球服务3种空间尺度（表3-8）。局地服务影响范围仅在局部，如昆虫传粉、薪柴采集等；区域服务仅能满足区域内社会需求和人类福祉，如水源涵养、水质净化和食物供给等；全球服务则对全世界的人类福祉发挥作用，如碳汇/碳储存服务通过气体混合与传播对全球温室气体浓度产生作用，进而影响到全球气候变化。在时间上，一些生态系统服务持续时间较短，而另一些生态系统服务能够长期存在并发挥作用。前者包括汛期洪水减缓等，后者包括水源涵养、土壤形成与保持等。根据作用时间长短，可以将生态系统服务区分为瞬时服务、短期服务和长期服务3种时间尺度（表3-8）。瞬时服务延续时间很短，如发生在海岸地区的抵御风暴潮服务等；短期服务作用时间较短，如昆虫传粉服务，只发生在蜜源植物开花的季节；长期服务则长时间或永久发挥作用，如土壤保持、碳汇/碳储存和文化服务等。事实上，空间和时间尺度通常耦合在一起，形成生态系统服务的时空尺度，如以昆虫传粉为代表的局地短期服务、以土壤形成为代表的局地长期服务、以农田灌溉为代表的区域短期服务、以水质净化为代表的区域长期服务、以全球生态产品贸易为代表的全球短期服务、以大气调节为代表的全球长期服务等。另外，根据流动距离，可以将生态系统服务区分为原位服务、短程服务和长程服务三种（表3-8）。原位服务范围仅限于服务形成地，如土壤形成、自给性食物获取和薪柴、药材采集等；短程服务输送距离一般在100km内，常见的服务种类有昆虫传粉、农田灌溉、短途旅行等；长程服务输送距离最远可达数千千米乃至上万千米，属于全球尺度的服务类型，如大气调节等。

表3-8　生态系统服务不同尺度类型

划分依据	服务类型	特征与举例
空间尺度	1. 局地服务 2. 区域服务 3. 全球服务	1. 服务空间范围仅限局地，如昆虫传粉、自给性食物、薪柴和草药等 2. 对区域内个体和群体需求及社会经济发展有影响的服务类型。如饮用水供给、农田灌溉和商品性食物供给等 3. 作用范围为全球尺度的服务类型。如大气调节、具有世界影响力的自然与文化景观、与全球贸易相关的产品供给等
时间尺度	1. 瞬时服务 2. 短期服务 3. 长期服务	1. 服务持续时间很短，通常由抵御阵发性的自然灾害而产生。如抵御洪水和风暴潮等 2. 服务持续时间较短，通常具有季节性等周期性特征。如昆虫传粉服务仅在蜜源植物开花阶段形成 3. 服务持续时间较长或恒久性存在。如土壤保持和涵养水源等服务，只要生态系统续存和人类有需求，这类服务就持续提供，另外，旅游休闲服务由于自然或人文景观的长期存在、人类需求不断增加，也属于长期服务

续表

划分依据	服务类型	特征与举例
流动距离	1. 原位服务 2. 短程服务 3. 长程服务	1. 服务基本上没有流动,多在本地发挥作用。如土壤形成、污染物土壤吸纳、自给性食物获取和薪柴、药材采集等 2. 服务流动距离较短,一般在100km以内。如昆虫传粉、农田灌溉、城郊周边旅游休闲等 3. 服务流动距离较长,最远可达上万千米。如全球大气环流对于气体成分的混合调节、全球性的生态产品流通与交换等
主客观性	1. 本征尺度 2. 研究尺度 3. 管理尺度	1. 生态系统服务内在特征尺度,由自然生态过程和社会经济过程时空基本属性共同决定 2. 研究生态系统服务所采用的时间和空间尺度等。在空间尺度方面,按照传统尺度研究的划分方法,研究尺度可再细分为幅度(研究区大小)和粒度(分辨率)两种属性。按照地理学尺度划分方法,生态系统服务研究空间尺度一般有局地、区域和全球三种尺度;在时间尺度方面,由于服务涉及人类社会经济系统属性,研究时多选择的百年尺度内 3. 管理生态系统服务所采用的尺度,一般以行政单元或流域作为基本管理单位等。如村、乡、县、省(自治区、直辖市)和国家等行政尺度,流域也可按照面积大小分为小、中、大等尺度,或按上游、中游和下游分区管理

从需求角度来说,生态系统服务的尺度依存特性由不同层次消费者在不同阶段对于服务需求的差异而致。不同尺度的生态系统可以提供给人类不同类型、不同强度的服务。同时,人类活动也是区域生态系统服务变化的重要驱动因子,小至个体或家庭,大至国家或全球,不同尺度的人类活动对生态系统服务的影响范围和强度均有不同,每一尺度下的行为主体或利益相关者也关注不同的生态系统服务类型。一般而言,供给服务与当地居民和个体关系更为密切,而调节功能通常与区域或国家甚至全球尺度的人类福祉相关。例如,对于同一片森林,当地居民更关注的是生态系统的木材和林果产品供给服务或价值,而当地政府会更加关注其在旅游文化休闲方面的价值,而中央政府则会更加关注其在土壤保持、水源涵养和气候调节方面的服务。

除了按照生态系统服务形成过程中供需双方时空属性划分出的本征尺度以外,还可区分出研究尺度和管理尺度。所谓研究尺度是人类认识和分析生态系统服务时所采用的尺度,亦可区分出空间尺度和时间尺度两个方面。研究尺度的空间属性可用幅度(研究区范围大小)和粒度(采用的最小单元,即分辨率)来表征,时间属性可用基本的时间单位表征,短至分秒,长至百年。由于生态系统服务形成过程中融入了人文因素,且研究的目的是为科学管理生态系统和制定区域可持续发展战略服务,因而研究的时间尺度不宜过长,在一个世纪之内即可。科学研究的目的是为了揭示生态系统服务的形成机制,因而应尽可能地使研究尺度与服务的本征尺度一致,否则会引起较大的认识误差。因为,生态系统服务需要在某一时空尺度之下才可加以度量,需要在特定的时空尺度上才能充分表达其主导作用和效果。所谓管理尺度是指在生态系统管理中使用的尺度,多以行政区划单位为基本单元,一般有村、乡(镇)、县、省(自治区、直辖市)、国家等多个尺度。在管理实践中,一个常见的问题是管理尺度与本征尺度不匹配,造成管理低效甚至无效。有关两者不匹配问题，在本节后面部分将有较为详细阐述。

（二）生态系统服务尺度依存的成因

生态系统服务的形成依赖于生态系统结构和生态系统过程，而生态系统结构与过程具有空间和时间尺度效应。此外，生态系统服务的形成也是自然生态系统功能为人类所利用的内化过程，是建立在满足人类自身需求之上的从自然生态系统到社会经济系统的转变，而人类需求也具有空间和时间尺度。所以，要理解生态系统服务的尺度依存特性及其成因，必须同时考虑服务供给与需求两个方面。从政策应用和生态系统管理角度来看，由服务供需双方尺度依存特性引起的尺度不匹配，是生态系统服务效用不能最大化以及管理失位的原因之一。只有充分理解生态系统服务供给与需求的多尺度特性，才能对生态系统服务形成机制、流动特性及分布格局有更科学地解释。

1. 生态系统结构与功能的尺度效应

从供给方来说，生态系统服务的尺度依存特性来自于生态系统功能的尺度效应（Zhang et al.，2013），生态系统过程和服务功能常常具有一个特征尺度，即典型的空间范围和持续时段。

在讨论生态系统服务尺度产生机制前，需要再次明确几个重要概念的内涵：生态系统（ecosystem）、生态系统结构（ecosystem structure）、生态系统过程（ecosystem process）、生态系统功能（ecosystem function）和生态系统服务（ecosystem service）。生态系统是生物体和周围自然环境相互作用关系构成的有机整体；生态系统结构是指系统组分长期形成的稳定的比例关系和内在联系。生态系统中生物体和生境的客观存在性，决定了系统也必有其相应存在的结构；生态系统过程在理解上与生态系统结构相近，是一种更侧重于生物体与环境之间相互作用与反馈的动态关系描述；生态系统功能是一定结构的生态系统在物质循环与能量流动过程中表现出来的效能，对维持生态系统运行起着重要作用，并且是生态系统服务产生的物质基础；生态系统服务是指人类从生态系统中获得的收益与福利。Fisher等（2009）针对Boyd和Banzhaf（2007）提出的生态系统服务是人类享有的自然组分的概念，辨析了生态系统服务与生态系统过程和功能的不同，突出了人类获益在生态系统服务产生中的作用。通过辨析两者的差异性，有助于避免评估生态系统服务时对自然资本存量的重复计算（表3-9）。

表3-9　与生态系统服务相关的概念（Fisher et al.，2009）

生态系统组织结构	生态系统过程与功能	与人类福祉的联系
存量	流	服务
结构	功能化	产品
基础结构	服务	效益
格局	过程	
资本		收益

第三章 | 生态系统服务空间结构、流动和尺度效应

生态系统服务是与一定的生态系统结构、过程以及生态系统功能相联系的。换句话说，特定的生态系统结构、过程与功能形成特定的生态系统。从理论上说，如果对生态系统结构、过程和功能理解越深入，那么对生态系统服务形成机理的认识也越清晰。在生态系统结构–功能–服务–收益的级联分析框架中，找到主要生态系统服务提供者（ecosystem service provider，ESP），是厘清生态系统功能转化为服务的基础性工作。大多数的生态系统服务提供者是生态系统中的生物体部分如植物、动物、微生物以及人类等，它们所具有的特定生物体特征被证实与生物功能相联系，称为功能特征（functional trait）（Kremen，2005）。生物体所具有的功能特征对生态系统结构和功能产生作用，进而影响到生态系统服务的形成过程。大体上分，植物体的功能特征表现在生理生态学、生物化学和再生特征等方面，动物的功能特征则在生命周期、行为和食性习惯等方面对生态系统结构和功能产生影响（Boyd et al.，2007）。

从生态系统的组织尺度看，生态系统服务提供者的功能单位和组织层次是不同的，有个体、种群、群落、功能群等多种组织形式，形成的生态系统服务类型及空间尺度也有差异（Kremen，2005）。为了说明生态系统过程和服务的空间尺度与生物体组织层次之间的关系，表3-10挑选了具有明确生态系统服务提供者、并与生态系统结构与功能具有明显联系的生态系统服务进行说明。从表3-10中可以清晰看出，经由不同生态系统服务提供者参与的生态系统过程，组织层次水平可以覆盖从个体到功能群的各个层级，随着组织层次的增大，生态系统服务作用效果的空间尺度也随之扩大，从局地直至全球尺度。

表3-10 生态系统服务提供者、组织层次和生态系统过程与服务的空间尺度

生态系统服务	生态系统过程	服务提供者	组织层次	空间尺度
审美价值	建立在景观结构多样性等特征之上的审美价值	所有生物种	个体、种群、群落、生态系统	局地—全球
娱乐休闲	景观特征对人的吸引	所有生物种	个体、种群、群落、生态系统	局地—全球
气候调节	碳汇及碳储存、热交换	植被、枯枝落叶、土壤微生物	群落、生境、功能群	局地—全球
生物传粉	提供传粉者及花粉传递	陆地植物、昆虫	个体、种群、群落、生境	局地—区域
缓解风灾	风力消减	植被	群落、生境	局地—区域
水质净化	泥沙滞留、水氧和营养物调节	植被、土壤、水体微生物	个体、种群、群落、生境、功能群	局地—区域
侵蚀防御	缓解风或水的侵蚀或渗透	植被、动植物	个体、种群、群落	局地—区域
径流调节	蒸散、土壤渗透、地表径流	植被、土壤	群落、生境	区域
土壤形成	自然过程对土壤形成的作用	土壤微生物、无脊椎动物、固氮植物	个体、种群、群落	局地
原料供给	作为原料的自然组分的存在	所有生物种	个体、种群、群落	局地

资料来源：Kremen，2005；De Groot et al.，2010

2. 人类对服务需求的空间尺度效应

生态系统具有组成成分和结构，必然产生并发挥功能，但这种功能需要人类社会的存在，才能转化为生态系统服务，即没有使用者利用这一功能便不会产生服务。不能以生态中心主义的观点泛化"功能利用"，例如某一动物利用这一功能是不能叫做服务的。因此说，人类社会的存在是生态系统服务形成的必备条件或吸引力。一旦某个生态系统的功能被清楚地认知，我们就可以通过其提供的产品和服务来分析和评估它对人类社会价值的性质和大小。当生态系统功能被赋予人类价值时，就转化为生态系统产品和服务。由此可见，生态系统产品和服务的概念的内涵本质上是人类中心主义的，是人类视角出发得到的。生态系统功能的转变方式并非局限于"消费"的经济形式，而且还包括生态和社会-文化形式（De Groot et al., 2002）。

生态系统提供产品和服务，满足人类的直接和间接的需要，而服务或产品产生的收益又可以通过生物物理单位或货币进行衡量（MA, 2005; De Groot, 1992; De Groot et al., 2010）。这种从生态系统到人类福祉之间的级联，如果以经济学的研究视角来看，即生态系统可以提供产品，人类作为消费方利用、消费这些生态产品，这之间的机制就是生态系统服务、人类福祉形成的关键。

不仅生态系统服务发生在特定的时空尺度上，而且人类对其需求也有尺度依存特性。首先，不同地理位置的居民对生态系统服务的需求不同。以流域为例，居住在河流上游的居民更多地关注与其生计有关的服务类型，如食物和原材料供给等；居住在河流下游的居民对于水源涵养、水质净化、防洪等服务更为注重。偏远地区的居民对供给服务感知度高于其他服务类型，而城镇居民对调节服务和文化服务认知程度较高。其次，不同层次的社会组织结构对于生态系统服务的需求也有差异。较低的行政单位对供给服务的需求程度高于高级行政单位。以退耕还林换草项目为例，个体和微观行政（经济）单位看重的是具有显著经济效益的服务类型，而高级行政单位关注点集中在生态效益和社会效益上。时间尺度上，个体和微观单位多使用短时间见效快的生态系统服务类型，而高级行政单位则更注重生态系统服务的长期续存。

我们将表3-10中提到的10种生态系统服务，从形成机制的供给与需求两个维度展示其组织尺度的差异（图3-10）。从中可以看出，不同生态系统服务类型的提供和使用尺度不同，审美价值和娱乐休闲遍历各个供给者和使用者尺度，是尺度域最宽的服务类型；水质净化服务由各个层次服务提供者供给，使用实体对象是国家以下的各个层次用户；气候调节服务由群落、生境和功能群提供，使用对象为各个层次用户；授粉服务由个体、种群、群落和生境层次提供者供给，主要受益对象局限在利益相关者和个人两个层面；缓解风灾服务主要由群落和生境两个层面提供者产生，使用者亦局限在利益相关者和个人两个组织尺度上；土壤形成的生物成分为个体与种群，其受益对象仅为利益相关者；侵蚀防御服务由种群和群落两个层次提供者产生，使用对象主要为利益相关者和国家；原料供给在群落以下层次上产生，使用对象为各个层次的用户。

第三章 | 生态系统服务空间结构、流动和尺度效应

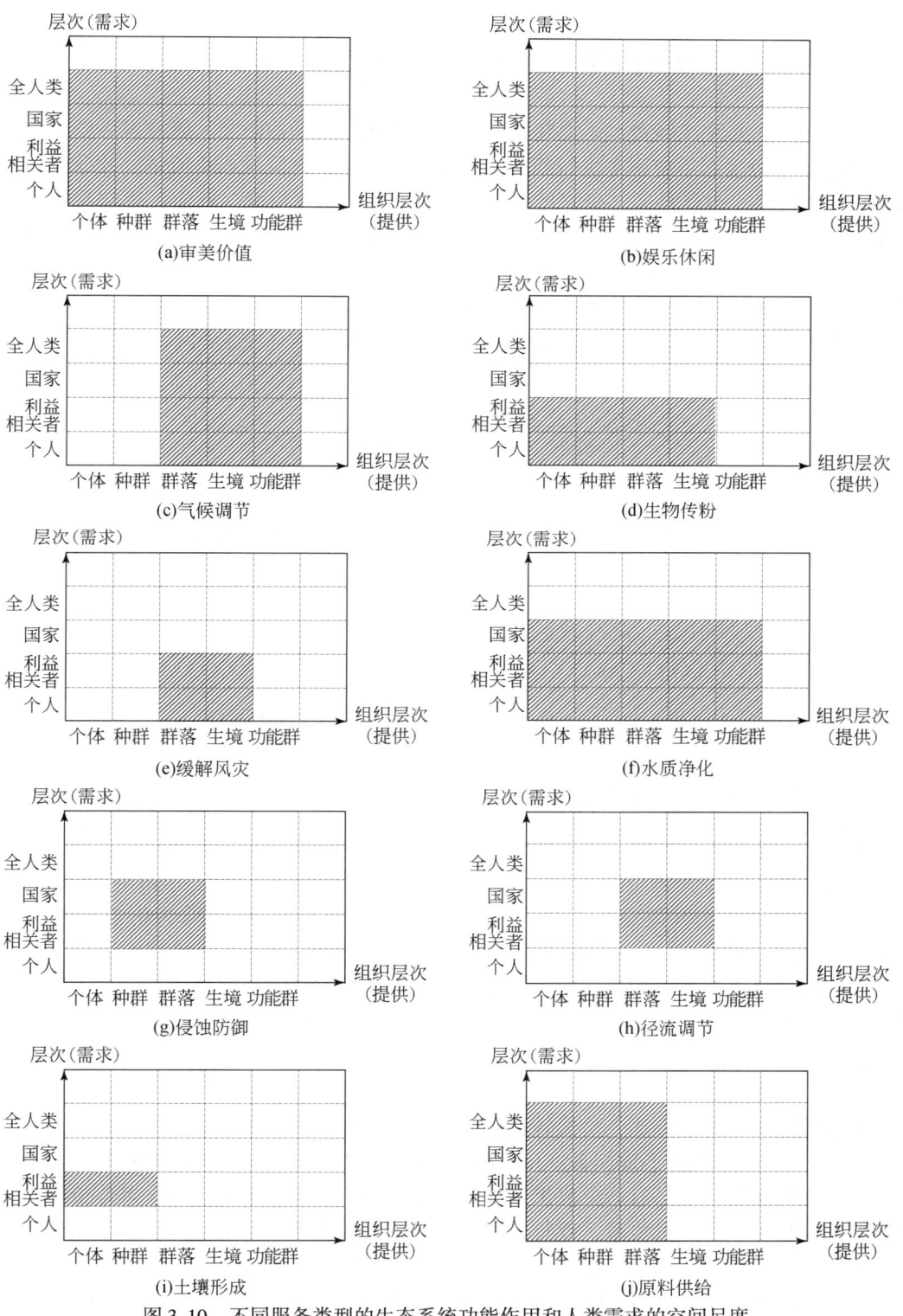

图 3-10　不同服务类型的生态系统功能作用和人类需求的空间尺度

二、生态系统服务研究中的空间转移与尺度推绎

由于受研究条件（经费、人力和物力）和科学认知水平的限制，研究者一般采取选择样区（点）来对生态系统服务进行研究，包括计算服务的物质量或价值量，并分析其时间和空间分布格局。也就是说，研究尺度一般局限于点或局地尺度。然而，生态系统服务研究成果的应用地点可能与研究区不一致，而且往往应用范围一般在区域尺度或者以上，比研究区空间尺度要大。因而，从管理角度出发，需要把研究区（点）上的结果推至政策使用区，或拓展到整个区域，前者是生态系统服务特征值（如分类方案、服务的物质量或价值量）的空间转移，后者则是生态系统服务研究的尺度上推（图3-11）。

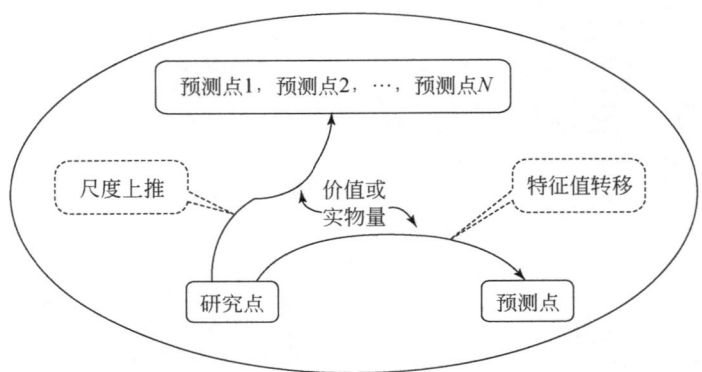

图 3-11 生态系统服务研究中的空间转移与尺度推绎

（一）服务特征值空间转移法

在生态系统服务研究中，将研究区（点）的服务特征值如物质量或价值量推及政策应用区（点）的过程就是服务特征值空间转移。这一研究范式在20世纪90年代末至21世纪前5年的全球生态系统服务价值评估中得到了充分应用，学界称为价值转移（value transfer）或效益转移（benefit transfer）。生态系统服务物质量的空间转移与地理学和生态学中的空间预测法类似，即通过样点上建立起的服务物质量模拟模型，预测政策应用地点的服务物质量。下面着重介绍生态系统服务研究中的价值转移。

1. 价值转移研究的类型

根据使用的本体和方法，价值转移研究可以细分为以下4种类型：

（1）单位价值转移（unit value transfer）。这是一类最为简便的价值转移研究途径，其工作过程是将研究区或已有研究成果的单位价值量应用到政策实施区域，单位价值可以是单位时间或单位面积的价值量，或每人（家庭）的价值量等。将这一单位价值量乘以政策应用区的时间、面积或人（家庭）数，就可得到目标区的总价值量。例如，1997年Costanza等在 Nature 发表 The Value of the World's Ecosystem Services and Natural Capital 一文后，国内外许多学者使用文章中提供的不同类型生态系统服务的单位价值量，核算本地区

的生态系统服务价值总量。这一转移方法的优点是各个价值核算工作使用了统一的单位价值量，结果便于比较。但没有考虑本地区的生态系统及其环境条件的特殊性，导致核算误差较大。

（2）调整的单位价值转移（adjusted unit value transfer）。这一方法是单位价值转移法的改进，工作过程使用一定参数对单位价值进行调整，然后再用于核算政策目标区的生态系统服务价值总量。常用的调整依据是根据研究区和政策目标区的收入、物价水平和其他社会经济因素差异。在国内，谢高地等（2001，2008）根据专家意见对服务价值当量和区域差异进行了系数修订。

（3）价值函数转移（value function transfer）。该转移法通过使用需求或价值函数来实现，通常采用旅行成本、享乐价格和条件估值法等方法来实现价值评估。价值评估过程中需要考虑的因素包括年龄、性别和教育水平等。

（4）整合分析价值函数转移（meta-analytic value function transfer）。这种转移方法是价值转移中最为复杂的一种，不仅要考虑多个研究区（点）的因素，还要考虑政策目标区的变量以及情景变量等。这种方法常用于生态系统服务的研究的尺度上推工作，下面将详细介绍其应用过程。

2. 价值转移研究的工作步骤

（1）确定研究区和政策应用目标区。这是价值转移研究的基础性工作，主要任务包括选择研究区和政策应用目标区的地理位置、生态系统及服务类型、人类活动影响程度等。为了减少价值转移的不确定性和误差，在确定研究区时应尽可能选择具有区域代表性和典型性的地点，尤其是要所选择的生态系统类型和环境条件应具有有较强的代表性，同时类型基本齐全，不能有重要遗漏。

（2）确定使用的价值转移类型。选择上述4种方法中的一种作为价值空间转移研究的工具。在选择方法时，如参数容易获得，则尽可能选择考虑参数和变量较多的方法，以减少不确定性和降低误差。

（3）确定转移所用的参数和变量。如选择除"单位价值转移"以外的方法，则需要完成下面的一种或多种任务：①使用一定方法和指标，调整单位价值量；②采用不同的价值评估方法；③并入不同的个体生理、心理参数以及社会经济因素等变量。

（4）核算目标区的生态系统服务价值。在选定评估方法和参数的前提下，将研究区的单位价值推及政策目标区。

3. 价值转移法的不确定性和误差

在长期的价值转移方法应用实践中，研究者们发现了这种方法对于价值评估具有较大的不确定性，误差在所难免（表3-11）。毕竟，研究区的生态系统类型、结构、功能及服务与政策目标区不可能完全一致，有时相差很大。同时，两个区的社会和经济水平不同，文化特质会有差异，个体和群体的价值观也不尽相同。简言之，由这两个方面共同形成的生态系统服务的质量、稀缺度和空间分布格局等是造成价值空间转移误差出现的根本原因。

表 3-11　一些研究中测定价值转移的误差（Rosenberger and Stanley，2006）

服务(活动类型)	方法	单位转移误差*/%	函数转移误差*/%	文献来源
娱乐		4~39	1~18	Loomis（1992）
水（娱乐）		4~34	1~75	Parsons 和 Kealy（1994）
娱乐	非线性最小二乘法		1~475	Loomis 等（1995）
	Heckman 模型		1~113	
水质量		25~45	18~41	Bergland 等（1995）
渔业		0~577		Downing 和 Ozuna（1996）
激流漂流		36~56	87~210	Kirchhoff 等（1997）
观鸟		35~69	2~35	
激流漂流	混合数据（n−1）		14−160	Bowker 等（1997）
	混合数据（all）		16~57	
娱乐（生境）	效益函数转移		2~475	Kirchhoff（1998）
	整合分析转移		3~7028	
生物多样性		27~36	22~40	Brouwer 和 Spaninks（1999）
湿地		4~191		Morrison 和 Bennett（2000）
娱乐			0~319	Rosenberger 和 Loomis（2000）
乡村水供给	单个站点（相似）		6~20	Piper 和 Martin（2001）
	单个站点（不相似）		89~149	
	混合数据		3~23	
水质量	单个站点	1~239	0~298	Van den Berg 等（2001）
	混合数据（多个州）	0~105	1~56	
	混合数据（州尺度）	3~57	39	
	混合数据（污染站点）	3~100	2~50	
国际娱乐			1~81	Shrestha 和 Loomis（2001）
空气质量	N=304（相似亚类）	106~429	104~486	Chattopadhyay（2003）
	N=609（相似亚类）	57~150	57~153	
	N=913（相似亚类）	42~82	42~82	
	N=1218（相似亚类）	36~67	36~67	
	N=1522（相似亚类）	32~58	32~58	
	N=913（不相似亚类）	89~128	65~110	
水和空气质量		20~81	20~83	Ready 等（2004）
海洋休闲渔业	每次活动		4~230	Jeong 和 Haab（2004）
	每人增加鱼产品		2~457	
国际空气质量			19~44	Rozan（2004）
海岸土地保护			53~85	Jiang 等（2005）

* 转移误差为平均绝对百分比误差

(二) 生态系统服务尺度上推

1. 整合分析及其原理

通常，尺度推绎包括了尺度上推（scaling-up）和尺度下推（scaling-down）两种范式。对于生态系统服务研究来说，尺度上推更具现实意义。因为，大多数的服务模拟和价值评估工作多在局地或小尺度上完成，而政策应用则需要在区域以上尺度实现。尺度上推的方法和技术有多种，如数据平均法、回归方程法、块克立格与块协克立格法和重整化群法等。经过许多学者的不断摸索，一种建立在回归方程基础上的整合分析（meta-analysis）被认为是一种较为理想的生态系统服务尺度上推的工具（表3-12）。

表3-12 一些代表性的生态系统服务整合分析研究（Brander et al., 2010）

生态系统（服务类型）	完成者（年份）
湿地	Brouwer 等（1999） Woodward 和 Wui（2001） Brander 等（2006） Ghermandi 等（2007）
地下水	Boyle 等（1994）
珊瑚礁（娱乐）	Brander 和 Florax（2007）
林地（娱乐）	Bateman 和 Jones（2003）
非木材森林收益	Lindhjem（2007）
户外娱乐	Smith 和 Karou（1990） Rosenberger 和 Loomis（2000） Shrestha 和 Loomis（2001）
生物多样性	Nijkamp 等（2008） Jacobsen 和 Hanley（2007）
濒危物种	Loomis 和 White（1996）
城市空气污染	Kaoru 和 Smith（1995）
海洋和海岸水质量	Barton（1999）
城市开敞空间	Brander 和 Koetse（2007）

整合分析是一种以综合已有的发现为目的，对若干单个研究结果进行系统分析的统计学分析方法。在地理学和生态学研究中，对于同一主题在不同地点进行大量分析研究，其研究结果也常常千差万别，需要将这些信息进行综合，得到更一般的结果和结论，并发现差异及原因的一般性规律，整合分析正是这样一种方法。在生态系统服务研究领域，由于服务形成、流动及时空格局具有很大的复杂性，不同地点的个体研究对结论差异较大，因而制约了研究的不断深入。另外，从研究结果的应用角度分析，单一地点的研究重要性远

远比不上对整个区域特征的分析。基于上述原因,通过整合分析将小尺度的服务研究集成到区域尺度,具有十分重要的理论和实践意义。整合分析具有较多形式和方法,建立在回归方程基础上的整合分析,形如下式:

$$y_i = a + b_s X_{si} + b_e X_{ei} + b_c X_{ci} + \varepsilon_i \tag{3-20}$$

式中,y_i 为地点 i 的生态系统服务价值;X_{si} 表示研究方法变量集;X_{ei} 表示生态系统变量集;X_{ci} 表示社会经济和地理变量集;b_s、b_e 和 b_c 分别为上述三个自变量的回归系数集;a 为常数;ε 为随机误差。

由此可见,基于回归方程的整合分析,融合了研究方法、生态系统及其服务特征和一般社会经济与地理因素等多个变量集,考虑因素全面,因而能够实现对生态系统服务研究结果的尺度外推。然而,一些学者研究发现,整合分析途径也存在着外推误差(表3-13),在应用时也应当采取审慎态度。

表3-13 整合分析函数转移研究误差(Brander et al., 2010)

生态系统(服务类型)	方法	整合分析函数转移误差*/%	文献来源
非木材森林效益	受限的双对数模型 完全的双对数模型	47	Lindhjem 和 Navrud(2007)
湿地(多重服务)		29	Brander 和 Florax(2007)
湿地(观鸟)		433	
湿地(狩猎)		52	
湿地(生物多样性)		53	
湿地(娱乐)		59	
湿地(未利用)		99	
湿地(多重服务)		74	Brander 等(2006)
珊瑚礁(娱乐)		186	Brander 等(2006)

* 转移误差为平均绝对百分比误差

2. 基于整合分析的尺度外推工作步骤

(1)提出尺度外推的科学假设和研究目标。与一般的科学研究一样,进行整合分析时首先要提出科学假设和研究目标。就生态系统服务尺度外推研究而言,科学假设可以拟定为:局地尺度上的服务价值或物质量是形成区域尺度服务价值或物质量服务的基础,两个尺度之间存在着某种形式的联系。根据这一科学假设,利用整合分析进行生态系统服务尺度外推的目标就是定量化两个尺度服务之间的内在联系,即局地尺度上的研究结果在区域尺度上有什么的表现?具体来说,就是要在在区域尺度上,回答诸如数量增加多少,分布构型有什么变化等之类的科学问题。

(2)确定分析变量和因素。从分析结构上看,整合分析属于再分析研究范式,即将已有的或分散的研究成果综合集成,得到原有研究所不能得到的结果与结论。因此,在条件许可的情况下,所要考虑的变量和因素应尽可能全面。根据式(3-20),自变量为研究方法、生态系统及其服务特征和相关社会经济与地理因素三个方面的指标集,每一类指标集下又由若干个具体指标构成。在已有的研究案例中，因变量一般为生态系统服务的价值量，作为探索性研究，也可以尝试将服务的物质量作为因变量。

（3）收集和整理数据。在确定整合分析的因变量和自变量的基础上，从已有研究案例中收集和整理建立整合回归分析的基础数据。在进行这一步工作时：首先，要注意甄别研究案例的相似性，一般情况下以研究同类生态系统同类服务最宜，起码限定在 MA 的 4 种服务大类中的某一类；其次，要尽可能地多收集案例样本，因为式（3-20）中的常数项 a 和回归系数 b 需要拟合；最后，在原始数据收集完成后，还要对各个指标数据进行标准化。因为各个指标的数据类型不同，有的为字符型的，有的为数值型的，有的是序数值，有的比率值。原始值范围差距较大，为了保证回归效果，对原始数据进行变换是必要的，常用的变换方法有归一化和对数变换等。另外，不同案例完成的年限不同，如果条件许可，应当统一到某个特定的年份。

（4）建立整合分析的回归方程。完成前三步工作后，便可利用各个已有研究案例的样本建立回归方程，来拟合各个变量的回归系数、截距、R^2，并进行显著性检验。建立回归方程和显著性检验工作步骤和一般的回归分析相同，这里不再赘述。

（5）尺度上推和结果解释。这一步是整个整合分析研究工作的重点。基本任务包括：第一，通过回归分析确定基本的函数表达式；第二，建立政策目标区与回归方程自变量相关的分析单元（自然单元或行政单元）数据库；第三，将分析单元的自变量数据代入回归方程，得到每一分析单元的生态系统服务量（如单位面积价值量）；第四，将单位面积服务量乘以单元面积，换算成每个单元的服务量；最后，通过服务量累加方式，将分析单元服务量进行粗粒化变换，最终得到目标区域整个生态系统服务量。

3. 案例：欧洲湿地生态系统服务价值尺度外推

第一，Brander 等（2010）系统梳理了 1992~2007 年世界各地有关湿地生态系统价值评估的研究案例 383。其中，北美 129 个，亚洲 89 个，欧洲 78 个，非洲 53 个，南美 18 个，澳大利亚 16 个。经过对生态系统类型的比较分析，最终筛选出 264 个符合湿地定义的生态系统作为整合分析的样本。

第二，在样本选定后，建立用于整合分析的回归方程，方程形如式（3-20）。在方程中，因变量为每公顷每年的湿地价值（标准化至 2003 年，以美元为单位），自变量集由三大类构成，分别是研究方法类、湿地生态系统特征类、社会经济和地理类。其中，研究方法类包括条件价值法、享乐价格法、旅行成本法、替代成本法、净要素收入、生产函数、市场价格、机会成本和选择实验等。湿地生态系统特征类由湿地类型、湿地规模和湿地生态系统服务类型三个子类构成。湿地服务类型主要考虑了洪水控制和风暴缓冲、地表和地下水供给、水质改善、商业垂钓和狩猎、休闲狩猎、休闲垂钓、自然材料收获、薪柴、非消费性娱乐、舒适与美学和生物多样性。社会经济和地理类由三个子类构成，分别是人均GDP、人口密度和湿地多度。其中，人口密度是统计每一样点 50km 半径内 2000 年的人口数，湿地多度是以 50km 半径内湿地的面积（hm^2）来表征。各个自变量的大类、子类、变量类型、具体指标及其样本数见表 3-14。

表 3-14　欧洲湿地生态系统服务价值整合分析变量（Brander et al.，2010）

变量集	变量	变量类型	水平/测度单位	样本数
研究方法变量	价值评估方法	名义	条件价值法	62
			享乐价格法	5
			旅行成本法	42
			替代成本法	56
			净要素收入	34
			生产函数	14
			市场价格	61
			机会成本	9
			选择实验	8
	边际/平均价值	名义	平均价值	228
			边际价值	36
湿地生态系统变量	湿地类型	名义	内陆沼泽	182
			泥炭沼泽	21
			盐沼	64
			盐湖	0
			泥质滩涂	41
	湿地规模	比率	hm² (ln)	264
	生态系统服务	名义	洪水控制和风暴缓冲	34
			地表和下水供给	33
			水质改善	38
			商业垂钓和狩猎	53
			休闲狩猎	47
			休闲垂钓	49
			自然材料收获	39
			薪柴	13
			非消费性娱乐	70
			舒适与美学	34
			生物多样性	36
社会经济与地理变量	人均 GDP	比率	2003 年/(美元/(人·a))(ln)	264
	人口密度	比率	2000 年半径 50km 内人数 (ln)	264
	湿地多度	比率	半径 50km 内公顷数 (ln)	264

　　第三，应用普通最小二乘法（ordinary least square，OLS）回归方法，对 264 个样本（研究案例）进行回归拟合，得到各个回归方程的参数和统计检验值（表 3-15）。从表中可以看出，R^2 为 0.49，调整的 R^2 为 0.43。通过显著性水平 10% 检验的自变量为：①评价方法的享乐价格法和机会成本法；②湿地生态系统变量集的泥炭沼泽类型、湿地规模以及

洪水控制和风暴缓冲、水质改善、薪柴和生物多样性等服务类型；③社会经济和地理变量集中的人均 GDP 和人口密度。

表 3-15　欧洲湿地生态系统服务价值整合分析结果（Brander et al.，2010）

变量集	变量	回归系数	P 值
社会经济与地理变量	截距（常量）	−3.078	0.187
研究方法变量	条件价值法	0.065	0.919
	享乐价格法	−3.286***	0.006
	旅行成本法	−0.974	0.112
	替代成本法	−0.776	0.212
	净要素收入	−0.215	0.706
	生产函数	−0.443	0.523
	市场价格	−0.521	0.317
	机会成本	−1.889**	0.035
	选择实验	0.452	0.635
	边际价值	1.195***	0.008
湿地生态系统变量	内陆沼泽	0.114	0.830
	泥炭沼泽	−1.356**	0.014
	盐沼	0.143	0.778
	泥质滩涂	0.110	0.821
	湿地规模	−0.297***	0.000
	洪水控制和风暴缓冲	1.102**	0.017
	地表和地下水供给	0.009	0.984
	水质改善	0.893*	0.064
	商业垂钓和狩猎	−0.040	0.915
	休闲狩猎	−1.289	0.004
	休闲垂钓	−0.288	0.497
	自然材料收获	−0.554	0.165
	薪柴	−1.409**	0.029
	非消费性娱乐	0.340	0.420
	舒适与美学	0.752	0.136
	生物多样性	0.917*	0.053
社会经济与地理变量	人均 GDP	0.468***	0.001
	半径 50km 范围内人数	0.579***	0.000
	半径 50km 范围内湿地面积	−0.023	0.582

注：普通最小二乘法回归，$R^2 = 0.49$，调整的 $R^2 = 0.43$
　　* 显著水平为 0.1
　　** 显著水平为 0.05
　　*** 显著水平为 0.01

第四,在 GIS 支撑下,构建用以尺度外推的欧洲湿地生态系统基础数据库。主要空间数据包括湿地类型、湿地规模、湿地多度、缓冲区的人口数量和人均收入。将这些自变量数据运行已构建的回归方程,得到每一地点的单位面积湿地生态系统服务价值。

第五,将湿地单位面积价值乘以面积得到某一地点的生态系统服务价值量。然后,以欧洲各个国家行政界线为统计单元,得到每一国家的单位面积价值量。最后,乘以每个国家的湿地面积,聚合成国家尺度的湿地生态系统服务价值量结果(表 3-16),并在 GIS 中展示其空间结构。

表 3-16 欧洲各个国家湿地数目、面积和年均单位面积价值(Brander et al., 2010)

国家	湿地数目	湿地面积/hm²	平均价值/(欧元)(hm²·a)
奥地利	211	31748	5052
比利时	92	10480	9627
保加利亚	81	11584	3110
克罗地亚	140	18761	4628
塞浦路斯	3	1956	4724
捷克	105	8987	4435
丹麦	729	164961	3896
爱沙尼亚	1146	197786	837
芬兰	14140	1971961	224
法国	1419	358163	5693
德国	1391	418945	4353
希腊	302	64766	3992
匈牙利	1090	96500	3309
爱尔兰	2173	1210044	676
意大利	344	68891	9125
拉脱维亚	883	156580	764
立陶宛	563	57548	1543
马耳他	1	25	76933
荷兰	273	269753	7871
波兰	913	110386	4032
葡萄牙	162	28293	7686
罗马尼亚	1532	384611	2615
斯洛伐克	74	4293	5792
斯洛文尼亚	13	3249	7340
西班牙	392	112684	6647
瑞典	20242	2729131	263
英国	2119	753691	2480
总计	50533	9245777	1193

三、生态系统服务多尺度研究的一个框架

针对生态系统服务供给与消费存在的尺度依存特性,我们提出一个多尺度的生态系统服务研究框架。该框架以空间尺度作为研究内容的陈设平台,紧紧围绕生态系统结构与功能—服务—人类收益这一研究主线,始终将"自然系统提供生态服务与社会经济系统内化消费"之间的耦合联系作为项目研究的核心。从地理学综合集成视角分析社会经济系统对自然资本内化的响应。

围绕生态系统服务研究的科学问题,针对研究区生态环境问题影响社会经济发展的现状,选择不同尺度下生态系统服务和社会福祉耦合关系作为研究主线,综合应用野外调查、定位观测、遥感与 GIS 分析和模型模拟等手段,研究生态系统服务形成机理,评估其价值量,展示其时空格局,综合分析生态系统服务与社会经济系统的相互关系,提出相应的政策导引。通过机理识别和评估模拟来实现项目的科学目标及应用目标(图 3-12)。

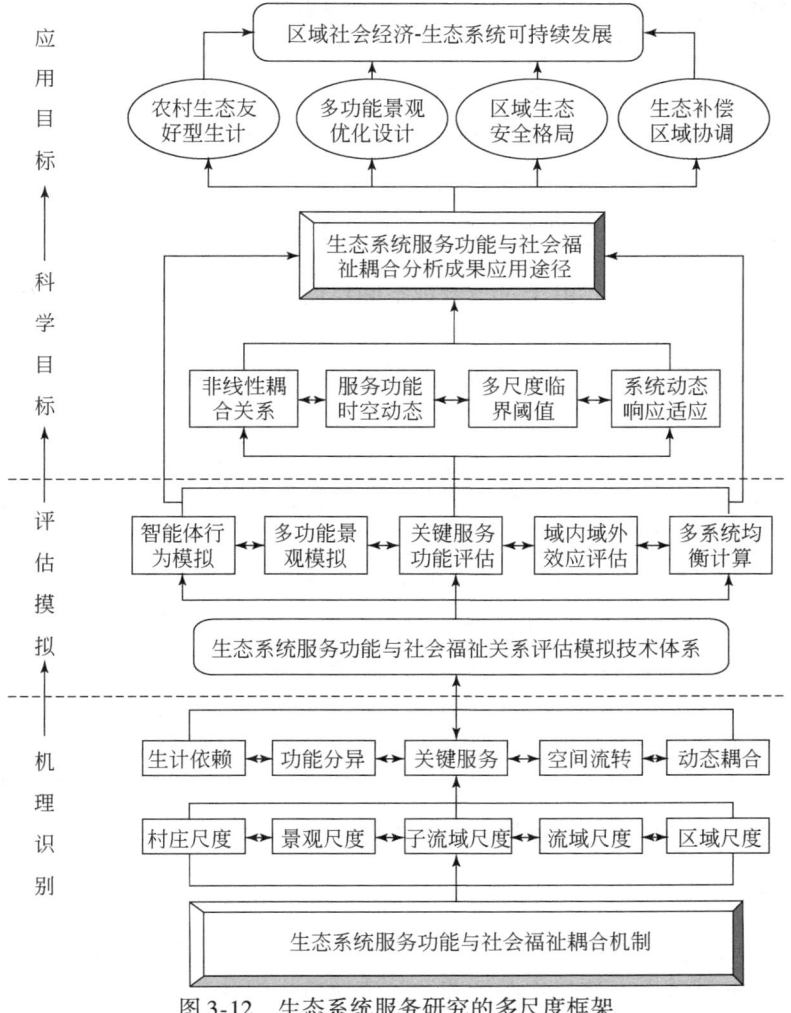

图 3-12 生态系统服务研究的多尺度框架

1. 生态系统服务与农村生计方式相互作用机理

研究尺度为村庄，目的在于揭示生态系统服务与农村生计方式之间的相互作用机理，为建构生态友好型的农村生计方式提供科学依据。

研究不同地区农村家庭生计方式与生态系统服务之间的相互作用机理。根据研究区的实际情况，拟选择燕山山前平原以种植业为主要受益的农户、坝上高原以放牧为主的牧户和河北滨海地区以水产品捕捞为主的渔户3种生计方式。采用实地访谈、问卷调查和 GPS 生产行为跟踪（如放牧路径和捕鱼区域）等途径采集数据，结合当地地形及各种自然资源状况，应用多智能体模型和回归分析，分析模拟：

（1）不同类型生计方式对生态系统服务的影响。研究内容包括：特定生计方式下对不同生态服务的依存度以及选择服务的优先次序；不同行为主体对于生态系统服务的感知和行为特征；主要生态系统服务选择对于其他服务的抑制及其生态与环境效应，尤其是对生产性供给服务的过度依赖对调节和支持服务的负面影响。

（2）生态系统服务变化对于农村生计和主体行为的影响。研究内容包括：预估生态系统服务在数量与质量、类型与结构等方面变化下3种农村生计的可能变化趋势；分析生态系统服务替代或下降与微观经济单位（农户/牧户/渔户）受益的非线性关系；确定研究对象脱贫或致贫的主导生态系统服务及其数量阈值；推断不同智能体（主体）适应生态系统服务变化的方式或生计转型的可能性。

2. 生态系统服务与多功能景观形成与维持之间的关系

研究对象的尺度为景观。由于对于景观空间尺度大小的认识学界有所差异，本项研究界定景观在较小的空间范围，其内具有相似的自然环境和生产方式。设计这部分研究内容目的在于阐明生态系统服务对景观多功能的形成与维持的影响，为多功能景观格局的优化设计提供科学依据。

拟选择大都市城郊复合农业景观作为研究对象，通过实地观测和估算景观尺度上各种生态系统服务及其价值，研究生态系统服务的多样性及其交互作用对多功能景观形成与维持的影响。主要研究内容包括：

（1）景观要素及格局对生态系统服务的影响。分析不同景观要素类型（斑-廊-基）及其空间结构对生态系统服务流通量的影响；研究城郊复合农业景观生态系统服务供给与消费随时间变化的趋势；厘清人类活动对景观过程与格局扰动影响主要生态系统服务的机理。

（2）多功能景观形成与维持过程中各类生态系统服务的权衡与协同作用。分析在景观尺度上生态系统调节服务对其他系统服务流的稳定和弹性的影响；确定生态系统服务类型如产品供给、旅游娱乐、生物多样性保持、生物传粉、病虫害防治及土壤改善等聚合所构成的功能群与景观多功能的空间关联和对应关系。

3. 重点地区关键生态系统服务形成机制及其时空格局

根据京津冀地区社会经济发展对生态系统服务需求的优先度，在识别生态系统服务主导功能地域特征的基础上，选择水源涵养及径流调节、泥沙调节及土壤保持、碳汇及碳储存、气候灾害风险减缓等4种关键生态系统服务,进行形成机制、价值评估及其时空动态模拟研究,以期对生态补偿、反贫困化、节能减排以及生态安全格局构建提供政策依据。研究尺度在子流域到流域尺度之间。

(1) 水源涵养及径流调节。

生态系统水源涵养及径流调节服务研究案例区选在北京市密云水库的水源地潮白河流域。主要研究内容为:

通过实地调查、观测和计算获取潮白河流域上、中、下游典型样点的经度、纬度、海拔、坡度、坡向、植被覆盖率、降水量、空气湿度、风速、辐射强度、蒸发量、年干燥度、土壤质地、土层深度、农药化肥使用量、径流深、水质等基础数据,通过回归分析分别建立上、中、下游环境因子与径流深和水质的关系,以此作为流域生态系统(草地、森林和灌丛)水源涵养及径流调节服务功能与形成因素之间关系的表征;通过Clue-s模型,模拟流域土地利用/土地覆被变化对于水源涵养及径流调节服务功能的影响。

(2) 泥沙调节及土壤保持。

生态系统泥沙调节及土壤保持服务研究案例区选在河北省承德-张家口燕山与坝上高原的过渡带。主要评估工作通过通用土壤流失方程(universal soil loss equation, USLE)来完成。通过实地调查获取USLE主要参数,尤其是土壤可侵蚀性、植被覆盖和管理因子;在GIS支撑下,将计算结果空间离散化,并与社会经济数据做空间回归分析,辨识出影响此服务的人文因素。

(3) 碳汇及碳储存。

研究案例区分为小尺度和大尺度两种。小尺度点上研究在北京大学生态与环境观测系统塞罕坝实验站进行。主要工作为通过定位观测实验,获取草地、林地、农地和湿地等生态系统植被和土壤碳储存的关键参数;大尺度案例区为京津冀地区除城镇区域以外的自然生态系统分布区。应用CEVSA模型输出InVEST评估软件碳汇及碳储存模块所需的参数,并经点上实验数据校正,最终得到整个研究区域碳汇及其价值的空间格局。

(4) 气候灾害风险减缓。

研究区选择在本区域的东部沿海地区,从河北省的沧州沿海向北经天津一直到秦皇岛。通过实地调查获取海岸地形、地表覆被、风暴潮发生频率等基础数据,引入气候变化风险评估模型,在GIS支撑下得到风暴潮引发淹没和侵蚀的暴露指数空间格局,与人口分布和经济要素分布叠加进行空间分析,衡量沿海地区生态系统减缓气候灾害风险的功能,并对海平面上升带来的可能风险进行预估。

4. 流域水生态服务功能供给与消费的动态优化

以京津冀地区滦河流域为研究案例区。根据滦河流域的实际情况,选择主要的水生态服务,包括产品供给如生活及生产用水、水产品生产等,调节服务如水文调节、侵蚀控制、水质净化等,文化服务如生态旅游等,进行整个流域生态系统服务价值评估,以期揭示生态系统服务功能的空间共轭和空间依存特征。主要研究内容如下:

(1) 明晰水生态系统服务流的空间路径和通量。在GIS流域水文模块的支撑下,建立水生态系统服务与影响因素的空间关联模型,并对每一栅格点的服务流存量、周转量及流向进行图形化表达。

（2）通过分析流域内水生态系统服务的域内和域外效应，建立多期上、中、下游水生态资产供给与消费账户，应用遗传算法等优化技术使生态资产消费在空间和多用户之间得到动态优化配置。

（3）根据研究结果提出生态系统管理的措施和生态补偿的政策建议。

5. 区域生态系统服务与社会福祉耦合关系

在系统分析京津冀地区生态系统服务形成机制、评估其服务价值的基础上，将自然资本纳入社会经济系统，应用可计算一般均衡（computable general equilibrium，CGE）模型和系统动力学（system dynamics，SD）模型对其进行均衡化计算和动态仿真。主要研究内容如下：

（1）针对与人类福祉耦合关系研究的生态系统服务综合分类框架。

这一部分是基础性工作。尽管国际上已有一些生态系统服务的分类，如 MA 分类和 Costanza 分类等，但还缺乏针对与社会福祉耦合关系研究的生态系统服务分类框架。在满足基本系统分析功能的前提下，本着数据可得性和可操作性原则，本项目拟制定一个新的生态系统服务综合分类方案。该方案以土地覆被类型组合为基本分类对象，分类依据兼顾功能类型、服务对象及空间联系等。

（2）不同气候变化和土地利用情景下区域生态系统服务及其价值时空动态分析。

对国际上应用较为广泛的生态系统服务评估和制图软件 InVEST 进行参数本地化校正，在此基础上按照不同的气候变化和土地利用情景，对京津冀地区生态系统服务空间格局及其时间变化进行评估，利用 GIS 找出关键生态系统服务的最大贡献区域和时间特征。评估结果为 30m×30m 空间栅格数据。

（3）生态系统服务和社会福祉相互关系的定量模拟与仿真。

在上述生态系统服务评估的基础上，分别按照生态系统服务类型和地区，将价值化的生态资产作为整个系统的约束条件，建立社会核算矩阵，构建 CGE 模型定量模拟生态系统服务变化引起的经济结构和产出的变化。通过敏感性分析，评估相应的生态与环境政策的有效性。将经济投入的变化作为约束条件，运行 CGE 模型定量评估生态系统服务对经济结构和总量变化的响应；在分析京津冀地区自然-社会经济系统结构与功能的基础上，构建四个模块的系统动力学模型，将生态资产作为驱动变量，模拟宏观经济和社会福祉的变化趋势。

（4）全球气候变化和贸易体系驱动下的社会经济系统对主要生态系统服务的影响模拟。

应用能值改进的生态足迹模型，衡量全球气候变化和全球气候贸易体系下水足迹和碳足迹在区域之间和产业链的流动状况，定量分析全球气候变化耦合产业地域分工和全球贸易对本地区生态系统服务的影响。

总结起来，生态系统服务是在多个尺度上形成并与人类福祉发生联系的。有鉴于此，本研究设计了从村庄尺度、景观尺度、子流域尺度、流域尺度一直到整个研究区的多尺度研究体系。各个尺度上的研究均是围绕生态系统服务与人类福祉之间的关系展开，但研究的侧重点不同。小尺度上考虑微观经济单位或个人的主体行为与作用域小的生态服务之间的相互作用，目标是遴选生态代价低的农村生计和设计多功能景观；而较大尺度的工作是将生态资产作为区域社会经济的一种自然资本，探索生态系统服务与社会福祉的宏观联系。

第四章 土地利用/土地覆被变化与生态系统服务

研究业已证实，不同的土地利用/土地覆被类型具有提供不同类型生态系统产品和服务的能力（Burkhard et al.，2009）。同时，土地利用结构和功能的变化受多种人类活动的驱动，进而影响到生态系统服务供给的质量和数量。因此，越来越多的地理学家、生态学家和经济学家关注土地利用/土地覆被变化（land use and land cover change，LUCC）与生态系统服务之间的关系。基于 LUCC 的生态系统服务定义、分类、价值评估、权衡与协同分析等研究工作可以为土地利用规划和生态系统管理决策提供理论支持。在地理学家为主体的 LUCC 研究中，已经把生态服务形成、供给与使用作为一项重要研究内容（Kathy et al.，2010）。同时，LUCC 亦被认为是生态系统服务变化的重要驱动力之一，并对其脆弱性产生影响（Cowling et al.，2008；Haines-Young，2009）。由于生态系统服务依赖于不同空间和时间尺度上的生态与地理过程，因此从土地利用/土地覆被出发进行生态系统服务研究具有重要意义。本章以"LUCC—生态系统服务—生态系统服务脆弱性"为研究主线，首先建立 LUCC 与生态系统服务的关联关系，然后探讨 LUCC 对生态系统服务脆弱性的影响，以期为土地管理者和政策制定者提供参考依据。

第一节 土地利用/土地覆被变化与生态系统服务的关联

一、LUCC 与生态系统服务的关联框架

（一）LUCC 与生态系统服务关联的逻辑前提

1. LUCC 与生态系统服务研究方向的融合

在地理学看来，土地是各类生态系统在区域上的镶嵌体，为各种自然与人文要素综合作用形成的地理实体。长期以来，LUCC 研究主体一直是地理学家，在 LUCC 分类与分区、时空格局及其模拟以及土地宏观管理等方面取得了重要研究进展，反过来对地理学学科发展起到了显著推动作用。从 LUCC 研究发展历程来看，朝生态系统服务研究方向逐渐靠拢。1995 年，IGBP 与 IHDP 合推出了 LUCC 研究计划，主要研究目标是增进对 LUCC 机制的理解及其与全球环境变化的关系。这一阶段的研究热点集中在 LUCC 分类和时空格局变化上，后期对 LUCC 的生态效应及驱动因素给予了一定重视，呈现出初步"生态化"的趋势。2005 年，IGBP 和 IHDP 联合推出了全球土地计划（Global Land Project，GLP）。该科学计划是全球变化与陆地生态系统（GCTE）研究计划和 LUCC 研究计划的综合，其研究目标是测度、模拟和理解人类-环境耦合的陆地生态系统，GLP 研究计划的"生态化"特

征得到进一步体现，LUCC 研究中的"生态系统服务"主题逐渐得到认可。在这一阶段中，地理学家基本上将土地利用/土地覆被类型等价于生态系统类型，研究的重点是建立 LUCC 与生态系统服务价值的对应关系，属于典型的"LUCC—生态系统服务价值响应"研究范式，研究过程为"LUCC 分类—价值核算—时空动态"三段式。

2. 土地基本属性与生态系统服务内涵的同源性

首先，LUCC 融合了自然与人文因素，是理解生态系统服务形成与使用的重要本体。从生态系统服务供给来说，自人类诞生以来，就对生态系统进行着选择性利用，出现了不同的土地利用类型。从森林和草地到农田再到城镇，人类活动影响程度不同，生态系统结构与功能有异，提供的生态系统服务类型、数量和质量就有显著差别；从生态系统服务使用来说，人类为了满足自身的服务需求，通过改变土地类型和空间格局来实现其利益的最大化。

其次，土地的价值属性对生态系统价值评估起到重要支撑作用。理论上，人类对于土地的依赖及其价值认定要早于生态系统，因为土地是人类赖以生存的生产资料。从利奥波德开始，土地的价值属性就被清晰地感知和认定。因而，从土地利用/土地覆被类型角度对生态系统服务价值评估有其历史的必然性。

3. LUCC 是生态系统服务权衡与协同分析的重要途径

目前，生态系统服务研究内容从传统的价值评估向服务供给与消费、空间格局与流动、动态变化以及权衡与协同分析转变。要完成这些研究内容，离不开 LUCC 研究方法和技术的支撑。尤其是生态系统服务的权衡与协同分析，更需要建立在 LUCC 研究之上。因为，生态系统服务权衡与协同分析的前提是建立各类政策情景，而绝大部分的情景设定都是通过调整土地利用/土地覆被类型、数量和空间分布来实现的。另外，在生态系统服务空间流动研究中，通过分析土地利用类型的空间分布，结合地形等因素，就可以定位生态系统服务的源、汇和使用区，从而确定生态系统服务的流动路径及其空间传递特性。

（二）基于 LUCC 研究生态系统服务的流程

1. 一般研究流程

通过 LUCC 研究生态系统服务是目前流行的研究途径，研究流程一般由以下几个环节构成（图 4-1）。

第一，土地利用/土地覆被是生态系统服务的提供者。不同的土地利用/土地覆被类型提供生态系统服务的能力有所不同，耕地具有最高的供给服务提供能力，而森林和草地的调节服务和支持服务能力最强；土地质量如有机质含量、机械组成和酸碱度等对于生态系统服务的供给能力也有影响，主要表现在生物生产、碳汇/碳储存和土壤保持等；土地格局是指土地类型在空间上的排布，它通过影响土地空间结构进而影响到土地生态系统服务功能；土地生态系统的区位对于其服务的形成与使用具有显著影响。一般来讲，诸如土壤保持和水源涵养之类的调节服务往往在偏远的流域上游形成，而使用者却位于中下游的城

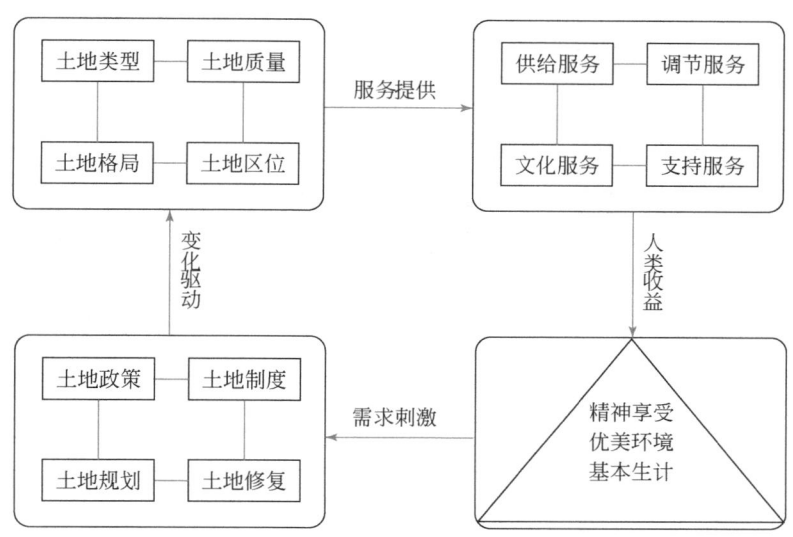

图 4-1　基于 LUCC 研究生态系统服务流程

镇地区。土地生态系统区位通过社会经济发展程度等因素对生态系统服务的价值形成更具重要影响，在价值评估中不容忽视。

第二，土地生态系统提供的供给服务、调节服务、文化服务和支持服务等被不同的利益相关者使用，成为人类的收益，对不同层次的人类福祉产生作用，既有基本的生计维持服务，也有高级的精神享受和对优美生活环境的支撑。

第三，在生态系统服务需求的刺激下，人类社会在不同的土地制度下采取适当的土地政策来获取最大化的服务供给。在正常状况下，采用土地规划来调整区域土地利用类型、数量及其空间格局，实现人类期望的某种生态系统服务的最大化，引起服务之间的权衡；对于受损的土地生态系统，采取土地修复等手段，使得服务供给能力提高。

第四，在土地制度、土地政策及具体土地管理和整治行为的驱动下，土地生态系统的土地利用结构、土地空间分布格局和土地质量等基本属性将会发生变化。

2. 关联框架

陆地土地生态系统作为人类生活的主要聚集地，为人类社会提供了大量重要的服务，例如食物、聚落、娱乐休憩、水资源和空气等。土地生态系统能够提供这些服务的能力取决于土地的自然和人文属性特征。其中，土地利用/土地覆被变化是影响区域生态系统服务的重要因素（Metzger et al.，2006）。图 4-2 展示了土地利用/土地覆被变化与生态系统服务之间的关联框架。

在图 4-2 中，土地利用/土地覆被结构为生态系统服务提供物质基础，这一物质基础是生态系统形成供给、调节、支持和文化服务的前提。为了定量测度生态系统服务，可以从生态价值、社会价值和经济价值三个维度进行量测。需要注意的是，尽管生态系统服务的经济价值核算比较容易接受，但仅核算了生态系统服务总价值或真实价值的一部分（还应该包括生态价值和社会文化价值），因为并不是所有服务都可以用货币量化。在生态系

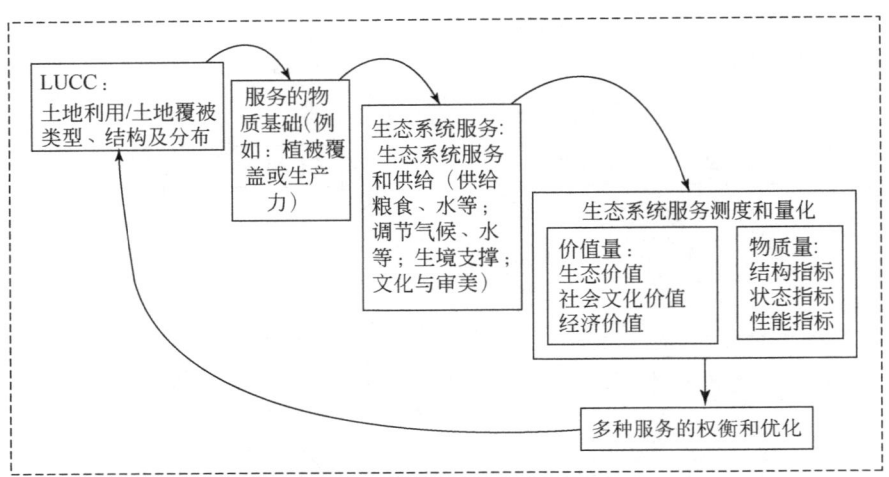

图 4-2　土地利用/土地覆被变化-生态系统服务关联框架

统服务研究中，除了价值化评估以外，还需要采用一些物质量的定量化指标来测度服务的状态和性能。其中，状态指标描述哪些生态系统过程或组分在提供服务，提供多少（例如总生物量或叶面积指数）；性能指标描述潜在的能够被可持续利用的服务的量（如最大可持续性收获的生物量、有关空气质量的有效叶面积指数等）。在定量评价和测度服务的基础上，通过生态系统服务之间的权衡来满足人类的生产生活需求。应当指出的是，服务之间的权衡与优化既是土地利用结构调整的结果，反过来也会影响到区域 LUCC 的类型、结构和空间分布特征。

二、LUCC 影响生态系统服务变化

人类的土地利用活动是逐渐改变地球表面的过程，其特征之一是将复杂自然生态系统转变到简单人工或半人工的生态系统（Foley et al.，2005）。这一转变以类型转换、结构简化、自然组分减少、物质循环路径改变、生境破碎化等为主要表征。具体来说，为了满足人类的食物和居住需求，大量的森林、草地和湿地等自然生态系统转变为农田和城镇建设用地；人工建构的生态系统如农田等，结构单一，往往为单一优势种的生态系统，其他非作物品种被人为去除；由于人工或半人工生态系统的初级产品多被人类移出生态系统，因而系统的物质循环路径被改变，通常是加速循环、缩短路径；人类活动对生态系统的影响还表现在生境破碎化，即连续的自然生境被道路、城镇和工矿等人工建构物分割成不连续体，增大了生态系统的边缘，改变了物种的生存环境。由于人类土地利用活动带来的生态系统的这些转变，对其功能和服务的影响是广泛而深刻的。同时，人口数量迅速增加，全球耕地和城市面积在最近几十年快速扩张，造成淡水、化肥和农药等物质和能量需求的快速上升。反过来，为了应对这种局面，土地集约利用强度得到进一步提高。高度集约化的土地利用方式，降低了生态系统可持续供应食物、淡水等资源产品的能力。同时，调节大气和空气质量，防控传染病的能力也显著下降。尽管全球范围内的土地利用方式差异较

大，但其最终结果是一样的，即在满足人类对自然资源需求的同时也付出了环境退化和生态系统服务供给能力下降的代价。

（一）LUCC 引起的生态系统服务变化

大量的研究证实，LUCC 引起的生态系统服务变化广泛而深刻。在 MA（2005）评估报告中，把土地覆被变化列为过去 50 年导致陆地生态系统服务变化的最重要的两个直接驱动力之一（另一个为新技术的应用），尤其是自然生态系统向农田生态系统的转化。在其评估的 14 个陆地生物群系中，有 9 个生物群系的 20%～50% 面积已经发生变化，其中大部分是转变为了农田。LUCC 引起的生态系统服务变化表现在以下几个方面。

1. 对生物多样性的影响

MA（2005）发现，在过去的 50 年中，主要为了满足快速增长的食物、淡水、木材、纤维和燃料需求，人类对生态系统改变的规模和速度都超过了历史上任何时期同一时间段的情况。因此，造成了地球上生物多样性的巨大丧失，而且其中大部分是不可逆的改变。许多案例研究认为，土地利用活动同时也是当前全球生物多样性逐渐损失的过程（Matson et al.，1997；Tscharntke et al.，2005）。科学家对植被（Aebischer，1991）、鸟类（Donald et al.，2001）、哺乳动物（Sotherton，1998）和昆虫（Benton et al.，2002）的观察研究业已证明，土地利用尤其是高度集约化的现代农业生产导致了生物多样性的下降。

人类活动通过 LUCC 影响生物多样性主要有以下几个途径：①直接去除。这是一类最为直接的降低生物多样性的土地利用方式。例如，在森林转变为农田过程中，非农作物品种大多被人为去除，使得农田生态系统的物种数目比同地区森林生态系统低 3～5 倍。②对生物种的扩散或迁徙构成限制。由于人为活动引起的生境破碎化，使得生物种之间的隔离度增大，限制了物种扩散或迁徙，降低了基因交流的机会。同时，生境破碎化增加了边缘面积，使得物种生活理化环境较大改变。这两个因素叠加在一起，最终影响到基因、物种和生态系统三个层面的生物多样性。③改变物种的生存环境。生境的人工化，特别是环境污染恶化了物种的生存环境，使其生长发育受到抑制，甚至导致物种变异情况出现。④引入外来物种对本地物种产生抑制。人类活动有意无意引入外来物种，对本地种及其生物多样性构成严重威胁。例如，人类无意带入的紫茎泽兰（*Eupatorium adenophorum*）和有意识引进的大米草（*Spartinaanglica*）都对本地种生存和发育构成竞争，显著降低了当地的物种多样性。

Flynn 等（2009）从哥斯达黎加到北美洲新大陆的温带和热带地区收集数据，通过计算哺乳动物、鸟类和植被的多样性和丰富度，分析了集约化农业用地对生物多样性的影响。研究内容包括：①识别不同土地利用强度下的物种组合变化；②收集研究中所有物种的功能特性，并形成数据集；③在每项研究中对所有种群计算功能多样性；④评价功能多样性变化的方向和意义，并获取物种丰富度；⑤评价研究区主要的生物多样性价值及其构成变化。具体工作流程为：针对农业用地检索出关键词为农业、集约化、多样性、生物多样性、鸟类、植被和哺乳动物在内的已经出版的和未出版的 108 项研究成果，并筛选出 20 多个研究案例作为参考。对数据进行归一化处理，并测算研究区的功能多样性和物种丰富度，如图 4-3 所示。研究结果显示，鸟类和哺乳动物的物种丰富度和功能多样性随土地利用强度提高而下降；对于植被来说，在不考虑类型的情况下，植被功能多样性出现了相对平缓增强。这一研究结果表明，土地集约利用引起鸟类和哺乳动物种类丰富度和地理活动范围减小，而对植被的影响则较小。

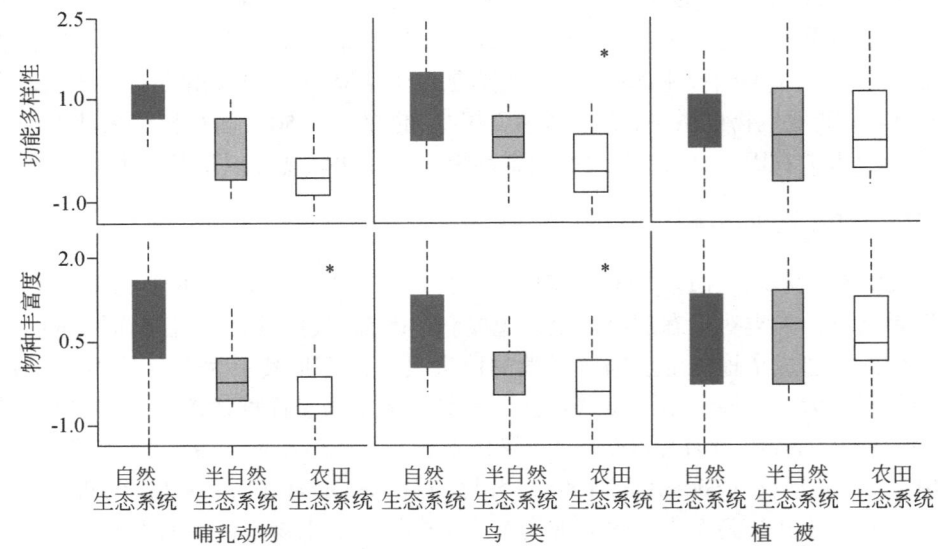

图 4-3 哺乳动物、鸟类和植被的功能多样性和物种丰富度随
着土地利用强度的变化（Flynn et al.，2009）
$*p \leqslant 0.05$，Kruskal-Wallis 检验

在中国华北平原，农业土地利用对生物多样性的影响也十分显著。土地利用类型对步甲科（Carabidae）物种的空间分布有显著的影响。不同的生境类型下步甲群落的个体数量差异很大，农田生境中步甲群落个体数量都较低，林地和农田边界地带较高。长期集约化的农业土地利用和城市化的快速发展使得研究区植被类型单一，农作物是主要的植被覆盖类型，其次为人工种植的木本植物，自然植被所占比例很小。在整个植被调查的过程中，共发现 295 种自然生长的维管植物，其中在所有调查植被中存在度 ≥10% 的物种有 18 个，试验地共记录物种 64 个。其中，存在度 ≥10% 的物种仅有 11 个。调查记录的植被与潜在植被具有巨大的差距（刘云慧，2004）。

2. 对供给服务的影响

生态系统供给服务是指生态系统通过初级和次级生产所产生的能为人类带来直接利益的产品，包括食物、木材、林果产品、燃料、纤维、草药材、生产和生活用水等。由于生态系统供给服务所提供的产品是满足人类最基本需求的，因而通过 LUCC 追求供给服务的效益最大化一直是大多数地区的普遍做法。图 4-4 显示了 1961～2011 年世界粮食、肉类和水产品总量的变化趋势。从中可以看到，三类人类基本食物品的生产呈现持续快速增加的趋势。

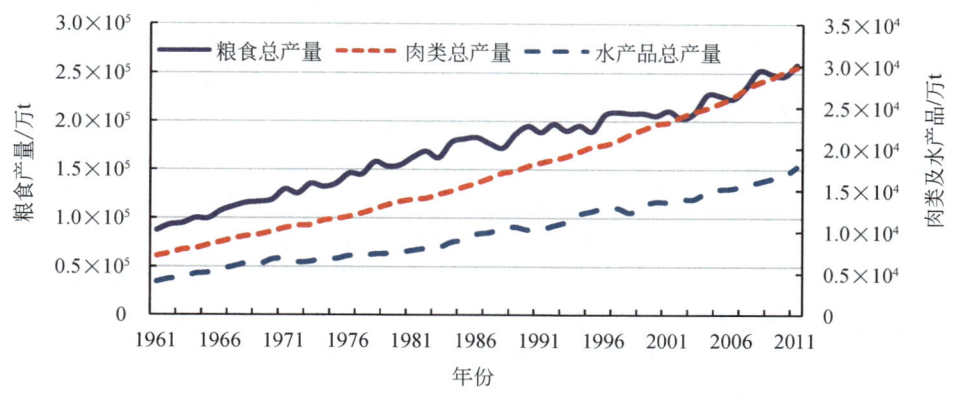

图 4-4　1961~2011 年世界粮食、肉类和水产品总量

人类社会增加供给服务的途径一般有两种：一种是通过使用新的技术手段和增加投入，提高生态系统产品的单位面积产品。例如，以粮食作物为例，经营者通过使用新的作物品种、增施化肥和改善管理等提高作物产量。另一种是扩大提供供给服务和产品的生态系统面积。在这种情形下，不可避免地会造成生态系统类型之间的转换，因为一个国家或地区，总的国土面积是固定的，某类生态系统面积的增加必然会引起其他类型面积的减少。在全世界范围内，为了解决粮食短缺问题，许多地区的自然生态系统类型如森林和草地被开垦为农田（图 4-5）。根据 MA（2005）的研究成果，在 1950 年之后的 30 年中，大量的土地已经被开垦成农田，开垦的土地总面积超过了 1700~1850 年这 150 年开垦的总和。目前的垦殖土地（至少有 30% 是用于耕地、农田轮作、畜牧围栏生产或者淡水养殖的土地利用类型）约占地球表面的 25%。

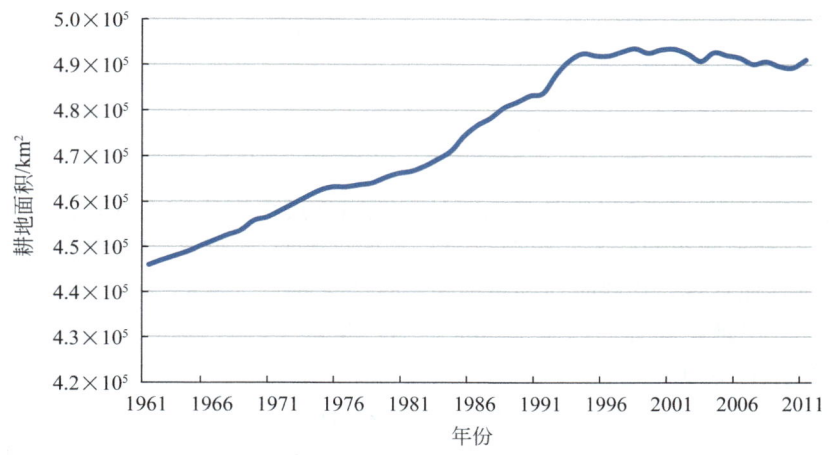

图 4-5　1961~2011 年世界耕地面积变化趋势

然而，对于人类社会对于供给服务的过度需求，必然会引起其他服务的权衡，进而造成生态系统功能退化，出现生态与环境问题。即使在生态系统供给服务内部，对粮食产品的高度需求，也会出现对其他类型供给服务的抑制。据估计，地球上 24 个生态系统类型

中的15个正在持续恶化。大约60%的人类赖以生存的生态系统服务持续下降，如饮用水供应、渔业、区域性气候调节以及自然灾害和病虫害控制等，并且这种退化趋势在21世纪上半叶可能会更加恶化。生态系统服务的退化不仅危及当代人类社会的福祉，而且将极大地削减人类后代从生态系统获取的利益。在全球气候变化和人类活动双重作用下，生态系统功能的下降和退化，将引起人类生存环境的无可挽回的逆转（Vitousek et al., 1997）。

由于LUCC与生态系统服务具有显著的对应关系，因而研究者常常制定土地利用情景来分析某种供给服务的可能变化，并分析服务之间的权衡与协同关系。Priess 等（2007）通过森林距离与授粉多样性和咖啡生长之间关系，来评估印度尼西亚苏拉威西岛不同土地利用情景下的授粉服务变化。研究区苏拉威西岛距东北部的罗瑞林都国家公园500～1000m，已经观察到咖啡林和其他林地的距离在咖啡林授粉服务中起着重要作用，超过一定距离界限，咖啡产量将发生改变。该研究利用这一距离界限来计算4种情景模式（保持现有增长经营模式、农业优先发展模式、大量移民迁入模式、林地采伐模式）下的咖啡产量，以此评价不同土地利用方式和结构下，生态系统供给服务发生的变化。在4种情景模拟过程中，咖啡林面积保持不变。

根据自然环境条件如大气、土壤和地形等并考虑社会经济发展因素，最后选择的土地利用情景的影响因子为：距河距离、相邻单元的土地利用方式、首选步行距离、人口因素（人口增长率和迁移）、土地利用方式和强度等。情景模拟的主要用地类型面积如表4-1所示。

表4-1　2001年和2021年的土地利用和土地覆盖（Priess et al., 2007）

模拟起始时间及情景	居民点面积/hm²	农用地面积/hm²	林地面积/hm²
情景起始时间2001年，情景终止时间2021年	294	3506	7975
保持现有增长经营模式	438	4525	6813
农业优先发展模式	438	3650	7688
大量移民迁入模式	538	5256	5981
林地采伐模式	538	6775	4463

已有的研究证明，咖啡授粉服务因距林地距离远近而有所区别（Klein et al., 2003a, b, c）。因此，林地面积和位置变化会引起授粉服务的显著改变。根据经验，咖啡产量随着距离林地增加而衰减，当咖啡地和林地相邻时产量最大，为85.2%，其授粉方式主要为虫媒作用；当咖啡地距离林地超过1500m时为产量最小，为60.4%，其授粉方式主要为风媒。可用公式表示为

$$F = a + b \times \sqrt{D}$$

式中，F为咖啡产量的百分比；a和b是常量（$a = 85.22$，$b = -0.64$，$P<0.005$，$R^2 = 0.34$）；D为咖啡地到林地的距离，单位为m。不同情景模拟"D"值及其咖啡产量见图4-6。

3. 对调节服务的影响

由于不同土地利用/土地覆被类型提供生态系统服务的类型和能力不同，LUCC对调节

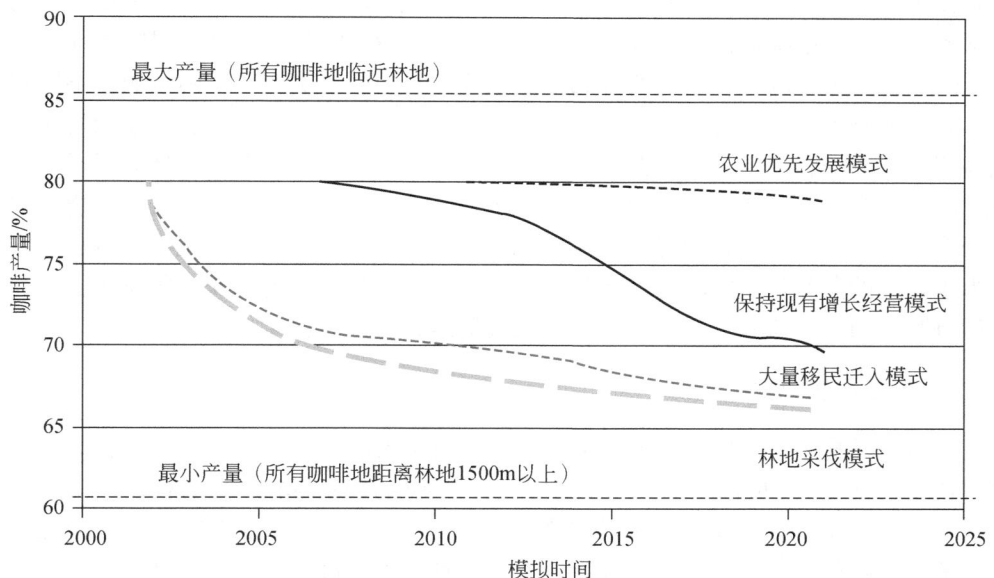

图 4-6 2001~2021 年四种模拟情景下咖啡产量受土地利用/土地覆被变化影响情况。计算依据 Klein 等（2003a）在同区域的野外调查工作。Klein 认为，85.2% 是最大产量，而最小产量是 60.4%。在整个情景模拟过程中，咖啡地面积不变（Priess et al.，2007）

服务的影响直接而显著，目前的研究成果也证实了这一点。以 LUCC 影响土壤侵蚀为例，在目前模拟土壤水蚀的 RUSLE 方程 $A = R \cdot K \cdot LS \cdot C \cdot P$（式中，$A$ 为年平均土壤侵蚀量；R 为降水侵蚀因子；K 为土壤侵蚀因子；LS 为地形因子；C 为地表植被覆盖因子；P 为水土保持管理因子。）中，LUCC 的实质上就是改变了方程中的 C 和 P 值，从而影响了土壤的理化性质，改变了土壤的生态条件，最终影响到生态系统的侵蚀控制和泥沙调节等服务。由于不同的土地利用与土地覆被类型对降水的截留、阻挡、蒸腾及下渗作用不同，因而 LUCC 不但导致地表或地下水量变化，而且对径流时空特征、水质等影响显著。另外，不同的土地利用类型会产生不同的水文效应，建设用地会减少水分存留和下渗，增大径流量，增加洪灾的风险。

李屹峰等（2013）分析了密云水库流域 1990~2009 年的土地利用变化引起的产水量、土壤保持和水质净化三种生态系统服务的变化态势。研究结果表明，1990~2009 年密云水库流域土地利用变化剧烈，农田、草地和水体的面积分别减少了 30%、48% 和 61%，林地、建筑用地和裸地的面积增加，增幅分别为 30%、230% 和 282%。随着土地利用变化，生态系统服务相应产生显著变化，研究期内，土壤保持功能和固碳服务分别增加 46% 和 19%，但水资源供给服务和水质净化功能分别减少了 3% 和 25%。农田面积的减少和森林的扩张改善了土壤保持服务，森林面积的增加同时也改善了固碳服务，但会削弱水资源供给服务，建筑用地的扩张会大幅度削弱水质净化功能。

如果人类通过有意识地调整土地利用/土地覆被来达到增加供给服务能力，那么对于调节服务的影响则大多是无意识的。正如现代人类中心主义的代表人物默迪所言："人类现在具备了移山的能力，但尚不清楚移山之后会带来什么。"他认为，目前生态环境问题的根源在于人类关于自然知识的总和，超过运用这些知识的智慧。人类也采取一定的生产活动试图提升生态系统提供调节服务的能力。例如，为了中和人类排放温室气体带来的气温上升效应，人类采取人工造林的方式，来吸收 CO_2。但事实上，不同区域、不同树种和不同林龄下森林吸收 CO_2 的能力不尽相同，有时效应甚至完全相反。这一途径对于生态系统气体调节服务的影响效果尚存在争议。与此相类似的情形也体现在森林对于径流的调节服务上，尽管对于森林是否能够增加径流的认识已渐清晰，但在生产活动中，仍然对森林调节径流带有不切合实际的幻想，经常出现在干旱区造林的情形，姑且不论造林成本有多大，由于林木的蒸腾作用实际效果常常是减少了地表径流。由此看来，加强 LUCC 与生态系统调节服务的关系研究，对于指导生产实践仍然具有重要意义。

4. 对文化服务的影响

文化服务是指生态系统提供的因人与生态系统关系而产生的非物质利益，如能力和经验等（Chan，2012）。根据 MA（2005）的定义，文化服务是指通过精神满足、发展认知、思考、消遣和体验美感而使人类从生态系统获得的非物质收益。这些收益包括文化多样性、精神与宗教价值、知识系统、教育价值、灵感、美学价值、乡土情结、文化遗产价值和消遣与生态旅游等。MA（2005）认为，由于社会和经济的发展，世界上的神林、神山和圣湖等文化和宗教价值被削弱；随着城市化进程以及生活水平的提高，人类对自然美景的需求不断增加，而由于人类活动引起的土地利用/土地覆被变化，对自然景观的人为影响愈加显著，景观美学价值已经有所降低。

人类活动通过 LUCC 影响文化服务有两种可能的途径：一种是直接影响，例如通过修建道路、采矿等活动，对自然或文化景观切割或蚕食，缩小面积，降低价值。诚然，道路修建对于文化服务的影响有两重性，一方面，道路修建引起的景观破碎化具有负面效应；另一方面道路运营增加了到自然或文化景观的可达性，对更多消费者享受文化服务，实现其文化价值具有正面效应。另一种是间接影响，人类土地利用方式对土壤侵蚀、地表径流和大气环境等产生影响，进而对自然或文化景观的赋存环境产生作用。

由于生态系统具有多功能性，因而提供的服务也具多重性。随着社会经济不断发展，人们对文化服务的需求不断增大，原来以供给服务为主要服务源的生态系统，其文化服务价值被充分感知和认可。例如，城郊的观光和休闲农业、池塘的垂钓和游憩活动等。近年来，对于文化服务的价值评估和利用与保护意愿研究成为一个研究热点，例如，高虹等（2013）采用半结构式访谈法，调查了福建、江西两省 3 个村的村落文化林周边村民对文化林的生态系统服务的认知及保护意愿。结果发现，最期望提高的服务功能是文化功能，如生态旅游和美学价值等；村民对文化林的保护积极性较高，70.4% 的被访者愿意花时间来管护森林，距文化林越近、家庭收入越高，管护意愿越高；38.9% 的被访者愿意支付费用来维持服务功能不变化，距文化林越近，管护意愿越低的被访者，支付意愿越高。由于文化服务价值很难在市场上表现出来，因而对其价值核算一般多采用主观性较强的评估方法，如旅行费用法（TCM）、条件价值法（CVM）和意愿支付（WTP）法或受偿意愿（WTA）法等。然而，由于文化服务价值认定和评估方法的主观性，其价值评估的结果具有较大的不确定性。

（二）LUCC 对生态系统服务之间关系的影响

LUCC 是自然要素与人为影响共同驱动的结果，然而在较短时间尺度上，人为作用的效果更为显著。在人类活动作用下，地球上大多数区域的土地利用/土地覆被类型已发生改变，很难找到一个没有受到人为干扰的区域（图4-7）。在一个特定的区域，人为作用的 LUCC 体现在两个方面，一是结构上的变化，二是空间分布格局的变化。无论是哪种变化，最终都会影响到生态系统的结构、组分、过程和功能。前已述及，每种生态系统提供的服务类型及其人类的使用程度各不相同，即使同一种生态系统服务供给的类型及数量也有差异，因此，LUCC 必然会引起服务之间相互关系的变化，呈现出此消彼长的权衡或各种服务均提升的"双赢"，抑或各种服务均下降的"双输"。简言之，LUCC 导致生态系统服务的改变，不仅体现在单一服务种类上，而是对整个服务簇都会产生影响。不同土地利用/土地覆被类型在相应的利用强度下，提供整个生态系统服务簇的能力会发生改变（图4-8）。

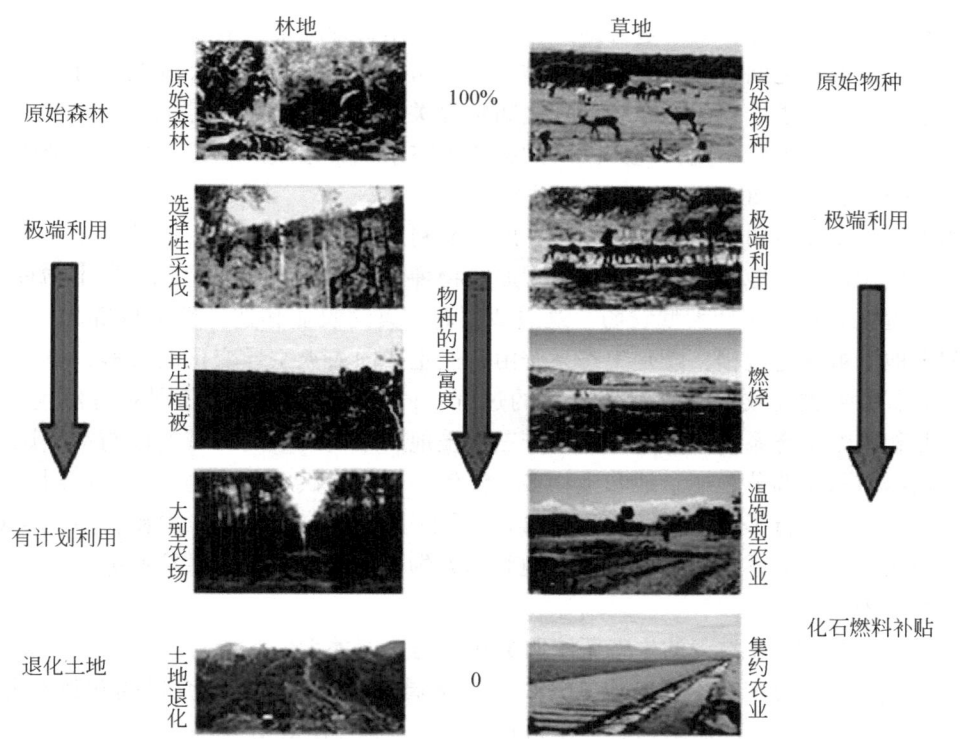

图4-7　土地利用方式引起的生态系统服务变化（CBD，2004；MNP，2006；De Groot et al.，2010）

越来越多的研究结果证实，自然和半自然生态系统及景观功能具有多样性，可以为人类社会提供多重服务。这些生态系统不仅在生态上更为可持续，社会文化价值更大，而且常常在经济收益上也高于高度利用或纯粹保护的生态系统或景观。Balmford 等（2002）研究表明，热带森林、湿地、红树林和珊瑚礁等生态系统在完好状态下能够比在转变为高强

图 4-8　不同土地利用方式对生态系统服务之间关系的影响（Foley et al., 2005）

度经济利用时产生更大的综合效益。另外，Naidoo 和 Adamowicz（2005）的研究表明，非洲雨林仅生物多样性保护产生的价值就超过了其成本。但是，在目前的土地利用规划和决策中，经济效益以外的大多数生态系统服务经常被忽视。由此，具有很高生产力、多功能的生态系统或景观常被转变为单一功能的土地利用类型如农田，或者弃为撂荒地。从整体上看，这种土地利用方式是将少数人短期的经济利益建立在大多数人的长期生态、经济和社会效益损失上。因此，为了更好地进行到土地利用管理决策，需要对不同利用方式与生态系统服务及价值之间的关系进行系统描述。然而，在局域和区域尺度上，对土地利用方式、生态系统服务供给与生态系统管理之间定量关系的研究案例非常稀少，"目前，尚未出现一项景观尺度上对不同管理方式下的整个生态系统服务簇的数量、质量和价值的完整评估"（ICSU et al., 2008）。

图 4-7 中以林地和草地为例，可以看出土地利用经历了无利用—极端利用—有计划利用的历史变化过程，地表覆被也对应出现原始物种—物种（土地）退化—再生物种—管理决策下的覆被形式（包括大型农场、温饱型农业、集约农业和选择性采伐等）。土地利用方式和土地覆被变化过程，既是生态系统由自然主导向人类主导变化的过程，也是生态系统提供的服务种类和数量相应发生改变的过程。Foley 等（2005）分别对自然生态系统、集约农业和兼顾生态系统服务的农业生产三种土地利用模式下的区域气候与空气调节、碳储存、径流与水质调节、栖息地和生物多样性保护、木材供应、作物生长及控制疾病传播等多种服务供给进行了定性比较（图 4-8），反映了不同土地利用方式和利用强度对生态系统服务之间相互关系的影响，是对土地利用方的改变引起的生态系统服务之间的权衡或协同关系的表征。

目前，研究 LUCC 引起的生态系统服务权衡与协同关系，一般有以下几个步骤：

第一步：确定特定或不同时段 LUCC 分布格局。首先，根据研究目的和数据分辨率，制定 LUCC 分类系统，然后对遥感影像进行解译，获取 LUCC 分布格局。

第二步：对各类生态系统及其服务类型评估。通过价值转移或模型模拟，获取整个研究区的生态系统服务价值或物质量空间分布格局。

第三步：制定不同的土地利用情景，并计算或模拟各情境下的价值量或物质量，分析各个服务类型的消长关系。

第四步：根据权衡或协同分析结果，选择最优的土地利用方式，为科学管理土地生态系统提供政策支持。

三、基于 LUCC 的生态系统服务评价

近年来，基于 LUCC 的生态系统服务研究已成为一种最为常见的研究模式，有大量的研究成果发表（图 4-9）。从中可以看出，国内外从 2005 年开始，这类研究呈现快速增长态势，且国际增速快于国内。通过分析文献可以发现，这类工作模式的前提假设是在 LUCC 与生态系统服务之间建立了直接的逻辑联系，即一定的土地利用/土地覆被类型对应有一定的服务类型，前者变化必定导致后者的改变。为什么会出现基于 LUCC 的生态系统服务研究热潮，究其原因不外乎有以下几点：①研究者对于 LUCC 研究具有成熟的研究模式和数据积累。在遥感技术支撑下，研究极易获取一个地区多个时段的土地利用/土地覆被类型，并在 GIS 中对其时空变化进行分析。在 LUCC 与生态系统服务研究建立联系后，这种研究模式很容易被研究者所接受和遵循；②土地作为人类基本的生产生活资料，与人类福祉关系密切，这与生态系统服务的基本受益面一致；③生态系统服务的研究成果可以为土地管理提供科学依据，尤其是权衡和协同分析可以作为土地持续性利用和管理的理论基础；④从研究本体论说，土地是多种生态要素的综合体，土地覆被类型可以建立起与生态系统的大致对应关系。事实上，由于生态系统概念的泛化，在很多研究者看来，土地覆被类型等同于生态系统类型。

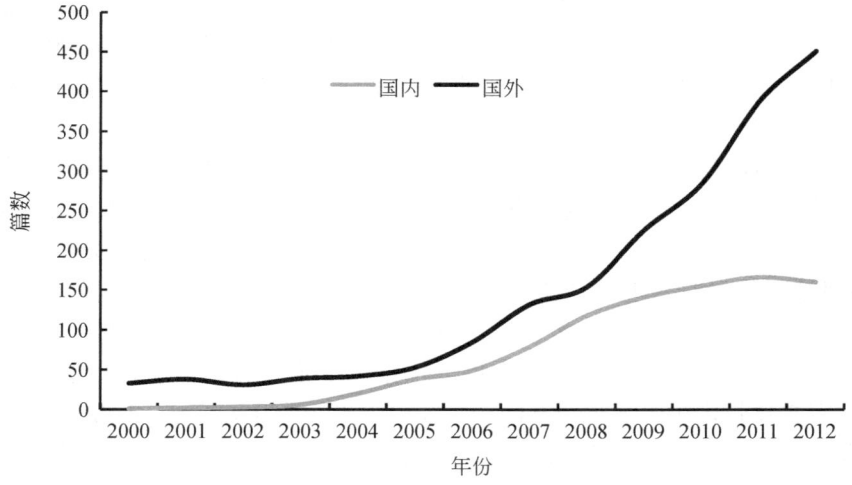

图 4-9　2000～2012 年国内外土地利用与生态系统服务研究发表文章趋势
中文文章在中国期刊全文数据库中以"土地利用"和"生态系统服务"联合检索，
英文文章以"land use"和"ecosystem services"在 Web of Knowledge 中联合检索

分析国内外基于 LUCC 的生态系统服务研究工作，可以发现国内对于基于 LUCC 的生态系统服务研究偏好"价值评估"。在《中国期刊全文数据库》中以"土地利用"和"生态系统服务"联合检索到文章 1018 篇（2001 年至 2013 年 8 月）。其中，以"价值评估"作为主题的计有 894 篇，占到总数的 87.8%；而国外英文文献中这一比例为 28.7%。尽

管国内同类研究文献较多,但多是"土地利用/土地覆被类型解译与划分—土地类型服务价值厘定—土地利用/土地覆被变化—区域生态系统服务价值变化"的固定模式,只是研究区或生态系统类型有些不同。

近年来,国外也有许多基于 LUCC 的评价生态系统服务的研究案例(Troy and Wilson,2006;Egoh et al.,2008;Naidoo et al.,2008;Willemen et al.,2008;Tallis and Polasky,2009;Nelson et al.,2009),为生态系统服务评价研究提供了一条可以借鉴的途径,这里介绍一个欧洲 CORINE 生态系统服务评价的案例。从整体来看,CORINE 中进行生态系统服务评价的基础是分析现时的土地利用/土地覆被格局,并在空间上评价其提供生态系统服务的能力。Burkhard 和 Kroll(2010)提出了一种基于土地利用/土地覆被类型的生态系统服务空间评价方法,并且应用在欧洲的 CORINE 项目(EEA,1994)上。主要工作步骤如下:

首先,获取研究区的土地利用/土地覆被数据,并且基于专家知识得到不同土地利用/土地覆被类型所能提供各种生态系统服务的能力。在 CORINE 项目中,将项目区 44 个土地利用/土地覆被类型归并成人工地表、农地、森林、半自然区、湿地和水体等类型。每一土地类型都已被清晰定义,并且代表了欧洲所有的土地覆被类型。在 CORINE 案例中,最小制图单位为 $25hm^2$,土地利用/土地覆被以及一些基础地理信息空间数据按照欧洲地理参考系统进行转化,保证了数据的统一。

其次,为了对未来的生态系统服务进行评价,需要制定相应的生态系统服务评价分类方案,并对系列数据作归一化处理。在 CORINE 项目中,根据 de Groot(2006)、MA(2005)和 Costanza 等(1997)提供的生态系统服务列表,以及 Müller(2005)、Müller 和 Burkhard(2007)描述的生态完整性组成列表来形成一个生态系统服务集。最终将服务分成 4 类:生境支持、供给服务、调解服务、文化与审美。

最后,提供空间统计数据和空间制图,对生态系统管理提供直观和形象化的决策支持。基于土地利用的生态系统服务评价空间模型,可以提供明确的空间信息,能够支持复杂系统及相互关系的评价(Dresner,2008)。在 CORINE 项目中,这些关系可以通过土地利用/土地覆被变化类型和生态系统服务的关系矩阵来表征。44 个土地利用/土地覆被变化类型为矩阵的横列,29 个服务类型为纵列,共形成 1276 个服务能力值。不同土地利用/土地覆被类型提供生态系统服务的能力可以根据以下定义确定:0 为土地利用/土地覆被变化类型没有提供特定生态系统服务的相关能力,1 为低相关能力,2 为一般相关能力,3 为中等相关能力,4 为高相关能力,5 为极高相关能力。从表 4-2 可以看出,林地、泥炭地、荒野和沼泽提供生态系统服务的能力高,这是由于近自然的土地利用/土地覆被类型具有较高的生态完整性。而人为作用显著的用地类型,如城市、工业区、商业区、矿物采掘地和加工地等提供生态系统服务的能力非常低或几乎没有。表 4-2 中的服务能力值是 Burkhard 和 Kroll(2010)根据科学家共有的认知,从研究案例析取。利用同样方法,Burkhard 等(2012)还进行了土地覆被类型与生态系统服务消费需求的关系矩阵(表 4-3)和土地覆被类型与生态系统服务供需平衡的关系矩阵(表 4-4)研究,进一步量化了土地利用/土地覆被与生态系统服务之间的相互关系。

第四章 土地利用/土地覆被变化与生态系统服务

表 4-2 土地利用/土地覆被类型与生态系统服务供给能力相关强度矩阵（Burkhard et al., 2012）

土地利用/土地覆被类型	生态完整性	非生物异质性	生物多样性	生物水流	代谢效率	烟值捕获(辐射)	营养损失减少	储存容量(土壤有机质)	供给服务	农作物	牲畜	饲料	水产捕捞	水产养殖	野生食物	木材	薪柴	能量(生物量)	生物医药	淡水	调节服务	局地气候调节	全球气候调节	洪水防护	地下水补给	空气质量调节	侵蚀调节	营养调节	水净化	传粉	文化服务	娱乐美学价值	多样性内在价值
连续城市结构	0	0	0	0	0	0	0	0	0	0	0	0	0	0	0	0	0	0	0	0	0	0	0	0	0	0	0	0	0	0	0	0	0
不连续城市结构	7	1	1	1	1	1	2	1	3	1	0	1	0	0	1	0	0	0	0	0	0	0	0	0	0	0	0	0	0	0	0	0	0
工业或商业单元	2	1	1	0	0	0	0	0	0	0	0	0	0	0	0	0	0	0	0	0	0	0	0	0	0	0	0	0	0	0	0	0	0
公路和铁路网络	4	2	0	0	1	0	2	0	0	0	0	0	0	0	0	0	0	0	0	0	0	0	0	0	0	0	0	0	0	0	0	0	0
港口区	2	1	0	0	1	0	0	0	0	0	0	0	0	0	0	0	0	0	0	0	0	0	0	3	0	0	0	0	0	0	1	1	0
机场	7	1	1	1	1	1	0	0	1	0	0	1	0	0	0	0	1	0	0	0	3	0	0	0	0	0	0	0	0	0	0	0	0
采矿地	4	1	0	0	1	0	0	0	0	0	0	0	0	0	0	0	0	0	0	0	0	0	0	0	0	0	0	0	0	0	0	0	0
垃圾场	8	2	0	0	0	0	0	5	0	0	0	0	0	0	0	0	0	0	0	0	0	0	0	0	0	0	0	0	0	0	0	0	0
建筑地	3	2	0	0	1	0	0	0	2	0	0	0	0	0	0	0	0	0	0	0	0	0	0	0	0	0	0	0	0	0	0	0	0
城市绿地	18	3	3	2	3	4	3	3	0	0	0	0	0	0	1	0	0	0	1	0	11	2	1	0	2	1	2	1	1	1	3	3	0
体育和休闲设施	16	2	2	2	3	4	3	2	0	0	0	0	0	0	0	0	0	0	0	0	9	1	1	1	2	1	0	1	1	1	5	5	0
非灌溉耕地	22	3	2	3	4	5	1	4	21	5	5	5	0	0	0	0	0	5	1	0	5	2	1	0	0	0	0	1	0	0	1	1	0
永久灌溉耕地	21	3	3	5	2	5	1	3	18	5	5	2	0	0	0	0	0	5	1	0	5	2	1	0	2	0	0	0	0	0	1	1	0
稻田	20	3	3	5	2	5	3	3	7	5	0	2	0	0	0	0	0	0	0	0	4	2	1	0	0	0	0	1	0	0	1	1	0
葡萄园	14	3	3	3	3	3	1	2	6	4	0	0	0	0	0	0	1	0	0	0	3	1	1	0	2	1	2	0	0	0	5	5	0
果园	21	4	3	4	3	5	2	3	13	5	0	0	0	0	0	4	4	0	0	0	19	2	1	0	2	1	2	1	1	5	5	5	0
橄榄园	17	3	2	3	3	3	1	3	12	4	0	0	0	0	0	4	4	0	0	0	7	1	1	0	1	1	1	1	0	0	5	5	0
牧场	24	2	2	4	5	5	2	4	10	0	5	5	0	0	0	0	0	0	0	0	8	2	1	0	1	0	4	0	0	0	3	3	0
一年利多年农作物	18	2	2	3	2	4	2	3	21	5	5	5	0	0	0	0	0	5	1	0	7	2	1	0	0	0	0	0	0	0	1	1	0

续表

土地利用/土地覆被类型	生态完整性	非生物异质性	生物多样性	生物水流	代谢效率	烟值捕获(辐射)	营养损失减少	储存容量(土壤有机质)	供给服务	农作物	牲畜	饲料	水产捕捞	水产养殖	野生食物	木材	薪柴	能量(生物量)	生物医药	淡水	调节服务	局地气候调节	全球气候调节	洪水防护	地下水补给	空气质量调节	侵蚀调节	营养调节	水净化	传粉	文化服务	娱乐美学价值	多样性内在价值
复合种植形式	21	4	4	3	2	4	1	3	9	4	0	3	0	0	0	0	0	0	2	0	5	2	1	1	1	1	1	0	0	0	2	2	0
农业和自然植被	19	3	3	3	2	4	2	3	21	3	3	2	0	0	3	0	3	3	1	0	13	3	2	1	2	1	2	0	1	0	5	2	3
农林区	27	4	3	4	3	4	4	4	14	3	3	2	0	0	3	3	3	3	5	0	13	5	1	1	2	1	2	1	1	3	3	3	0
阔叶林	31	3	5	5	4	5	5	5	21	0	0	0	0	0	5	5	5	0	5	0	39	5	4	3	2	5	5	5	5	5	10	5	5
针叶林	30	3	5	4	3	4	5	5	21	0	0	0	0	0	5	5	5	0	5	0	39	5	4	3	2	5	5	5	5	5	10	5	5
混交林	32	3	5	5	4	5	5	5	21	0	0	0	0	0	5	5	5	0	5	0	39	5	4	3	2	5	5	5	5	5	10	5	5
天然草地	30	3	5	4	3	4	5	5	5	0	3	2	0	0	2	0	0	0	3	0	22	3	2	3	3	3	5	5	5	5	6	3	3
沼泽和石楠	30	2	4	4	4	4	5	4	10	2	2	0	0	0	1	0	2	5	3	0	20	4	3	2	2	2	5	3	4	2	10	5	5
硬叶植被	21	2	3	2	2	3	4	2	8	2	0	0	0	0	0	2	2	2	3	0	7	2	2	1	1	2	5	0	0	2	6	2	4
过渡性森林灌丛	21	2	3	2	2	3	4	4	5	0	0	0	0	0	2	2	2	2	3	0	3	1	3	0	1	0	5	0	0	0	4	2	2
海滩沙丘和沙平原	10	3	3	1	1	1	0	1	0	0	0	0	0	0	0	0	0	0	0	0	6	0	0	5	0	0	0	0	0	0	7	5	2
裸岩	6	2	0	0	0	1	0	0	0	0	0	0	0	0	0	0	0	0	0	0	3	3	0	1	0	0	0	0	0	0	4	4	0
稀疏植被	9	2	2	1	0	0	1	1	5	0	0	0	0	0	0	0	0	0	0	0	3	0	0	0	1	0	0	0	0	0	0	0	0
火烧地	6	2	1	0	1	0	0	0	0	0	0	0	0	0	0	0	0	0	0	0	1	0	0	0	0	0	0	0	0	0	0	0	0
冰川和积雪	3	2	0	0	0	0	0	0	0	0	0	0	0	0	0	0	0	0	0	5	10	3	3	0	4	0	0	0	0	0	5	5	0
内陆沼泽	25	3	3	4	3	4	4	5	7	2	2	0	0	0	0	0	0	5	0	5	14	2	2	4	2	0	0	4	0	0	5	4	0
泥炭沼泽	29	3	3	4	3	4	5	5	5	0	0	5	0	0	0	0	0	0	0	0	24	4	5	3	3	0	0	3	4	2	8	4	4
盐沼	23	2	2	4	3	3	3	5	5	2	2	0	0	0	0	0	0	5	0	0	8	1	1	5	0	0	0	2	0	0	3	3	0
盐土地	2	1	1	0	0	0	0	0	0	0	0	0	0	0	0	0	0	0	0	0	2	2	0	0	0	0	0	0	0	0	2	2	0

第四章 | 土地利用/土地覆被变化与生态系统服务

续表

土地利用/土地覆被类型	生态完整性	非生物异质性	生物多样性	生物水流	代谢效率	烟值捕获(辐射)	营养损失减少	储存容量(土壤有机质)	供给服务	农作物	牲畜	饲料	水产捕捞	水产养殖	野生食物	木材	薪柴	能量(生物量)	生物医药	淡水	调节服务	局地气候调节	全球气候调节	洪水防护	地下水补给	空气质量调节	侵蚀调节	营养调节	水净化	传粉	文化服务	娱乐美学价值	多样性内在价值
潮滩	13	2	3	0	2	1	4	1	0	0	0	0	0	0	0	0	0	0	0	0	7	1	1	5	0	0	0	1	0	0	4	4	0
水道	18	4	4	0	3	3	3	1	12	0	0	0	3	0	4	0	0	0	0	5	10	1	0	2	1	0	0	3	3	0	10	5	5
水体	23	4	4	0	4	4	3	4	12	0	0	0	3	0	4	0	0	0	0	5	7	2	1	1	2	0	0	1	0	0	9	5	4
海岸潟湖	25	4	4	0	5	5	3	4	16	0	0	0	4	5	4	0	0	3	0	0	5	1	0	4	0	0	0	0	0	0	9	5	4
河口	21	3	3	0	5	5	3	2	17	0	0	0	5	5	5	0	0	0	0	0	9	0	0	3	0	0	0	3	2	0	7	4	3
海洋	15	2	2	0	3	3	4	1	11	0	0	1	5	5	0	0	0	0	0	0	13	3	5	0	0	0	0	5	0	0	6	4	2

注:0 代表土地覆被类型没有提供特定生态系统服务的相关能力,1 代表低相关能力,2 代表一般相关能力,3 代表中等相关能力,4 代表高相关能力,5 代表极高相关能力

表 4-3　土地利用/土地覆被类型与生态系统服务消费需求的关系矩阵（Burkhard et al., 2012）

土地利用/土地覆被类型	供给服务											调节服务									文化服务	
	农作物	牲畜	饲料	水产捕捞	水产养殖	野生食物	木材	薪柴	能量	生物医药	淡水	局地气候调节	全球气候调节	洪水防护	地下水补给	空气质量调节	侵蚀调节	营养调节	水净化	传粉	娱乐美学价值	多样性内在价值
连续城市结构	5	5	1	5	5	5	3	2	5	5	5	5	3	4	5	5	1	1	1	3	4	2
不连续城市结构	4	4	2	4	4	4	3	3	4	5	5	5	3	5	5	5	1	2	2	4	4	3
工业或商业单元	5	5	5	4	4	4	5	5	5	5	5	1	5	4	5	5	1	3	3	4	1	1
公路和铁路网络	0	0	0	0	0	0	2	0	4	0	1	2	4	4	1	4	3	0	0	1	2	0
港口区	2	2	2	2	1	5	2	5	1	3	2	3	5	2	2	4	0	3	1	0	2	1
机场	2	2	0	1	1	1	0	5	1	3	0	2	5	1	1	4	1	1	2	0	1	0
采矿地	0	0	0	0	0	0	2	0	3	0	2	0	0	2	4	0	4	0	0	0	0	0
垃圾场	0	0	0	0	0	0	0	0	0	0	0	0	0	2	2	0	3	0	0	0	0	0
建筑地	0	0	0	0	0	0	4	0	4	0	2	2	0	2	0	1	2	2	0	0	0	0
城市绿地	1	1	0	0	0	0	0	0	1	0	2	2	0	0	1	1	0	0	0	0	4	1
体育和休闲设施	2	2	1	2	2	2	1	1	3	3	3	2	0	0	2	3	0	0	1	0	3	0
非灌溉耕地	1	0	0	0	0	0	0	1	1	0	2	2	2	0	1	2	3	0	3	0	0	0
永久灌溉耕地	1	0	0	0	0	0	0	2	1	5	2	2	2	5	1	2	3	5	3	0	0	0
稻田	1	0	0	0	0	0	0	2	1	5	3	4	5	5	1	2	3	5	1	0	0	0
葡萄园	1	0	0	0	0	0	1	0	2	2	4	5	2	0	3	1	5	3	4	2	0	0
果园	1	0	0	0	0	0	0	2	2	3	2	1	0	3	1	1	3	2	5	0	0	0
橄榄园	1	0	0	0	0	0	0	1	2	1	2	1	0	1	1	0	1	2	2	5	0	0
牧场	0	1	3	0	0	0	0	1	0	2	1	1	2	1	3	1	0	0	0	1	2	0	0
一年和多年农作物	1	0	0	0	0	0	0	2	1	1	1	1	1	1	1	1	1	5	2	2	0	0
复合种植形式	1	0	0	0	0	0	0	2	1	1	1	1	1	1	1	1	1	5	2	3	0	0
农业和自然植被	1	0	0	0	0	0	0	2	1	2	1	2	0	1	1	1	3	2	2	0	0	0
农林区	1	0	0	0	0	0	1	2	1	1	1	1	0	1	1	0	3	2	0	0	0	0
阔叶林	0	0	0	0	0	1	1	1	0	0	0	0	0	0	0	0	0	0	0	0	0	0

第四章 | 土地利用/土地覆被变化与生态系统服务

续表

土地利用/土地覆被类型	供给服务	农作物	牲畜	饲料	水产捕捞	水产养殖	野生食物	木材	薪柴	能量	生物医药	淡水	调节服务	局地气候调节	全球气候调节	洪水防护	地下水补给	空气质量调节	侵蚀调节	营养调节	水净化	传粉	文化服务	娱乐美学价值	多样性内在价值
针叶林		0	0	0	0	0	1	1	1	0	0	0		0	0	0	0	0	0	0	0	0		0	0
混交林		0	0	0	0	0	1	1	1	0	0	0		0	0	0	0	0	0	0	0	0		0	0
天然草地		0	0	0	0	0	0	0	0	0	0	0		0	0	0	0	0	0	0	0	0		0	0
沼泽和石楠		0	0	0	0	0	0	0	0	0	0	0		0	0	0	0	0	0	0	0	0		0	0
硬叶植被		0	0	0	0	0	0	0	0	0	0	0		0	0	0	0	0	0	0	0	0		0	0
过渡性森林灌丛		0	0	0	0	0	0	0	0	0	0	0		0	0	0	0	0	0	0	0	0		0	0
海滩、沙丘和沙平原		0	0	0	0	0	0	0	0	0	0	0		0	0	0	0	0	0	0	0	0		1	1
裸岩		0	0	0	0	0	0	0	0	0	0	0		0	0	0	0	0	0	0	0	0		0	0
稀树植被		0	0	0	0	0	0	0	0	0	0	0		0	0	0	0	0	0	0	0	0		0	0
火烧地		0	0	0	0	0	0	0	0	0	0	0		0	0	0	0	0	0	0	0	0		0	0
冰川和积雪		0	0	0	0	0	0	0	0	0	0	0		0	0	0	0	0	0	0	0	0		0	0
内陆沼泽		0	0	0	0	0	0	0	0	0	0	0		0	0	0	0	0	0	0	0	0		0	0
泥炭沼泽		0	0	0	0	0	0	0	0	0	0	0		0	0	0	0	0	0	0	0	0		2	0
盐沼		0	0	0	0	0	0	0	0	0	0	0		0	0	0	0	0	0	0	0	0		0	0
盐土地		0	0	0	0	0	0	0	0	0	0	0		0	0	0	0	0	0	0	0	0		0	0
潮滩		0	0	0	0	0	0	0	0	0	0	0		0	0	0	0	0	0	0	0	0		0	0
水道		0	0	0	1	0	0	0	0	0	0	0		0	0	0	0	0	0	0	0	0		0	0
水体		0	0	0	0	0	0	0	0	0	0	0		0	0	0	0	0	0	0	0	0		0	0
海岸潟湖		0	0	0	1	0	0	0	0	0	0	0		0	0	0	0	0	0	0	0	0		0	0
河口		0	0	0	1	0	0	0	0	0	0	0		0	0	0	0	0	0	0	0	0		0	0
海洋		0	0	0	1	0	0	0	0	0	0	0		0	0	0	0	0	0	0	0	0		0	0

注：0 表示土地利用类型与特定生态系统服务的需求不相关；1 表示低相关；2 表示一般相关；3 表示中等相关；4 表示高相关；5 表示极高相关

表 4-4 土地利用/土地覆被类型与生态系统服务供需平衡的关系矩阵（Burkhard et al.，2012）

土地利用/土地覆被类型	供给服务	农作物	牲畜	饲料	水产捕捞	水产养殖	野生食物	木材	薪柴	能量	生物医药	淡水	调节服务	局地气候调节	全球气候调节	洪水防护	地下水补给	空气质量调节	侵蚀调节	营养调节	水净化	传粉	文化服务	娱乐美学价值	多样性内在价值
连续城市结构		-5	-5	-1	-5	-5	-5	-3	-2	-4	-5	-5		-5	-3	-4	-5	-5	-1	-1	-1	-3		-4	-2

续表

土地利用/土地覆被类型	供给服务												调节服务									文化服务	
	农作物	牲畜	饲料	水产捕捞	水产养殖	野生食物	木材	薪柴	能量	生物医药	淡水		局地气候调节	全球气候调节	洪水防护	地下水补给	空气质量调节	侵蚀调节	营养调节	水净化	传粉	娱乐美学价值	多样性内在价值
不连续城市结构	-3	-4	-1	-4	-4	-3	-3	-3	-3	-5	-5		-5	-3	-5	-5	-5	-1	-2	-2	-4	-4	-3
工业或商业单元	-5	-5	-5	-4	-4	-4	-5	-5	-4	-5	-5		-1	-5	-4	-5	-5	-1	-3	-3	-4	-1	-1
公路和铁路网络						-2		-4			-1		-2	-4	-4	-1	-4	-3			-1	-2	
港口区	-2	-2	-2	-2	-2	-1	-5		-5	-1	-3			-2	-3	-2	-2	-4			-3	-1	-1
机场	-2	-2	1	-1	-1	-1		-5	-1	-3			-2	-5	-1		-4	-1	-2			-1	
采矿地						-2			2	-2						-2	-4		-4				
垃圾场									0					-2		-2			-3		-2		
建筑地						-4			-4		-2			-2			-1	-2	-2				
城市绿地	-1	-1				1			1	-1	-2		0	1		1	0	2	1	1		-1	-1
体育和休闲设施	-2	-2	-1	-2	-2	-2	-1	-1	-3	-3	-3		-1	1		0	-2	1	1	0	1	2	
非灌溉耕地	4	5	5						1	0			0	-1	-1	1	-1	-2	-3		-3	1	
永久灌溉耕地	4	5	2						-1	0	-5		1	-1	-1	-5	-1	-2	-3	-5	-3		
稻田	4		2						-2	-1	-5		-1	-4	-5	-3	-1	-5	-3	-5	-1	1	
葡萄园	3					-1		1	-1	-2	-4		-4	-1	-2		-1	-5	-3	-4	-3	5	
果园	4					3	4		-1	-2	-3		0	1	2	-1	1	1	-2	-1	0	5	
橄榄园	3					4	4		-1	0			1	0		0	0	1	-1	-1	-2	5	
牧场		4	2				-1		0	-2			0	-2	0	1		4	-1	-2		3	
一年和多年农作物	4	5	5						1	0			1	0	0	0	0	0	0	-5	-2	1	
复合种植形式	3	0	3						-1	1			1					-1	-5	-2	-3	2	
农业和自然植被	2	3	2			3	3	0	0				2	0	1	1	0	2	-3	-2		2	3
农林区	2	3	2				3	3	1	-1	-2		1	0	1	0	0	2				3	
阔叶林			1			4	4	4	1	5			5	4	3	2	5	5	5	5	5	5	5
针叶林			1			4	4	4	1	5			5	4	3	2	5	5	5	5	5	5	5
混交林			1			4	4	4	1	5			5	4	3	2	5	5	5	5	5	5	5

土地利用/土地覆被类型	供给服务	农作物	牲畜	饲料	水产捕捞	水产养殖	野生食物	木材	薪柴	能量	生物医药	淡水	调节服务	局地气候调节	全球气候调节	洪水防护	地下水补给	空气质量调节	侵蚀调节	营养调节	水净化	传粉	文化服务	娱乐美学价值	多样性内在价值
天然草地			3				2							2	3	1	1		5	5	5			3	3
沼泽和石楠			2				1	2	2					4	3	2	2			3	4	2		5	5
过渡性森林灌丛			2				1	2	1					1								2		2	2
硬叶植被			2				1	2		3				2	1	1	1					2		2	4
海滩、沙丘和沙平原											1						5	1						4	1
裸岩																	1	1		1				4	
稀树植被																	1		1	1					
火烧地																	1								
冰川和积雪												5		3	3			4						5	
内陆沼泽			2	5										2	2	4	2			4					
泥炭沼泽									2					4	5	3	3			3	4	2		4	4
盐沼			2											1		5				2				3	
盐土地														2										2	
潮滩												1		1		5				1				4	
水道					2	4		3				5		1		2	1			3	3			5	5
水体					2	4						5		2	1	1	2							5	4
海岸潟湖					3	5					1													5	4
河口					4	5	4				2						3			3	3			4	3
海洋				1	4	5		3						3	5					5				4	2

注：正值表示某种土地覆被类型的生态系统服务供给大于需求；负值表示供给小于需求；0表示供给等于需求；空值表示该种土地覆被类型既没有相关的生态系统服务供给，也没有相关的生态系统服务需求。

到目前为止，该案例成功地应用到几个相似的评价工作中，分别是在德国南部SchwäbischeAlb 地区建立生物圈保护区，在芬兰北部地区造林和饲养驯鹿，在德国北海建设离岸风公园，以及评价旅游对德国叙尔特岛的影响等。

在应用这一案例成果时，首先需要从整个 CORINE 案例中的 44 种土地利用/土地覆被类型中挑选出针对应用项目所需的土地利用/土地覆被类型；其次对 29 种生态系统服务类型进行相关对照，挑选出应用案例中土地利用/土地覆被类型所提供的生态系统服务，并进行一一检查。显然，已有的生态系统服务列表必须不断经过个案完善和补充。例如，驯鹿肉的供给服务一定与芬兰北部地区的生态系统功能高度相关，可以用于丰富已有的生态系统服务列表。

四、基于 LUCC 的生态系统服务权衡分析案例

人类需求的急剧扩张与生态系统服务可持续供应食物、维持淡水和森林资源、调节大气和空气质量、降低传染病滋生与传播等能力的下降，使得人类社会必须面对权衡需求和维持生态系统长期提供产品和服务能力的挑战（Foley et al., 2005）。针对目前生态系统和土地利用管理中存在的问题，许多科学家、决策者和土地所有者进行了有益的探索。已有的研究案例表明，通过采取有效的生态系统和土地利用管理策略和技术手段，可以形成生态、社会和经济效益兼顾的共赢效果。Bohensky 等（2006）认为，情景规划是决策者交流和制订方案的强有力工具，尤其是在针对具体问题时，情景规划的作用更为明显。在南非奥兰治流域，模拟了 4 种不同情境下，相应土地政策和经济发展策略影响未来的土地利用方向。通过美国俄勒冈州威拉米特盆地案例分析，也说明了情景规划可以为决策者提供更好的科学依据（Nelson, 2009）。在已有的基于 LUCC 的权衡与协同研究案例中，绝大部分是通过制定情景分析来完成的。

（一）南非奥兰治流域生态系统服务之间关系研究

1. 情景制定与类型区确定

Bohensky 和 Lynam（2005）依据社会、经济和社会等因素制定出市场压力、政策改革、堡垒世界和当地资源 4 种情景，并区分了 4 种情景的关键驱动力（表4-6）。为了显示出流域内部的地域差异，根据生物物理特性和社会经济特征定义了四种不同类型区：①城区：在奥兰治流域的豪登省分布密集，大量生态系统服务主要依靠城区周围地区供给。②谷物基地：平地农业生产区或水资源丰富的丘陵地带。③人口稠密区：大部分农村和贫穷的大鱼河（Great Fish River）地区。④干旱的西部地区：降雨少，人口稀少，大部分为贫穷的乡村，有许多采矿作业区。

表 4-5　区分 4 种情景的关键驱动力（Bohensky and Lynam, 2005）

驱动力	市场压力	政策改革	堡垒世界	当地资源
政治、经济和社会环境				
政府结构	+	++	−	−
社会力量	−	+	−	+
经济增长	++	+	−	−
财富分配	−	+	−	−

续表

驱动力	市场压力	政策改革	堡垒世界	当地资源
社会和环境政策	–	+	–	–
HIV 管理	+	++	–	–
人口趋势				
出生率	中等	低	高	高
死亡率	中等	低	高	高
城镇化	增加	增加	增加	不变

注：++，异常强烈；+，强烈；–，微弱或不存在

2. 服务之间的权衡分析

权衡分析采用一种交互式研究方法，要求使用者在调查问卷中对当前条件下每个情景的生态系统服务和人类福祉的方向和大小画箭头。使用者之间通过与生态系统服务的关系密切程度和其在服务利用中的地位竞争达成一致，并通过地区特点权衡选择发展方向。最终权衡结果形成雷达图（图4-10）。从中可以看出，不同地区在不同的情景条件下，生态系统服务之间的关系变化较大。在市场压力情景下，四个地区的矿物资源和能源资源的服务得到充分发挥，在西部和谷物基地，食物消费能力也较强，而淡水资源和生物多样性维持功能受到抑制。从整体来看，在政策改革情景下，矿物资源、能源资源、淡水资源和食物、生物多样性维持服务比较平衡，只是在干旱的西部，食物消费功能受到一些抑制。在堡垒世界情景下，4种服务之间的消长关系比较复杂。在干旱的西部地区，矿物资源消费服务得到增强，而淡水资源消费服务下降显著。在大鱼河地区，各种服务减少均很明显，尤其是食物供给和生物多样性维持服务下降剧烈。在城区，矿物资源消费得到增加，其他服务受到抑制，特别是淡水资源和食物、生物多样性维持服务下降十分剧烈。在谷物基地，仅有矿物资源服务缓慢上升，能源资源服务变化不大，其他服务均有下降。在当地资源情景下，服务之间的消长关系也呈现出一定的区域异质性。在干旱的西部地区，仅有矿物资源服务缓慢上升，其他服务均有不同程度的下降。在大鱼河地区，矿物资源服务缓慢上升，能源资源服务变化较小，其他服务均有下降，食物产品服务下降最为剧烈。在城区，服务之间的消长关系与大鱼河地区基本相似，不过淡水资源、食物以及生物多样性服务下降都较显著。在谷物基地，除了矿物资源服务缓慢增长外，其他服务变化不大，生物多样性服务有一些下降。

(二) 俄勒冈州威拉米特盆地生态系统服务之间关系研究

1. 情景制定

Nelson 等（2009）以美国俄勒冈州威拉米特盆地为案例区，利用 InVEST 软件分析研究区在不同土地利用/土地覆被情景下，生态系统服务供给的空间结构与格局变化，并以

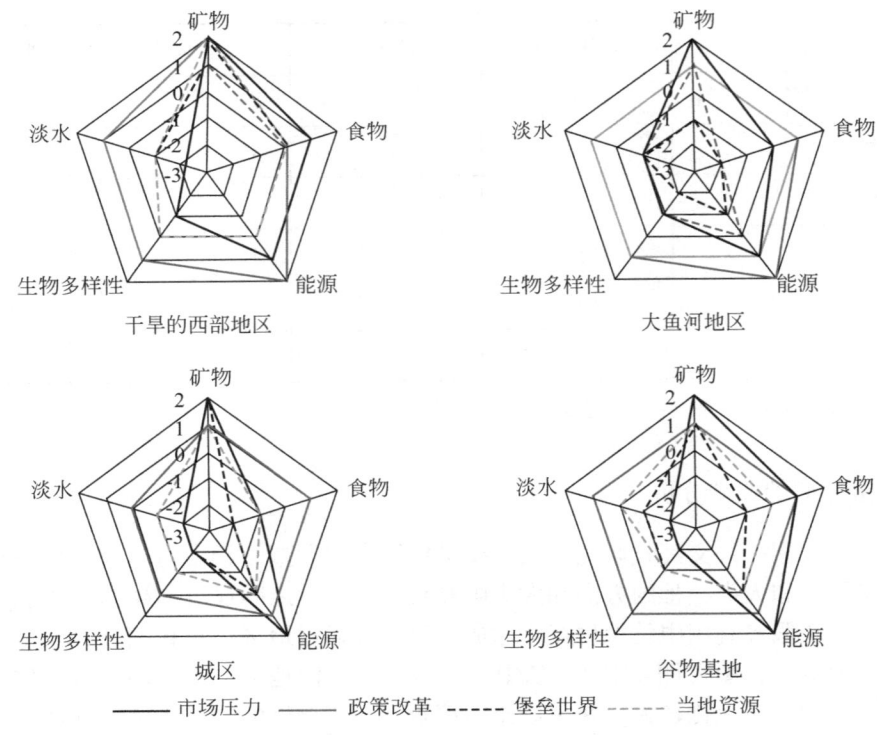

图 4-10 2000~2030 年 4 种情景下生态系统服务的变化
急剧上升（+2），缓慢上升（+1），没有变化（0），少量减少（-1），急剧下降（-2）

此来权衡该地区的生态系统服务，并对其进行优化选择。3 种情景假定威拉米特盆地的人口将从 1990 年的 200 万增加到 2050 年的 390 万。各情景名称及其内涵如下：

（1）规划情景："未来的期望景观，当前的政策应继续执行并延续最近的趋势"。

（2）发展情景："当前的政策放宽，允许市场力量自由控制景观的各个组分，但是依然处在利益相关者认为合理的范围之内"。

（3）保护情景：更多地强调对于生态系统的保护和恢复；然而，与发展情景一起，该模型也依然反映的是"由利益相关者定义的生态、社会与经济因素的合理平衡"。

2. 服务之间的权衡分析

利用 InVEST 软件可以计算出 3 种模拟情景下各种生态系统服务的空间格局及其变化趋势（图 4-11）。从中可以看出，在 3 种土地利用/土地覆被变化情景中，保护情景在生态系统服务和生物多样性保护方面产生的价值最高（或损失最小）。在保护情景之下，碳储存、水质净化和土壤保持服务得分显著增加。在规划情景和发展情景下，碳储存服务具有小幅增加。主要是因为在两种情景下，住宅开发与木材生产导致在喀斯喀特山脉低海拔地区碳储存的减少。同时在规划情景与发展情景下，水质净化与潜在土壤保持服务仅有微小变化，而保护情境下盆地底部的农田被森林、草原等其他土地利用方式代替，水质净化与潜在土壤保持服务相对提高明显。

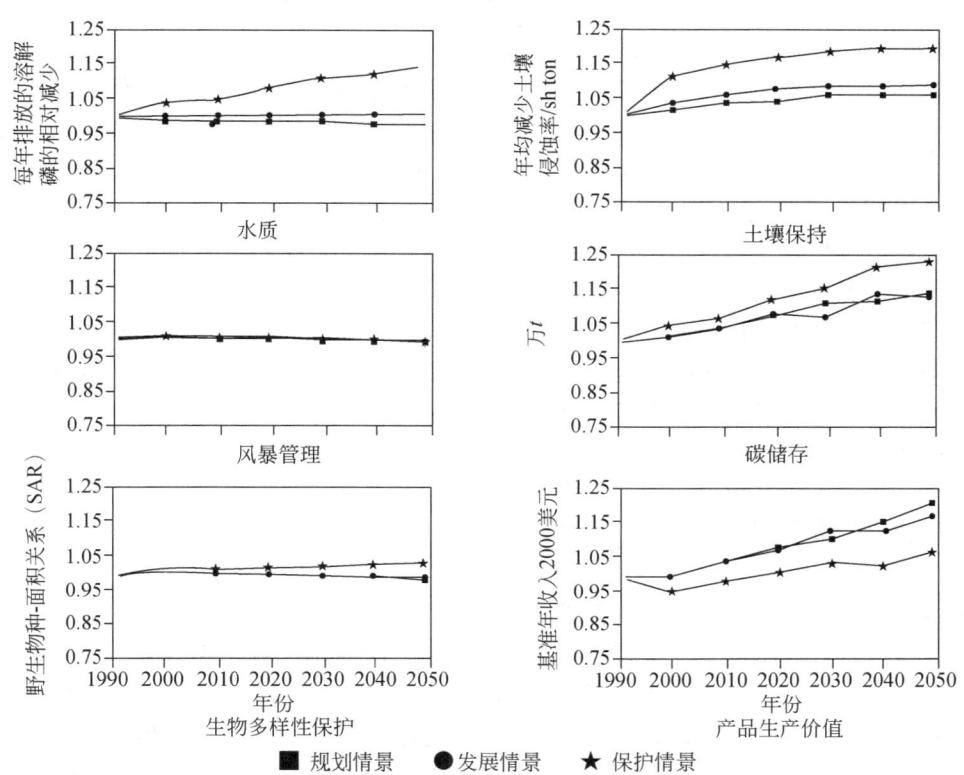

图 4-11　3 种土地利用/土地覆被变化情景中景观尺度上的生态系统服务、生物多样性保护和商品生产价值的趋势，所有得分参照 1990 年的水平进行了标准化（Nelson et al.，2009）

1 shton = 907.18474kg

3 种情景中的生物多样性保护得分随时间推移没有太大变化。相对而言，在保护情景下呈现小幅上升，但在规划情景和发展情景下又呈现略微下降。

生态系统所产生的商品综合市场价值是唯一在保护情景下没有超过规划情景与发展情景的指标。受到住宅开发与高强度木材收获的影响，在规划情景与发展情景之下许多地区的商品生产的市场价值上升显著（Baker et al.，2004）。

第二节　LUCC 对生态系统服务脆弱性的影响

生态系统为人类社会提供大量而重要的服务如食物、纤维、水资源和娱乐休憩等，对人类福祉具有重要支撑作用。生态系统服务是一个动态变化过程，未来服务的态势取决于社会经济的发展、土地利用方式的改变以及全球气候变化等因素。人类活动对全球自然环境和生态系统影响不断加剧，预计在未来数十年内还会加速（IPCC，2001a，b，c）。经过科学家的多年研究，一些变化表象已经被证实。例如，热带地区森林面积不断减少（Geist and Lambin，2002），许多物种面临着绝灭风险（Thomas et al.，2004），大气中温室气体不断增加导致全球气候变暖（IPCC，2001a，b，c）等。环境与生态系统的这些变化很大程度上会对生物多样性、生计方式和人类健康与福祉等带来强烈影响（Watson et al.，2000；UNEP，2002）。此外，不断增长的全球人口以及人均食物和能源消费的增加，将会刺激社会生产过程，由此带来的环境污染对生态系统功能与服务构成直接威胁。例如，持续向大气中排放污染物，导致氮沉降增加和水体的富营养化过程加剧等（Galloway，2001；Alcamo，2002）。在全球环境变化的诸多因素中，土地利用/土地覆被变化被认为是人类活动引发生态系统服务改变的关键因子（Turner et al.，1997；Lambin et al.，2001）。例如，快速城市化过程导致城镇聚落迅速扩张，技术进步引发农业生产方式变革，新的消费需求刺激土地利用类型向消遣和休憩活动用地转换。快速而深刻的土地利用/土地覆被变化直接影响了生态系统服务供给能力和数量，如食物与木材生产、气候调节、营养物质循环和文化价值认同等（Daily，1997；MA，2003；Reid et al.，2005）。由此看来，生态系统服务对外界扰动响应较为敏感，具有较大的脆弱性。从政策角度看，对土地利用/土地覆被变化引起的生态系统服务脆弱性进行定量测度，有利于土地生态系统的持续利用与管理。

一、生态系统服务脆弱性的概念

脆弱性在不同的学科有不同的含义和解释。在自然灾害研究领域，脆弱性被认为是系统由于灾害等不利影响而遭受损害的程度或可能性，侧重研究单一扰动所产生的多重影响（Cutter，1993）。在气候变化研究领域，IPCC（2001，2007）的脆弱性定义得到广泛应用，其定义是："系统易受或没有能力应对气候变化的扰动，包括变率和极端事件而产生不利影响的程度，是气候变异特征、变化幅度和速率以及系统的敏感性和适应能力的函数"。从发展趋势上看，脆弱性概念内涵呈现逐步扩展的变化趋势，即从单纯针对自然系统的固有（天然）脆弱性逐渐演化为针对自然和社会系统的意义更为广泛的综合概念；对脆弱性的关注由以环境为中心，注重自然环境导致的脆弱性评价发展到以人为中心，注重人在脆弱性形成以及降低脆弱性中的作用；由仅仅消极或被动地面对和评价自然或者社会所受到的伤害，变为把人的主动适应性作为脆弱性评价的核心问题（方修琦和殷培红，2007）。

关于生态系统服务脆弱性的概念，千年生态系统评估（2003）从生态系统服务可持续的供给能力角度表现，并且把它作为人类福祉的一个指标。这与 Luers（2003）在墨西哥农民受气候灾害与市场波动影响导致小麦产量下降中的研究中保持同样的观点。Merzger等通过分析 IPCC 关于气候变化脆弱性的定义及其内涵（表4-6），认为脆弱性是暴露度、敏感性和适应能力的函数，潜在影响是暴露度和敏感性的函数。因此，脆弱性是潜在影响和适应能力的函数。

$$V(\text{es}, x, s, t) = f(E(\text{es}, x, s, t), S(\text{es}, x, s, t), AC(\text{es}, x, s, t))$$
$$PI(\text{es}, x, s, t) = f(E(\text{es}, x, s, t), S(\text{es}, x, s, t))$$
$$V(\text{es}, x, s, t) = f(PI(\text{es}, x, s, t), AC(\text{es}, x, s, t))$$

式中，V 是脆弱性；E 是暴露度；S 是敏感性；AC 是适应能力；PI 是潜在影响；es 是生态系统服务；x 是格网单元；s 是情景；t 是时间段。

表 4-6 与脆弱性相关的重要术语定义（以农业部门为例）（IPCC，2001b，2007）

术语	基于 IPCC 第三次评估报告的 ATEAM 定义	农业举例
暴露度（E）	生态系统暴露于环境变化的性质和程度	土地荒废，气候压力增加，需求减少
敏感性（S）	指某个系统受气候变率或气候变化影响的程度，包括不利的和有利的影响。影响可能是直接的或间接的	农业生态系统，人群和景观受到环境变化的影响
潜在影响（PI）	不考虑适应，某一预估的环境变化所产生的全部影响	农业用地减少
适应能力（AC）	某个国家或区域采取有效适应措施所需的能力、资源和机构的总和	采取更好的农业管理方式和技术的能力
脆弱性（V）	某个系统易受到环境变化的不利影响，如气候变率和极端气候事件，但却无能力应对不利影响的程度。其随一个系统面临的全球环境变化和变异的特征、幅度和速率、敏感性及其适应能力而变化	由于农业用地面积减少带来的产量损失可能性的增加，并且不能够通过转换来保存现金和高质量作物
计划适应	在意识到条件已经发生或即将发生改变，需要采取行动回到、保持或达到理想状态时，做出的政策	未来决定更好的农业管理方式和技术
剩余影响	采取适应措施后，变化仍将产生的影响	土地荒废，集约化

与生态系统结构与功能的脆弱性相比，生态系统服务脆弱性的影响因素更加复杂。除了包括气候变化在内的环境变化外，社会经济因素对服务脆弱性也有重要影响，因为生态系统服务是自然生态系统与社会经济系统综合作用而形成的。与气候变化引起的生态系统服务脆弱性相比，人类活动引发的土地利用/覆被变化对脆弱性的影响更加直接和显著，在评价时应当予以充分考虑。

二、生态系统服务脆弱性评价

从脆弱性定义可以看出脆弱性是潜在影响和适应能力的函数。因此，在应用中可以将潜在影响和适应能力结合进行生态系统服务脆弱性评价。

（一）潜在影响估算

潜在影响是在不考虑适应因素，给定的环境变化下可能产生的影响。Metzger 等（2006）在进行欧洲生态系统服务脆弱性评估时，用参照值来测度生态系统服务的供给状态，并基于此进行潜在影响分级。由于任何参照值都难免带有主观性，为了进行比较，分级的一致性就显得尤为重要。Metzger 使用的参照值是一个环境量级中可以获得的最高生态系统服务的价值量。这一指标可以与由生态系统生产力增长的限制因子（Van Ittersum et al.，2003）定义的潜在产量相比较。生态系统服务供给分级值可由下式获得：

$$ES_{str}(es, x, s, t) = ES(es, x, s, t)/ES_{ref}(es, ens, s, t)$$

式中，ES_{str} 是分级的生态系统服务供给；ES 是生态系统服务供给；ES_{ref} 是可获得的最高生态系统服务价值；es 是生态系统服务；x 是格网单元；s 是情景；t 是时间段；ens 是某一环境量级。

对于给定的 ens 级中的每一个格网单元，通过计算模拟出的生态系统服务供给和区域可获得的最高生态系统服务价值（ES_{ref}）的比例，给出 0~1 量纲一的格网单元生态系统服务供给分级值。因此，对于每个生态系统服务指标、时间段和情景，ES_{ref} 是唯一的。而生态系统服务供给相对于环境增加的地区，潜在影响发生正向改变，反之亦然。因此 ES_{str} 的变化给出了潜在影响分级（PI_{str}）的一种测度，可以用来估算脆弱性：

$$PI_{str}(es, x, s, t) = ES_{str}(es, x, s, t) - ES_{str}(es, x, s, baseline)$$

式中，PI_{str} 是潜在影响分级；ES_{str} 是生态系统服务供给分级；es 是生态系统服务；x 是格网单元；s 是情景；t 是时间段；baseline 是基线年。

（二）适应能力估算

适应通常被理解为自然或人类系统对于实际或期望的环境变化做出的调整，以便减少危害或利用有利的机会。这里，适应能力反映的是执行适应措施的潜力，因此与人们主观适应或协同变化有关。对于生态系统服务脆弱性评估框架，估算现在与未来的适应能力应当是定量且空间直观的。Metzger 等认为，需要通过以下四步来获得适应能力指数：①利用基于指标的方法制定一个社会-经济框架；②使用回归模型估算指标的未来值；③使用模糊逻辑模型将指标的估计值进行综合；④利用不确定性和敏感性分析，对模糊逻辑模型进行有效性检验。一些学者首先选择社会公平、受教育程度、技术水平、基础设施、弹性和经济能力 6 个决定因素作为建构适应能力框架的基础（Schröter et al., 2003；Klein et al., 2005），然后对数据进行回归处理来估算指标在不同时间段（2000，2020，2050，2080）和每个 SRES 基线下的未来值。最终使用模糊逻辑来综合指标的估算值，得到适应能力指数（图 4-12）。

三、脆弱性评价在 ATEAM[①] 中的应用

（一）适应能力

将到 21 世纪末的四种不同情境 A1——（全球-经济）、A2（区域-经济）、B1（全球-环境）、B2（区域-环境）与现有发展情况相比较，欧洲不同国家和地区的适应全球变化影响的能力预计在 22 世纪将有所提高。针对 AC 指标的时间序列数据回归分析表明在国内生产总值（GDP）和指标间存在正相关关系。因此，假设的经济增长预计对于 AC 将会产生正面影响。当预计所有国家的经济都会增长时，当前适应能力较低的国家（如地中海各国）最有可能利用预计的财富增加来大幅提高大尺度的适应能力。在这些地区，财富增

---

① ATEAM 为欧洲高级陆地生态系统分析和建模计划

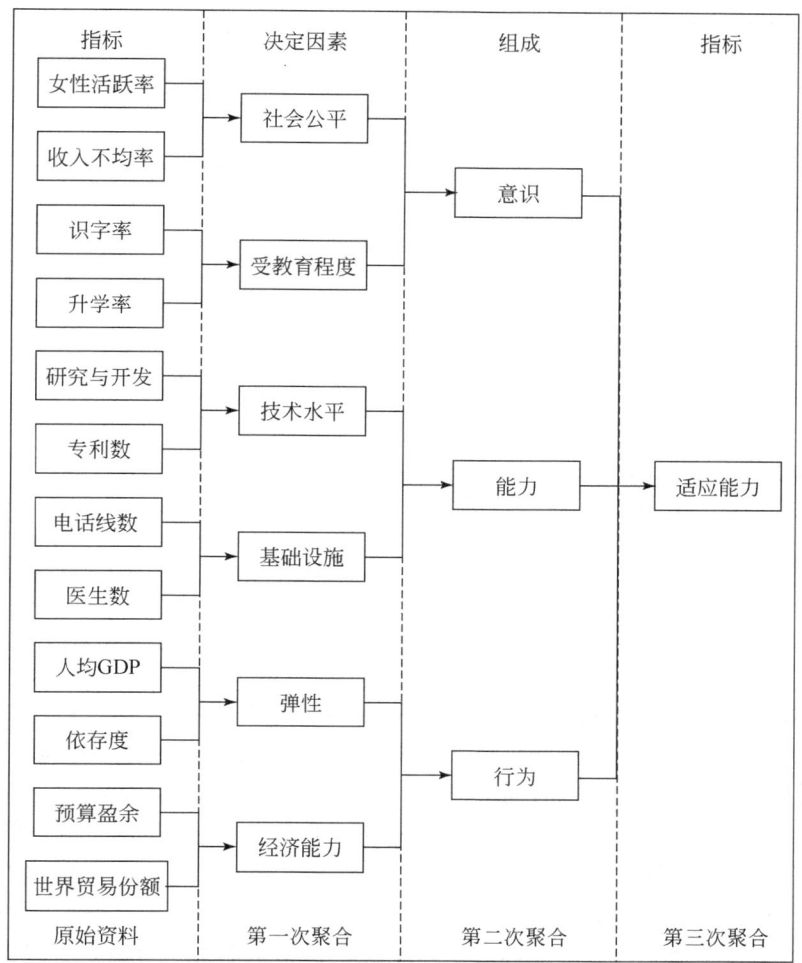

图 4-12 构建适应能力模型的指标体系（Metzger et al.，2006）

加预计将对 AC 的决定因素产生直接影响。已经具有较高 AC 的国家同样会从对于全球变化影响不断增长的认识中受益，但是程度较低。另外，人口减少的趋势会给弹性带来负面影响，进而影响到 AC。同时，整个欧洲 AC 间的差异将会趋同。然而，仍然存在很大的差别，北部区域的 AC 较高，而地中海各国的 AC 较低（图 4-13）。对于这些国家，与情景相关的发展路径有着很大的影响。A1（全球-经济）情景预计将导致 AC 最大程度的增加，而 B2（区域-环境）情景会导致较低的适应能力。

（二）潜在影响

与适应能力的分析方法相似，对四种不同情景 A1（全球-经济）、A2（区域-经济）、B1（全球-环境）、B2（区域-环境）潜在影响分级（PI_{str}）按照每个生态系统服务指标进行了总结。为了使解释变得更加容易，按照所有的值的范围，PI_{str} 被分成五类，类别包括极正面影响（$PI_{str} > 0.15$）、正面影响（PI_{str} 为 0.15 ~ 0.05）、中等影响（PI_{str} 为 0.05 ~

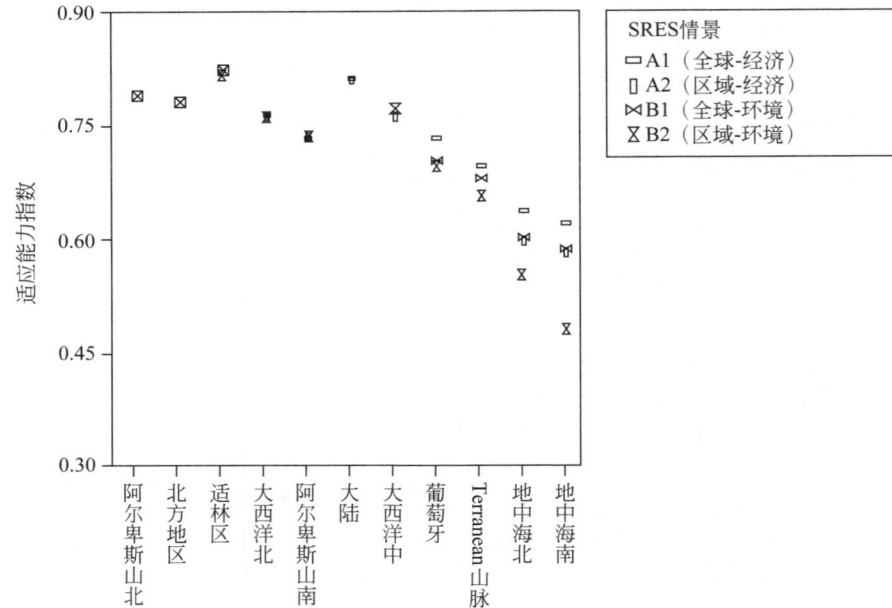

图4-13 2080年四个SRES基线下各欧洲环境区平均适应能力的散点图（Metzger et al.，2006）

-0.05）、负面影响（PI_{str}为-0.05～-0.15）和极负面影响（PI_{str}<-0.15），并对欧洲地区制作PI_{str}散点图（图4-14）。通过图4-13，可以进行以下3点工作：①比较对于不同生态系统服务指标的影响；②比较区域间的影响；③比较SRES情景的影响。这3个分析的结论可以应用于指导得出关于生态系统服务指标对于土地利用变化脆弱性的一般的结论。

对整个欧洲而言，地区粮食生产指标具有最大的负向PI_{str}得分。对于欧洲的大多数地区，能源生产和户外休憩的PI_{str}处于正向或极正向。对于其他生态系统服务指标，在欧洲不同地区的影响存在异质性。南部环境区存在具有较多负向PI_{str}的趋势，而地中海环境区具有很多"极正向"PI_{str}得分。同时也可以看出SRES情景对于PI_{str}具有强烈的影响。然而，PI_{str}的方向——正向或负向并没有受到情景的影响。高速经济发展（A1、A2情景）与剧烈的土地利用变化相关，比环境协调发展（B1、B2情景）带来更多的极端影响。在A1情景下，地中海北部和南部都面临着对于地区粮食生产、农民生计和纤维生产极负面的影响。

（三）脆弱性

针对主要的欧洲环境区的适应能力和潜在影响，进行了定量化的分析，并将这些图的结果相结合，可以获取关于生态系统服务对于土地利用变化的脆弱性一般性的结论，而不需要将PI和AC的相对贡献定量化。

事实上，在潜在影响和适应程度得到量化的基础上，将潜在影响分级（PI_{str}）和适应能力（AC）相结合。两个指标的综合还很困难，尤其是目前对于适应能力指标的理解有限。因此，Metzger等将PI_{str}和AC进行直观关联，通过脆弱性地图形象展示脆弱性的区域差异。为了进一步分析脆弱性构成的空间格局，将脆弱性组成、潜在影响变化和适应能力

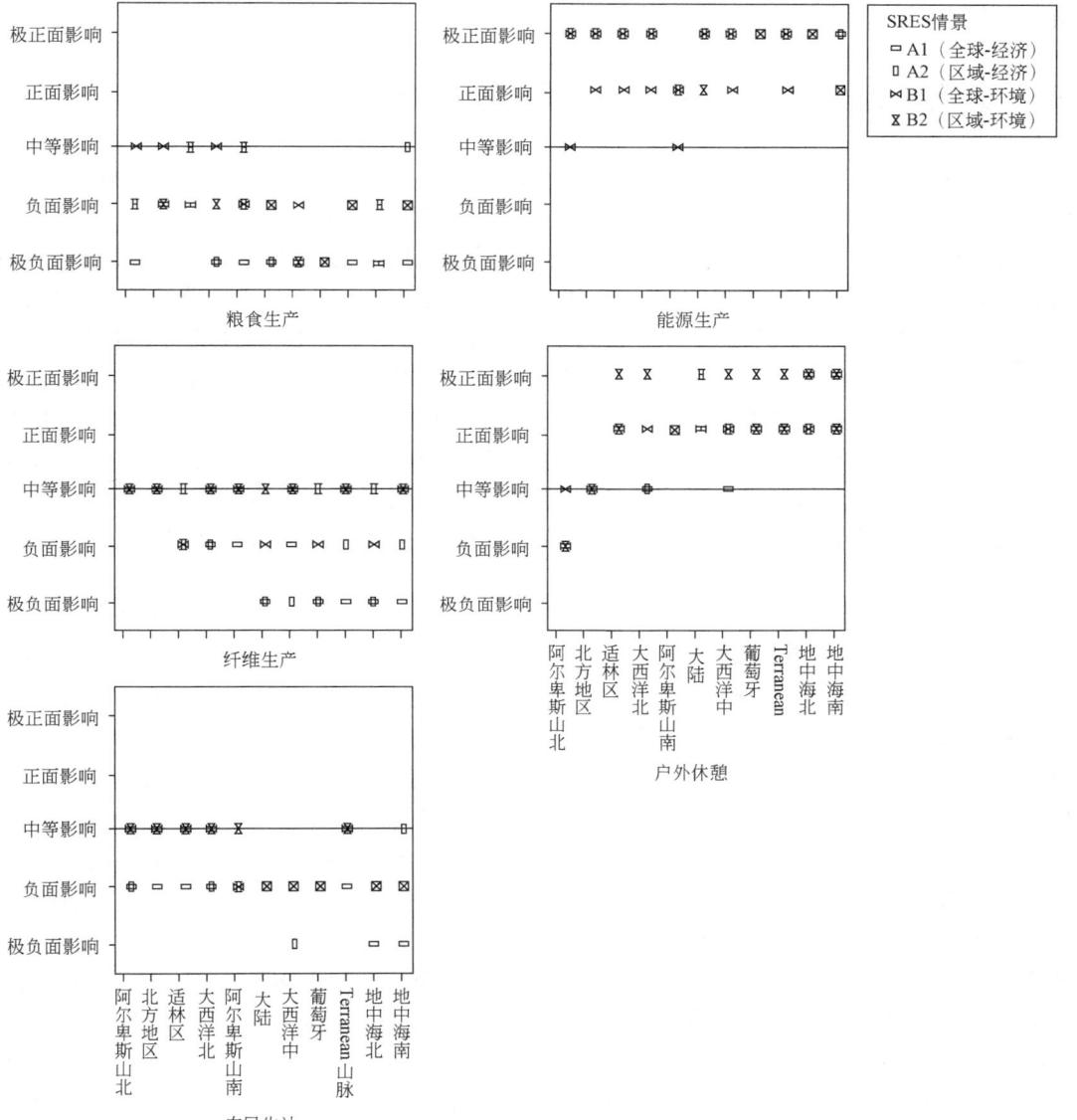

图 4-14　SRES 基线下每个环境区生态系统服务指标的潜在影响分级（PI_{str}）散点图（Metzger et al.，2006）

指数分别图示。脆弱性趋势与 PI_{str} 趋势相对应：当生态系统服务供给减少时，该地区依赖于特定生态系统服务的人类社会系统变得更加脆弱；与此相反，当生态系统服务供给增加时人类社会系统的脆弱性降低。适应能力的增加降低了脆弱性。在潜在影响变化相似的区域，AC 较高的区域比 AC 较低的区域脆弱性要低。当模拟的潜在影响保持不变时，潜在影响分级由于环境分级中生态系统供给最高值（ES_{ref}）的变化而增加或减少。因此，当环境发生变化，在潜在影响分级上会反映出来。潜在影响分级和和适应能力指数等指标的对应关系在 ATEAM 工作中得到应用，法国和西班牙农业区 AC 指标的指示意义得到凸显，由于较高的 AC 值，法国比西班牙的脆弱性要低，即法国农业区具有较高的对潜在影响做出响应的能力。

四、案例：京津冀地区生态系统服务脆弱性评价

刘金龙等（2013）基于 Metzger 提出的脆弱性评价公式，利用径向基函数网络测度了中国京津冀地区生态系统服务的脆弱性，并进行了脆弱性分级。

该项研究采用了 IGBP 基于 MODIS 遥感影像的 9 期土地覆被数据，并对数据进行重分类，获取了森林、草地、农田、湿地、水体、荒漠和城镇用地等 7 种土地覆被类型。对 7 种土地覆被类型赋值，得到气候调节、气体调节、水源涵养、土壤形成与保护、废物处理、生物多样性保护、食物生产、原材料和娱乐文化等共 9 项生态系统服务价值。将 2001～2009 年各项生态系统服务的变化率作为潜在影响（PI），而适应能力则考虑了居民的经济状况、居住环境、医疗条件、教育背景、对外沟通、家庭结构等因素，并最终选择了人均 GDP、人均公路里程、城乡居民人均储蓄存款年余额、在岗职工平均工资、农村居民人均纯收入、人均普通中学学校数、人均医院床位数和人均拥有本地电话数作为适应能力（AC）的评价指标。

广义回归神经网络（GRNN）是径向基网络的一种变化形式，具有训练速度快、非线性映射能力强等特点，经常用于函数逼近等领域研究中。径向基函数网络应用于生态与环境脆弱地区的生态风险评价等方面，被证明具有较高的准确性（黄秋昊和蔡运龙，2005）。此研究结合潜在影响与适应能力，得到京津冀地区生态系统服务的脆弱性评价结果（图 4-15）。研究区生态系统服务脆弱性格局表征为：东部环渤海地区滨海湿地生态系统脆弱性程度较低，东南平原地区农业生态系统与西北部山区森林生态系统次之，西部太行山地区森林灌丛生态系统脆弱性程度较高。基于 GIS 与径向基函数网络进行脆弱性评价的优势在于，可以通过选取较少的训练数据，对潜在影响和适应能力进行定量化和可视化表达，从而实现对整个区域的脆弱性分级（黄秋昊和蔡运龙，2005）。利用该方法不仅可以在空间上直观地比较潜在影响与适应能力两者之间的区域差异，还可以通过两者的不同组合类型综合判断脆弱性的高低。然而，正如作者所言，本研究假设未来的土地利用变化所导致的生态系统服务变化与 2001～2009 年的趋势一致，因此潜在影响的评价会受到研究时段的限制。随着研究时间段的变化，土地利用变化可能存在显著差异，进而会对潜在影响及脆弱性评估结果产生影响。另外，本研究仅得到脆弱性评价分级，而不是定量化的评价结果，这也是需要未来研究继续深入的一个方面。

第四章 土地利用/土地覆被变化与生态系统服务

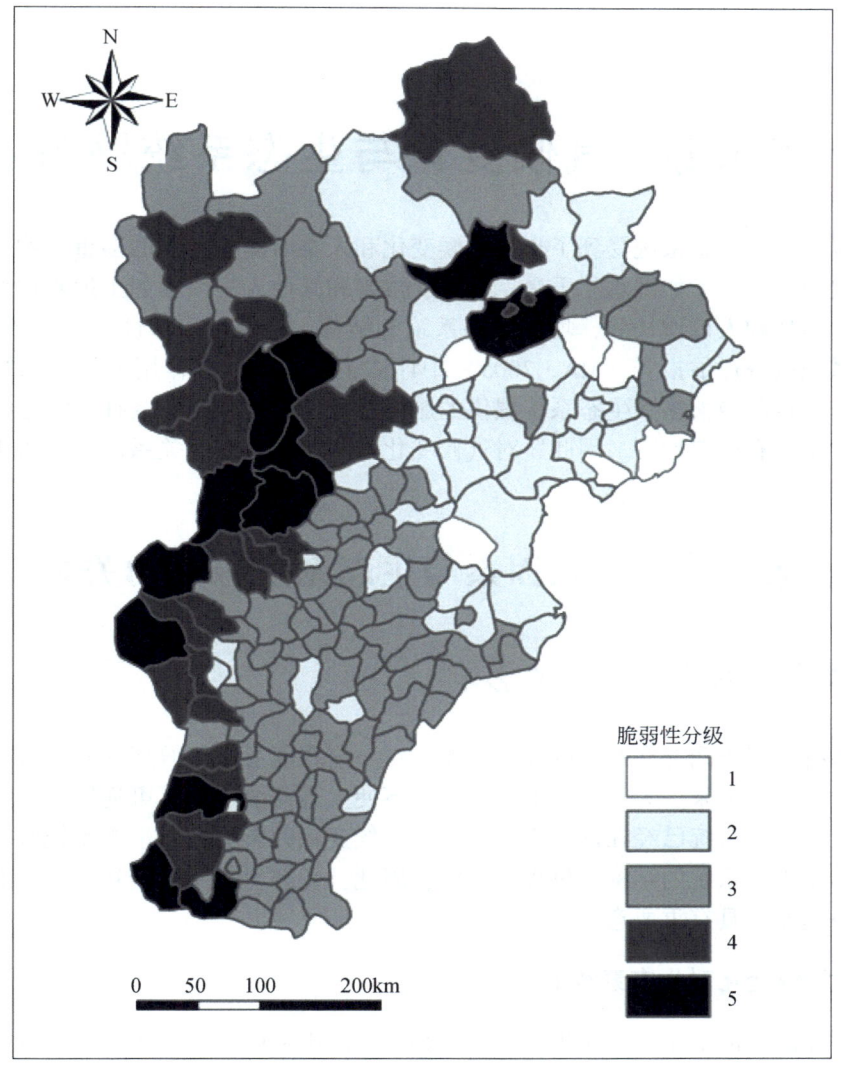

图 4-15 京津冀地区生态系统服务的脆弱性评价结果（刘金龙等，2013）

第五章 气候变化与生态系统服务

过去百年间，生态系统受到了来自气候变化和人类活动等因素的多重影响。与气候变化密切相关的影响因子如洪水、干旱、火灾、虫害和其他人为因素如土地利用变化、环境污染、资源消耗和人口增长等，均对生态系统的结构、功能与多样性等产生了重大影响。千年生态系统服务评估报告（MA，2005）中评估了多种驱动力作用下生态系统服务的变化情况，表明目前绝大多数生态系统提供的服务都处于下降状态。这种下降趋势在未来气候变暖的背景下有可能加剧。因此，对气候变化与生态系统服务关系研究成为生态系统服务研究领域的热点之一。

第一节 气候因素与生态系统服务的关系

一、气候变化对生态系统的影响

生态系统与气候间存在复杂的反馈关系，在一定程度上对气候变化影响具有弹性。但是这种弹性能承受未来多大程度上的变化，而不使生态系统发生不可逆转的改变，目前仍不清晰。鉴于生态系统已经在许多方面受到了气候变化的影响，而生态系统服务的提供又是高度依赖于生态系统的结构、过程与功能，因此，理解生态系统受到的影响对于研究生态系统服务的变化具有重要意义。

（一）气候变化对生态系统的影响

过去百年的气候变化已经对生态系统及其提供的服务产生了重大影响。近百年来地球表面平均温度升高了 0.74°C，降水格局也发生了显著的时空变化；近 50 年来全球平均海平面每年上升 0.18 mm，极端气候事件频率增加（IPCC，2007）。所有陆地和大部分海洋的观测证据都表明多种自然系统正在受到气候变化的影响，特别是温度升高的影响，并且这种增温趋势在未来将持续。气候变化使物种分布、种群数量、繁殖和迁徙的时间发生改变，病虫害和疾病暴发的频率增加，生物入侵变得更为普遍（UNEP，2005）。气候变化除了对生态系统过程如生物地球化学循环产生作用以外，对生态系统的影响还体现在以下几个方面。

1. 对生态系统结构和组成的影响

气候条件特别是水热条件，是决定陆地生态系统类型和结构的重要因素。生物经过长期的进化，适应不同的气候环境从而形成了现今多种多样的生态系统，它们各自具有其独特的系统结构和物种组成特征。因此，生态系统的结构和组成不可避免地会受到气候的显著影响，特别是温度、降水变化将对生态系统产生不同程度的胁迫，从而引起生态系统结构与功能的变化。温度是物种分布的主要限制因子之一，决定了不同类型生态系统的空间分布范围。气候变化带来的温度胁迫将使现有物种分布格局发生改变。虽然在气候变暖背景下全球水循环速度加快，降水总量可能增加，但其区域响应存在很大不确定性，具有明显的时空差异性。降水空间格局和时间分布变化产生的水分胁迫作用，再加上温度升高的因素，将对生态系统产生许多负面影响。

2. 对生态系统生产力的影响

大气中 CO_2 浓度升高以及增温可使植物的光合作用速率增强，有利于植物固定更多的碳，从而提高生态系统的净初级生产力（net primary production，NPP）。一般来说，陆地生态系统生产力在 CO_2 浓度倍增条件下平均提高 25% 左右，但不同生态系统之间具有很大差异（方精云等，2000）。不同光合路径的植物对这种 CO_2 浓度和温度的关系存在不同的响应。一般来讲，C_3 植物比 C_4 植物对大气 CO_2 浓度升高更加敏感，C_4 植物适应高温低 CO_2 浓度环境，而 C_3 植物则适应低温高 CO_2 浓度环境。然而，在温度升高的同时，植物的呼吸作用、土壤有机质分解也会随之增强，从而减小了净初级生产力的增加幅度。另外，高温也会导致植物气孔关闭反而减弱光合速率，CO_2 的"肥化效应"也会受到水分和其他营养元素供应的制约。然而，这些因素的综合作用对 NPP 的净影响存在很大差异，具有显著的空间异质性（图 5-1）。不同模式模拟 CO_2 倍增下 NPP 变化的结果差别很大，降低、不变或升高的结果都有出现（Friedlingstein et al.，2006）。低纬度地区生态系统 NPP 一般表现为降低，而中高纬度地区的生态系统 NPP 通常表现为升高或不变（徐小锋等，2007）。现有观测证据表明，全球 NPP 1982～1999 年增加了 6%，主要集中在热带地区（Nemani et al.，2003）。

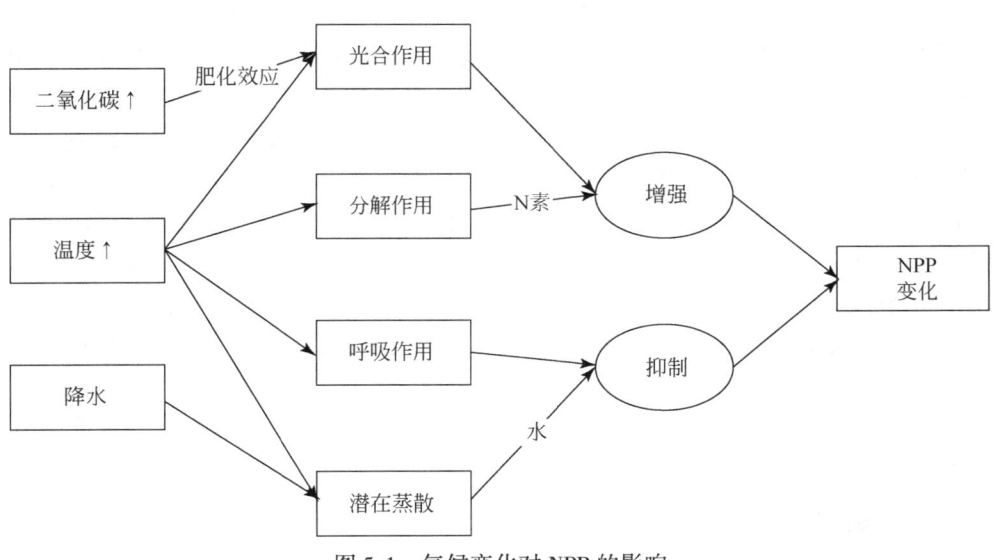

图 5-1　气候变化对 NPP 的影响

3. 对物候的影响

物候是植物生长发育与季节关系的表征，也是一种反映气候变化对植物影响的综合性指标。全球气候变化也会带来植物物候的显著变化。例如，冬季和春季气温变化如增温使春季提前到来，可使植物的物候如开花、展叶日期提前，进而影响植物的生命周期。Soja等（2007）研究表明，冬季和夏季气温升高1℃会使西伯利亚南部山区生长季延长10天。郑景云等（2003）的研究发现，近40年来中国各地物候期的年际波动与春季气温的年际波动具有明显的相关性。20世纪80年代以来，我国东北、华北及长江下游地区春季增温使物候期提前；春季增温不明显的渭河平原及河南西部，物候期也无明显变化趋势；而西南地区东部、长江中游地区及华南地区春季温度下降使物候期有所推迟。不仅植物，动物的生活周期也会受到影响，如春季增温可使加拿大哥伦比亚雌性松鼠的冬眠结束时间提前（Lane et al., 2012）。

4. 对物种和生态系统分布的影响

地质时期生物圈与气候变化的相互作用关系可为当前研究提供借鉴，重大的生物变化事件往往伴随着历史气候的巨大变化。近百年的气候变化与人类活动的共同作用将导致生物多样性的减低以及物种灭绝。

由于气候类型在很大程度上决定了生态系统类型的分布，植被与气候间的相互作用已经被广泛认识，并已发展出了多种气候-植被分类系统（如Holdridge生命地带系统、BIOME模型等）。可利用气候指标值来估测潜在植被类型以表示生物群区的分布格局，再结合气候-生态模型研究未来气候变化情景下不同物种的迁移和分布界线的变化。一般来讲，温度升高将使植被分布界线向高纬移动，物种向高纬扩展到以前受气温限制不能达到的区域。在气候变暖背景下，西伯利亚主要落叶松林转变为常绿针叶林（Soja et al., 2007）。模式模拟结果表明，当中国大兴安岭地区温度增加1℃时，其北部落叶松和针叶松林面积将缩小，落叶针叶林南部边缘北移了一个纬度，到达了50.5°N。当温度升高2℃，大兴安岭落叶松林将继续北移，落叶松、针叶松林面积减小，南部边缘到达51°N，落叶阔叶林和常绿针叶林混交林或温带落叶阔叶林面积扩大，代替针叶林（钟秀丽和林而达，2000）。气温升高将导致植被带在山区向上移动，树线升高，植物种类将重新分布，部分物种灭绝（IPCC，2001）。一些珍稀物种会受到影响，如分布于中国西南的珙桐（张清华等，2000）。研究表明，到2030年适宜珙桐生长的区域分布面积将比当前气候条件下减小。气候变化也有可能提高昆虫入侵频率。夏季气温升高引发云杉甲虫爆发次数的增多，对森林生态系统产生严重破坏，随着未来气温的持续升高，这种影响还会加剧（Barber et al., 2000）。另外，气候变化与随之而来的迁移使得许多本地物种面临外来种或相邻种入侵的威胁。

（二）近50年的中国气候变化特征

对中国气候变化的研究结果表明，近50年来中国年平均气温整体的上升趋势非常明显，温度变化速率达0.22℃/10a，自20世纪80年代起增温加快（任国玉等，2005）。从区域上看，北方和青藏高原增温强烈，而西南增温缓慢。中国四季平均气温整体上都呈上升趋势，但增温幅度有所不同，冬春增温明显高于夏秋（王遵娅等，2004；任国玉等，2005）。气温上升使得中国的气候生长期明显增长，青藏高原和北方地区增长最大，南方各省级行政区除了四川西北部、云贵高原、安徽、江苏外，其他地区的气候生长期变化趋势不明显（徐铭志和任国玉，2004）。

中国年降水量的整体上变化不大，略有减小。夏季降水表现为上升趋势，呈南方增加，北方减少的变化特征（王遵娅等，2004），而春、秋季的降水则明显减少（王英等，2006）。中国平均风速有下降的趋势，其中在西北西部减小最为显著（王遵娅等，2004）。可见，气候变化在中国具有显著的区域差异（表5-1）。

表5-1 近50年中国不同区域气候变化（第二次气候变化国家评估报告编写委员会，2011）

区域	温度/（℃/10a）	降水	其他影响
华北地区	0.22	逐年减少	加剧了地区水资源短缺
东北地区	0.30	年降水量呈略减少趋势，减少速率为15mm/10a	东北地区西部干旱趋势加重，荒漠化和盐渍化加重
华东地区	0.21	没有明显的变化	热浪发生频率及强度增加，洪涝灾害频率和程度逐渐加重
华中地区	0.12	变化趋势不明显	洪涝灾害加剧，湿地面积减小，疾病暴发概率增大
华南地区	0.16	没有明显变化	登陆热带气旋个数减少，但强度增大；南海海平面加速上升；红树林和珊瑚礁生态系统严重退化
西南地区	川西高原、云贵高原的增温趋势明显，而四川盆地气温存在明显的下降趋势	降雨日数逐步减少	干旱、洪涝灾害频次增多，程度加重；多样性减少，生态系统退化，石漠化加剧
西北地区	0.37	降水量变化时空分布不均	82%的冰川处于退缩状态；地下水资源总体减少；土地沙漠化；绿洲农业增产，雨养农业减产
青藏地区	气温升高明显		冰川强烈萎缩；多年冻土退化；产草量下降

（三）气候变化对中国陆地生态系统的影响

1. 对森林生态系统的影响

温度和降水变化的不同组合对森林生态系统具有不同影响。理论上增温会提高森林生物量，但需要相匹配的水分条件。在降水不变的情况下，温度升高对生物量增加有促进作用，而降水的减少会显著影响森林群落结构，造成生物量降低。20世纪80年代初至90年代末，中国森林NPP整体增加，但在区域上具有很大差异，增加幅度最大的是东北的针阔叶混交林，增加最小的是落叶针叶林（Fang et al.，2003）。模式模拟结果表明，到 2030 年，气候变化使森林生产力不同程度增加，变化率从东南向西北递增（刘世荣等，1998）。气候变化也会改变森林的空间分布，造成空间界线的移动和群落恢复速度的降低。如气温升高使黑龙江省大兴安岭的兴安落叶松、小兴安岭及东部山地的云冷杉和红松等树种的可能分布范围和最适分布范围北移（刘丹等，2007）。气候变暖使整个岳桦种群整体有向高海拔迁移的趋势，岳桦–苔原过渡带变宽（周晓峰等，2002）。

气候变化背景下，很多区域显现暖干化趋势，使林火发生频率、强度和面积增加（赵凤君等，2009）。例如，气候变暖使得内蒙古大兴安岭林区的气候特征向利于火灾发生的方向演变，森林火灾数量增加，火险期延长（赵凤君，2007）。

2. 对草原生态系统的影响

草原生态系统对气温和降水十分敏感，因此气候的暖干化对中国草地生态系统具有显著影响。内蒙古草原定位研究站监测结果表明，近 20 年以来变暖趋势显著，冬季增温尤为明显；草原 NPP 与实测地上生物量有明显的下降趋势，典型草原的生产力下降（李镇清等，2003）。降水量减少造成典型草原牧草气候生产力平均下降率为 200.2 kg/（hm² · a）（赵慧颖，2007）。然而，也有遥感估算模型研究表明，近 30 年内蒙古草原区 NPP 总量在波动中增加，平均趋势为 0.861Mt C/a，主要受降雨量的影响（龙慧灵等，2010）。气候暖干化可造成生态系统的退化。如 20 世纪 60 年代后，青藏高原江河源地区的草地和湿地出现明显的区域性衰退，即草甸向荒漠、高寒沼泽草甸向高寒草原的转化（严作良等，2003）。增温造成许多草本植物的物候期提前，如亚高山草甸类草地的牧草开花期和成熟期分别提前 10~14 天和 20~24 天（姚玉璧等，2008）。

3. 对荒漠生态系统的影响

在全球气候变化影响下，中国干旱区、半干旱区和半湿润干旱区气候将向暖干化方向发展，荒漠面积有所扩大（慈龙骏，1994）。内蒙古毛乌素沙漠 20 世纪 50 年代以来，降水量减少和干旱增加使荒漠化面积增加（那平山等，1997），不合理的人类活动也加剧了这种趋势（吴波和慈龙骏，1998）。气候变暖、多大风、蒸发强是柴达木盆地土地荒漠化面积扩大的主要原因（王发科等，2007）。春季气温的快速回升、降水量显著偏少、大风以及蒸发量急剧上升，使得青海共和盆地木格滩地区荒漠化趋势极为明显，但 21 世纪来降水量的增多和大风日数的减少有利于荒漠化的逆转和治理（李婷等，2011）。

二、不同生态系统服务与气候要素的关系

由于生态系统与气候条件关系密切，气候变化通过影响生态系统结构与功能显著改变生态系统提供服务的能力。虽然不同种类的生态系统服务对气候变化的敏感性存在差异，且人类的适当管理可减缓气候变化的不利影响，但是绝大部分生态系统服务都会受到气候变化的直接或间接影响。表 5-2 列举了主要生态系统服务类型、服务提供方与气候变化的关系。由表 5-2 可见，在过去 50 年中，绝大部分服务（15 项）都处于退化状态（人类利

用下降），只有少部分（4项）与食物供给相关的服务得到提高（人类利用上升）。尽管导致生态系统服务变化的因素有自然和人为两个方面，但气候变化是其中的主要驱动力之一，对生态系统服务的影响在日益增强（UNEP，2005）。当气候条件作为生态系统服务提供方时，长期气候变化、气候变率、极端事件、或气候某一要素的变化都可直接影响到生态系统服务的特征及动态，或者可通过对生态系统过程和功能（支持服务）间接对生态系统服务产生影响。例如，食物供给服务中的农作物产量、野生食物等会受到气候变化的直接影响，调节服务中的水量调节与侵蚀调节则因气候变化对植被（服务提供方）的作用而间接受到影响。另外，支持服务如土壤形成、营养循环和初级生产力都与气候关系密切，可作为中介将气候变化的影响传导到各个生态系统服务中去。因此，研究气候变化对生态系统服务的影响，需要重点关注两个问题：一是气候变化如何影响生态系统的结构与功能，二是生态系统的服务形成机制在此过程中受到何种干扰并表现在最终的服务上。

表 5-2　生态系统服务变化与气候的关系（MA，2005）

服务	亚类	状态	说明	服务提供方举例	气候变化影响举例
供给服务					
食物	农作物	↑	产量大幅增长	气候条件、土壤、授粉者、作物数量	气候条件变化、极端事件
	家畜	↑	产量大幅增长	家畜数量、饲料	极端事件、自然灾害
	捕鱼业	↓	过度捕捞导致产量下降	鱼类数量、生物多样性、海水性质	海水酸化、海温升高
	水产养殖业	↑	产量大幅增长	海水性质	海水酸化、海温升高
	野生食物	↓	产量下降	气候条件、生物多样性	气候条件变化以及生物多样性的间接影响
纤维	木材	+/−	部分地区产量下降，部分地区增加	气候条件、森林生物量	气候条件变化以及生物量的间接影响
	棉花、麻类、丝绸	+/−	部分类型产量下降，部分上升	气候条件、生物多样性	气候条件变化以及生物量的间接影响
	薪柴	↓	产量下降	气候条件、森林生物量	气候条件变化、以及生物量的间接影响
遗传资源		↓	因物种灭绝和作物基因丧失造成损失	气候条件、生物多样性	生物多样性的间接影响
生物化学物、天然药材及药物		↓	因物种灭绝和过度捕获导致损失	气候条件、生物多样性	气候条件变化、生物多样性的间接影响

续表

服务	亚类	状态	说明	服务提供方举例	气候变化影响举例
淡水		↓	不合理用于饮用、工业和灌溉；水能总量不变，大坝增加了能源使用能力	地表水、降水、冰川、洪水	气候条件变化以及通过水循环的影响
调节服务					
空气质量调节		↓	大气自净能力降低	风速、大气成分	风速变化、大气成分变化
气候调节	全球	↑	20世纪中期后成为净碳源	生物碳库	对碳循环的间接影响
	区域和局地	↓	多数为负面影响	植被自然性质	对植物生理的间接影响
水量调节		+/-	依生态系统变化和位置的不同而不同	自然植被	植被的间接影响
侵蚀调节		↓	土壤退化加剧	自然植被	植被的间接影响
净化水源、废物处理		↓	水质下降	自然植被、湿地	植被、土壤的间接影响
疾病控制		+/-	因生态系统变化的不同而不同	生物多样性	生物多样性的间接影响
病虫害控制		↓	杀虫剂导致自然调控能力下降	生物多样性	生物多样性的间接影响
授粉		↓	全球传粉者数量明显下降	生物多样性	通过生物多样性的间接影响
控制自然灾害		↓	自然缓冲带的损失（湿地、红树林）	自然植被	通过植被的间接影响
文化服务					
精神和宗教价值			具有宗教意义的圣林和圣物迅速减少	特定自然物	极端事件、自然灾害，以及对生物和景观的间接影响
审美价值			自然地点数量和质量下降	自然水体、植被、物种多样性	极端事件、自然灾害，以及对生物和景观的间接影响

续表

服务	亚类	状态	说明	服务提供方举例	气候变化影响举例
休闲和生态旅游		+/-	可达的地方增多，但许多发生退化	自然水体、植被、物种多样性	极端事件、自然灾害，以及对生物的间接影响

三、生态系统的气候调节功能

生物圈是气候系统的重要组成部分，生态系统与气候间有着复杂的作用关系。在气候变化影响生态系统的同时，生态系统也可通过一系列过程对气候产生影响。MA 列出了生态系统对气候的多种影响，可将其称为气候调节服务，其作用包括升温或降温、水循环和降水格局、大气清洁、污染来源、养分再分配。生态系统主要通过生物地球化学与生物物理过程对气候产生调节作用。例如，与大气进行能量、水分、CO_2、其他化学物质的交换等（表5-3）。

表 5-3　生态系统调节气候的生物地球化学和生物物理机制（MA，2005）

生物地球化学效应	温室气体源和汇影响辐射强迫，进而造成气候变暖
	产生气溶胶的源，反射或阻碍太阳辐射并对云的形成产生影响
生物物理效应	局地 　提供对热和紫外线的屏障 　提供对风和雨的庇护场所 　调节温度 　调节湿度和降水 区域/全球 　地表反射率——影响辐射强迫和温度 　蒸散——影响辐射强迫、云的形成和降水 　地表粗糙度——影响风

生物地球化学过程通过改变生物地表化学循环的速率以及大气中化学物的浓度（如温室气体）来影响气候（Feddema et al.，2005）。生态系统作为陆地上最重要的碳库，通过光合作用固定大气中 CO_2，储存大量的碳，也就是其生物地球化学气候调节服务。此外，生态系统通过生物物理过程改变地表物理性质（如反射率）和地表能量平衡等来对气候产生影响，它可以调控蒸散改变地表感热和潜热通量；不同植被结构也影响地表参数如粗糙度，从而改变动量和热传输，这就是其生物物理气候调节服务。生物地球化学过程主要作用于区域和全球尺度，而生物物理过程则主要作用于局地和区域尺度。

生态系统可通过以下过程提供气候调节服务：

（1）光合作用是影响大气中 CO_2 浓度及扩散最重要的过程。通过负反馈作用，生物圈可以吸收化石燃料燃烧所释放在大气中额外的 CO_2，发挥碳汇的作用。

（2）海洋生物也具有重要的碳汇作用，可使碳埋藏在海底沉积物中。

（3）土壤和植物的蒸散过程控制进入大气的水汽含量，可以调节云的形成过程和大气的辐射性质。

（4）不同下垫面具有不同的反照率（反射的太阳辐射与入射太阳辐射的比值）。植被反照率的变化可产生对地表的加热或冷却效应并影响降水。

（5）土壤侵蚀或清除植被产生的气溶胶可影响大气辐射加热和反照率。

正因如此，当生态系统类型发生改变时（受气候变化或土地利用变化驱动），其气候调节服务也会发生变化，并从生物地球化学和地球物理两方面对气候产生不同影响。如热带毁林开垦农田会带来温室气体的排放，同时也通过地表性质的变化影响区域甚至全球气候，其影响大小取决于土地利用变化的类型、强度和范围。

不同生态系统类型具有不同大小的气候调节服务功能。其中，森林的气候调节服务最高。森林大约存储了陆地生态系统中45%左右的碳，贡献了陆地NPP的50%以上，同时每年固定大量的碳（Bonan，2008）。在高纬地区，地表反照率低的森林"覆盖"在反照率高的雪被上，可吸收更多太阳能从而加热地表，甚至使全球变暖。另外，森林通过蒸散维持水循环，并可通过云与降水的反馈产生降温作用。然而，不同地带森林的气候调节服务也具有显著差异。

1. 热带森林

热带森林具有最为重要的气候调节服务。通量观测数据表明，亚马孙森林与草原相比具有低反照率、高净辐射和高蒸散量，特别是在干季（von Randow et al.，2004）表现尤为显著，由此产生了较浅、凉爽和湿润的边界层。许多模式研究结果表明，与草地相比，热带森林具有很高的蒸散量，能够降低地表气温和增加降水（Bonan，2008）。如果亚马孙地区热带森林大部分转换为农田，将导致更加干热的气候。这种效应也可通过大气遥相关影响到热带以外的地区。此外，热带森林存储着陆地生物圈中约25%的碳，占33%的陆地净初级生产力，且每年吸收大量碳（Bonan，2008）。热带森林属于碳中性或者碳汇，故而成为目前减缓气候变化的重要途径。

2. 温带森林

大部分温带森林都已被转换为农田，如美国东部、欧洲和中国东部的温带森林。农田与温带森林相比具有更高的反照率。全球模拟结果表明，美国温带森林具有一定的增温效应（Oleson et al.，2004）。温带森林保持了全球植物生物量的20%以及10%的陆地生态系统碳（Bonan，2008）。尽管成熟温带森林的年固碳速率高，但是这些地区历史上广泛的毁林活动使其成为了碳源。目前，温带森林对气候的净效应仍是不确定的。冬季低反照率和夏季高蒸散的生物地球物理强迫相互抵消，都会影响全年平均气温。毁林后反照率升高可抵消由碳排放造成的变暖，从这一角度毁林对气候的影响是可忽略的（Bala et al.，2007），但蒸散的减少也可能会引起增温。

3. 北方林

北方林主要由针叶林组成，分布于高纬地区50°N到70°N之间。北方林在降雪季节

（1月到4月）的反照率较低，相比没有森林覆盖的情况会显著增温。北方林对全球平均气温的生物地球物理影响最大。许多研究都表明，北方林的破坏会引起降温，可与毁林带来温室气体排放的作用相抵消（Bala et al., 2007），而在高纬区域造林会导致明显的增温（Bathiany et al., 2010），减弱其吸收 CO_2 对气候变化的贡献。与落叶阔叶林相比，针叶林具有更低的夏季蒸发分数（潜热通量与可用能量比值），可产生很强的感热交换与深厚的大气边界层（Baldocchi et al., 2000），使其增温效应加强。虽然北方林在土壤、冻土和湿地中也存储着大量的碳，但是与热带雨林和温带森林相比要少。综合考虑北方林的生物地球化学与生物物理效应，其对气候的净效应为负，即具有增温效应（Anderson-Teixeira et al., 2012）。

总的来说，陆地和海洋生态系统都提供重要的气候调节服务，不仅在碳循环过程中对 CO_2 有强大的净吸收作用，而且能排放或吸收其他具有辐射强迫的痕量气体、气溶胶和温室气体，影响太阳辐射，改变地表粗糙度和能量平衡。目前从全球尺度来看，气候调节服务表现为对气候系统强有力的负反馈形式，也就是说起到了缓冲人为气候强迫的作用。虽然全球生态系统在未来相当长时期内都能够提供这种调节作用，但也可能通过许多机制对气候产生正反馈，例如碳汇作用的饱和，冻土融化释放出甲烷，气温上升使生态系统呼吸增加，火灾频率提高等。因此，对生态系统的管理就变得尤为重要。

四、生态系统气候调节服务的评估

上一小节以森林生态系统为例，从生物地球化学和生物物理两方面讨论了生态系统提供气候调节服务的机制。由于气候调节服务对于生态系统和人类社会持续发展均有重要作用，故评估不同类型生态系统的这类服务也成了一个重要的研究课题。目前，对生态系统气候调节服务的评估主要集中在生物地球化学的调节服务，即碳吸收和储存服务。因为 CO_2 在大气中混合均匀，与位置无关，其气候效应在全球具有一致性。学者们目前对于碳对全球气候的调节机制比较清晰，对碳的量化研究比较成熟，因此评估起来相对容易。但生物物理的调节服务则仍面临许多挑战。生物物理机制对气候的作用非常复杂，其影响具有明显的地域特征，对气候的作用在不同条件下有正有负，且缺少类似辐射强迫（radiative forcing）等能量化气候效应的方法，因此对其气候调节服务的合理评估有待进一步发展。

（一）生物地球化学气候调节服务的评估

生态系统的碳储存服务可以用碳相关指标如碳储量和碳密度等来估算。目前使用较多的估算生态系统碳储量的方法有：样地清查法、涡度相关法、遥感以及模型等（曹吉鑫等，2009）。

1. 样地清查法

样地清查法是指通过测定典型样地中植被、枯落物或土壤等碳库来获得碳储量数据的方法，这种方法可通过连续观测来实现对碳储量变化的动态测算。其中平均生物量法、平均换算因子法和换算因子连续函数法是研究中常用的方法，这些方法的共同基础都是在生物量数据基础上再乘以换算系数（通常使用0.45或0.5）而得到碳储量。平均生物量法利用野外实测样地的平均生物量与该类型生态系统面积相乘来获得整个生物量估计值。生物量换算因子方法可利用清查资料中的蓄积量数据与平均换算因子相乘得到该类型的总生物量。换算因子连续函数法将平均换算因子按森林不同龄级分别进行设定，可提高大尺度上估算的准确性。

2. 涡度相关法

涡度相关（eddy covariance）法是指测量并计算大气边界层中垂直方向的湍流通量来估算碳交换速率的技术。这种技术通过分析高频风和大气标量数据序列来获得通量的数据，可观测不同生态系统温室气体的交换速率。这种方法要求使用专门的仪器进行长时间的连续观测，但对外界条件要求较高，夜晚数据可靠性较差。

3. 遥感及模型法

随着空间遥感、地理信息系统技术的进步，遥感观测估算碳储量目前得到了广泛应用。可以从遥感数据中获得大尺度信息，如NDVI（归一化植被指数）、LAI（叶面积指数）等，与常规地面观测数据结合可实现从点到面的外推。目前，结合生态过程模型也可估算生态系统的碳储量与通量，应用较多的模型有SIB_2、CASA等。

在具体应用时，上述这些方法和技术多结合起来使用（图5-2），相互补充。

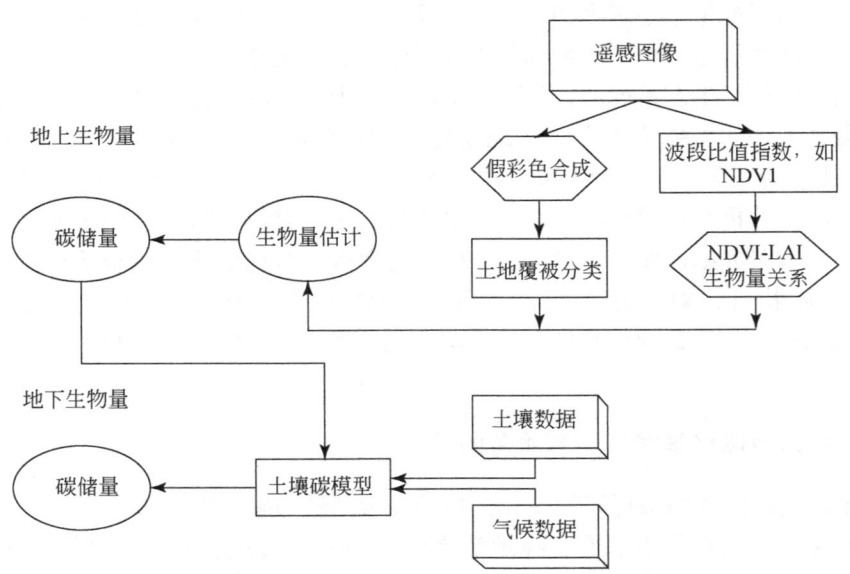

图5-2　碳储量估算框架（Ponce-Hernandez et al.，2004）

目前已经有许多学者对中国生态系统的碳储存进行了估算。王绍强等（1999）根据已发表文献中不同生态系统的样方实测数据，建立了中国自然植被的碳密度数据库（表5-4）。结果表明，森林生态系统的植被碳密度高于草原和荒漠。在森林生态系统中，碳密度随纬度增加而降低,也就是从热带阔叶林到温带落叶阔叶及灌丛碳密度逐渐减小,与水热条件的空间分布关系密切。例如,热带阔叶林植被碳密度最高,为 (11.53~12.81)×10³ gC/m²,寒温带、温带山地针叶林的植被碳密度较高,为 (7.119~7.91)×10³ gC/m²。在草原和荒漠植被类型中,高山灌丛的植被碳密度最高,为 (0.33~0.37)×10³ gC/m²,高寒荒漠植被碳密度最低,为 (0.070~0.080)×10³ gC/m²。

表 5-4　中国陆地生态系统自然植被碳密度（单位：10^3 gC/m²）（王绍强等,1999）

植被类型	碳密度	
	转换率为 45%	转换率为 50%
寒温带、温带山地针叶林	7.12	7.91
亚热带、热带针叶林	5.73	6.37
亚热带、热带山地针叶林	5.95	6.61
温带落叶阔叶及灌丛	5.13	5.70
亚热带常绿阔叶-落叶及灌丛	60.5	6.72
热带阔叶林	11.53	12.81
高山灌丛	0.33	0.37
温带荒漠	0.10	0.12
高寒荒漠	0.07	0.08
温带草原	0.21	0.23
高寒草原	0.12	0.14
高寒草甸	0.18	0.20
温带草甸及沼泽	0.37	0.41

方精云等（2007）利用清查资料、农业统计、气候等地面观测资料及卫星遥感数据等多种数据源,对 1981~2000 年中国陆地植被碳汇进行了估算（表5-5）。结果表明,森林植被的年均碳汇最高,为 75.2TgC/a。草地植被年均碳汇为 7.04 TgC/a,灌草丛植被年均碳汇为 13.9~23.9 TgC/a。农田的生物量由于每年基本收获,绝大部分在短期内经分解又释放到了大气中,作为碳汇的效果不明显。

表 5-5　1981~2000 年中国主要陆地生态系统的碳汇（方精云等,2007）

项目	面积/10^6hm²	低值/TgC/a	高值/TgC/a
森林植被	116.5~142.8	75.2	75.2
草地植被	334.1	7.04	7.04
灌草丛植被	178	13.9	23.9
耕作植被	108	0.0	0.0
植被合计	725.6~748.0	96.1	106.1
土壤合计	725.6~748.0	41.2~64.1	45.5~70.8
生态系统合计	725.6~748.0	137.3~160.2	151.6~176.9

生态系统除了植被以外，土壤在碳循环中也具有重要作用，但目前对土壤碳的认识仍然十分有限。由于对土壤碳汇的测定数据极少，因此对中国土壤的碳汇难以做出准确的估计。方精云等（2007）参考国外学者的研究，对中国土壤碳汇的估计为 41~71 TgC/a。在土壤碳储量估算方面，于东升等（2005）的研究认为，中国土壤有机碳储总量为 89.14Pg，土壤平均碳密度 9.60kg/m²。李克让等（2003）使用生物地球化学模型的估算结果表明，中国陆地生态系统植被和土壤总碳储量分别为 13.33Gt 和 82.65Gt，植被和土壤平均碳密度分别为 1.47kg/m² 和 9.17 kg/m²。

除了对生态系统碳储存单一估算外，Anderson-Teixeira 和 DeLucia（2011）考虑温室气体储存、交换和扰动三个方面，提出一种新的"温室气体价值"（GHGV）方法来衡量不同生态系统的生物地球化学调节服务。其结果表明，自然生态系统的 GHGV 最高，而人工管理的生态系统的 GHGV 较低甚至为负。

（二）生物物理气候调节服务的量化

由于生态系统的生物物理气候调节机制非常复杂，目前对这项服务评估仍停留在定性分析上，或利用复杂的气候模式进行模拟，难以制订一种简便易行的定量方法进行测度。不过近期有了一些进展（West et al.，2011；Anderson-Teixeira et al.，2012）。

对生态系统的生物物理气候调节服务的评估需要考虑其与气候的作用机制。生态系统通过调节与地表能量和水量平衡相关联的生物物理过程对气候产生影响。在均衡的情况下，入射太阳辐射与地表释放的能量都是平衡的。地表反照率决定了地表吸收太阳辐射的数量。这些吸收的辐射能量主要以红外辐射、感热和潜热的形式释放。感热的释放对近地表具有加热作用，可使用温度这一指标来测量，而潜热能量的传递要通过水的相变来实现。生态系统能够调节净辐射的分配，可影响感热和潜热的比例。因此，不同生态系统的地表覆被对局地气候的影响，取决于植被覆盖度、叶面积指数、根深度和反照率等。据此，West 等（2011）将温度与水分在自然植被与清除植被两种情况下的差别来量化生态系统的生物物理气候调节服务，建立了热量调节和水分调节的评估指数。研究结果表明，热带雨林和北方林对温度和水分的生物物理调节能力最高。在寒带地区，清除地表植被，将导致低层大气温度下降 1.5℃，液体水含量减少 0.3mm/d，在热带地区，清除地表植被，将使温度增加 1.5℃，液体水含量减少 1.0mm/d。对其他森林、草地和灌木生物群落来说，年均温对清除植被响应的差异为 -0.3（温带常绿森林）~ +0.5℃（稀树草原和茂密的灌木林）。这些植被类型的气温年变化较小，因为其季节性降温和增温相互抵消。在用大气平流传输效应对以上作用进行修正后，得到最终的气候调节指数。

Anderson-Teixeira 等（2012）使用陆面模型 IBIS 以及 AgroIBIS 计算了植被清除对净辐射（net radiation，R_n）和潜热（latent heat，LE）的影响，以裸地为基准评价不同生态系统类型的生物物理调节能力。结果表明，植被清除使净辐射减小，具有降温效应。这种效应在森林和热带稀树草原最强，在农田和苔原不明显。与此同时，植被清除也会使潜热减小，产生增温效应，这种效应在热带森林和热带稀树草原明显，在蒸散弱的冷干区域最弱。除了亚马孙雨林和稀树草原外，自然生态系统 R_n 效应超过 LE 效应，其净生物物理效应为降温，而农业生态系统的净生物物理效应为增温。

将生态系统生物地球化学和生物物理调节服务结合，最终得到其气候调节指数。考虑生物物理过程后，并不会改变生态系统的基本结果，如森林具有最高的气候调节服务，其他自然生态系统次之，农田生态系统最低。这种方法对于全面评价并量化生态系统的气候调节服务具有重要的指示意义。

第二节　气候变化情景下生态系统服务的动态

预估未来气候变化对生态系统服务的影响主要有 3 种方法，即通过相关、机理和模拟分析（IPCC，2007）。相关和机理分析方法是建立在假定现在研究中得出的关系在未来保持不变基础之上的。其中，相关模型基于物种分布的现有认识来建立气候和其他因素的函数关系，机理模型则包含陆地生态系统结构和功能的建模，基于现有的能量、生物量、碳、氮和水的关系，以及它们与其他物种的相互作用与动态。在模型模拟方面，地球系统模型加入了真实和动态的植被组分，将动态植被与大气环流、全球碳循环相耦合，可以进一步研究生物组分之间的反馈关系。

一、未来气候变化情景与模式预估

（一）气候变化情景

与自然变化相比，人类社会经济发展在未来具有高度不确定性。未来经济发展态势、技术进步、人口变化、减排时间和程度等皆会受到气候变化的影响，同时也反过来影响气候变化。由于未来的不确定性，对未来气候变化的预估都基于一定的情景，即设定未来各种因素的可能组合。IPCC 于 2000 年发布了排放影响特别报告（SRES）（IPCC，2000），制订了多种情景，包括四大情景族（family）共六大情景组（group）（图 5-3）。

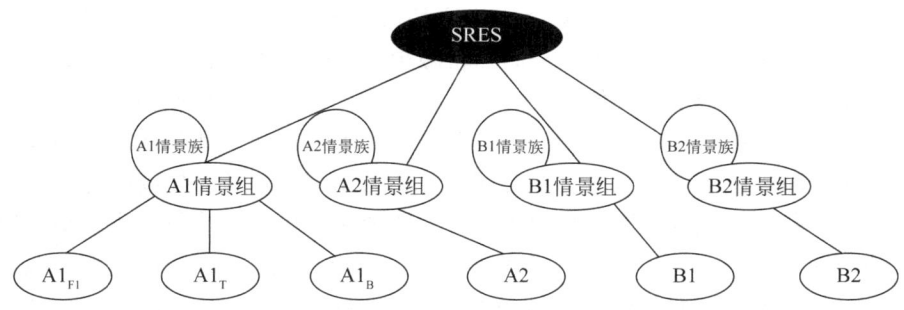

图 5-3　IPCC SRES 情景的示意图（修改自 IPCC，2000）

A1 情景族描述了这样一个未来世界：经济增长非常快，全球人口数量峰值出现在本世纪中叶并随后下降，新的更高效的技术被迅速引进。主要特征是：地区间的趋同、能力建设以及不断扩大的文化和社会影响，同时伴随着地域间人均收入差距的缩小。A1 情景族进一步划分为 3 组情景，分别描述了能源系统中技术变化的不同方向。以技术重点来区分，这 3 种 A1 情景组分别代表化石燃料密集型（$A1_{FI}$）、非化石燃料能源（$A1_T$）以及各种能源之间的平衡（$A1_B$）。

A2 情景族描述了一个极不均衡的世界。主要特征是：自给自足，保持当地特色。各地域间生产方式的趋同异常缓慢，导致人口持续增长。经济发展主要面向区域，人均经济增长和技术变化是不连续的，低于其他情景的发展速度。

B1 情景族描述了一个趋同的世界。主要特征是：全球人口数量与 A1 情景族相同，峰值也出现在本世纪中叶并随后下降。所不同的是，经济结构向服务和信息经济方向迅速调整，伴之以材料密集程度的下降，以及清洁和资源高效技术的引进。其重点放在经济、社会和环境可持续发展的全球解决方案，其中包括提高公平性，但不采取额外的气候政策干预。

B2 情景系列描述了这样一个世界：强调经济、社会和环境可持续发展的局地解决方案。在这个世界中，全球人口数量以低于 A2 情景族的增长率持续增长，经济发展处于中等水平，与 B1 和 A1 情景族相比，技术变化速度较为缓慢但更加多样化。尽管该情景也致力于环境保护和社会公平，但着重点放在局地和地域层面。

（二）全球气候模式预估结果

在制订了未来情景后，就可使用情景来驱动一系列模式对气候变化进行预估。常用的模式有大气-海洋一般环流模式（AOGCM）、中等复杂的地球系统模式（EMIC）和简单气候模式等。

IPCC（2007）概括了多种模式的预估结果。所有模式都一致表明，在不减排的情景下，由于人为排放温室气体的增多，21 世纪全球气温仍将升高。21 世纪前叶（2011～2030 年）全球气温将比 1980～1999 年上升 0.64～0.69℃，至 21 世纪中叶（2046～2065 年）气温将会在不同情景间分别升高 1.3℃（B1）、1.8℃（A1B）以及 1.7℃（A2）。到 21 世纪末（2090～2099 年），不同情景间气温变化的差别则更大，B1 为+1.8℃，B2 为+2.4℃，$A1_B$ 为+2.8℃，$A1_T$ 为 2.4℃，A2 为+3.4℃，$A1_{FI}$ 为+4.0℃。

在全球气候变暖背景下，高温天气如热浪的频率和强度将会增加，而寒潮将显著减少。气温日较差减小，霜冻日在中纬和高纬将减少，而生长季增长。目前模式对降水的预估表明，降水将在热带降水极大值区（如季风区）普遍增加，特别是热带太平洋地区，而在亚热带地区减少，在高纬地区增加。预计全球平均水汽，蒸发和降水强度也将增加。即使在平均降水量减少的区域（大部分亚热带和中纬度地区），降水强度同样增加，但降水间隔将增长。大陆中部地区夏季将变得干燥，这些地区干旱的风险将加大。极端降水事件在大多数热带和中高纬度地区比平均降水增加更多。耦合气候-碳循环模型一致表明，不同排放情景下的未来气候变化会降低地球系统（陆地和海洋）吸收大气 CO_2 的效率。因此，人为排放 CO_2 停留在大气中的比例会越来越大。

（三）中国气候变化预估结果

由于气候模式自身的诸多缺点和不确定性，对多模式输出结果进行集成可以减少这种不确定性。《中国第二次气候变化国家评估报告》（第二次气候变化国家评估报告编写委员会，2011）中给出了未来不同情景下的对中国气候变化的多模式预估结果。七个模式模拟分别模拟 A2 和 B2 情景下 21 世纪中国气候的变化（姜大膀等，2004a，b）。结果显示，中国大陆年均表面气温升高过程与全球同步，但在东北、西部和华中地区增温较大，年际变化明显；冬季升温幅度要大于同期夏季，最低温度增幅高于同期表面最高温度，冬季和夏季地面温度的季节内变化范围减小（周天军等，2008）。高学杰等（2012）对 A1B 情景下中国 21 世纪中期和末期气候变化的模拟表明，未来平均气温随时间推移升高幅度增大，升温高值区集中在高纬度和高海拔地区如青藏高原等；21 世纪中期，冬季降水除青藏高原外以增加为主，夏季降水在中国西部西北地区增加、青藏高原减少，东部地区降水变化呈正负相间的分布；至 21 世纪末期，大部分地区降水变化和 21 世纪中期一致，但变化幅度增大。李博和周天军（2010）分析 23 个模式的研究结果后指出，在 A1B 情景下，21 世纪中期，除塔里木盆地外，全国大部分地区夏季降水增加，除青藏高原南部地区和华南地区减少外，其他地区冬季降水增加。全国表面温度无论冬夏都表现为明显的升高，且随纬度递增，东亚夏季风增强而冬季风略有减弱。A2 情景下 6 套海气耦合气候模式的综合结果表明，如果 21 世纪温室效应在 20 世纪后期的基础上进一步加剧，东亚夏季风系统可能会受此影响而趋于增强（姜大膀和王会军，2005）。

国家气候中心和中国科学院大气与物理研究所的预估结果表明，中国将在 21 世纪中经历显著的增温，最高增值出现在华北地区冬季（Ding et al.，2007）。不同排放情景下，中国 2020 年均温将在 1961~1990 年的平均基础上增加 1.5~2.1℃，2050 年为 2.3~3.3℃，2100 年为 3.9~6.0℃。多数模式预估降水到 2100 年将增加 10%~12%，其中华北和西北降水增加明显而中部地区变得干旱。伴随温室气体增加所导致的夏季平均温度升高，极端温度事件也会增多，同时更暖的气候背景将使中国大部分地区总降水将增多，极端降水强度加大且更频繁发生（周天军等，2008）。

二、不同气候变化情景下生态系统服务变化

（一）生态系统服务模型

全球大部分人口依赖于地表水源提供饮用和灌溉用水，由于水文过程与气候变化的紧密联系，未来预估气候变化对水供应产生重要影响，一些地区水供应可能增加，而另一些地区可能减少，气温与降水变化的组合在不同区域对径流影响也存在差异。水供应条件以及 CO_2 浓度的变化将会影响水需求、农业生产和食品安全。这仅仅是气候变化影响生态系统服务的一个方面，其他生态系统服务也直接或间接受到影响。

此外，不同生态系统对气候变化的敏感程度不同，表 5-6 归纳了主要陆地生态系统及其所提供服务对气候变化的脆弱性和影响。从表中可以看出，气候变化对生态系统服务的影响非常复杂，可能是负面、正面或弱影响，其影响也会随时间变化。例如，极地生态系统对温度变化十分敏感，未来的增温缓解了温度的制约作用，对植被生长有积极作用。而草原生态系统对降水敏感，未来降水变化将很大程度上决定草原生态系统的服务供给情况。以气候调节服务为例，全球陆地生态系统预计在 21 世纪中期为净碳汇，主要是由于生长季延长，降水增多和 CO_2 的肥化效应等有利因素发挥作用（Neilson and Drapek，

1998）。2100 年以后，生物群落将发生重大的结构变化，植被类型向更高纬度和海拔移动。预计在 21 世纪后，CO_2 的肥化效应将达到饱和，加上升温使呼吸和蒸腾作用增加的影响，21 世纪后生态系统将失去最开始的碳吸收收益，且有可能导致生态系统碳的净损失（Cramer et al.，2001）。

表 5-6　气候变化影响下不同生态系统及其服务供给的脆弱性（IPCC WG2，2007）

生态系统类型	属性和服务	主要脆弱性	影响
荒漠	全球 10%~20% 荒漠都处在退化边缘，服务供需失衡，提供重要的食物、原材料、遗传资源的供给服务，提供调节服务如空气质量、气候调节	来自人类活动、过度开发、土地退化；干、湿极端气候事件的负面影响；CO_2 肥化效应带来生产力提高；对暖干化的脆弱性高；生物多样性脆弱	极端气候事件增多，年际波动增大，更多干旱；荒漠化加剧，面积扩张；土壤厚度薄和高盐度；火灾增加；生物入侵增加，生物多样性降低，风险大
草地与稀树草原	温带草原中包含大量的土壤碳，热带稀树草原保存野生动物多样性，支撑旅游、生活生计以及文化，具有调节和支持服务	火灾、干旱扰动使碳储量强烈减少，变暖、林火、降雨量变化以及呼吸作用增强导致土壤的碳汇损失，CO_2 肥化效应可能使木本植被碳储量增加	主要受降水变化和气候变暖影响，在热带也受 CO_2 肥化效应和火灾影响；降水变化影响 NPP；增温和肥化效应对 C3 和 C4 植物的复杂影响；CO_2 升高促使稀树草原向森林转换；地上碳库受扰动影响
地中海	生物多样性高，利于自然旅游；采集和放牧活动；提供重要的土壤保护服务	干旱区扩张使森林减小，气候暖干化的趋势可能导致大量物种分布范围变化，人类活动影响大，土地利用、栖息地破碎化和人类压力限制，大部分地区生物多样性和固碳服务减低	火灾频率和程度增加；降雨频次减少，干旱增加导致碳和水通量减少；CO_2 增加，物种收益小，生产力增长有限；本地种分布范围缩小
森林和林地	陆地生态系统中固碳最多；提供木材和非木材产品，对生计十分重要；提供多服务，包括生物多样性保持、碳储存、气候调节、水土保持和净化、旅游休闲、精神文化服务	北方林对气候变化和扰动十分敏感；热带雨林热点地区生物多样性损失，山地森林减少，高山栖息地损失	CO_2 肥化效应、增温和降水变化作用下生产力增加；火灾与虫害增加的不利影响，特别是北方林；森林面积可能适度向北扩张
苔原和极地	碳固定、气候调节、生物多样性和文化保护、燃料、食物和纤维生产服务	对气候变化非常敏感，可能从净碳汇变成净碳源；甲烷和反照率变化对气候的正反馈；污染的负面影响；物种灭绝风险提高，影响人的生计	苔原向极地扩展，替代荒漠和低矮灌丛；极地海洋温度升高；极地物种风险升高；土壤活动层深度和水分增加；雪盖融化和苔原扩张

续表

生态系统类型	属性和服务	主要脆弱性	影响
山地	支持多种类型生态系统，生物多样性高；重要的碳储存和碳固定功能；具有水质净化和气候调节服务、地方物种庇护所、旅游文化服务；提供生计	融冰期缩短，时间提前，易引发洪水；冰川退缩，造成水源短缺；地方物种灭绝的高风险	高度梯度上物种分布的重组；外来种入侵；树线受放牧、毁林或自然扰动的影响；高山植被蒸散增加使干旱风险增加；雪盖面积和时间影响水供给；山地物种减少，多样性损失
淡水湿地、湖泊与河流	湿地是生物多样性热点区，污染净化，对碳固定和排放的重要性，河流对水和营养物质的传输，湖泊中的沉积物和碳汇	对气候变化脆弱性高，适应力受限；水质和生态系统服务的退化	温度升高使水质下降；湖泊、河流冰减少；高温对水中微生物、底栖无脊椎动物、鱼类负面影响；紫外线和夏季降水增加，影响水中生物地球化学循环；高 CO_2 浓度使湿地 NPP 增加；极地湖泊干涸风险加大

目前，对未来气候变化影响的研究大多集中生态系统结构、组成和分布的响应上，而直接从生态系统服务角度研究气候变化影响的不多，特别是在大尺度上。这是因为生态系统服务变化研究需要气候学、生态学、地理学和经济学等多学科为其提供理论基础，现在对生态系统服务形成机制的认识尚不清晰。只有对生态系统服务形成过程有了系统性认识，才能更科学的评估气候变化对服务的影响。

目前可利用一些生态系统服务模型来评估气候变化的影响。如水供给服务依赖于气候、地质、地形、土地覆被和土地管理等多种要素，可将土地利用数据与气候预估数据结合起来研究与水供给相关联的服务的变化（Lawler et al.，2011）。与水有关的生态系统服务最简单的模型就是将年平均气候变量作为输入，以获得服务供给的年平均输出。在气候变化预计会影响年降水和气温格局的地区，这种一级模型可以提供有用的信息，但时间分辨率太粗，无法反映气候要素季节内变化。对一些服务来说，降水的年内变化是更为重要的，这就需要更细致的基于月或日输入的二级模型。对于食物供给服务来说，农业生产模型可以直接使用气候模拟的输出结果作为输入。一级农业生产模型的生产函数将生长季内的平均气温或总水量平衡作为输入，这些变量的变化对农业生产的影响就可以方便地进行模拟。二级农业生产模型使用日或者月分辨率的气候数据作为输入，可以更精确地反映出农业生产的变化，因为大多数影响农作物生长过程的尺度从小时到月不等，而非季节或年尺度。气候变化对生态系统服务产生的间接影响如对植被类型和土地覆被、动植物种数量与分布、生物多样性的影响也可利用多种方法进行模拟。如动态全球植被模型可用于植物功能型的模拟进而得到潜在植被分布，也有一些方法同时考虑气候变化对植被和土地利用决策的影响。模型可以从单一物种到生态系统尺度来模拟这些气候所引起的变化。这些变化信息可被用于生态系统服务模型的输入。

Schroter 等（2005）基于全球变化的主要驱动因子（社会经济要素、大气温室气体浓度、气候因子和土地利用等）的多种组合情景，研究了未来气候变化背景下欧洲生态系统服务的供给变化，并在空间上对其进行脆弱性评价。主要结论有：

尽管欧洲的温度变化情景具有区域差异性，但都表现出明显的变暖趋势，其中高纬度地区在不同模式中一致表现出最强的增温。季节和区域的降水变化差异相当大，所有情景一致表明欧洲南部降水将减少，尤其是夏季，欧洲北部大部分地区降水将增加。

水供给变化将直接或间接通过其他生态服务影响到人类社会。在全球尺度上，人口增长和用水量的增长使水的供应减少。人口和气候变化会使受水分胁迫的人数增加，并加剧许多用水紧张地区的水源短缺，特别是欧洲南部。此外，灌溉和旅游的较高人均用水量可能会加剧该地区的缺水状况。

气候变化将引起莱茵河、罗纳河、多瑙河以及阿尔卑斯山小流域等径流的改变。增温对积雪的影响使冬季径流增加夏季径流减少，洪峰流量出现的时间提前，冬季洪水的风险增加，航运和水电潜力也将受到影响。

气候变化对生物多样性的影响具有区域差异。山区和地中海物种对气候变化特别敏感。如果所有物种都能很快适应新栖息地，那么栖息地的扩张将提高地中海地区植物潜在收益。然而其收益也受到其他因素的制约，如土地利用、氮沉降等。干旱加剧对植被存在长期的负面影响。此外，大多情景都表明本区域受到森林火灾的土地面积在增加，许多典型树种的分布可能在地中海区域减少。这些变化将对居民的文化认同、传统的土地利用方式和旅游部门产生影响。

气候变化对欧洲森林木材生产量造成潜在影响。由于大气 CO_2 含量的肥化效应，春季降雨的增多以及水资源利用效率的提高缓解了欧洲南部夏季干旱增加的影响，欧洲森林总面积预计将增加，尤其是欧洲北部。森林面积的增长促进了年木材增长量的提高。

陆地生态系统碳储存量是气候调节的重要因素。陆地-大气净碳通量由 NPP 和土壤异养呼吸、火灾、收割和土地利用变化所引起的碳损失共同决定。由于农业用地减少以及造林的增加，CO_2 的肥化效应提升了净初级生产力，这些因素对碳汇具有正面作用。结果证实，欧洲陆地生态系统目前是净碳汇。然而，未来的气候变暖造成的土壤碳损失将会抵消这些影响，并在21世纪末导致碳的释放。虽然造林使森林土壤中的有机碳净增长，但变暖会造成碳损失，因此欧洲土壤的碳总量仍是减少的。

第三节　气候变化下生态系统服务管理的适应对策

在气候变化和人类活动多重因素的作用下，大多数生态系统服务处于退化状态，仅有少数生态系统服务处于增加或稳定状态。随着大气中温室气体含量的持续增加，考虑到未来气候变化很有可能向不利的方向发展，我们必须从可持续的角度管理和利用生态系统服务，并在管理和适应对策上做出相应改变。

一般来讲，生态系统服务管理包括以下要素（任海等，2000）：①根据管理对象确定生态系统管理的定义。该定义必须把人类及其价值取向作为生态系统的一个组成成分。

②确定明确的、可操作的目标。③确定生态系统管理边界和单位，尤其是确定等级系统结构，以核心层次为主，适当考虑相邻层次内容。④收集适量的数据，理解生态系统的复杂性和相互作用，提出合理的生态模式及生态学理解。⑤监测并识别生态系统内部的动态特征，确定生态限制因子。⑥注意尺度问题，熟悉可忽略性和不确定性，并进行适应性管理。⑦确定影响管理活动的政策、法律和法规。⑧仔细选择和利用生态系统管理的工具和技术。⑨选择、分析和整合生态、经济和社会信息，并强调部门与个人间的合作；实现生态系统的可持续性。⑩此外，在生态系统管理时必须考虑时间、基础设施、样方大小和经费等问题。

MA（2005）针对生态系统可持续经营性，从制度与管理、经济与激励、社会和行为对策、技术对策、知识与认知对策五大方面提出了一系列对策，包括：

1. 制度与管理

为创造管理生态系统的有效条件，需要对当前制度和环境管理框架进行改革。可采用如下的一些积极的干预措施：
- 把生态系统的管理目标纳入其他部门以及更加广泛的发展计划框架内。
- 增加多边环境协议之间以及环境组织与社会制度之间的协调。
- 加强利益相关方对决策制定过程的广泛参与，提高政府和私营部门制定对生态系统具有影响的决策的透明度和责任心。
- 制定制度的焦点在于满足生态系统管理需要，同时确保在各层次之间进行有效的协调。
- 建立制度对市场和生态系统之间的相互作用进行监管。
- 建立制度框架，促进资源管理由高度的部门管理途径向更加综合的管理途径转变。

2. 经济与激励

经济与财政干预措施为监控生态系统产品和服务的利用提供了有力手段。许多生态系统服务不能在市场上交易，市场不能在资源配置和可持续管理方面提供合理的引导信号。许多服务价值并没有被体现出来，服务的提供者不会因为提供服务得到任何补偿或因减少服务得到惩罚。因此，可以运用经济和财政手段解决此类问题，包括建立生态系统服务的交易市场，调节有关社会主体的金融与财政利益，影响相对价格等。只有在制度支持到位时，市场才能发挥出应有的作用。可采用的积极干预措施有：
- 取消促进过度利用生态系统服务的各项补贴。
- 尽量使用经济手段和通过市场途径对生态系统服务进行管理。如对具有外部性成本的活动征税或收取使用费；建立排放市场与交易系统；对生态系统服务进行补偿。

3. 社会和行为对策

社会和行为对策包括人口政策、公共教育、对社区和妇女及青年人的授权以及民间社会行动。这些对策可有利于应对生态系统退化问题。积极的干预措施有：

- 采取措施减少对不可持续经营的生态系统服务的消费。
- 增加交流与教育。
- 授予妇女、原住民和青年等对生态系统服务依赖性较强或易受到生态系统退化影响的人群权力，使其参与决策，增大从生态系统服务消费中受益的机会。

4. 技术对策

由于对生态系统服务的需求日益增长，同时来自其他方面的生态系统压力不断增加，为了提高资源利用效率，或者减少诸如气候变化等驱动力的影响，技术开发与推广必不可少。积极的干预措施包括：

- 提高技术水平，既增加作物产量，又不造成水资源、养分和杀虫剂使用等不良影响。
- 生态系统修复。
- 提高技术水平，增加能量利用效率，减少温室气体排放。

5. 知识与认知对策

由于缺乏不同生态系统的知识和信息，且不能充分利用已有的信息支持管理决策，因而限制了有效的生态系统管理措施的实施。积极的干预措施包括：

- 在资源管理与投资决策中兼顾生态系统的市场价值与非市场价值。
- 在评估和决策制定过程中，充分利用各种形式的有关知识和信息，包括传统知识和实践知识。
- 提高和维持个人和机构对生态系统变化对人类福祉作用的理解及评估能力。

针对不同部门的可持续管理政策见表 5-7。

表 5-7　针对部门有效生态系统可持续管理对策（MA，2005）

部门	对策
农业	• 取消在经济、社会以及环境方面具有负面影响的各种生产补贴 • 加强农业科技的投入与推广，保证食物供应的必要增长，同时避免过多使用水资源、养分或者杀虫剂而产生有害效果 • 利用有关政策，承认妇女在食物生产和使用方面的地位，强化妇女在获取和控制与食物安全有关的资源方面的权力 • 综合应用基于规章制度、激励和市场作用机制以减少养料的过度使用
渔业与水产业	• 降低海洋捕鱼量 • 建立严格的海洋渔业监管制度，确定并执行捕捞配额，制定应对未许可捕捞和无节制捕捞的措施 • 建立正确的监管体系，减少水产业对环境的有害影响 • 建立海洋保护区
水资源	• 施行流域生态系统服务补偿办法 • 完善淡水资源的权利配置，根据保护需求采取激励措施 • 提高水资源管理信息的透明度，改善处于边缘地位的利益相关方的参与状况 • 建立水资源市场 • 强调对自然环境的利用，以及除修建水坝与大堤外的洪水控制措施 • 增加科技投入，提高水资源利用效率

续表

部门	对策
林业	• 综合运用在财政体制、贸易规则、全球环境计划,以及全球安全决策方面已达成协议的可持续林业经营方式 • 授权地方社区,支持其为实现林产品的可持续利用而采取的行动 • 改革对林业的管理,制定国家管理的、经过利益相关方协商的国家林业计划

对于已有的生态系统服务管理措施,MA 评估了这些对策在生态系统服务可持续管理中的效果,将其划分为三个等级。有效对策(++)指评估结果表明可提高特定生态系统服务,对人类福祉有一定贡献,而且没有显著地损害其他生态系统服务。有希望的对策(+)包括两种情况:一种情况是缺少评估所需的长期记录,但它已表现出了成功的可能性;另一种是存在已知改进方法,使之经过改进后可产生效力。有问题的对策(-)包括两种情况:一种是过去的使用表明它没有实现提高生态系统服务的目标,另一种是过去的使用表明它对生态系统有明显的损害。通过表 5-8 可以看出,不同对策在实践中效果不同。因此,在制订可持续生态系统管理政策时需要结合地方背景,因地制宜,选择适合的方案。这些可行的有效对策对各国家或地区的生态系统服务管理有重要指导意义。

表 5-8　不同生态系统服务管理对策的效果(MA,2005)

目标	对策	效果
生物多样性与可持续利用	• 建立保护区 • 帮助当地居民获取生物多样性收益 • 把提高对野生物种的经营水平作为一种保护手段 • 把生物多样性与区域规划结合起来 • 鼓励私营部门参与对生物多样性的保护 • 把生物多样性保护融入农业、林业和渔业实践中 • 设计支持生物多样性的管理途径 • 通过多边环境协议促进国际合作 • 环境教育和交流	++,+ +,- ++ ++ + + +,- + ++
食物	• 全球化、贸易以及食物方面的国内和国际政策 • 知识和教育 • 技术对策,包括生物技术、精准农业和有机农业 • 水资源管理(市场化) • 渔业管理(严格管理) • 牲畜管理 • 重视性别问题(授权以保证食物获取)	+,- ++,+ + + +,- +,- +
淡水	• 确定生态系统的水资源需求 • 利用淡水服务的权力和供给淡水的责任 • 提高公众参与决策制定的效力 • 建立河流流域组织 • 管制对策(污染管制) • 水市场 • 对流域提供的服务进行补偿 • 合作经营与筹措资金 • 大型水坝 • 湿地修复	+ +,- + + ++ + + +,- - +

续表

目标	对策	效果
木材、薪柴和非木材类的森林产品	• 制定国际林业政策和发展援助 • 贸易自由 • 国家森林管理行动 • 原住民对森林的直接管理 • 森林的合作经营，以及获取和利用林产品的地方运动 • 小规模的森林私有化经营和公私共同所有的森林经营 • 公司与社区合伙经营的林业 • 公众与消费者行为 • 三方自愿的森林认证 • 木材技术和生物工艺（产业化造林） • 对非木材类的森林产品实行商业化经营 • 热带地区的天然林经营 • 人工林经营 • 薪炭林的经营 • 旨在提高碳经营的植树造林和重新造林	++, + +, - + + +, - + + ++ + +, - +, - +, - + + +
养分循环	• 管制（法律、税收和罚款等） • 基于市场手段（财政激励、补贴和征税等） • 混合途径	+, - + +
调节洪水和风暴	• 通过物理工程和措施 • 利用自然环境（植被和地貌等） • 信息、制度和教育 • 财政服务（保险、灾害救济和援助等） • 土地利用规划	- ++ ++ +, - +
疾病防控	• 对传病媒介的综合管理 • 进行环境管理/改良，减少病媒和宿主 • 利用生物控制/天敌 • 化学控制（杀虫剂） • 人类聚集方式（住宅建筑和位置） • 加强健康意识与行为 • 对病媒物种进行基因改造，减少疾病传播	+ + ++ - ++ ++ -
文化服务	• 全球环境意识，以及地方机构和全球机构的联系 • 从景观修复到人文景观进行价值评价 • 尊重宗教圣地 • 国际协议和对生物以及农牧多样性的保护 • 整合地方和本地的经验知识 • 第三方的知识补偿 • 财产权的变化 • 认证计划 • 公平交易 • 生态旅游与人文旅游	++ + ++, + + +, - + +, - + + +
综合对策	• 国际环境治理 • 把环境议题纳入国家政策的国家行动计划和战略 • 亚国家和地方的综合对策	+ + ++, +

续表

目标	对策	效果
气候变化	• 气候变化的联合国框架公约与京都议定书 • 减少温室气体排放 • 土地利用与土地覆被变化（造林等） • 市场机制与激励 • 适应性对策	+，- + + + +

注：一些管理对策的效果在不同应用环境中具有差别

第六章 生态系统服务的时空权衡与管理政策

第一节 生态系统服务的空间权衡及其原因

一、生态系统服务权衡的定义

随着生态系统服务研究的不断深入,仅仅对其进行价值评估已经不足以满足决策需求,亟须对多种生态系统服务之间的权衡(trade-off)与协同(synthesis)作用机制、类型及其特征进行分析(李双成等,2011;Haines-Young et al.,2012;Daily et al.,2013)。

生态系统服务之间的权衡源自人类做出的管理选择,并且能够改变生态系统所提供服务的类型、大小与相对组合。当某一种生态系统服务的供给,由于另外一种生态系统服务使用的增加而减少时,则产生了权衡(Rodriguez et al.,2006;Swallow et al.,2009)。根据MA对于生态系统服务的分类,可以按照其时间、空间尺度以及可逆性程度的不同,对生态系统服务之间的权衡进行划分。即权衡常常发生在小区域与大区域、短期与长期以及可逆性服务与不可逆性服务之间(图6-1)。

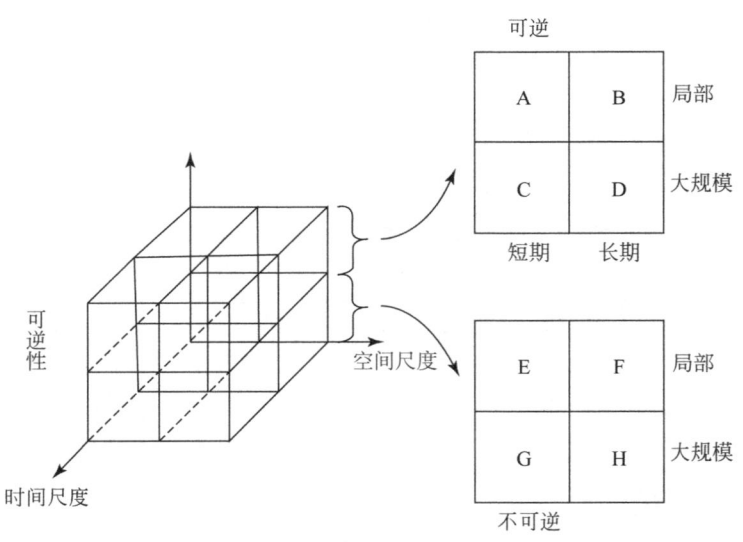

图6-1 八类生态系统服务的权衡,根据时空尺度与可逆性程度划分(MA,2005)

在自然资源短缺日益突出的情形下,一种生态系统服务或人类活动的增加,常常会导致其他服务和活动的减少(Tallis et al.,2008)。例如,在山地农业区,粮食产量的提高往往往伴随着土壤侵蚀风险的增加；而城市的扩张则造成生物多样性的减少。过去一个世纪中，供给服务的增加已经付出了调节和文化服务及生物多样性降低的代价（MA，2005；Rodríguez et al.，2006；Bennett and Balvanera，2007）。在生产实践中，必须同时考虑多种生态系统服务和多种生产功能，而不仅仅追逐一种服务的收益，因为任何一种生态系统服务或正或负与其他服务相关（Bennett and Balvanera，2007）。

从科学研究层面来说，目前对于多重生态系统服务之间的关系尚不清晰。一些学者的研究结果表明，在生物多样性和生态系统服务供给之间存在协同（Nelson et al.，2009；Maes et al.，2012；Perring et al.，2012）；然而，也有学者认为调节服务与供给服务之间存在权衡（Swallow et al.，2009；Su et al.，2012）。因此，需要更多本地化的实验观测和研究来证明它们之间的作用类型（Perring et al.，2012）。不同生态系统服务之间的相互关系及其外在表现如何？人类活动等外界扰动如何影响生态系统服务变化？在管理实践中，如何才能避免由于尺度不匹配造成的管理措施的缺失和管理效能的低下？为了回答上述问题，需要在分析生态系统服务之间多重非线性关系的基础上，辨识不同尺度下权衡与协同形成的驱动因素、类型特征、响应速率及时空格局，从而深化生态系统服务研究。

从宏观决策层面来说，在中国长达 30 余年的经济快速发展的同时，人类活动对自然环境造成了较大的负面影响，具体表现为环境污染、自然生态系统面积减少、物种多样性减少、生境破碎和生态灾难频发等。因而，为了中华民族的永续发展，必须在发展与保护之间找到平衡点。这在客观上要求强化生态系统的生产功能与环境调节功能、支持功能之间的权衡分析，从而为各个层次的区域发展与生态建设提供决策依据。

从具体应用层面来说，首先，生态系统服务的模拟与权衡分析可以为区域国土规划、生物多样性保护和生态补偿等提供科学依据。例如，清除森林用于农业生产会增加食物和原材料的供给，但同时可能导致生物多样性减少、森林的水质净化和气候调节功能的下降等。设定经济发展优先、环境保护优先或者两者兼顾等一系列土地利用情景，可以定量模拟多种生态系统服务的数量增减与空间格局变化。进一步通过权衡与协同分析，结合当地的发展目标或者利益相关者的方案，可以选择最优的规划方案，并提出相应的管理措施。对于利益相关者而言，最理想的方案是经济发展与环境保护的"双赢"（win-win）情景，然而这样的情况极少出现。其次，在当前和未来的生态系统服务利用之间也存在着权衡。例如，当前的过度放牧虽然可以增加畜产品的供给，但会使牧场未来的载畜能力及适应极端气候事件的能力下降。而通过建立有效应对气候变化的牧场响应机制，则能够维持生态系统服务供给的流（物流和能流），降低其对突发事件的脆弱性（李西良等，2013）。在当前和未来的生态系统服务利用中找到平衡点，有利于区域社会经济的可持续发展。再次，生态系统服务的模拟与权衡分析，可以提高管理者对于部分服务的认识。目前在生态系统的管理实践中，通常倾向于低估某些服务（如气候调节服务等）和产生这些服务的生态系统过程（Cumming et al.，2006）。另外，形成调节服务的生态系统组分变化缓慢，往往被政策制定者所忽视，从而对生态系统供给服务的长期供应能力造成潜在的严重影响。因此，本研究的成果有助于提升公众和决策者对于生态系统支持和调节等服务的认识。

二、生态系统服务权衡的研究进展

(一) 国外研究进展

近年来，权衡与协同研究已成为国际上生态系统服务研究领域的研究热点之一。总结和回顾国际上在这一议题近年的研究工作，取得主要成果和进展如下。

1. 生态系统服务之间的相互作用与联系

除了人类的选择偏好外，从服务供给与需求双方的角度来分析，生态系统服务类型及其驱动因素的多样性也是权衡形成的原因。生态系统的功能是多种多样的，因此其对人类社会福祉提供的服务也是多重的，各种服务之间相互联系并且相互作用。在管理生态系统服务时，所面临的最大挑战在于它们之间相互交织在一起，并且相互作用的关系是高度非线性的（Farber et al., 2002; van Jaarsveld et al., 2005）。对生态系统功能非线性的理解和定量化水平的提升，将能获得更加接近实际的生态服务价值，改善基于生态系统的管理实践（Barbier et al., 2008）。因此，目前的研究提倡关注对生态系统服务的多重和非线性关系背后的理论解释（Turner et al., 2003; Kremen and Ostfeld., 2005; Tallis and Kareiva., 2005; Carpenter et al., 2006; Carpenter et al., 2009）。然而，对于生态系统过程和服务功能之间关系的理解，相对于大部分生态系统和大部分服务功能来说，仍然相当模糊。什么时候权衡和协同出现？发生的机制是什么？如何最小化权衡和加强协同效应？目前对这些问题尚不完全清晰（Carpenter et al., 2009）。

在研究方法方面，Bennett 等（2009）提出了一个依据不同生态系统服务功能之间驱动力和相互作用的类型体系，目的在于理解多重生态系统服务之间的联系以及隐匿在这些联系之后的机制。研究发现，几个独立的特征同时影响多重服务传递，且单一服务常常依赖于多重特征，由此产生了相连的特征和服务之间的集聚。De Bello 等（2010）通过评述247 个研究案例，提出用生态系统的功能特征来评价多重生态过程和服务功能。目前，研究生态系统服务多重关系关联与整体特征时常用相关和聚类分析方法，目的在于将其归并为更加简明的生态系统服务簇（Raudsepp-Hearne et al., 2010）。Burkhard 等基于上述方法，将某区域提供特定生态系统服务簇的多少作为衡量生态系统服务供给能力大小的指标，并在此基础上对服务的供给和需求进行了制图分析（Burkhard et al., 2012）。

2. 权衡与协同类型与形成机制

生态系统服务之间非线性动态关系的形成有自然因素和人为因素两个方面。没有人为干预，自然生态系统服务之间关系也会受到内外两方面的作用力，前者如气候变化、生物入侵等，后者是生态系统内在的演替过程。自然因素引起的生态系统服务之间的此消彼长，是一种竞争而非权衡关系；人类社会根据自身需求和价值伦理对生态系统施加的选择性干预引起的生态系统服务之间的动态变化，是为权衡与协同，驱动力通常包括市场化的激励措施、政策和利益相关方的偏好等。

权衡常常发生在小区域与大区域、短期与长期以及可逆性服务与不可逆性服务之间，因而可以从空间、时间和可逆性三个方面去分析与理解生态系统服务之间的权衡（Rodriguez et al.，2006）。空间权衡是指区域间生态系统服务的相互消长。例如，某区域尝试保持和提高一种服务的供给（如食物等），引起了另一区域很多生态系统服务的大幅下降（Tilman et al.，2002）。时间权衡是指现时的生态系统服务利用对未来造成的可能影响。例如，短期为追求经济利益而实施的增加粮食生产的使用化肥和农药等措施，会对土地长期的调节和支持功能产生权衡。

根据两种生态系统服务在二维坐标体系构成的曲线特征，权衡关系可以归纳为无相互关联、直接权衡、凸权衡、凹权衡、非单调凹权衡以及反 S 形权衡等（Lester et al.，2013）。

生态系统服务簇及其权衡受到社会经济和文化因素的影响。通常认为，人们对供给服务最容易感受到，但通过 3379 份面对面问卷调查表明，个体对于与之生活密切相关的环境调节服务如空气净化等感知最深。研究结果表明，正规教育、环境行为和性别变量是影响人们觉察生态系统提供服务能力的重要因素。通过冗余分析和层次聚类分析，确定了社会偏好导致的生态系统服务权衡和服务簇，清晰地发现了在供给服务和调节服务以及文化服务之间的权衡（Martín-López et al.，2012）。研究发现，市场激励政策和措施如商品市场、碳税、水总量管制与交易、生物多样性拍卖、生物质能源市场化等，通过土地利用的传导作用最终影响生态系统服务的权衡与协同。在激励政策与土地利用、土地利用与生态系统服务之间的关系是非线性的，并且具有时空异质性特征。这些关系具有一对多、多对一和多对多三种模式（Bryan，2013）。

3. 权衡与协同研究方法

在自然科学领域，目前常用的生态系统服务权衡与协同研究方法主要有图形比较、情景分析及模型模拟等（Lautenbach et al.，2010）。

图形比较是通过对每一生态系统服务类型进行空间制图，然后应用 GIS 等工具进行叠加等空间分析，比较其空间重合度，最终识别权衡与协同的类型及区域。Chan 等（2006）通过 GIS 空间分析发现，在生物多样性保护优先地区和美国加利福尼亚州中心海岸生态区的 6 个生态服务功能供应区之间只有较弱的相关性。Egoh 等（2009）使用图形表征了南非包括地表水供给、水流量调节、土壤堆积物、土壤保持力和碳储存在内的 5 类生态系统服务的供应，进而评估服务功能之间的关系。Raudsepp-Hearne 等（2010）对 12 种生态系统服务进行空间制图和聚类分析，确定了 6 类生态系统服务簇，最终识别出不同服务之间的协同与权衡类型和区域。利用 GIS 技术对西班牙北部 Urdaibai 生物圈保护区的生物多样性、碳储存以及径流调节 3 种生态系统服务进行空间制图，通过分析其空间分布的一致性，确定了 3 种服务的权衡与协同关系（Onaindia et al.，2013）。

情景分析是目前权衡与协同研究最为常见的一种方法，是通过制定若干生态保护或社会经济发展优先或兼顾的情景，来分析各种生态系统服务之间的动态变化。Alcamo 等（2005）通过设定 4 种不同情景进行模拟分析，表明 21 世纪不同生态系统服务之间此消彼长的关系日益加剧。2000～2050 年，农业用地扩张将是现有草地、林地及其相应的基因资源、林木生产、栖息地等相关生态系统服务减少 10%~20% 的主要原因。利用 4 种土地利用情景评估了澳大利亚大堡礁地区水质调节服务与其他 10 种服务（包括利益相关者）之间的权衡与协同关系。结果表明，最直接的竞争关系发生在食物和纤维生产与水质调节之间，而水质调节与渔业生产之间则呈现相互协同促进作用（Bulter et al., 2011）。

模型模拟途径是指通过机理或统计模型计算出不同生态系统服务的物理量，然后进行权衡与协同分析，最后通过多目标优化等方法，提出满足目标要求的规划方案。Nickerson (1999) 应用种群动态模型模拟了菲律宾红树林生境的鱼类数量变化，并制定了未开发、混养业和半集约的虾养殖业三种情景，权衡分析了三种方法在保护与开发的利弊。Bekele 和 Nicklow (2005) 融合 SWAT 模型与多目标进化算法，模拟了美国伊利诺伊州农业商品生产和非点源污染控制方面的生态系统服务，并提供了基于权衡分析的解决方案。Valdivia 等 (2012) 将权衡分析与市场均衡模型进行耦合，以肯尼亚 Machakos 地区为例，分析了半自给农场尺度在增施肥料、乡村发展以及两者结合三个情景下乡村贫困与土壤养分消耗之间的权衡。White 等 (2012) 提供了一个能够同时进行多重生态系统服务价值估算与权衡分析的框架，并且将其应用于 Massachusetts 沿海地区涉及风力发电、商业捕鱼与鲸鱼观赏之间权衡的海洋空间规划中。他们使用了一种启发式算法来确定划定有效边界的最优策略，模型模拟的结果清晰地展示了不同部门间的权衡。由于该案例涉及多达 4 个部门间的权衡，White 等采取了逐步权衡的策略：即首先考虑风力发电、鲸鱼观赏与捕虾部门间的三方权衡，由此做出了一个三维效率边界曲面；在此基础上再将捕鲽部门纳入权衡中，得到四部门的效率边界。相对于传统的规划，在该框架下进行的规划不仅能够避免当前超过 100 万美元的渔业和鲸鱼观赏部门的经济损失，而且能够为能源部门带来超过 100 亿美元额外收入（White et al., 2012）。Haines-Young 等 (2012) 使用一个专家和文献驱动的模型，分析了欧洲作物生产、野生动物产品、生境多样性以及休闲娱乐四种生态系统服务在 1990~2000 年、2000~2006 年和 2000~2030 年三个不同情景时段中，土地利用变化对于生态系统服务供给能力的边际变化。

4. 权衡与协同分析工具

在生态系统服务的模拟和权衡协同分析中，目前较为成功的工具包括 ARIES (artificial intelligence for ecosystem services, Villa et al., 2009)、InVEST (integrated valuation of ecosystem services and tradeoffs) 等。其中应用最为广泛的是由美国斯坦福大学和世界自然基金会等参与的"自然资源计划"（Natural Capital Project）开发的 InVEST 软件。InVEST 是一个为生态系统服务的评估模拟与权衡提供支持的多层模型。Nelson 等 (2009) 应用 InVEST 模型，在基于利益相关者决策的不同情景下，模拟美国俄勒冈州威拉米特盆地的土地利用/覆被变化。进而将不同土地利用/覆被情景下的多个结果相结合，揭示出这些结果间的协同作用或博弈权衡的程度。在该案例研究中，Nelson 等发现很少有证据表明在生态系统服务供给与生物多样性保护之间存在权衡：增强生物多样性保护的情景同样能够增加生态系统服务的供给。然而在商品生产价值与生态系统服务供给和生物多样性保护之间却存在着一组明确的权衡。这些结果表明当土地所有者的决策仅仅基于市场回报的时候，他们倾向于造就生态系统服务供给与生物多样性保护程度较低的土地利用/土地覆被格局。如果将碳储存的付费纳入模型之中，则会减少该权衡。Goldstein 等（2012）利用 InVEST 软件，评估了夏威夷瓦胡岛七种规划用地情景中包括碳储存和水质改善在内的生态系统服务供给与不同土地利用方式能够产生的经济回报。其中，用地类型的转化集中在生物燃料原料种植、食用作物种植、森林培育、牲畜放牧与住宅开发之间。所有的情景相对于当前状况都能够带来正向回报。然而，在碳储存与水质保护、环境保护与经济发展之间依然存在着权衡。例如，森林的恢复使得碳储存量增加，然而由此带来的农田的损失，会使得经济回报减少。Goldstein 等利用每种生态系统服务与经济回报相对于现状变化的百分比，来表明这一权衡。最终决策者选择的规划方案带来了正向的经济回报（109 万美元）和碳储存服务的增加（相对于现状增加 0.5%），然而水质改善服务却因此减少（潜在氮排放增加 15.4%）。

5. 权衡与协同的尺度效应

从供给方来说，生态系统服务的尺度依存特性来自于生态系统功能的尺度效应（Zhang et al.，2013）。一些生态系统服务只在局地尺度发挥效应，另一些服务空间范围则是宏大的。前者如土壤形成等，后者如气体调节等。一些生态系统服务持续的时间较短，另一些服务能够长期存在。前者如汛期洪水减缓等，后者如水源涵养等。从需求方来说，生态系统服务的尺度依存特性由不同层次消费者在不同阶段对于服务需求的差异而致。不同时空尺度的生态系统服务供给与消费相互作用是权衡与协同具有尺度依存特性的主要原因。从空间尺度来说，由于不同生态系统服务供给与需求在空间上不一致，生态系统服务的空间转移会导致不同层次利益相关方对服务的权衡与协同（Bohensky et al.，2006）。例如，上中下游对于河流在水源涵养、水质净化、土壤保持、灌溉、防洪、航运等方面的权衡与协同。不同尺度利益相关方对于生态系统服务需求的短期与长期利益差异，也会引起权衡与协同效应（Rodriguez et al.，2006）。

在研究中发现，权衡关系具有区域异质性。REDD 计划试图达到增加碳汇和生物多样性保护的"双赢"结果，但如果地理区域选择不当，同样会出现权衡结果（Phelps et al.，2012）。对阿根廷 50 年的土地利用变化所引起的生态系统供给服务和经济收益进行权衡分析表明，不同的区域两者的权衡关系是不同的。在土地利用政策制定时应充分考虑区域差异，并在生态系统服务功能和经济发展之间找到平衡点（Carreño et al.，2012）。实际案例分析也证实了时间权衡的存在。McNally 等（2011）分析了生态系统服务短期与长期之间的权衡。他们基于坦桑尼亚 Saadani 国家公园红树林保护区的案例研究，结合遥感数据与居民生计调查，对保护区内两种与采掘相关的生态系统服务——红树林（薪柴）和捕捞鱼虾——深入分析了其中的权衡关系。他们利用多种经济学模型，来研究保护区内外，不同收入群体的经济状况与红树林面积之间的关系。结果表明，砍伐红树林作薪柴使得许多家庭在经济上短期内即蒙受了损失，这一情况在较为富裕的家庭则更为普遍。然而，所有的富裕家庭都会从红树林保护所带来的鱼虾长期可持续的增长中受益。平均来看，在 Saadani 国家公园内红树林覆盖面积每增加 10%，将使得半径 5km 范围内居民捕虾的平均收入增加两倍，捕鱼的收入也将增加约 9450 美元。因此，在两种生态系统服务利用方式的权衡中，选择长期可持续的保护性捕捞，优于短期的砍伐。

6. 权衡与协同分析的不确定性

一般认为，权衡与协同分析的不确定性来自于生态系统服务币值化过程或模型模拟物理量过程。Johnson 等（2012）评述了生态系统服务价值评估的不确定性，指出正是由于价值核算不确定性以及农业收益波动性的存在，在土地利用的权衡分析中应当采用谨慎的做法。Hou 等（2012）对景观分析和生态系统服务评价的不确定性的来源进行了分析，指出景观与自然系统的复杂性、方法的不确定性以及被调查对象的社会偏好是其主要原因。要减少评估过程的不确定性，加大样本数量、使用标准化的评估方法以及提高数据质量是重要途径。Grêt-Regamey 等（2012）提出了基于贝叶斯网络与 GIS 集成的生态系统服务制图方法，并以瑞士阿尔卑斯山区为例进行了实证研究。将不确定性考虑进来后，生态系统服务簇的价值和空间格局都会发生变化。对于生态系统服务不确定性的制图，有助于决策者识别服务传递的关键区域，对于森林生态系统的管理具有重要的意义。

（二）国内研究进展

1. 理论探索

近年来，国内对于生态系统服务之间非线性关系，权衡与协同的类型与研究方法等进行了总结和探讨。在对生态系统服务生产、输送和消费过程中关键问题分析的基础上，总结得出：①在生态系统服务生产过程中，生态系统服务与生态系统功能之间不是一一对应的，而且生态系统服务之间在生产过程中存在着相互作用。协同增效和相互抑制是生态系统服务之间两个非常普遍的相互作用。②生态系统服务效用的空间覆盖特征决定了它们是否能够被输送，根据输送载体的不同，输送方式主要有自然输送和人为输送两种。③在生态系统服务消费的同时需要获得一定数量的资金投入来保证生态系统服务的再生产（陈祥义等，2011）。李鹏等以生态系统服务竞争与协同为视角，厘清了生态系统服务竞争与协同的基本内涵，总结了生态系统服务竞争与协同的主要类型，探讨了生态系统服务竞争与协同的空间与时间尺度效应；同时，他们介绍并总结了生态系统服务竞争与协同两种主要研究方法（生态-经济综合模型方法、基于土地利用的情景分析法）的特点与适应范围（李鹏等，2012）。肖玉和谢高地等在对功能多样性-生态系统功能关系以及基于功能性状的生态系统服务研究基础上，总结归纳了基于功能性状的生态系统服务研究框架。在该框架中，首先选取对生态系统功能影响显著的非生物因子和功能多样性指数，然后量化非生物因子和功能多样性-生态系统功能和生态系统功能-生态系统服务之间的关系，进而构建功能多样性与生态系统服务的关系（肖玉等，2012）。闵勇等在分析了当前研究中的问题和难点后，提出了一种新的交叉学科研究路线，即利用来自基因调控研究的布尔网络模型为生态系统服务间的复杂互动提供建模和模拟分析平台。以食物生产系统的 4 项基本生态服务的关系为案例，设定 1 个基本情景和 1 个调控情景，分析 4 项生态系统服务的相互关系变化对系统功能的影响。结果表明，运用布尔网络模型可以在简单规则和少量数据的条件下，模拟多个生态服务之间非线性的复杂相互作用，并能为研究调控多种生态服务提供建议（闵勇等，2012）。

2. 应用案例

近年来，国内在生态系统服务权衡与协同方面的研究逐渐兴起。葛菁等（2012）在二滩水库集水区，按照当地生态政策发展以坡度为指标构建了 10 种未来土地覆被格局情景，研究生态系统减轻水库泥沙淤积、减轻水库面源污染、产水发电服务及价值对未来覆被格局的响应程度，并兼顾相关产业收益的变化，权衡各种情景格局的服务效益，优选利益相关方福祉提升幅度最大的情景格局。以浑善达克正蓝旗地区为例，找出畜产品供给服务功能和防风固沙功能之间相互关联作用的因子，分别对这两种功能进行价值化处理，得到价值分析的最优组合，构建了这两种服务之间定量的权衡模式。结果表明，适当的放牧对草地的防风固沙功能具有促进作用；典型草原复合草原、湿地草甸和低山丘陵湿地草原能够承担较大的载畜量，同时具有良好的防风固沙功能；低山丘陵典型草原和沙丘间典型平原草原防风固沙的价值明显大于畜产品供给价值，应当有节制有选择的开发利用（林泉，2012）。以中国 2000 年土地利用数据为基准，利用 CLUE 模型分别评估了"一切照常情景"、"规划情景"和"优化情景" 3 种情景下森林、草地和湿地生态系统服务变化（陈宜瑜和 Jessel，2011）。白杨等（2013）应用 InVEST 模型分析了河北白洋淀地区在无农用地转换、无城市扩张、农业发展、林业发展以及河岸造林五种情境下农业生产、水电生产和水质量三种生态系统服务的权衡关系，并寻找出兼顾生态与经济发展的土地利用方案。以黄土高原延河流域为案例区，以乡为单位构建了人类活动指数 HAI，分析了 HAI 与初级生产力、碳汇、产氧量、水土保持等生态系统服务之间的关系（Su et al.，2012）。彭怡（2010）对 InVEST 模型中的产水、水源涵养、防止泥沙淤积、碳储存和生物多样性模块及其参数、指标等进行了一系列修改和校验。在此基础上对四川汶川地震灾区水源涵养、土壤保持、碳储存 3 项关键生态系统服务功能以及生物多样性进行了评估。在此基础上通过空间叠加分析对灾区生态系统进行了综合评估，并讨论了地震对生态服务功能与生物多样性的影响。

第二节 生态系统服务时空权衡的测度与表达

为了研究不同生态系统服务之间的权衡，研究区需要具备能够提供多种生态系统服务的能力。因此，本研究选择包括北京市、天津市和河北省在内的京津冀地区为案例区（图 6-2）。该地区是我国重要的政治、经济和文化区域，其中心为京津唐构成的世界性都市连绵带，腹地广阔且发展潜力巨大，被认为是继珠三角和长三角之后，中国经济增长的"第三极"。然而，该地区在社会经济快速发展的同时也付出了较大的资源与环境代价，表现为自然资源消耗过大，水资源短缺已经成为制约该地区社会经济发展的主要限制因子（封志明和刘登伟，2006）。同时，区域内的环境恶化趋势并没有得到有效遏制，表现在城市环境污染依然严重，太行山、燕山土壤侵蚀和坝上高原荒漠化加剧，平原洼淀萎缩、消失，海岸及河口生态系统退化，地面沉降和海水入侵以及沙尘频繁侵袭等方面。整体来看，该区域生态系统服务除了生产性的供给功能外，其他多数服务功能均有不同程度的下降或退化（刘金龙等，2013）。

京津冀地区总面积 21.07 万 km²，约占中国国土总面积的 2.2%。区域内生态系统类型复杂多样，其空间分异也较为明显。整体上由东南至西北，海岸滩涂、滨海湿地、农田、城市、灌丛、森林、森林草原和草原依次更替；其中，西部的太行山和北部的燕山地区为该区域重要的生态屏障，东南部平原是主要的粮食产区，而北京和天津等大型城市人口密集，是生态系统服务最主要的消费地区。区域内地形复杂，河流纵横，湖泊众多，其自然生态系统在保持土壤和涵养水源等方面发挥着重要作用（高江波等，2009）。

综上所述，该地区生态系统服务供给和消费空间梯度十分清晰，是研究生态系统服务权衡的理想区域。

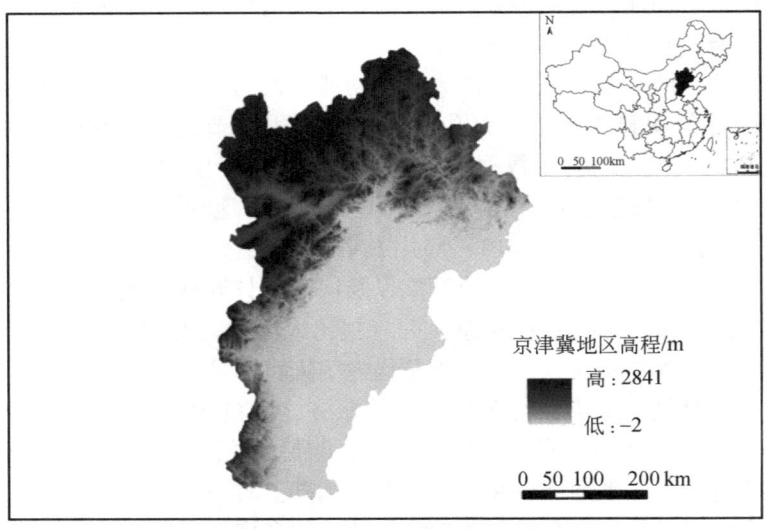

图 6-2　京津冀地区位置及高程图

一、京津冀地区生态系统服务空间模拟

针对京津冀地区的地理特征，选择了食物供给、碳储存和土壤保持这三种生态系统服务作为权衡研究的对象（刘金龙，2013）。

（一）食物供给

食物供给是生态系统，特别是农业生态系统重要的供给服务之一。影响食物供给服务的因素有很多，包括土壤肥力、病虫害防治、化肥施用、水分保持和动物传粉等（Wood et al.，2005；Swinton et al.，2007；Power，2010）。评估食物供给服务的方法有很多种，方法的选择在很大程度上取决于研究区的空间尺度大小。一般来说，在较大的区域尺度上，很难将上述的生态系统过程全部考虑在内，因此研究方法多采用各类粮食产量或者载畜量作为生态系统服务食物供给的指标，进而分析食物供给与其他生态系统服务之间的权衡或协同关系（杨莉等，2012；林泉，2012）。

然而人类的食物来源远不止粮食，还包括能提供人类生存所需营养成分的其他作物，如油料、糖料、肉类、奶类、禽蛋、水产品等。畜牧业和水产业以及进出口食物，都是食物总供给的重要来源（王情等，2010）。按照《中国食物与营养发展纲要（2001—2010年）》（简称《纲要》）中的 2010 年食物与营养发展总体目标，中国人均每日摄入能量应达到 2300kcal[①]。为了全面地估算区域内的食物供给能力，并与《纲要》中的人均每日摄入能量标准进行对比，本研究在食物供给服务核算时，将不同土地利用类型所生产的不同食物，按照重量转化为相应的能量。具体的计算公式如下：

$$P_x = \sum_{k=1}^{K} \sum_{c=1}^{C} A_{ckx} \cdot p_{ckx}$$

式中，P_x 为区域 x 提供的总食物能量；A_{ckx} 为区域 x 内食物 c 在土地利用类型 k 中占有的面积；p_{ckx} 为对应的食物 c 的单位面积供给量；E_c 为不同食物所含的热量。由此可以得到区域内食物 c 的单位面积供给量：

$$p_{ckx} = \frac{P_x}{\sum_{k=1}^{K} \sum_{c=1}^{C} A_{ckx}} = \frac{Y_x \cdot E_c}{\sum_{k=1}^{K} \sum_{c=1}^{C} A_{ckx}}$$

食物供给数据来源于《中国区域经济统计年鉴 2011》、《河北经济年鉴 2011》和《河北农村统计年鉴 2011》，采用了其中的各县市粮食产量、油料产量、蔬菜产量、肉类产量、奶类产量和水产品产量数据。首先根据美国农业部国家营养数据库（USDA National Nutrient Database，http://ndb.nal.usda.gov），计算每一类食物所含的能量。然后基于 IGBP 的土地利用分类，将粮食、油料和蔬菜按照农田面积，肉类和奶类按照草地面积，水产品按照水域面积分别计算其单位面积上的食物供给量，单位为亿 J/km^2。计算所得到的农田、草地、水域及全部土地类型的食物供给空间格局如图 6-3 ~ 图 6-6 所示。

对京津冀地区的食物供给现状进行统计分析，各种食物及其对应的能量供给见表 6-1。

表 6-1　京津冀地区食物供给产量与能量分类统计表

项目	粮食	油料	蔬菜	羊肉	奶类	水产品
产量/t	39920540	1474073	80108381	475943	6931996	1543240
单位面积产量/(t/km²)	304.72	11.25	611.49	10.02	145.98	496.32
能量/亿 J	609941939	54546951	43593379	5319433	17700575	8204203
单位面积能量/(亿 J/km²)	4655.86	416.37	332.76	112.02	372.75	2638.57

京津冀地区的总食物供给按能量核算为 7.39×10^8 亿 J，按照能够供给食物的土地利用类型计算，单位面积食物供给能力为 4069.38 亿 J/km^2。根据《中国区域经济统计年鉴 2011》中北京市、天津市与河北省三地的年末总人口数，可以得到人均食物供给量为 7.07 亿 J/a，约合 4627kcal/d，明显高于《纲要》中的人均 2387kcal/d 中的标准。农田对于京津冀地区的总食物供给量的贡献最高，约占总食物供给量的 95.8%；草地次之，约占总量的 3.1%；水域的食物供给能力最弱，只有 1.1%。通过分析京津冀地区 2010 年食物供给

---

① 1 cal = 4.1868J

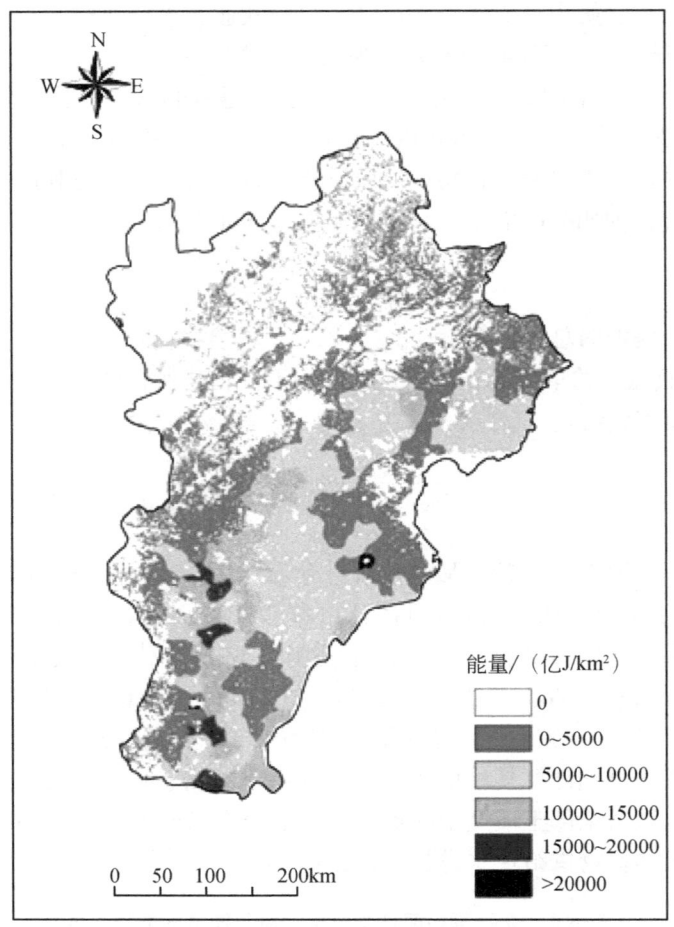

图 6-3 京津冀地区农田食物供给空间格局

的空间格局图,可以发现区域内食物供给有着明显的地域分异。总体上,区域内食物供给的服务呈现出东南较高而西北较低的格局。西北草原、东南平原和环渤海地区分别承担着不同类别食物的供给,其中东南平原地区是食物供给服务的重要区域。与其他地区相比,在北京市、天津市和石家庄市等人口密集的大型城市周边,食物供给服务较高。

(二)碳储存

森林和草地等生态系统,通过吸收大气中的 CO_2 并将其固定到树木、土壤或其他生物体中,可以提供调节气候等服务。在 InVEST 模型中,碳储存(carbon storage and sequestration)是陆地与淡水模型中的重要模块。在该模型中,陆地生态系统的碳库被分为五部分,包括地上生物量(C_{aj})、地下生物量(C_{bj})、土壤碳库(C_{sj})、死亡有机物碳库(C_{oj})以及木材收获量(C_{pxt}),其中,最重要的是前四个碳库(图6-7)。地上生物量包括所有存活的植物体(如树皮、树干、树枝、树叶等),地下生物量则指地上生物量所对应的全部根系,土壤碳库包括土壤中的全部有机碳,死亡有机物碳库包括枯枝落叶以及朽木

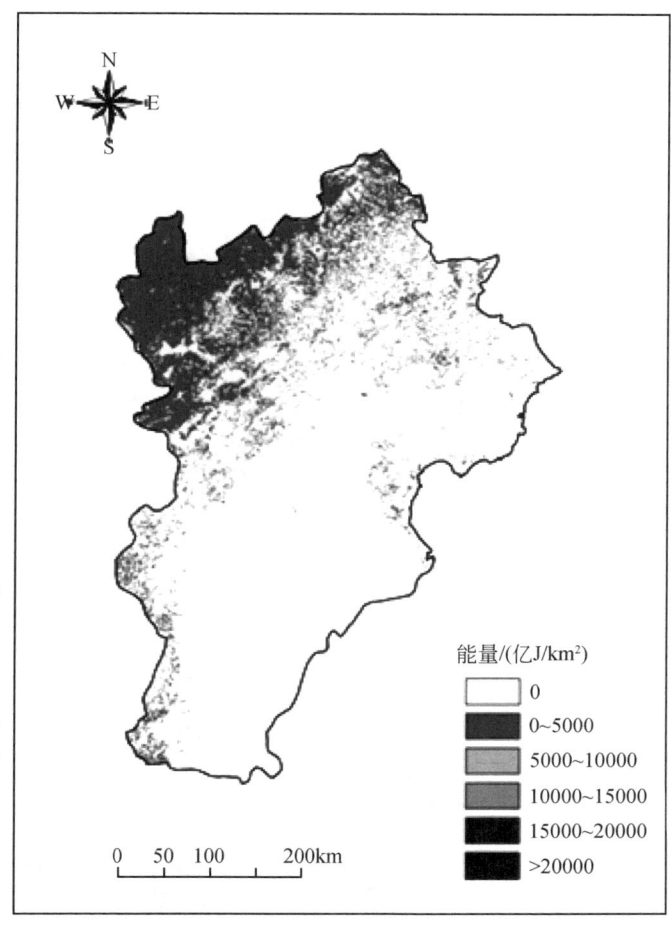

图 6-4　京津冀地区草地食物供给空间格局

等，木材收获量包括砍伐的薪柴、用于建造房屋或家具的木材等。模型将不同土地覆被类型下的上述碳库相加，即得到 t 时间内某一区域 x 所储存的碳（Conte et al.，2011）：

$$C_{xt} = C_{pxt} + \sum_{j=1}^{J} A_{xjt}(C_{aj} + C_{bj} + C_{sj} + C_{oj})$$

式中，C_{pxt} 是区域 x 在 t 时间内的木材收获量；A_{xjt} 为区域 x 中土地覆被类型 j 的面积；C_{aj}、C_{bj}、C_{sj} 和 C_{oj} 分别代表地上生物量、地下生物量、土壤碳库和死亡有机物碳库。木材收获量可以通过下式进行计算：

$$C_{pxt} = \text{Cut\_cur}_x \times \sum_{t=0}^{\text{ru}\left(\frac{\text{yr\_cur} - \text{start\_date}}{\text{Freq\_cur}_x}\right) - 1} f(\text{Decay\_cur}_x, \text{yr\_cur} - \text{start\_date}_x - (t \times \text{Freq\_cur}_x))$$

式中，Cut_cur_x 表示在一个收获周期内从某一地块 x 中移除的碳；yr_cur 表示当前时间，start_date 为计算的起始时间；Freq_cur 为收获频率，t 为收获次数；Decay_cur 为收获木材的半衰期；ru 表示对计算结果向上取整。

在计算碳储存的数据源中，土壤碳密度数据来源于联合国粮农组织（FAO）和国际应用系统分析研究所（IIASA）所构建的协调世界土壤数据库（Harmonized World Soil

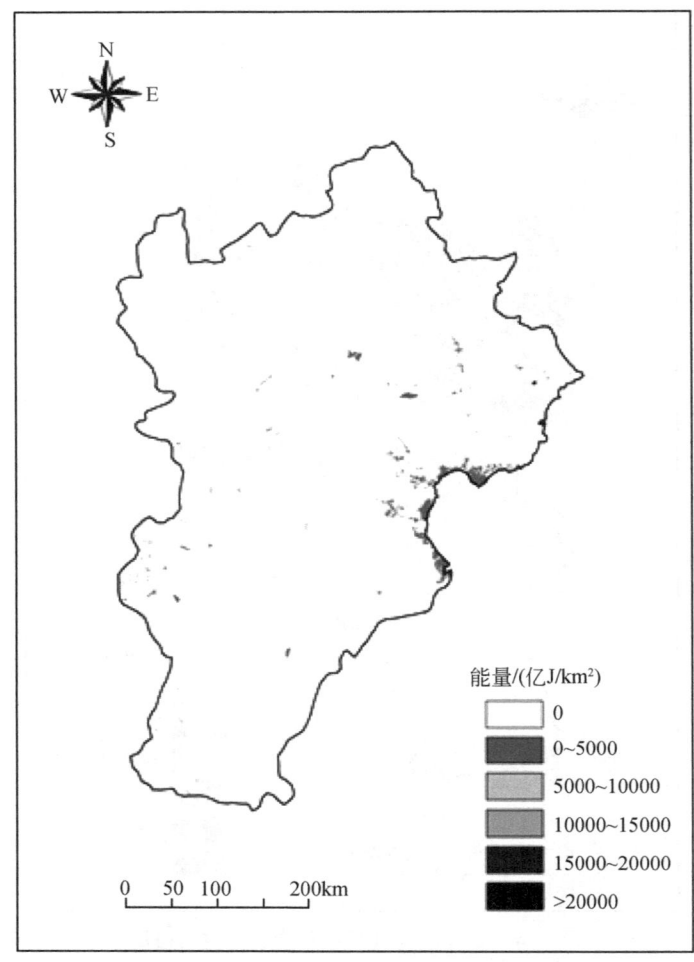

图 6-5 京津冀地区 2010 年水域食物供给空间格局

Database，HWSD），数据分辨率为 1km。土壤及属性数据为中国科学院南京土壤研究所根据第二次全国土壤调查制作的 1:100 万土壤电子数据，下载于国家自然科学基金委员会中国西部环境与生态科学数据中心（http://westdc.westgis.ac.cn）。落叶针叶林、落叶阔叶林、混交林以及灌木的碳密度数据参考毕君等的研究成果（毕君和王超，2011）。草地与湿地的碳密度数据是基于 2010 年的 NDVI 数据，根据朴世龙等提出的中国草地植被地上生物量与 NDVI 之间的关系，利用下述公式（朴世龙等，2004）计算得到。

$$Y = 179.71 \times NDVI_{max}^{1.6228}$$

式中，Y 为草地植被地上生物量；$NDVI_{max}$ 为最大 NDVI。NDVI 数据根据 2010 年 Landsat TM 影像计算得到。将上式计算所得结果乘以不同草地类型的地下与地上部分生物量比例系数，即可得到对应的地下生物量。在农田生态系统中，因为植物吸收的碳会以 CO_2 的形式重新排放到大气中，因此不具备长期存储碳的能力，故农田生态系统的碳储存计算只考虑土壤碳（方精云等，2007）。除森林生态系统外，草地、农田与湿地等生态系统的枯枝落叶层均忽略不计。

第六章 | 生态系统服务的时空权衡与管理政策

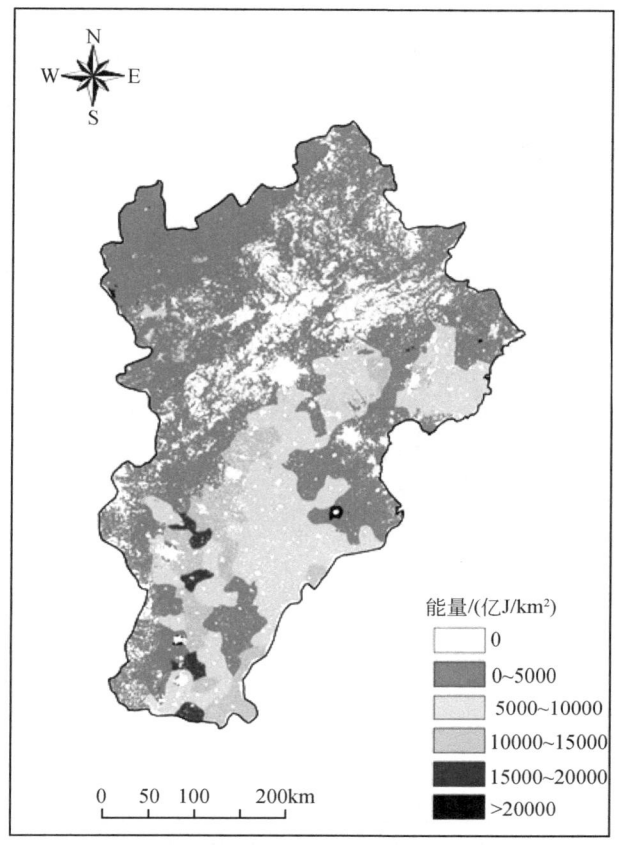

图 6-6 京津冀地区总食物供给空间格局

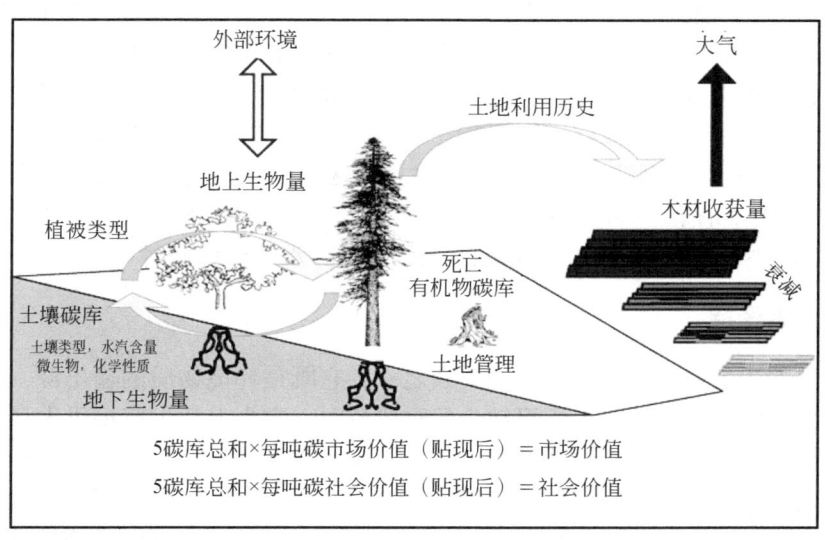

图 6-7 InVEST 模型中碳储存服务估算原理示意图

将地上、地下、土壤与死去的有机物碳密度数据与 2010 年的土地利用数据加载进 InVEST 模型的碳储存模块中，计算得到京津冀地区的碳储存空间分布，如图 6-8 所示。

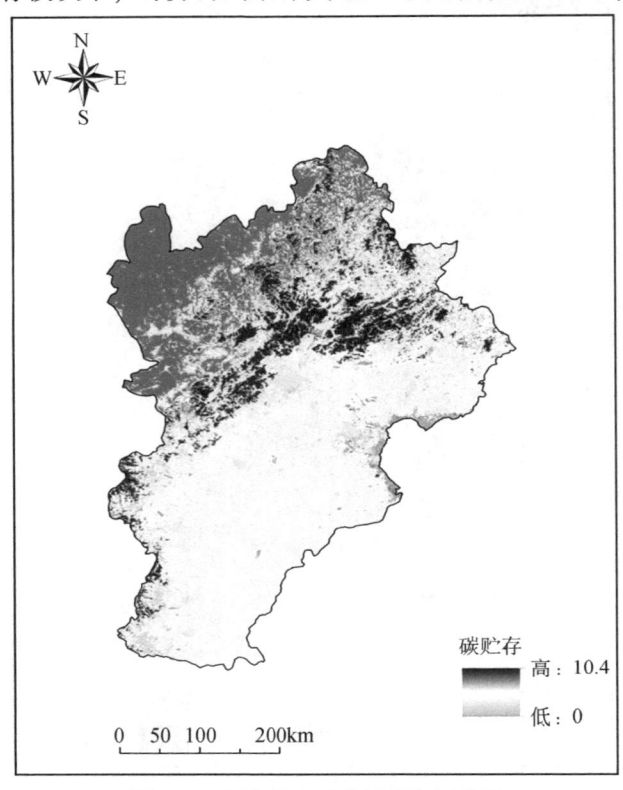

图 6-8　京津冀地区碳储存空间格局

由 InVEST 模型模拟的结果表明，京津冀地区 2010 年的总碳储存量为 1.53×10^9 t，约为李克让等基于 CEVSA 模型估算出的全国碳储存量的 1.6%，平均碳密度为 7.11kg/m^2。其中，平均植被碳密度为 1.33 kg/m^2，平均土壤碳密度为 6.58kg/m^2；与李克让等的计算结果（平均植被碳密度 1.47kg/m^2，平均土壤碳密度 9.17kg/m^2）相比偏小（李克让等，2003）。按照土地覆被类型统计，整体上京津冀地区的碳储量由高至低依次为：落叶阔叶林>混交林>草原>郁闭灌丛>落叶针叶林>开放灌丛>森林草原>农田与自然植被镶嵌体>含有稀疏乔木的草原>农作物>城市与建成区>永久湿地>水体>裸地>冰雪。

（三）土壤保持

土壤是地球表层系统中重要的环境要素之一，它既是环境物质的输出源，也是环境物质的接收载体。同时，土壤又是不可缺少的重要资源，它为人类生存提供大量的食物和纤维，是人类生存与发展的重要物质基础之一。土壤的数量和质量与人类的生产生活息息相关（冷疏影等，2004）。土壤侵蚀是自然生态系统中的一个正常现象，然而过度的侵蚀则会带来诸如水库淤积和养分流失等严重后果。人类活动会对土壤侵蚀造成显著的影响，例如不合理的土地利用和地表植被覆盖的减少对土壤侵蚀具有放大效应（吴秀芹和蔡运龙，2003）。

在本研究中，土壤侵蚀量的计算采用经典的 RUSLE 模型，其表达式为

$$A = R \cdot K \cdot \text{LS} \cdot C \cdot P$$

式中，A 为年平均土壤侵蚀量($t/(hm^2 \cdot a)$)；R 为降水侵蚀因子($MJ \cdot mm \cdot hm^{-2} \cdot h^{-1} \cdot a^{-1}$)；$K$ 为土壤侵蚀因子（$t \cdot hm^2 \cdot h \cdot MJ^{-1} \cdot mm^{-1} \cdot hm^{-2}$）；LS 为地形因子；$C$ 为地表植被覆盖因子；P 为水土保持管理因子。土壤保持量等于潜在土壤侵蚀量与现实土壤侵蚀量之差（欧阳志云等，1999）。其中，现实土壤侵蚀是指按照 RUSLE 方程计算出的土壤侵蚀量，潜在土壤侵蚀则是指无地表植被覆盖因子和水土保持管理因子情形下可能发生的土壤侵蚀量。

$$A_c = A_p - A_r = R \cdot K \cdot \text{LS} - R \cdot K \cdot \text{LS} \cdot C \cdot P$$

式中，A_c 为年平均土壤保持量；A_p 和 A_r 分别为潜在土壤侵蚀量和现实土壤侵蚀量。数据来源于中国科学院南京土壤研究所提供的 1：100 万土壤数据和中国气象科学数据共享服务网（http://cdc.cma.gov.cn）提供的京津冀地区的 2010 年降水月值数据。其中，降水侵蚀因子 R 的计算方法参考马志尊提出的模型（马志尊，1989）。

$$R = 1.2157 \cdot \sum_{i=1}^{12} 10^{\left(1.5 \lg \frac{P_i^2}{P} - 0.8188\right)}$$

式中，P_i 为多年平均月降雨量；P 为多年平均年降雨量。将不同站点的 R 数值进行克里金插值，得到全区的降水侵蚀因子 R。土壤侵蚀因子 K 的计算参考门明新等在河北地区的研究成果（门明新等，2004）；地表植被覆盖因子 C 和水土保持因子 P 的计算参考李晓松等在河北赤城的研究成果（李晓松等，2009）；地形因子 LS 的计算利用研究区的 DEM 数据，参考 Moore 等的方法（Moore et al.，1986）。

$$\text{LS} = (\text{FlowAccum} \times \text{Cellsize}/22.13)^{0.4} \times (\text{sinslope}/0.0896)^{1.3}$$

式中，FlowAccum 为汇水累积；Cellsize 为栅格大小；slope 为坡度。上述数据都是在 ArcGIS 中计算而得。由此得到的潜在土壤侵蚀量、实际土壤侵蚀量和当前土壤保持量的模拟结果如图 6-9 ~ 图 6-11 所示。

由图 6-9 ~ 图 6-11 可以看出，京津冀地区 2010 年的潜在土壤侵蚀量与土壤保持量的空间格局大体上相同。即在西南太行山地区与东北部丘陵山地有两个明显的高值区，而中部及东南平原地区的土壤侵蚀量较低。城市用地的土壤保持服务供给为零。对 RUSLE 模型的计算结果统计可知，2010 年京津冀地区的平均潜在土壤侵蚀量为 1264.23 $t/(hm^2 \cdot a)$，现实土壤侵蚀量为 86.96 $t/(hm^2 \cdot a)$，土壤保持量为 1177.28 $t/(hm^2 \cdot a)$。单位面积土壤保持量略高于许旭等对 2008 年的河北省北部土壤保持量的计算结果（许旭等，2011）。经过统计计算，不同土地利用类型对应的土壤保持量如表 6-2 所示。

表 6-2 京津冀地区不同土地利用类型下的土壤保持量

土地利用类型	土壤保持量/($t/(hm^2 \cdot a)$)	面积/%
水体	642.19	1.395
落叶针叶林	132.868	0.003
落叶阔叶林	817.862	0.309
混交林	868.514	5.618

续表

土地利用类型	土壤保持量/(t/(hm²·a))	面积/%
郁闭灌丛	2192.14	1.841
开放灌丛	991.872	0.312
森林草原	1470.65	4.501
含有稀疏灌木的草原	1286.14	0.024
草原	1269.38	14.312
永久湿地	574.397	0.156
农作物	1171.48	61.136
城市和建成区	829.849	5.526
农田与自然植被镶嵌体	1295	4.806
冰雪	274.57	0.005
裸地	294.398	0.057

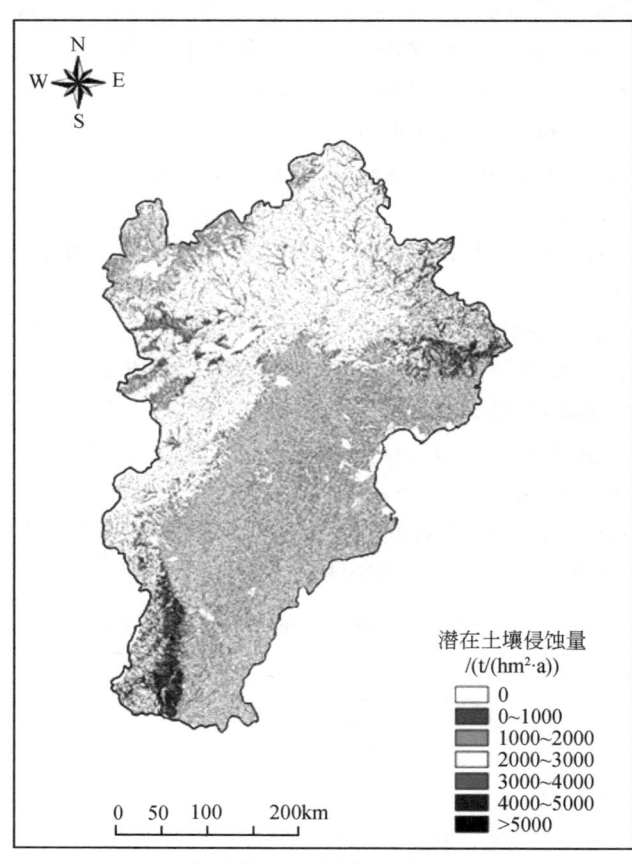

图 6-9　京津冀地区潜在土壤侵蚀空间格局

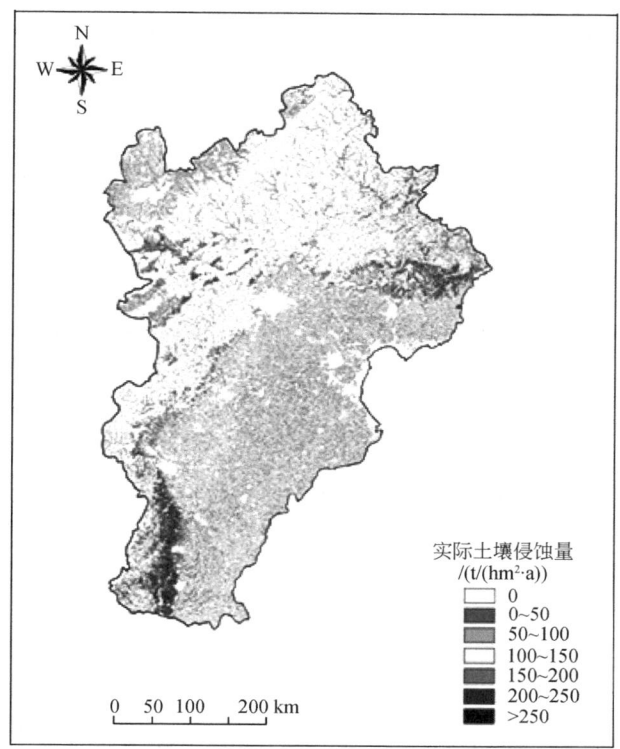

图 6-10　京津冀地区实际土壤侵蚀空间格局

二、京津冀地区生态系统服务的空间权衡

如前所述,京津冀地区食物供给、碳储存与土壤保持 3 种服务空间分布具有明显的异质性。例如,东南平原地区是食物供给的高值区,碳储存能力较弱;而西北山区则是碳储存的高值区,食物供给能力较弱。使用空间相关分析与热点区(hotspot)识别相结合的方法,对京津冀地区生态系统服务空间权衡进行分析。

(一) 空间相关分析

为了定量分析食物供给、碳储存与土壤保持之间的空间异质性,本研究采用 ArcGIS Spatial Analyst Tools 中 Multivariate 模块下面的 Band Collection Statistics 工具,计算上述 3 种服务的相关性系数矩阵,同时在 SPSS 中对回归系数进行检验,结果如表 6-3 所示。

表 6-3　京津冀地区不同生态系统服务之间的相关系数

	食物供给	碳储存	土壤保持
食物供给		-0.376*	-0.083*
碳储存			0.060*
土壤保持			

* 所有相关系数的检验,$p<0.01$

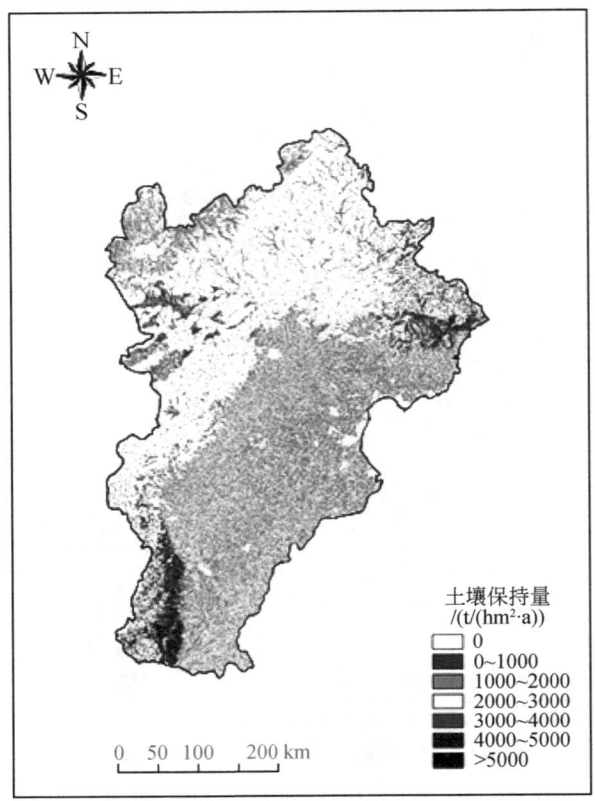

图 6-11 京津冀地区当前土壤保持服务空间格局

由表 6-3 中的统计检验结果可知，食物供给与土壤保持之间存在着负相关性，碳储存与土壤保持之间存在着正相关性，但是相关性较弱。而食物供给与碳储存之间则存在着较强的负相关性，相关系数达到 -0.376。分析其成因可知，食物供给能力较强的农田地区，其碳储存能力较弱；而碳储存能力较强的森林等地区，食物供给能力较弱。这一结果也表明，在京津冀地区，食物供给服务与碳储存服务之间存在着较强的空间权衡，而食物供给服务与土壤保持服务之间存在着较弱的空间权衡、碳储存服务与土壤保持服务之间存在着较弱的空间协同。

（二）热点区识别

在分析空间权衡关系的基础上，进一步通过热点区识别，可以了解不同区域服务供给能力的强弱。首先，在空间上统计了不同栅格能够提供生态系统服务的种类，即多重服务供给的种类多少。将食物供给、碳储存与土壤保持服务的栅格图层进行叠加，得到如图 6-12 所示的结果。其中，清晰地显示出，在北京、天津、石家庄等较大城市的建成区，多重生态系统服务供给的种类较少。这些地区基本上不具有供给食物和保持土壤的能力，而仅仅能够储存少量的碳。而东南平原地区的农田与西北高原地区的草原则具有提供多重服务的能力。按照京津冀地区总面积的百分比计算，在上述 3 种生态系统服务中，不能够提供任何生态系统服务的区域不足 0.01%，仅能够提供一种服务的区域约占 9.46%，能够提供两种服务的区域占 50.18%，能够提供全部 3 种服务的区域占 40.36%。多重生态系统服务的供给区中，农田和草地为主要的土地利用类型。

图 6-12　京津冀地区多重服务供给空间格局

虽然某些相同的生态系统类型可以提供不同的服务，例如农田既可以供给食物，又可以存储相当数量的碳，但是提供服务的能力有大有小，表现为单位面积服务供给的数量有多有少。因此，有必要对多重服务供给的热点区进行识别。本研究将京津冀地区食物供给、碳储存与土壤保持服务供给能力超过各自平均值的地区，作为该项服务的热点区。将每一种服务的热点区在空间上显示，可以看出 3 种服务的热点区在空间上存在着较大的异质性（图 6-13）。

所得到的上述 3 种服务的热点区空间格局如图 6-14 所示。

这里，定义两类服务热点区为"能够提供两类超过区域平均值的服务的区域"，3 类服务热点区为"能够提供 3 类超过区域平均值的服务的区域"。对图 6-14 中的多重服务热点区进行统计，两类服务热点区约占区域总面积的 11.93%，3 类服务热点区约占 0.13%。京津冀地区多重服务热点区的核心大致位于如下 3 个地区：

（1）冀东丘陵南部：分布在迁西、迁安、卢龙等地区，以食物供给和土壤保持为主要服务类型。

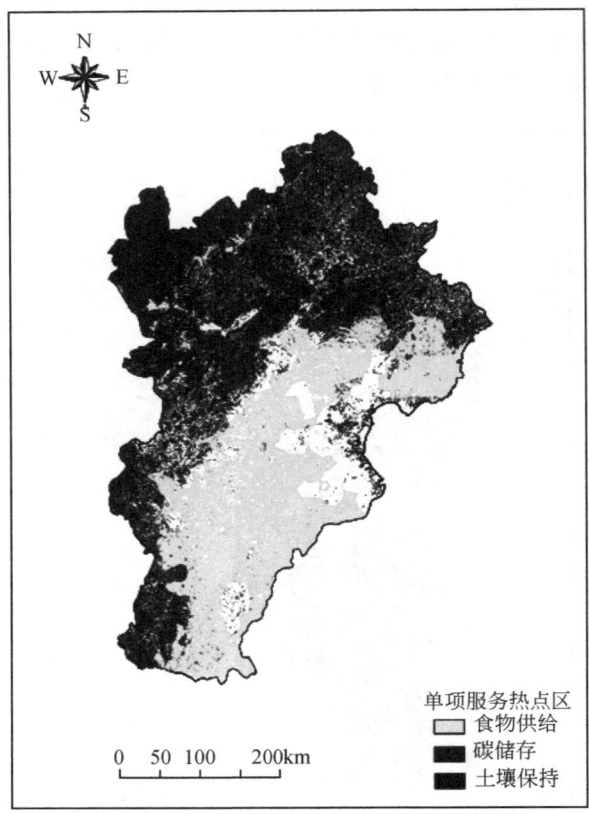

图 6-13　京津冀地区单项服务热点区分布

（2）冀西北高原南部：分布在怀安、万全、张家口等地区，以食物供给和碳储存为主要服务类型。

（3）冀南太行山地区：分布在鹿泉、元氏、赞皇等地区，以土壤保持和碳储存为主要服务类型。

由此可见，京津冀地区的多重服务热点区基本上均位于靠近山地或丘陵附近的农业区。上述地区海拔不高、坡度不大、地下水位适中、土壤质地优良、植被覆盖较好，而具有较高的土壤保持与碳储存能力；同时，由于土地利用类型为农田，所以食物供给能力也较高。

三、京津冀地区生态系统服务的时间权衡

土地利用类型和土地管理方式的改变，都会对生态系统服务的供给产生影响。因此，权衡常常发生在时间上，即通过对不同情景下生态系统服务供给的模拟，来选择符合利益相关者意愿的土地利用类型和土地管理方式。利益相关者的最优选择是寻找双赢的情景，即在该情景下所有的生态系统服务和生物多样性水平均为最高，且经济效益也最大。然而在大多数情况下，利益相关者仍需要从不同的生态系统服务选择中作出权衡。

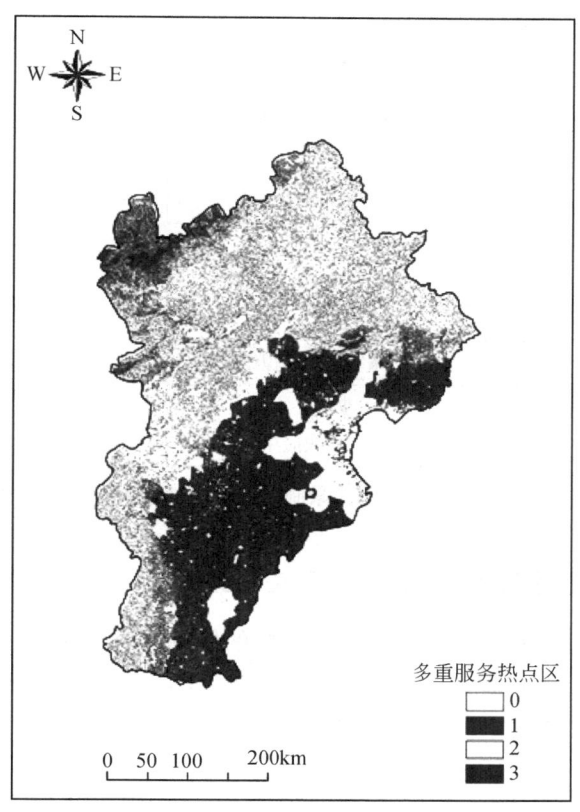

图 6-14　京津冀地区多重服务热点区分布

（一）情景制定

情景是对可能的未来的描述。鉴于未来的不确定性与现实决策的需要，情景被广泛地用于生态系统服务的权衡分析中（McKenzie et al.，2012）。InVEST 模型中给出了一系列情景设定的步骤和原则（图 6-15）。按照 InVEST 模型中的步骤，情景的制定需要在基线（baseline）的基础上进行。本研究采用第三章中对于京津冀地区的生态系统服务模拟结果作为基线，根据白杨等在白洋淀流域的情景设定方法（白杨等，2013），结合研究区植被按坡向的分布特点（刘增力等，2004），制定了情景 1；按照城市向外扩张，其他要素不变的原则，制定了情景 2。对于每个情景的具体描述如下：

- 情景 1：保护情景。根据京津冀地区的 DEM，分别进行坡度和坡向分析。假设京津冀地区未来所有坡度在 15°以上的农田全部退耕，阴坡（坡向为西北、正北和东北）还林（针叶阔叶林），阳坡（坡向为西南、正南和东南）还草（典型草原），坡向为正西和正东则还为森林与草原的过渡带。
- 情景 2：发展情景。假设京津冀地区未来城市继续扩张，缓冲区为 500m。即与现有城市边界相邻 500m 范围内的其他土地利用类型全部转化为城市用地。

在京津冀地区土地利用现状的基础上，分别根据情景 1 和情景 2 的制定原则，得到了两个情景下土地利用分布格局。

图 6-15 InVEST 模型中的情景制定步骤（McKenzie et al., 2012）

（二）不同情景下的京津冀地区生态系统服务模拟

按照上文中对京津冀地区生态系统服务现状的估算方法，对食物供给、碳储存和土壤保持 3 种服务重新进行了模拟，不同情景下各项服务的空间格局如图 6-16～图 6-18 所示。

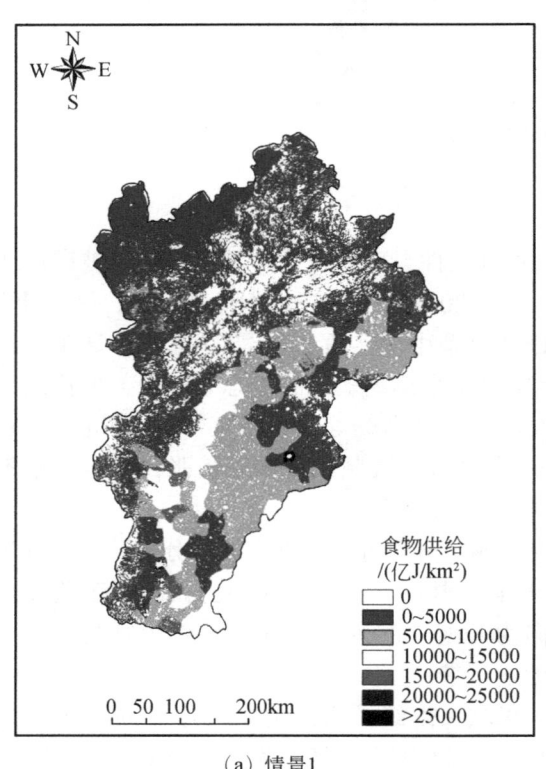

（a）情景1

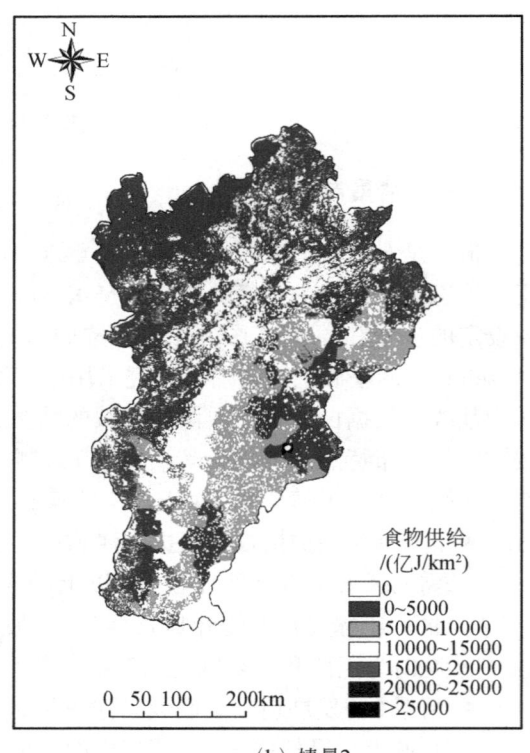

（b）情景2

图 6-16 情景 1 和情景 2 下食物供给空间格局

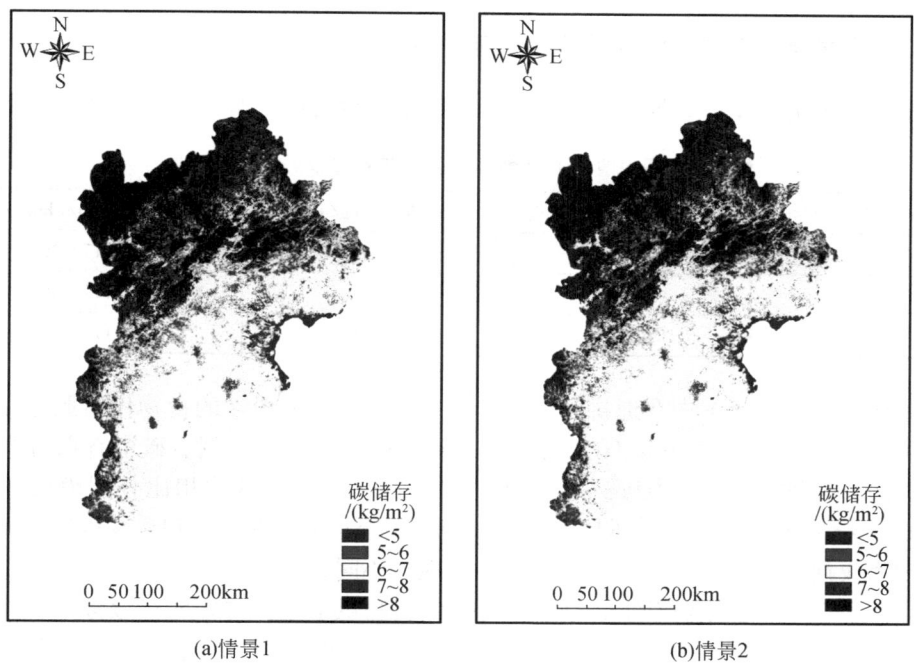

(a)情景1　　　　　　　　　　　　　　(b)情景2

图 6-17　情景 1 和情景 2 下碳储存空间格局

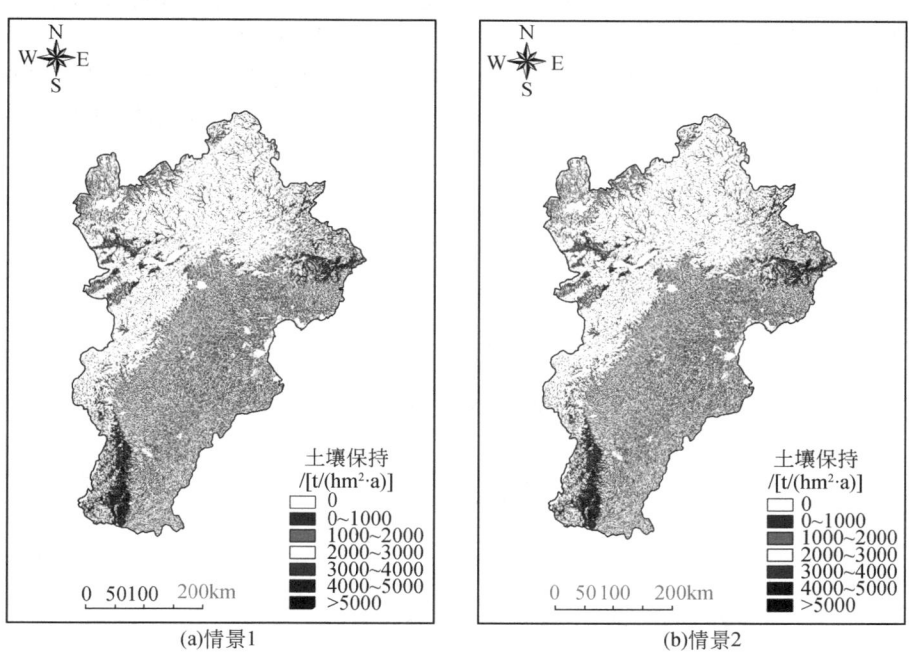

(a)情景1　　　　　　　　　　　　　　(b)情景2

图 6-18　情景 1 和情景 2 下土壤保持空间格局

(三) 不同情景下的京津冀地区生态系统服务权衡

对情景 1 和情景 2 下 3 种服务单位面积供给量进行统计，所得结果如表 6-4 所示。

表 6-4　不同情景下京津冀地区生态系统服务的模拟结果

	食物供给/(亿 J/km^2)	碳储存/(kg/m^2)	土壤保持/(t/(hm$^2 \cdot$ a))
基线	4069.38	7.11	1177.28
情景 1	4026.42	7.13	1177.65
情景 2	2861.08	7.08	1183.75

与基线相比，情景 1 中在退耕还林措施驱动下，京津冀地区的食物供给服务减少，单位面积可提供的能量减少约 42.96 亿 J/km^2，减少约 1.06%。同时，碳储存服务与土壤保持服务提高，分别增加了 0.02kg/m^2 和 0.37t/(hm$^2 \cdot$ a)，与基线相比分别增加了 0.28% 和 0.03%。结果表明，在退耕还林情景下，食物供给与碳储存服务和食物供给与土壤保持服务表现为权衡，而碳储存与土壤保持服务表现为协同。

情景 2 中在城市扩张驱动下，京津冀地区的食物供给服务与碳储存服务减少。其中食物供给服务减少明显，为 1165.34 亿 J/km^2，减少率达 28.6%；碳贮存服务减少了 0.05kg/m^2，减少率为 0.70%。与此同时，土壤保持服务增加了 6.10t/(hm$^2 \cdot$ a)，与基线相比增加了 0.52%。结果表明，在城市扩张情景下，食物供给与碳储存服务表现为协同，而食物供给与土壤保持服务、碳储存与土壤保持服务则表现为权衡。

为了在更加直观地表示不同情景下生态系统服务的权衡，图 6-19 采用雷达图的方式给出了现状、保护与发展下，各项生态系统服务的相对值。为了消除量纲的影响，对表 6-4 的数据进行了归一化处理。

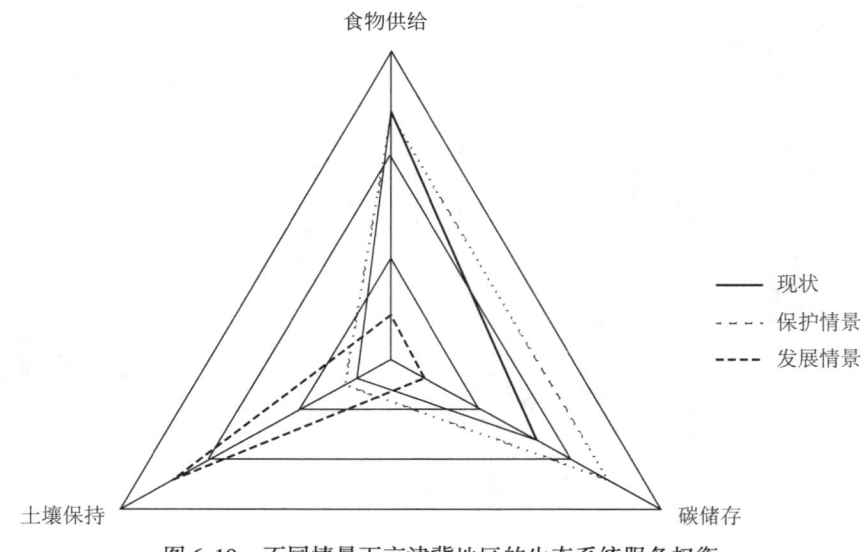

图 6-19　不同情景下京津冀地区的生态系统服务权衡

图 6-19 清晰地显示出，发展情景虽然有助于土壤保持服务的增加，但是碳储存和食物供给服务的减少率较高。而保护情景同时使得土壤保持和碳储存服务有所增长，食物供给服务仅仅有小幅度的减少。因此，综合比较包括现状在内的 3 种情景，保护情景是最优的。

四、基于时空权衡分析的生态系统服务管理政策

（一）生态系统服务管理概述

对于生态系统服务管理这一概念，目前学界尚未形成统一的认识。陈宜瑜等将生态系统服务管理与生态系统管理相结合，将其定义为"依据特定的目标，为构建结构合理、生产力高，并能够可持续地提供生态系统服务的各种管理措施，以及与此有关的法律、规章、政策、教育和公众行为的总称"（陈宜瑜和 Jessel，2011）；郑华等（2013）提出了生态系统服务功能管理的概念，认为"生态系统服务功能管理是指以实现区域生态系统服务功能的可持续供给为目标，综合利用生态学、管理学、经济学等学科基本原理调节生态系统格局、过程和功能"。

生态系统服务管理，其核心在于为可持续地利用生态系统服务提供保障。千年生态系统评估的结果显示，在过去的 50 年里，全球有 60% 的生态系统服务供给出现了下降，而且其中的很多服务还将继续下降，对此，千年生态系统评估委员会希望能够通过对当前的生态系统管理政策做出调整，对相应的制度和资源利用方式进行改变，以减缓或扭转这一不利影响（MA，2005）。为了有效地应对上述问题，需要从制度与管理、经济与激励、社会与行为、技术与认知等方面制定改善生态系统管理状况的基本原则（张永民和赵士洞，2007）。本研究基于已有研究，提出了生态系统服务管理的内涵如下：

1. 具有明确的管理目标

生态系统服务的管理需要因地制宜。由于生态系统服务具有空间异质性，不同区域能够提供的生态系统服务种类和数量差别很大，因此在实施具体的管理措施前，需要明确特定地区的管理目标。目标的确定应该建立在与包括政府、企业、居民等在内的利益相关者充分沟通，了解其需求的基础上。

2. 确保多重生态系统服务间的平衡

多重生态系统服务之间常常表现为权衡，即一种服务的增加往往伴随着另一种服务的减少。在明确区域发展目标的前提下，应针对不同地区的特点，在多重生态系统服务中做出选择。通常情况下，生态系统服务管理更加关注如何提高区域的综合生态系统服务供给能力。例如在森林生态系统管理中，基于气候变化的保护情景不仅能够提高森林的碳储存能力，有益于环境保护，同时也提高了木材的产量，确保了当地居民的利益不受损害（Phata et al.，2004）。

3. 关注生态过程与生态系统结构

生态过程与生态系统结构是生态系统服务产生的基础。生态过程的改变，直接驱动着生态系统服务的变化。例如，水源涵养服务涉及降水、冠层截留、地面蒸散发、地表径流和壤中流等多个生态过程，其中每一个过程都对会最终的水源涵养量产生影响。而适宜的生态系统结构是决定生态系统当前和未来服务的关键因素。管理者可以通过调控生态系统结构，间接地影响生态系统服务的供给。Kremen（2005）针对生态系统服务管理中应该关注的生态学问题，提出了如下的研究范式：

（1）识别区域内重要的生态系统服务供给者；
（2）确定能够影响景观功能的种群结构的各个方面，尤其是种群能够维持其功能的补偿性反馈和使功能消亡的非随机性灭绝机制；
（3）估算能够影响服务供给的关键环境因子；
（4）测度供给者和服务作用的时空尺度。

4. 重视利益相关者的广泛参与

对诸如草原、森林、水和渔业等生态系统以及它们所提供的生态系统服务的研究，不应仅限于分析资源的自然属性（如土壤、动植物种类、温度和降水等），资源所在地及资源所有者的特点、管理体系、产权、行为规则等社会因素也十分重要（王羊等，2012）。在一些情况下，相同的生态系统服务对于不同的利益相关者而言，价值是不同的。例如，在森林生态系统中，当地居民往往将木材作为薪柴，而决策者和域外公众更希望保护森林以减缓气候变化与维持当地的物种多样性。由于决策者的局限性和资源的有限性，在制定区域发展规划时，如何将有限的资源充分利用显得尤为重要。利益相关者的广泛参与，有助于决策者充分考虑各方的利益诉求，制定更加全面详尽的情景。

（二）京津冀地区生态系统服务管理政策建议

根据对京津冀地区包括食物供给、碳储存和土壤保持在内的3种服务空间权衡分析结果，本研究针对该地区生态系统服务管理提出了如下建议。

1. 重视森林与草地的恢复

退耕还林（草）作为全国范围内的一项基本政策，有助于工程实施区的生物多样性保护、土壤保持、碳储存和防风固沙等服务的维持与增长（Liu et al., 2008）。对于京津冀地区而言，在不影响粮食安全的前提下，适当退耕还林还草（如本研究的保护情景）有助于包括碳储存和土壤保持服务在内的多种生态系统服务的提高。通过对森林与草地生态系统的恢复，尤其是在生态脆弱的太行山、燕山等地区，能够增加服务的供给，并且具有可持续性。

2. 控制区域人口规模与城市扩张

京津冀地区是中国城市化进程较快的地区之一。根据本研究的模拟，在考虑了城市扩张因素情景下，食物供给服务减少幅度很大，城市扩张直接威胁到了区域内的粮食安全。假设未来农田、草地与水域等食物供给的主要地区单位面积产量不变，区域内的人类福祉将面临着人口增长与城市扩张的双重压力。如果北京城市产业职能继续向天津和唐山、廊坊和保定等周边城市转移，以天津滨海新区、唐山曹妃甸等为重点沿海岸带城市空间增长加速发展，这样的"区域调整模式"更能够减缓资源环境的巨大压力（匡文慧等，2011）。

3. 建立生态系统服务保护区

深化对于京津冀地区多种生态系统服务之间权衡与协同关系的认识，是对区域内生态系统服务有效管理的基础。通过对多重服务的空间权衡分析，京津冀地区存在着 3 个生态系统服务的热点地区。建议在这些生态系统服务热点区内建立适当的保护区，即"生态系统服务保护区"，保护区内限制进行大规模的城市开发建设。同时，未来的研究应该关注多重生态系统服务的空间流动，不同服务供给与消费的平衡等方面。

4. 实施生态系统服务实物量付费

生态系统服务付费，是促进生态系统服务的保护，同时维持地区经济可持续发展的重要途径（Liu et al.，2008；Kinzig et al.，2011）。生态系统服务付费的核心问题之一是标准的确定。可以采取的一种方法是按照传统的币值化方法，将实物量转换成货币单位。例如，食物供给服务的价格可以按照农产品的市场价格来衡量，碳储存的价格可以按照碳交易市场上的价格来确定，而土壤保持服务可以将土壤中的养分元素，按照化肥的市场价格进行计算。本研究是建立在生态系统服务物质量估算的基础之上的。传统的价值评估，虽然便于补偿标准的单位统一与相互比较，但是评估结果往往是一个"天文数字"，实际上对最终的政策制定并无太大参考价值。以物质量为单位的估算，有助于在补偿区实行"实物补偿"，即在不同情景下相对于现状而言，综合考虑生态系统服务物质量的增加与被补偿方实际的损失来确定。这需要在对各种生态系统服务进行精确定量模拟的基础上，进一步完善服务实物量补偿的理论框架与可操作性评估。未来的研究可以在本文的基础上，按照上述方法确定生态系统服务实物量付费的标准。同时，补偿的标准制定应该充分考虑地区的差异性。

第七章 生态系统服务与区域人类福祉耦合关系

第一节 基于人类福祉的生态系统服务概念框架

一、人类福祉与生态系统服务

千年生态系统评估（MA）中将人类福祉的组成要素定义为安全、维持高质量生活的基本物质需求、健康、良好的社会关系和选择与行动的自由5个方面。人类福祉的缺乏将导致"贫困"。贫困不仅指收入的下降，更指能力的受损，尤其是获取资源的能力或机会的受限，以及不能自由选择和发展受到限制。发展不单纯是经济增长，而是人类能力的提高和扩展，包括人类的自由、环境保护、文明、平等及人类和谐进步等。在生态保护过程中，部分人群的资源利用和开发权利受到限制，甚至部分长期仅依赖当地生态系统服务以维持生计的人群利用自然资源的机会和自由受到制约，并由此引起的社会关系、娱乐休闲、自身价值、文化承载和环境保护等能力受到重大限制和改变，即福祉受到损失（李惠梅和张安录，2013）。

生态系统所提供的各种服务和产品，是世界上每一个人幸福、健康和安全生活的保证。生态系统提供服务的能力取决于生态、化学和物理等方面复杂的相互作用，同时人类活动也对其产生影响。毫无疑问，生态系统为人类生存提供了广泛的福祉。例如，森林系统的水和气候调节、湿地系统的废物吸纳和洪水调节能力，以及源自草原的文化和美学收益等等。生态系统过程及其提供的原材料不仅是基本的食品、燃料和纤维产品，还提供害虫防治、授粉作用以及娱乐条件。福祉是自然资源基础上的人类能力，贫困是福祉的剥夺和受限，生态保护是减轻长期贫困的重要举措，它可以通过提高人类的能力进而改善人类的福祉（贫困减缓）（Fisher and Christophe，2007）。

千年生态系统评估中明确提出，生态系统服务与人类社会福祉之间的研究将成为现阶段生态学研究的核心内容，并引领21世纪生态学发展的新方向。随着自然科学和社会科学的不断发展，人们可以更好地理解人类的行为是如何影响生态系统和生物多样的，反过来，生态系统和生物多样性的变化是如何影响人类的福祉的。生态学家的工作提高了人们对"生态系统生产功能"的理解，将生态系统的结构和功能与生态系统服务供给相联系。而不同学派的经济学家将人类福祉的度量与生态系统供给结合，从市场机制出发，制定激励政策，有效地管理生态系统。因此，自然科学研究与经济学分析的整体协作增加了我们关于生态系统服务与人类福祉相互作用关系的理解。例如，社会和生态系统中的资源开采是如何影响海洋渔业（Pauly et al.，1998）和海岸森林经济（Ahrends et al.，2010）以及它们对人类福祉的影响。

特别需要说明的是，从生态系统服务与人类福祉的定义可知，两者均强调生态系统对人类有益的供给（服务）及人类所得收获（福祉）。无论是从 TEEB（the economics of ecosystems and biodiversity）还是从 MA 分类体系来讲，生态系统服务都应指自然对人类有益的部分。然而，自然环境系统本身也可能给人类社会带来损害，其某些功能会造成社会经济损失，如洪水等给人类的带来灾难。一般来说，这些具有负面作用的自然系统过程或功能不是生态系统服务，生态系统服务给予人类的均应为福祉。

有些学者提出增益服务/减益服务，或者负服务的概念，此类提法也确有必要，这与经济学和统计学中的"负增长"概念类似。负增长基于比率概念，在进行增长率统计时出现负值则称为负增长。同样，也存在生态系统服务的"负服务"概念，但如何对负服务进行定义和度量需要斟酌，尤其需要明确服务基准。例如，将一片森林生态系统改造为城市生态系统，其中水源涵养能力大大下降；但若将一片荒地改造为城市，其水源涵养能力则有可能升高。因此，城市生态系统的水源涵养服务应为负服务还是正服务，有赖于服务基准的确定。如将荒地生态系统服务定为 0 基准，则城市生态系统的水源涵养功能仍为正服务。再如，可以将城市生态系统的 CO_2 调节功能定义为负服务，因为和荒地相比，其不仅不能够吸收 CO_2，还大量排放 CO_2。

然而，实际应用中"负服务"概念的界定也仍存在困难。不是每一种"正服务"都有相应的"负服务"与之对应。例如，无论何种生态系统水源涵养功能都不可能为负，城市生态系统不能提供粮食供给功能，其值为 0，但并未产生粮食供给功能方面的负服务。虽然"负服务"在研究不同生态系统某特定服务时具有优势，但在多种生态系统多种服务复合研究时，难以实施。因此，负服务的概念应依照具体研究内容，选择性地加以使用。本章内容侧重于各类生态系统服务与人类社会之间的耦合关系研究，因此，将生态系统服务定义为对人类福祉有所增益的范畴。

二、不同经济流派对生态系统服务与福祉的解读

一般而言，福祉的度量常与经济和社会政策目标相联系，生态系统在支持和维持人类福祉中所起的作用，仍然是经济领域研究中的边缘地带（Dasgupta，2010）。近些年来，情况有所改观，经济学家开始涉及生态系统服务研究的各个方面，这方面研究成果在过去几年中都有显著的增长，其中包括保护生态系统以及生物多样性的收益、各种服务间的权衡、生态系统服务的平衡以及其他的激励机制等。尽管如此，关于生态系统和生物多样性方面的经济学文献还远不及气候变化方面的经济文献那么数量众多。根据 Stern 的回顾（Stern，2007）以及随后的讨论（Nordhaus，2007；Weitzman，2007），经济学家在气候变化研究中扮演了相当重要的角色。可以预期，在生态系统服务和人类福祉之间关系的研究中，经济学家将会发挥越来越重要的作用。

表 7-1 是新古典主义经济学、福利经济学、价值替代理论对生态系统服务价值与人类福祉等的不同解读。从中可以看出，从生态系统服务价值起源到福祉的度量，均有所不同。

在生态系统服务价值的产生上，新古典经济学暗含的假设是，人类对生态系统服务的重视，完全是从"结果论"和"自我兴趣"出发的。但在现实中，人的行为选择也受其

他人或非人类福祉的影响，而这些选择是完全出于道义的，与任何利己的"结果论"毫不相干。新古典主义经济学对于生态系统服务的价值定位为总经济利益（total economic value，TEV），并划分为两种类型：使用与非使用价值。大部分价值可以核算为货币表示的经济价值，进而得到生态系统的总经济价值。但这样的分类显然不能涵盖生态系统所有的价值，因此，经济学家开始尝试将总经济利益的概念扩大，其中包括其他应被考虑到的价值形式——商品或服务的价值可能还包括利他价值，未来的人类可能会从中受益的遗产价值，以及虽然人们并不能享有，但作为自然组分存在的存在价值（Pearce and Turner，1990；Heal et al.，2001）。一般而言，生态系统的 TEV 可以划分为五类：直接使用价值、间接使用价值、选择价值、遗产价值与存在价值（图7-1）。然而，这些总经济利益仍被认为处于结果导向或自我兴趣的宽泛框架下，因为这种对其他价值的考虑，仍属于道德满足或恩泽普照的自我满足。当然，在总经济利益的核算中也确实应该包括这种利他行为的价值。TEV 概念最大的缺陷在于，并非所有其他价值都源自自身利益和精神满足，相反，这些价值常常被视为是独立于任何个人满意度的实体存在。在道义原则上，利他主义的价值形式与水调节和气候稳定性等基本生态系统服务联系，即人具有享有某种生活质量和自由选择的权利。类似的还有，被视为图腾的物种或自然景观等的自然组分，由于人类文化和历史认知（如和某特定地点的联系）和宇宙观或宗教（如佛教和印度教等）的缘故，具有了内在的固有价值。而一般性的成本收益法由于不把心理文化层面的自然内在价值纳入核算体系（Wegner and Pascual，2011），因此这种内在的固有价值不能通过成本收益法来实现货币化度量。

表7-1　新古典主义经济学、福利经济学、价值替代理论对生态系统服务价值与人类福祉等的解读（Wegner and Pascual，2011）

新古典主义经济学、福利经济学	价值替代理论	学科研究	代表人物
福祉是单一维度的——它仅包括效用的满足	福祉是多维度的——它包括多种效用的满足（包括心理、社会和文化等）	制度经济学（例如能力要素法）	Kahneman 等（1997）、Sen（1999）
		环境心理学	Chiesura 和 De Groot（2003）、Kumar 和 Kumar（2008）
		环境哲学（文化人类学）	O'Neill 等（2008）
		制度经济学	Vatn（2005）
价值是功利的——总经济价值（TEV）	价值是固有存在的	环境哲学（和文化人类学）	Sagoff（1988）、Aldred（2006）、O'Neill等(2008)、Spash（2008）
所有的价值或偏好都可以被预期，可以通过独立的个体行为加以预测（个人主义）	一些价值或偏好必须在社会层面上通过群体行为的度量才能预测	政治哲学	Dryzek（2000）
		制度经济学	Vatn（2005）、Howarth 和 Wilson（2006）
存在边际价值和相对价值	生态学中是非线性的	生态科学	Baumgärtner 等（2006）、Farber 等（2002）、Pearce 等（2006）、Farley（2008）

续表

新古典主义经济学、福利经济学	价值替代理论	学科研究	代表人物
部分均衡模型	生态系统复杂性	生态科学	Daily 等（2000）、Neumayer（2003）、Wallington 等（2005）、Brander 等（2007）、Farley（2008）
	生态系统恢复力	生态科学	Chee（2004）、Arrow 等（2008）
人类无所不知	尚存人类未知领域和不确定性	生态科学	Chee（2004）、Carpenter 等（2009）
		环境哲学和认知心理学	Sagoff（1988）、Spash 和 Hanley（1995）
价值或偏好的价格中性度量	财富分配影响价格	制度经济学	Bromley（1991）、Sen（2000）、Martínez-Alier（2002）、Vatn（2005）、Spash（2008）
其他应被考虑的价值或偏好也都可以从个人效用角度阐述	做出遵从自然的改变也影响价格	伦理学（和行为心理学和神经科学）	Sen（1999）、Nussbaum（2000）、Teschl 和 Comim（2005）
	名利的追逐影响价格	行为心理学和神经科学	Frank（1985）、Frey 和 Stutzer（2002）
	名利的追逐、其他从道义出发的价值或偏好也影响价格	制度经济学	Brekke 等（2003）
		制度经济学	Etzioni（1988）、Vatn（2005）、Aldred（2006）
所有的价值或偏好都是外生的	价值和偏好可以是外生的	社会心理学	Sen（1985）、Dittmar（1992）
所有的价值或偏好都可以被度量	价值或偏好可以被排序	伦理学	Sagoff（1988）
		制度经济学	Harsanyi（1955）、Sen（1977）、Brekke 和 Howarth（2000）、Nyborg（2000）、Vatn（2005）
所有的偏好都可以用金钱度量	排序的偏好不可以用金钱度量	伦理学	Sagoff（1988）
		制度经济学	Spash 和 Hanley（1995）、Rekola（2003）、Gowdy（2004）
		伦理学	Sagoff（1988）、Aldred（2006）、O'Neill 等（2008）、Spash（2008）
价值或偏好是静态的	价值或偏好是动态的	制度经济学	Vatn（2005）、Gowdy（2007）
所有的价值或偏好都是完整的，例如，可以在货币这一单一度量尺度上加以整合	外生的和排序的价值或偏好是不完整的，例如，它们不能在货币这一单一尺度上加以整合	伦理学和制度经济学	O'Neill 等（2008）、Sen（1977）、Brekke 和 Howarth（2000）、Nyborg（2000）、Niemeyer 和 Spash（2001）、Vatn（2005）

续表

新古典主义经济学、福利经济学	价值替代理论	学科研究	代表人物
所有的价值或偏好都可以在同一基数尺度上加以度量,个体之间可以横向比较	价值或偏好在异质群体中不可以在同一基数尺度上加以度量,个体之间不可以横向比较	理论福利经济学	Harsanyi(1955)、Gowdy(2007)

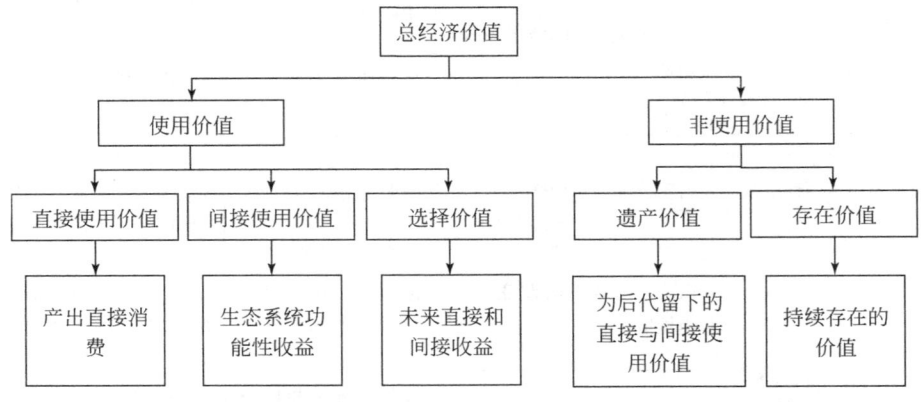

图 7-1　总经济价值构成（根据（Wegner 和 Pascual，2011）总结）

在人类福祉内涵上，福利经济学从福利主义出发，设想人类福祉的实现是由个人喜好的商品和范围的满足完成的，社会福祉的实现基于每个个体效用的累计。然而，越来越多的证据表明，个人的幸福感的范畴大大超过效用这一概念。事实上，环境心理学肯定了除了愿望的满足之外，生态系统同样与人类福祉息息相关，它满足了人类的心理健康和社会的归属感。例如，Chiesura and De Groot（2003）认为，将病房设计为自然景象的空间，会加快病人康复，减少病痛。城市中的自然景观会让人自然、平和，可以减少压力，平衡心智。Coley 等 1997）也认为，自然可以满足户外空间的使用，增进社会交往和邻里之间的和睦。O'Neill 等（2008）强调，历史遗迹的传承和文化的认同感，是景观的重要价值构成。

在生态系统服务对人类福祉作用的核算上，福利经济学和成本收益法赞同个人主义，即提前假设个体的价值观或偏好，且这些偏好与是否处于群体或孤立状态无关。然而，生态系统服务收益和人为变化是复杂的群体过程，并不能在个体层面进行估价和阐释。因此，环境价值不能在个体层面进行预估，而需要在过程中实现，甚至需要通过协商沟通的形式进行社会建构。

在生态系统服务对人类福祉作用的具体度量中，新古典主义经济学认为边际价值和相对价值是由边际使用的价值和其他替代商品的稀缺性决定的。与相对稀缺概念对应的是机会成本，即人们为了获取某物品而放弃的其他物品价值，也就是说，边际单位商品或服务相对于其他有价值的物品的稀缺性（机会成本）决定了它本身的价值。因此，支付意愿或者接受意愿也就常常被用作权衡意愿的度量，也就是用货币度量价值。然而，此类方法在应用于生态系统服务时，却不免存在较多局限，因为生态系统服务和产品并不是传统意义上的商品，它存在非线性特征和临界阈值，替代性有限，其价值常常游离于市场之外，边际变化并不能很好的体现其现实价值。当生态系统逼近临界阈值时，一个小小的扰动就可造成不可逆转的生态系统变化。在这种情况下，该系统所提供的服务就成为绝对稀缺了，而不再是相对稀缺，其价值不能通过与其他商品或服务之间的权衡来度量，因为它所满足的是人类的根本需求和权益。在边际情况下，其他任何东西都无法弥补，如土地盐渍化和珊瑚礁破坏等问题。因此，在度量逼近临界阈值的生态系统服务价值时，若使用传统的边际支付意愿来测度，其价值会大幅度增长，甚至是无价。如果依然按照新古典经济学理论进行度量，支付意愿的水平肯定是有限的，这时再利用边际价值进行度量便无意义。为解决这一问题，近来已有不少学者开始研究生态系统服务估值中的非线性问题，如模拟生态经济耦合系统非凸性，或通过度量接近阈值的生态资产的"保险"费用支付意愿。然而，生态系统过程的复杂性可能会造成这些改进很难应用于实践当中。此外，新古典主义经济学的另一重要假设是，人类无所不知，面临选择时，人类可以做到完全信息透明和理性抉择，我们对于商品和服务总有自己的偏好。然而认知心理学的研究表明，人类往往是无知的，在面临抉择时，也会不知所措。在生态系统服务领域，无论是科学家还是普通民众，人类的无知尤为明显，科学家难以给出确定的度量结果，民众更不了解生态系统服务的真实作用和真正价值。例如，在 2004 年 12 月 26 日印度尼西亚海啸之前，人们对于沿岸红树林在固堤减灾方面的重要作用几乎一无所知。很多学者试图通过对生态系统服务过程与机理研究来确定生态系统的真实价值，但这也并非易事。实物期权价值和概率论是解决不确定性的两种方法，但实物的期权价值也由于机理尚不明确而无法实施，而概率论更依赖于整个生态系统的生物物理过程和机制研究，需要明确整体生物物理过程及其产生各种服务的概率分布，特别是临近生态系统的变化阈值时，潜在的生态系统变化及其概率分布几乎是不可知的。在这种情况下，最低安全标准（safe minimum standard）可以代替成本收益法，它的侧重点从生态系统服务的流动转移到自然资产储量，规定资源储量必须高于具有高不确定性风险的阈值一定水平，直到这种保护的社会机会成本过高，不能承受为止。然而，这种最低安全标准核算面临的最大的问题是数据搜集和分析，以及时空不匹配问题。究竟何值才是"高得令社会无法接受的机会成本"？诚然，在数学逻辑上，最低安全标准似乎是一个很好的模型，但由于计算阈值的不确定性，其指导决策的有效性还有待检验。

第二节　生态系统服务对人类福祉的影响

一、人类福祉优化与生态系统服务权衡

（一）人类福祉优化概念

优化（optimization）的概念最早来自于应用数学领域，是指在给定约束之下如何寻求某些因素（的量），以使某一（或某些）指标达到最优。其中，运筹学研究中的线性规划及非线性规划、组合最优化、排队论以及决策论等是最优化研究的重要方法。一般用以下形式表达：

给定一个函数,$f: A \to R$,寻找一个元素或组合 $x^0 \in A$,使得对于所有 A 中的 x,有 $f(x^0) \geq f(x)$(最大化)或 $f(x^0) \leq f(x)$(最小化)。通常 A 由一个必须满足的约束等式或者不等式来规定。一般情况下,会存在若干个局部的极小值或者极大值。局部极小值 x^* 定义为:对于一些 $\delta > 0$,以及所有的 x 满足 $\|x - x^*\| < \delta$,有 $f(x^*) \geq f(x)$ 或 $f(x^*) \leq f(x)$ 成立。可见,优化概念涵盖局部范畴下的极大(小)化与全局范畴下的最大(小)化两类,即在约束下,除了优化选择之外,任何改变都不能够带给系统更大福利。

根据上面的讨论,我们假定所有的生态系统服务均为"正服务",均有利于人类福祉的增加,但不同人群侧重的生态系统服务不同。在此,我们提出人类福祉优化概念:在资源环境约束的情况下,在不同的生态系统服务组合、不同利益相关者中,寻找整体(或区域)人类社会经济福祉的最大值。尽管所有的生态系统服务与人类福祉之间均为正相关关系,但由于不同利益相关者关注的生态系统服务不同,不同利益相关者福祉与整体福祉之间不是简单的加总关系(可能存在"最短板"或加权平均等),因此,生态系统服务最大值可能不对应区域整体福祉最高值。如图 7-2 所示,其中虚线点为人类福祉优化选择,但其不对应生态系统服务最大值,而是对应通过权衡的生态系统服务组合,即优化寻求的是不同利益相关者多赢的人类福祉的最大化,以及生态系统服务的适当组合。

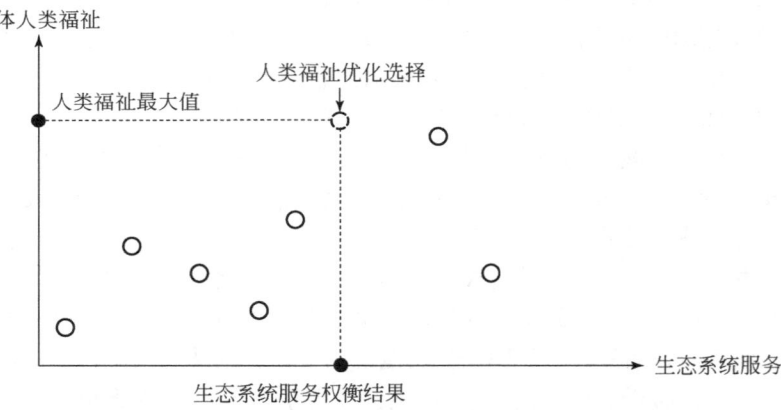

图 7-2 基于生态系统服务的人类福祉优化概念示意图

此外,在不考虑贴现的情况下,福祉是否稳定、可持续,也是福祉优化中必须考虑的问题。由于生态系统服务的供给通常为满足人类的短期需要,但这样的决定有可能会干扰到人类福祉长期可持续性(Foley et al., 2005)。人类福祉的稳定和可持续有赖于生态系统服务组合的稳定性,也就是生态系统的稳定性。从环境经济学角度出发,未来的不确定性应该通过贴现计入当期福祉计算,但由于生态系统的非线性和复杂性,预测及贴现率的计算十分困难。在不考虑贴现的福祉核算中,就应添加生态系统稳定性维度,在稳定的生态系统中,通过适宜的生态系统服务组合,达到人类福祉最大化。如图 7-3 所示,粗线为无差异最大化稳定福祉线,不同的生态系统服务组合下,存在最高的生态系统稳定性及最大化的人类福祉,A、B、C、D、E、F 分别对应不同情形下的状态组合。其中,E、F 二者为不同生态系统服务水平下的高稳定性、高人类福祉社会状态,再次说明了人类福祉的优化需要适宜的生态系统服务组合,而不是最大化的生态系统服务组合。

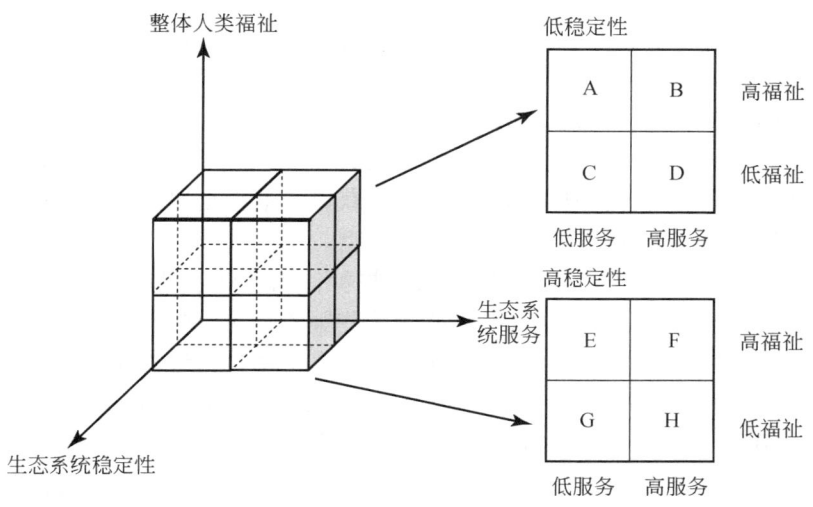

图 7-3　整体人类福祉–生态系统服务–生态系统稳定性三维图示

(二) 优化与权衡间关键问题

福利经济理论强调公平和平等。资源的获取机会的自由和平等是个体能力的体现，更是发展的前提。然而在自然资源有限的情形下，在几个相互依存的生态系统功能中。其中，某一个功能改变会导致其他功能的发生变化，大多数情况下，一种生态系统服务或人类活动的增加常常会导致其他服务和活动的减少（Tallis et al., 2008），即生态系统服务之间存在着权衡（trade-offs）。有时，也会出现两种或多种生态系统服务同时增强的情形，即生态系统服务之间存在协同（synergies 或 co-benefits）关系。此外，在受到外界因素作用后，由于不同类型的生态系统服务响应具有不同的时间和空间尺度，服务之间的权衡也可发生于现在和未来的供给之间。例如，在密西西比河谷由于大量施用化肥带来的生产力提高产生了显著的经济收益，然而在这些农业产量增加后的 20 年，墨西哥湾出现了死亡地带。

综上所述，不同种类的生态系统服务类型组合会对人类社会有不同影响，进而改变人类福祉；反过来，人类通过土地利用等方式对自然生态系统服务有选择使用，人类社会系统对自然生态系统施加影响产生不同种类的生态系统服务组合。因此，在多维人类福祉框架下，刻画生态系统与人类生存条件之间关系，权衡不同生态系统服务，优化组合，是减缓贫困、保障社会平稳和谐发展、增益人类福祉的重要手段，也就是说，我们需要进行情景假设，在不同生态系统服务中做一些权衡，从中选取可以实现人类–自然"双赢"的优化组合，最后制定相应的政策或激励手段，并在实践中加以应用。

当然，服务权衡时总会伴随着不同的受益者和受害者群体，使社会处于一种难以抉择的境地，时常会出现社会利益和个人利益的分歧，使政策难以推行。因此，Fisher 等（2011）提出了从经济分析与自然科学研究两方面理解生态系统服务与人类福祉之间关系的关键问题。

（1）如何模拟多重相互联系的生态过程与服务，才使得决策所用信息充分有效？

(Carpenter et al.，2006）例如，森林采伐势必会影响到生态系统储存碳的能力，但同时对溪水流量、流速以及水质有什么影响？怎样影响传粉作用以及害虫防治？物种竞争以及本地气候模式变化如何进行？在人类收益方面，哪些人获取了森林采伐利益而哪些人失去了森林原本提供的服务？与这些收益以及损失相关的价值是什么？这些成本和收益在时间和景观尺度又是如何分布的？从生态系统服务和人类福祉角度来说，仅一种简单的土地利用变化，就会产生诸如此类各种复杂的问题。为了获得一整套更加完整的分析结果，需要构建完备的用于评估的基本框架以及时空清晰的模型。

（2）生态系统服务流量变化如何影响人类福祉，尤其对于贫困人群有哪些具体影响？我们可以利用哪些政策工具来公正高效地管理这些服务？在全球尺度上，湿润热带地区是世界上生物多样性最为丰富的区域，也是土地利用变化最为剧烈的地区，生物多样性与多个贫困指标均表现出了高相关性（Myers et al.，2000；Smith et al.，2003；Fisher and Christopher，2007；Sodhi et al.，2010）。因此，在这些地区对生态系统及其服务的保护将会对生物多样性和贫穷两方面产生影响。对于生物多样性保护有益的行为同时可能会缓解贫困。例如，保护森林不仅可以拯救物种，还可以保证有机物供应，同时，依赖于森林的薪柴收集和狩猎活动有助于防止贫困的产生。

从操作角度来看，最重要的问题是如何来制定政策和制度，从而能有效地管理生态系统，以维持生态系统服务的均衡和持续供给（Carpenter et al.，2006）。除了了解生态系统的复杂性，还需要适当的体制环境来为公共物品和外部性的内部化提供激励，这样才能有效地管理生态系统。只有制度才能从"公地悲剧"中拯救公共池塘资源，这些制度可以是正式的政府规则，也可以是类似市场的机制，如许可的捕捉数量和个人可交易份额非正式的规范以及自我约束的传统风俗等（Ostrom，1990；Dietz et al.，2003；Costello et al.，2008）。此外，许多问题还涉及不确定性情况下的决策制定，以及风险控制等。以上这些问题实际上在气候变化和生态系统服务研究中都扮演着重要角色。

二、整体人类福祉优化——生态系统服务权衡的 ACTOR 框架

要使人类福祉得到优化，必须同时实现高效的经济效益和资源的公平分配，但生态系统服务与人类福祉的相互关系是非常复杂的。例如，湿地生态系统的丧失会导致净化水源、蓄洪抗旱等生态系统服务的降低，进而增加水污染及洪水风险，降低人类福祉，但同时会减少蚊子生境，进而减少疟疾的发生率，增加人类福祉。因此多种生态系统服务或景观功能的综合测度与评估通常需要搭建模块化的集成模型系统来完成，不同的模块实现不同服务或功能的定量化，然后对各模块综合集成，建立生态系统服务与人类福祉之间的研究框架。在此，我们提出基于生态系统服务权衡的人类福祉优化过程 ACTOR 概念框架，即按照 assessment（度量）、coherence（一致化）、trade-offs（权衡）、optimization（优化）、realization（实现）的顺序，逐步厘清从生态系统服务测度到人类福祉实现的完整过程（图 7-4 和表 7-2）。

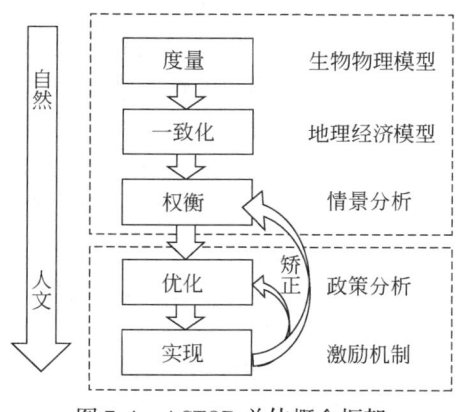

图 7-4 ACTOR 总体概念框架

表 7-2 多学科参与的 ACTOR 概念框架

ACTOR 框架	生态学	地理学	经济学	社会学	政治学
度量	3	2	1	1	1
一致化	2	3	2	1	1
权衡	1	3	3	2	1
优化	1	2	3	3	2
实现	1	1	1	2	3

注：数字代表学科参与程度：3 代表深度参与，2 代表中度参与，1 代表一般参与

（一）度量

科学客观地测度各类生态系统服务是权衡与优化的基础。不同生态系统服务的度量方法不尽相同，一般而言，对于存在市场价格的生态系统服务类型，可计算其货币价值，如粮食生产和农业灌溉，单位为货币；对于没有市场价格的，可通过野外实测获取模型数据，计算其生态系统服务的物理量（自然单位）。如土壤保持和泥沙沉积调节用修正通用土壤流失方程（RUSLE）计算，径流量调节、水质净化和洪水调节用 SWAT 模型计算，碳储存用 InVEST 模型计算等，单位为 $kg/(栅格·a)$ 或 $m^3/(栅格·a)$ 等。生态系统服务的度量一般涉及对生态系统功能及过程的机理研究，在整个度量过程中表现出明显的尺度效应。全球、国家等大尺度的研究，一般通过各种生物物理模型进行估计模拟，景观、村落等小尺度一般采用实地测量的方法进行研究。这一过程一般由生态学家和地理学家完成。

（二）一致化

一致化过程也可称为同质化（homogenization）或可比较化（comparability），是通过货币化、空间面积化、能值化等方法，对不同质的子系统进行变换使不同单位、不同类型的生态系统服务置于同一核算平台，具有统一的量纲。这样可对不同类型生态系统服务进行比较，并纳入人类福祉的核算体系，为服务权衡分析奠定基础。开展最早应用也最为广泛的生态系统服务价值化研究，即一致化过程的典型工作。价值化度量的最大优势是使各类生态系统服务在时空上可比，同时跨越自然生态系统和社会经济系统，达到自然与人文要素的融合。然而，由于评估过程中的很多不确定性，特别是通过非市场途径评价得到的价值量的准确性受到广泛质疑，使得该项评价途径的应用受到很多局限。生态足迹模型是空间面积化的典型代表，它是指在现有技术条件下，给定的人口单位内（一个人、一个城市、一个国家或全人类）需要多少具备生物生产力的土地和水域，来生产所需资源和吸纳衍生出的废物。生态足迹模型的实质是将生态-社会经济系统的物质要素和产品换算成面积单位。生态足迹模型自提出以来得到了广泛应用，但也存在许多问题，如基于静态封闭系统和空间互斥性假设，忽视区域功能差异，以及对人类作用重视不够等，目前已发展出一些改进方法。能值分析将生产某一产品或服务直接或间接投入的资源都纳入分析范畴，将生态经济系统内流动和储存的各种不同类别的能量和物质转换为统一标准的太阳能值，然后进行定量分析研究。在过去几十年里，能值评估方法业已经发展成为评估自然对经济活动贡献方式和程度的有力工具，应用于多个行业和领域的研究，如工业、农业、林业和畜牧业生产系统等，并被用于分析全球、国家、地区或城市等多尺度的宏观生态经济系统。然而，按照热力学第一定律，能量在转换过程中是保持守恒、绝不消耗的。能量本身作为广延量在生态经济系统中是可加的，但其流通率不具独立可加性，故能值的重复计算从根本上难以避免。另外，能值理论以太阳能为全球根本资源，不具有稀缺性。同时能量永远循环使用，从来不会被消耗。因此，从能值角度无法说明人类作用对全球生态经济系统可持续性的严重影响。此外，也有不少学者呼吁建立单一的生态系统服务对人类福祉贡献的核算单位。Boyd 和 Banzhaf（2007）认为，由于大多数生态系统服务是公共产品，市场并不能提供明确的核算单位。因而，在传统市场核算单位和生态核算单位之间必须建立一个一致性的单位，以期将生态系统服务价值纳入整个社会福利核算体系。这两位学者从经济核算角度出发，定义了一个基于终端生态系统服务的核算概念单位。可比和可纳入福祉核算体系是一致化过程的根本要义，也正因此，这一过程一般由生态学家、地理学家和经济学家共同完成，特别应当有环境经济学家和生态经济学家参与。

（三）权衡

生态系统服务权衡来自人类所做出的管理选择，它可以改变生态系统提供服务的类型、规模和相对组合。权衡在一种生态系统服务的供给由于另外一种生态系统服务的增加而减少时发生。例如，从河流引水以给一个城镇提供饮用水或农业区灌溉用水，会导致下游没有足够的水资源以满足需求。根据 MA 的分类方案，生态系统服务权衡可从三个维度进行分类，即空间尺度、时间尺度和可逆性。"空间尺度"是指权衡的影响发生在局部或是一个遥远的位置，"时间尺度"是指权衡的影响发生的快慢，"可逆性"表达了受扰动的生态系统服务回到原始状态的可能性。由于许多管理行动同时影响多种生态系统服务，并可能在不同的尺度上同时起作用，因此在单一类别难以区分生态系统服务的相互作用。

其中，空间权衡最容易被观察到（Rodriguez et al.，2005），且经常与服务供给相关联。例如，通过增加化肥使用量使农业增产的同时会给水质带来负面影响。时间权衡是指现时的生态系统服务利用对未来造成的可能影响。例如，短期为追求经济利益增加粮食产量而使用化肥和农药等，会引发与土地生态系统的长期调节和支持功能之间的权衡。相比空间权衡，时间权衡对人类社会的影响可能更为深远。一般情况下，管理决策往往重视短期提供的某种生态系统服务，而牺牲了未来同样的生态系统服务或者其他生态系统服务。这种决策在很多地区普遍存在。由于当选官员的任期很短，他们所做决策对生态与环境的影响最终可能要由其他官员来解决，即决策失误后果的外部性由未来政治家承担。许多自然过程如土壤形成、土壤肥力和地下水水位变化，发生速率很慢，以致其影响效应在几代人之后才可能显现。可逆性权衡是指在可逆性恢复和不可逆性变化之间寻找平衡点。权衡过程一般由地理学家、经济学家及社会学家完成。图形比较、情景分析以及模型模拟是权衡研究中最常用的三类方法。图形比较是通过对每一生态系统服务类型进行空间制图，然后应用 GIS 工具进行叠加等空间分析，比较其空间重合度，最终识别权衡与协同的类型及区域。情景分析是通过制定若干生态保护或社会经济发展优先抑或兼顾的情景方案，来分析各种生态系统服务之间的动态变化，目前使用最为广泛。模型模拟是指通过机理或统计模型计算出不同生态系统服务的物理量，然后进行权衡与协同分析，最后通过多目标优化等方法，提出满足目标要求的规划方案。

（四）优化

如前文所述，权衡过程中已经寻找到满足不同人类福祉的、不同稳定性的生态系统服务组合。优化过程在权衡结果中寻找人类福祉最大化的、高稳定性的生态系统服务组合，并建立可行政策供决策者和利益相关者选择。人类福祉最大化结果对应的生态系统服务组合不是唯一的，不同地区和制度下可以有不同的生态系统服务适宜组合，不同组合的选择需要有对应的政策制度支撑。整个优化过程需要在制度中嵌入自然资本价值，建立多种可行政策，选择人类福祉最大化的、区域适宜的生态系统服务组合。优化过程主要由经济学家及社会学家完成。

（五）实现

适当的激励措施如商品市场、碳税、水量管制与交易等可以将优化结果变为现实。可将优化过程中产生的可行政策，结合不同区域特征及国家政治体制环境，有重点、有目的地选择出合适的激励手段，并加以实施。如果激励机制不改变，人们的有害活动行为就可能长时间持续（例如过度捕捞，化石燃料的大量使用等）。生态学家、经济学家和其他社会学家，有责任将生态系统服务价值纳入决策中，设计出持久有效的管理监测机制。当然，这是一个相当漫长的过程，其困难程度不亚于将其他社会和政治问题纳入决策制定。在实施之后，还需要根据实施效果，对之前的权衡方案以及优化过程进行矫正，以获得更好的实践成果。这一过程一般由政治家及制度经济学家完成。

在整个 ACTOR 框架中，前三个过程"ACT"一般由生态学家、地理学家等自然科学家完成，后两个过程"OR"一般由经济学家、社会学家以及政治家等社会人文科学家完成。前后二者从权衡到优化的接合，即自然与人文研究交叉综合的过程。当然，如何理解人类活动对生态系统服务供给的影响以及这些生态系统服务的价值，在科学上还存在很多挑战。ACTOR 概念框架也是将区域生态系统服务与人类福祉进行耦合的流程框架。在具体实施过程中，无论是科学家，还是政策决定者，抑或利益相关者，都会遇到比传统改革更大的阻力和困难。对生态系统服务重要价值的认可需要民众认知水平的提高、知识的普及及科学研究的深入。在中国这样一个发展中国家，长达 30 余年的经济快速发展对自然环境造成了巨大的负面影响，如环境污染、生态灾难频发、自然生态系统面积比例降低、物种减少及生境破碎等。如何在发展与保护之间找到平衡点是我们面临的重要问题。这就要求加强对生态系统服务的权衡研究，为区域发展与生态建设提供决策依据，实现人类福祉的优化与最大化。这一框架的制定还只是开始，需要不断完善，并在实践中加以应用。

第三节 基于 CGE 模型的生态系统服务与区域人类福祉耦合关系模拟

一、CGE 模型简介[①]

（一）CGE 模型概念

传统可计算一般均衡（computable general equilibrium，CGE）模型出现于 20 世纪 60 年代（Johansen，1960），以列昂惕夫投入产出模型（Leontief input-output model）为基础，通过对居民、企业、政府等多个经济主体的行为设定，对经济系统中各个部门之间的相互作用关系进行定量分析（Dixon and Parmenter，1996），用多个方程联系形成的系统模型来描述供给、需求以及市场关系。在这组方程中，商品和生产要素的数量作为变量，在一系列优化条件（生产者成本最小化、消费者效益最大化、进口收益利润和出口成本优化等）约束下，求解这一方程组，从而得出在各个市场都达到均衡的一组数量和价格（邓祥征，2011）。其中，社会核算矩阵（social accounting matrix，SAM）表是建立 CGE 模型的核心数据来源，另外，一些弹性系数（包括不同生产过程投入的替代弹性、不同商品的居民需求价格弹性、国外出口商品的需求替代弹性等）需要部分外部设定，其他参数均由 SAM 表根据均衡恒等式在内部计算得到，因此 CGE 模型又称为应用一般均衡模型（applied general equilibrium，AGE），旨在强调 CGE 模型结果并不仅仅起例证作用，而且可以模拟真实世界的情形（Vemuri and Costanza，2006）。一般 CGE 模型基础框架如图 7-5 所示（Raudsepp-Hearne et al.，2010）。

（二）国内外 CGE 模型发展历程

狭义 CGE 模型最早由 Johansen 于 1960 年构建，是一个包括 20 个成本最小化的工业部门和一个效用最大化的家庭部门的多部门经济模型，它使用了挪威的投入产出数据和 Frisch 的可加效用法（Frisch，1959）来估计居民价格弹性和收入弹性。然而，继 Johansen 工作之后，CGE 模型的发展经历了很长一段时间的停滞期，直到 20 世纪 70 年代，美国经

---

① 本节内容引自高阳等（2013）

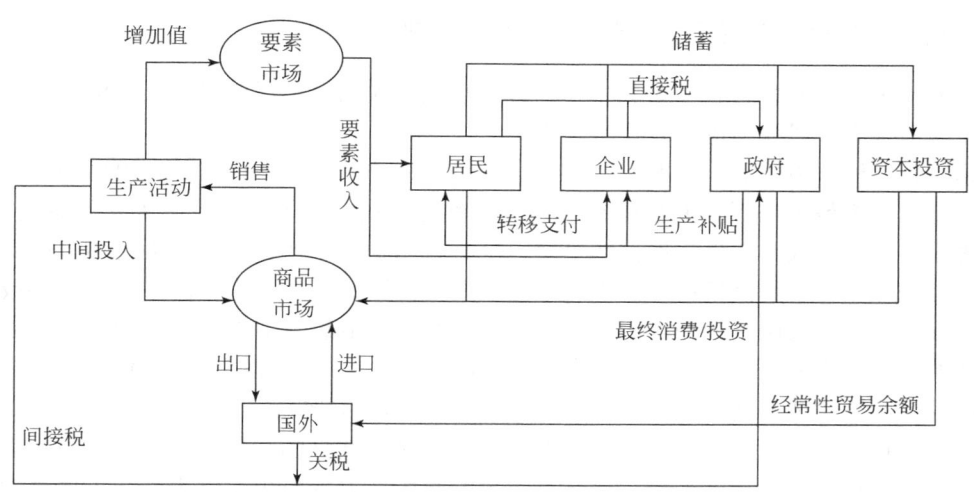

图 7-5　一般 CGE 模型框架（根据 Li and Jennifer Chung-I，2002 修改）

每一个箭头都代表 SAM 中的一个元素；通过对各种经济流的综合，SAM 集中展示了各经济主体之间循环往复的联系：从生产到要素收入的分配，然后到最终消费和投资，再到生产，构成了一个简单的生产循环；商品的供给及消费、投资反映了商品市场的供求关系；生产要素的需求和劳动力、资本的供给反映了要素市场的供求关系；再加上进出口贸易和收入的再次分配，共同构成了整个社会经济系统

济学家 Scarf 和他学生的一系列工作才极大地推动了传统一般均衡模型与 CGE 模型的结合。自此以后，越来越多的学者开始关注 CGE 模型。20 世纪 80 年代开始，随着能源价格的飙升和国际货币系统的变化，特别是环境日益恶化，亟须具有严格理论假设的定量方法对以上问题进行有效模拟。大量文献结果证明，CGE 模型具有良好的政策模拟分析功能。同时，由于计算机技术的不断发展，大规模运算的经济和时间成本大大降低，CGE 求解的难度大幅度下降，面向对象的集成软件开始大量出现，其中最有代表性的是由澳大利亚 Monash 大学 1986 年开始研发的一般均衡模型包（general equilibrium modelling package，GEMPACK）软件和世界银行 1992 年开发的一般代数模型系统（the general algebraic modeling system，GAMS）软件。自此，CGE 模型应用日趋广泛。进入 21 世纪以后，CGE 模型的研究日臻成熟，从原始的静态、完全竞争 CGE 模型发展到动态、非完全竞争的 CGE 模型，同时在应用领域上进一步扩宽，如金融 CGE、环境 CGE 和气候 CGE 等。

中国 CGE 研究起步较晚。最早研究中国问题的 CGE 模型由 Xu（1990）在其博士论文中构建，探讨了中国从计划经济到市场经济的转型。随后，Shi（1991）构建了一个 8 部门能源 CGE 来测度中国经济转型期能源及国际贸易政策的变化。1995 年，国务院发展研究中心与经济合作与发展组织（OECD）合作，在国内首次开发了包含 64 部门的中国 CGE 模型。经过不到 20 年的发展，税收、贸易和能源等成为中国 CGE 研究的重点领域，国务院发展研究中心、中国社会科学院数量经济与技术研究所、工业经济研究所，中国科学院科技政策与管理科学研究所等是国内 CGE 模型的主要研发和应用单位。

(三) CGE 模型应用于生态系统服务领域的理论基础

CGE 模型可模拟多种经济行为主体，进而准确反映出经济活动之间相互依存关系，应用在生态系统服务研究中也具有独特优势。

第一，在模拟主体上，CGE 模型明确了多种经济体的行为特征，例如模型中生产者利润最大化或成本最小化等。生态系统是一个完整的自然综合体同时受到人文要素的影响，其行为主体既包括人类，也包括自然要素。CGE 模型通过生产要素和行为主体、部门行业的细分和增减，可以灵活模拟分析不同自然和人文主体的特定行为。例如，在肥料或能源市场等投入部门中农民是消费者，但是在棉花市场等产出部门中农民就成为了生产者。生态系统的组成要素复杂多样，从过程和机理角度进行的生态系统综合研究仍较为薄弱，需要这种针对不同主体及同一主体不同功能进行的定量模拟研究。

第二，在模型约束上，CGE 模型通常是多部门和非线性的，还包含资源环境约束。生态系统是一个典型的复杂巨系统，存在有大量的非线性关系与相互作用，传统地理学手段对于人文要素的非线性模拟存在明显不足。CGE 模型精于刻画各种经济系统之间的耦合关系，对于分析地理系统中自然-社会经济的非线性关系具有较大潜力。同时，CGE 模型具有核算的一致性，即总支出不能超过总收入，并可通过对资源要素的重新配置达到市场出清。这种市场均衡假设可以通过不同经济体的供给和需求来决定某些商品和要素的价格。其约束条件使模型具有可计算性，是丰富生态系统定量的重要手段。

第三，在模拟方法与过程上，CGE 模型基于微观经济学理论，需通过一致性、齐次性等多重检验。基于 Walras 一般均衡理论的价格调整使商品和要素的供求达到平衡，侧重于由于价格改变而对真实世界的影响，最终给出模拟的定量结果。一般认为，传统地理学综合的不足之处主要在于综合手段偏于定性和单调，同时对过程和机理的研究较为薄弱，而 CGE 模型，依据坚实的经济学理论可实现严谨的公式计算和机理推导。从 CGE 模型的输入数据来看，除部分的行业产品替代和居民收入弹性等是外部人为设定外，其他数据均来自国家统计机构公布的核实数据，众多内生变量均为模拟运算得到，逻辑完整，过程严密，因而具有客观性和科学性。

第四，在结果表达上，CGE 模型可以实现空间化及动态化。时空动态特征分析是生态系统研究的核心内容之一。最初的 CGE 模型以大尺度的宏观静态模拟为主，但随着计算机技术的发展和模型理论的不断完善，CGE 模型逐步走向了多部门多区域的动态模拟。通过模拟不同冲击下经济主体的决策行为，CGE 模型可以实现资源、要素和产品在区域间的重新配置。区域的差异与关联及时间动态演化过程是多区域动态 CGE 模拟的优势。

综上所述，CGE 模型充分考虑了环境与经济系统各构成要素之间的紧密联系，通过在要素市场中加入资源与环境约束，将不同资本、劳动和自然资源共同视为经济运行发展的基础，从而模拟自然与人文要素共同作用下的社会经济结构，实现了自然系统与人文系统的真正融合。

二、CGE 模型构建

CGE 模型的本质是一组描述经济系统供求关系平衡的方程，其特点包括：①包含多个经济主体和多个商品及要素市场，可以高度概括整个经济系统；②通过价格调整使经济系统中的总需求不超过总供给，整个经济系统处于均衡状态；③模型可以求出数值解，是可计算的（Bergman，1991；Dixon and Parmenter，1996）。CGE 模型在整个经济约束范围内把各经济部门和产业联系起来，这些约束包括：对于政府预算赤字规模的约束，对于贸易逆差的约束，对于劳动、资本的约束，以及处于环境考虑（如空气和水的质量等）的约束等。构建 CGE 模型的基本步骤见图 7-6。下面分别详细阐述原始数据收集、社会核算矩阵编制、方程刻画这三个 CGE 模型建构的关键步骤。

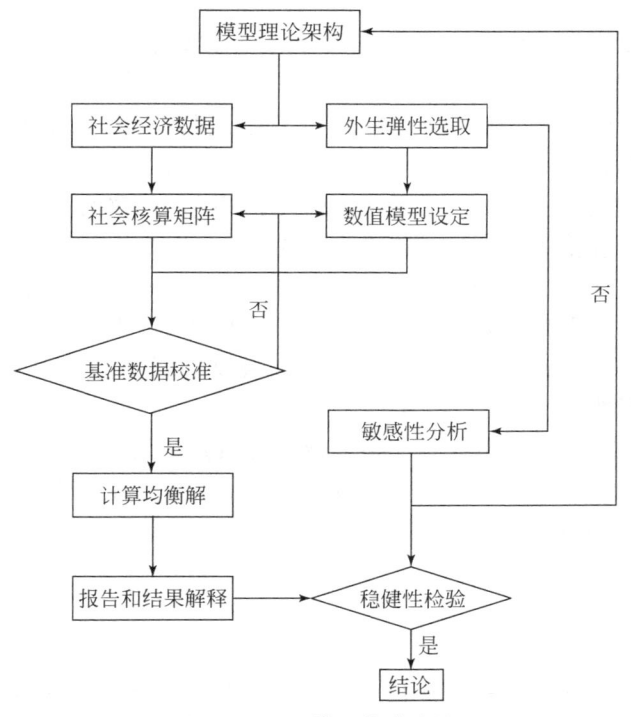

图 7-6　CGE 模型构建步骤

（一）以投入产出表为代表的原始数据收集

投入产出表（input and output table）又称部门联系平衡表，是指以产品部门分类为基础的阵列式平衡表，用于反映国民经济各部门的投入和产出、投入的来源和产出的去向，以及部门与部门之间相互提供、相互消耗产品的错综复杂的技术经济关系。任何生产活动都需要投入原材料、燃料等，而生产的货物或服务，或作为原材料等供其他生产活动使用，或用于消耗固定资产投资、增加物资储备，或出口。生产活动的最终目的是向最终使用部门提供货物和服务，组成国民经济的各部门之间经过这种相互提供原材料的过程，最终将生产的货物和服务提供给最终使用部门。投入产出表就是对一定时期内（通常为 1 年）这种生产、使用全过程的记录，其最早由瓦西里·列昂惕夫（W. Leontief）于 20 世纪 30 年代首先提出并研究和编制，他本人也因此杰出贡献获得诺贝尔经济学奖。投入产出表依照统计单位的不同，一般分为两类：一类为实物型投入产出表，另一类为价值型投入产出表。在研究初期，由于数据获取及统计便利，实物型投入产出表编制较多。目前，随着社会商品种类的增多，价值型投入产出表占绝大多数。

投入产出表是社会核算矩阵构建的基础，纵向为投入，横向为产出，按照中间投入和最终使用为界，可以分为四个象限。其中，第一象限反映部门间的生产技术联系，是表的基本部分；第二象限反映各部门产品的最终使用；第三象限反映国民收入的初次分配；第四象限反映国民收入的再分配，因其说明的再分配过程不完整，有时可以不列出。

自1992年始，除西藏自治区外，国家统计局和30个省（自治区和直辖市）统计部门每五年编制一投入产出表（逢2、7年份开展调查和编表），编制年份依次为1992年、1997年、2002年、2007年、2012年。每次编制后第三年编制投入产出表延长表，编制年份依次为1995年、2000年、2005年、2010年。由于投入产出表编制技术要求较高，因此投入产出表发布一般滞后3年，即2012年投入产出表将在2015年公布；而在延长表的编制中，数据资料不进行直接调查，而是根据相关部门提供的数据资料，按照国家编表要求进行加工整理，通过重点系数调整、价格指数调整、消费结构调整等环节，对前一次编制表格的中间投入构成中的主要消耗、最终使用构成中的各项数据进行研究，对不合理的数据进行修订调整。投入产出表延长表的发布一般滞后两年，即2010年投入产出表延长表在2012年公布。在中国的投入产出统计中，常见部门划分包括42部门、122部门、135部门、142部门等多种。

除投入产出表之外，各地区统计年鉴、城市（镇）生活与价格年鉴、财政年鉴和资金流量表等也都是社会核算矩阵构建的必要数据。若编制有能源、环境和污染扩展项的社会核算矩阵，可用于构建环境类CGE模型。此外，环境统计年鉴、能源统计年鉴也是重要的原始数据来源。

（二）社会核算矩阵构建

在数据收集之后，需要以投入产出表为基础，构建SAM表。SAM表是一种描述经济系统运行的、矩阵式的、以单式记账形式反映复式记账内容的经济核算表，它的出现和发展源于人们对国民核算账户局限性的认识。通常国民核算账户偏重于经济总量及增长的核算，但经济增长并不能保证所有人群的生活水平都能有所改善，因此需要了解有关收入分配方面的信息。SAM表恰好是一套连接所有经济交易（包括生产、收入分配、流通、消费、储蓄和投资等内容），并对生产活动、生产要素和社会经济主体进行分解和分类的完整数据体系。它将描述生产的投入产出表与国民收入和生产账户结合在一起，全面地刻画了经济系统中生产创造收入、收入刺激需求、需求导致生产的经济循环过程，清楚地描述了特定年份某一国家或地区的经济结构和社会结构。通过SAM表可以很清楚地看到：增加值是如何分配到各生产要素，进而分配到各机构主体（居民、企业、政府），机构主体的收入通过转移支付等手段进行调整后又用于消费支出。用于消费的各种商品又来自于各部门的生产活动，并在此过程中创造增加值。消费以外的其他收入则转化为储蓄，并进一步转化为投资。20世纪60年代以来，SAM理论得到了全面的研究和拓展。同时，在世界银行的大力推动下，已有50多个国家先后建立了他们的SAM表，分别用于投入产出、税收、收入分配和地区发展等分析过程。

简言之，SAM 表能定量描述一个经济体内部有关生产、要素收入分配、经济主体收入分配和支出的循环关系，可以看作是以数字方式再现经济循环，并着重于反映分配层面的一个经济关系阵列。

由于 SAM 表能准确刻画模型中包含的各种收支均衡关系，因此被用作 CGE 模型的基础数据集，并被当作 CGE 模型的基准均衡解。从形式上看，SAM 表的结构是一个方阵，它根据复式记账的原则将各账户的收支情况进行记录，其中行方向记录账户的收入，列方向记录账户支出，行和列的名称相同，即都代表同一组账户，同一账户行和列的合计金额是相等的。矩阵中的非零元素即代表各账户间的交易。通常开放经济体的 SAM 表账户包括以下几类：生产活动账户、商品账户、生产要素账户、机构账户、资本积累（投资储蓄）账户和国外账户。根据部门细分程度的不同，SAM 可以分为宏观 SAM 表和微观 SAM 表。其编制顺序既可以从微观汇总至宏观，也可以从宏观开始细分至微观。持前一观点的学者认为首先编制宏观 SAM，然后在宏观 SAM 控制的基础上编制详细 SAM，这样可以保持宏观总控与区域统计相一致。而持后一种观点的学者认为这种处理方式可以使各个微观部门与投入产出表基础数据一致，更有利于部门分析。表 7-3 是开放经济 SAM 表基本形式。

表 7-3 开放经济 SAM 表（单位：亿元或万元）

	生产活动	商品	劳动力	资本	居民	企业	政府	投资储蓄	国外	合计
生产活动		国内生产国内供给							出口	总产出
商品	一般商品的中间投入				居民消费		政府消费	固定资本投资		总需求
劳动力	劳动收入									劳动要素收入
资本	总资本收入									资本要素收入
居民			劳动收入	居民资本收入						居民收入
企业				企业资本收入						企业收入
政府	生产税	进口关税			居民所得税	企业所得税				政府收入
投资储蓄				资本折旧	居民储蓄	企业储蓄	政府储蓄		国外储蓄	总储蓄
国外		进口								外汇支出
合计	总投入	总供给	劳动要素支出	资本要素支出	居民支出	企业支出	政府支出	总投资	外汇收入	

SAM 表各账户的主要核算内容是：

"生产活动"账户核算生产者的生产活动。与"生产活动"对应的是投入产出核算中的生产部门，反映中间投入的生产关系。账户的行方向表示生产活动的收入来自于各种不同商品的供应，行的总和构成生产活动的总产出；账户的列方向表示生产活动的投入，即向"要素"和"商品"账户支出以获得中间投入和要素投入，并且还需向"机构"（政府）支付生产税，列的总和构成生产活动的总成本。

"商品"账户核算各种商品的供应来源和使用。账户的行方向反映国内各机构和世界其他地区购买或使用各种商品的情况，核算的是对"生产活动"的中间投入、各经济主体的最终使用以及出口，行的总和构成对各种商品的总需求；账户的列方向表示本国或国外各种商品的来源，把国内生产活动的供给和进口加上进口环节税收就构成了国内市场的总供给。

"生产要素"账户核算各种要素的收入及其在要素提供者之间的分配。账户的行方向描述各要素从生产活动中获得的要素报酬，反映初次分配；账户的列方向则描述的是要素收入在生产要素提供者即机构间的分配。

"机构"账户核算各机构的收入来源和各项支出。账户的行方向反映机构的收入来源与要素收入和机构间的转移，行的总和是各机构的总收入；账户的列方向反映机构的收入使用情况，除了部分转移支出外，其余收入都在储蓄和消费之间分配，列的总和反映机构总支出。

"资本"账户核算社会的总资本来源和使用。账户的行方向反映各机构的资本来源于储蓄和机构间的资本转移，行的总和表示总储蓄；列的总和反映社会的总投资。

"国外"账户核算与国外有关的交易。账户的行方向反映国外各种商品的进口和支付给国外要素的报酬；账户的列方向则反映商品的出口和从国外得到的各项净收入。

由于各种数据来源及统计口径各不相同，原始 SAM 表对应数据可能不满足行列相等的原则，并且由于较难获得表内所需所有数据，因此，必须对原始数据进行调整。一般而言，在数据可得性较好的发达国家建模中，RAS 方法、交叉熵（cross entropy）方法、系数交叉熵和最小二乘法方法等为平衡 SAM 常用的技术手段；而在许多发展中国家模型中，手动平衡是较为常用的方法，即选择较为准确可信的数据作为控制数据，而把一些难以获得或不准确额数据作为行或列的余量求出。

（三）方程刻画

有了 SAM 表作为 CGE 模型的数据源之后，可以通过方程刻画不同行为主体及生产要素之间的关系。具体而言，CGE 模型一般包含四组基本方程，即实物流方程、名义流方程、价格方程和均衡方程。实物流方程组描述国内外商品市场的供需情况，包括国内供给与需求、进出口产品与国内产品之间的替代和转换关系等；名义流方程组描述关系，各种经济变量之间的货币计量关系，包括收入、支出、税收和储蓄等；价格方程组描述实物流和名义流之间的价格关系，包括国内外市场价格、产品的生产价格和税后售价等；均衡方程组描述模型中各经济主体、产品和要素的均衡关系，体现了"需求"等于"供给"，以及"收入"等于"支出"的均衡概念（赵永和王劲峰，2008）。

三、基于 CGE 模型的北京市生态系统服务模拟

就整个社会经济系统而言，生态系统服务与劳动力和资本一样，是社会运转的重要生产要素。生态系统服务 CGE 模型既继承了 CGE 模型的一般均衡理论，又综合考虑了环境–经济系统之间的相互联系，并包含了生态系统资源及服务本身对人类福祉的贡献，适用于开展环境政策分析和环境经济影响综合评价等方面研究。

（一）模型框架及数据收集

一般来讲，自然系统要素在 CGE 模型中的处理主要有编制环境扩展的社会核算矩阵、对环境部门进行细分、将环境反馈纳入模型函数约束三种方法，大多数模型可综合使用以上三种方法。这里使用环境扩展的社会核算矩阵（图 7-7），将北京市生态系统服务作为与劳动、资本并列的生产要素，通过要素合成纳入生产活动刻画，模拟资源与中间投入品转化为商品和服务的过程，重点研究生态系统服务要素价格变化后对社会各行业特别是环境生产行业的影响。

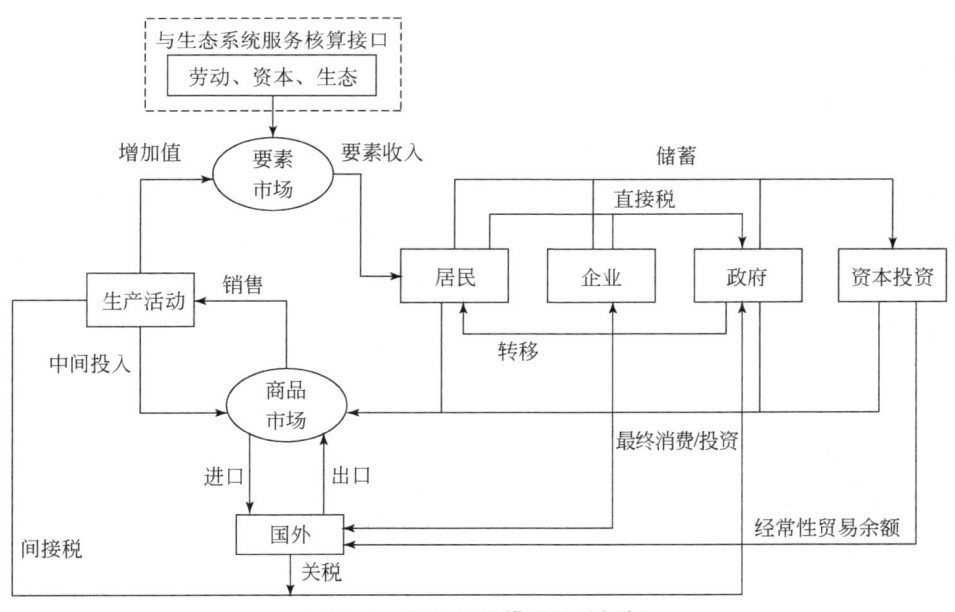

图 7-7　ECO-CGE 模型基础框架

部门划分中包括 33 个行业、2 组居民家庭（城镇和农村）、3 种生产要素（劳动、资本和生态系统服务）。33 个行业中包括 1 个农业部门、17 个工业部门和 15 个服务业部门。主要数据来源为北京市 2010 年投入产出表（http：//www.bjstats.gov.cn/2012trcc/lssj），包含 42 个部门。本研究依照研究重点，将 42 部门合并为 33 部门。研究中发现，北京市某些部门的产品出口量多于生产量，说明这些部门将进口产品进行了再出口，但这样就不能确定本地生产本地消费的具体数额，因此将此类部门与相近部门进行合并。具体合并与原始数据对应情况见表 7-4。

表7-4 模型部门划分

原始42部门	编号	合并	合并后33部门	新编号	名称
农林牧渔业	01	01	农林牧渔业	01	agric
食品制造及烟草加工业	06	06	食品制造及烟草加工业	02	ifood
纺织业	07	07+08	纺织服装鞋帽皮革羽绒及其制品业	03	iBtext
纺织服装鞋帽皮革羽绒及其制品业	08				
木材加工及家具制造业	09	09	木材加工及家具制造业	04	iwodf
造纸印刷及文教体育用品制造业	10	10	造纸印刷及文教体育用品制造业	05	ipptm
石油加工、炼焦及核燃料加工业	11	11+12	石油加工、炼焦及核燃料加工和化学工业	06	iBchem
化学工业	12				
非金属矿及其他矿采选业	05	05+13	非金属矿、其他矿采选和非金属矿物制品业	07	iBnmor
非金属矿物制品业	13				
金属冶炼及压延加工业	14	14	金属冶炼及压延加工业	08	immet
金属矿采选业	04	04+15	金属矿采选和金属制品业	09	iBmach
金属制品业	15				
通用、专用设备制造业	16	16	通用、专用设备制造业	10	iecio
交通运输设备制造业	17	17	交通运输设备制造业	11	itrans
电气机械及器材制造业	18	18	电气机械及器材制造业	12	imanu
通信设备、计算机及其他电子设备制造业	19	19	通信设备、计算机及其他电子设备制造业	13	icommuni
仪器仪表及文化办公用机械制造业	20	20+21+22	仪器仪表、文化办公用机械、工艺品制造和废品废料业	14	iBhandi
工艺品及其他制造业	21				
废品废料	22				
石油和天然气开采业	03	03+23+24	石油、天然气开采、电力、热力和燃料生产和供应业	15	iBheatprod
电力、热力生产和供应业	23				
燃气生产和供应业	24				
建筑业	26	26	建筑业	16	ibuil
交通运输及仓储业	27	27+28	交通运输、仓储及邮政业	17	sBtran
邮政业	28				
信息传输、计算机服务和软件业	29	29	信息传输、计算机服务和软件业	18	scomputer
批发和零售业	30	30	批发和零售业	19	sretail
住宿和餐饮业	31	31	住宿和餐饮业	20	shotel
金融业	32	32	金融业	21	sfina
房地产业	33	33	房地产业	22	sestate

续表

原始42部门	编号	合并	合并后33部门	新编号	名称
租赁和商务服务业	34	34	租赁和商务服务业	23	srent
研究与试验发展业	35	35	研究与试验发展业	24	sresear
综合技术服务业	36	36	综合技术服务业	25	stecho
水利、环境和公共设施管理业	37	37	水利、环境和公共设施管理业	26	swaterser
居民服务和其他服务业	38	38	居民服务和其他服务业	27	sresi
教育	39	39	教育	28	sedu
卫生、社会保障和社会福利业	40	40	卫生、社会保障和社会福利业	29	ssecurity
文化、体育和娱乐业	41	41	文化、体育和娱乐业	30	sculture
公共管理和社会组织	42	42	公共管理和社会组织	31	spublic
煤炭开采和洗选业	02	02	煤炭开采和洗选业	32	iprcoal
水的生产和供应业	25	25	水的生产和供应业	33	iprwater

注：名称说明：第一个字母为a，代表农业部门；第一个字母为i，代表工业部门；第一个字母为s，代表服务业部门。第二个字母为B，说明此部门为原始投入产出表经过合并后的部门

在投入产出表的基础上，通过2010年投入产出表延长表以及2010年相应的海关、税收、国际收支、资金流量等数据编制了2010年社会核算矩阵。生态系统服务相关数据来自《中国环境统计年鉴2011》。表7-5为北京2010年宏观生态系统服务-SAM框架。

本研究重点探寻生态系统污染净化功能对北京市国民经济系统的影响。假定每年北京市政府"三废"处理的投资，可以保证地方环境不至于恶化，污染治理费用等同于生态系统服务贡献。生态系统服务贡献作为要素投入，参与到社会生产活动中，即生态系统污染净化服务（"三废"排放对生态系统的环境占用）是社会产出的重要组分，而政府是生态系统服务代理者，获得生态系统服务的要素报酬。本研究关注当煤炭生产部门、电力、燃气等供给部门以及与生态系统服务直接相关部门的生产税（间接税）变化时，对整个国民经济系统的影响。

（二）模型方程构建

1. 生产模块

在处理生产模块时，基于规模报酬不变假设，采用了三层嵌套的CES生产函数描述生产者的行为，其结构如图7-8所示。

第一层是生态系统服务与资本通过CES生产函数进行要素合成，成为资本-生态束。第二层是劳动与资本-生态束的要素合成，同样适用CES生产函数。第三层是劳动与总产出，是劳动-资本-生态要素束与非生态系统资源中间投入通过Leontief生产函数进行的合成。

表7-5 北京2010年宏观生态系统服务-SAM框架

		活动	商品	要素			居民		企业 (1)	政府 (1)	储蓄投资		国内外其他地区 (1)	汇总
		生产部门 (33)	商品 (33)	劳动 (1)	资本 (1)	污染净化生态服务 (1)	城镇居民 (1)	农村居民 (1)			固定资本形成 (1)	存货变动 (1)		
活动	生产部门 (33)		各部门产出 (33×33)											各部门总产出
商品	商品 (33)	中间投入 (33×33)					各部门产品城市居民消费 (33×1)	各部门产品农村居民消费 (33×1)		各部门政府消费 (33×1)	各部门固定资本形成 (33×1)	存货净变动 (33×1)	各部门调出及出口 (33×1)	各部门总需求
要素	劳动 (1)	劳动者报酬 (1×33)												劳动要素总收入
	资本 (1)	资本回报 (1×33)												资本要素总收入
	污染净化生态服务 (1)	占用的生态服务 (1×33)												服务价值总收入
居民	城镇居民 (1)			城市劳动收入	城市资本收入									城市居民总收入
	农村居民 (1)			农村劳动收入	农村资本收入									农村居民总收入
企业 (1)					企业资本收入									企业总收入
政府 (1)		各部门政府生产税 (1×33)				政府获得服务价值收入	城市居民所得税	农村居民所得税	企业直接税					政府总收入
储蓄投资	固定资本形成 (1)						城市居民储蓄	农村居民储蓄	企业储蓄	政府储蓄			资本流入	总储蓄
	存货变动 (1)										存货变动			
国内外其他地区 (1)			国内外进口总额 (1×33)											外汇支出
汇总		各部门总投入	各部门总供给	劳动要素支出	资本要素支出	服务价值分配	城市居民支出	农村居民支出	企业支出	政府支出	总投资	存货净变动	外汇收入	

注：未列明的维度均为1×1

第七章 生态系统服务与区域人类福祉耦合关系

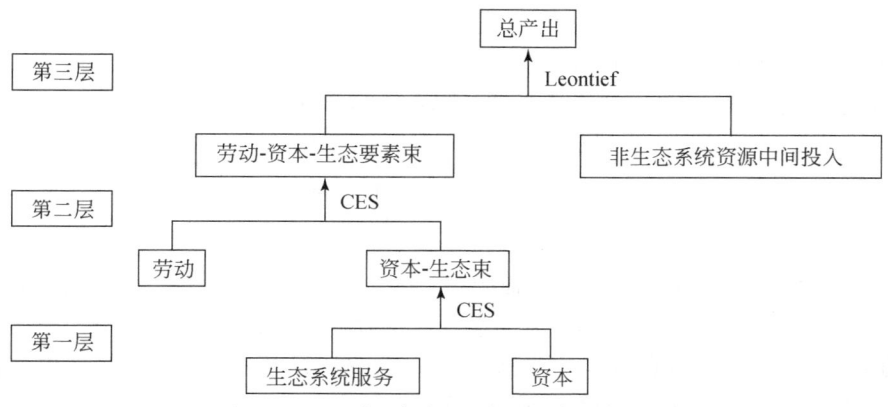

图 7-8 （生态-资本）-劳动生产函数结构

第一层：生态系统服务和资本的合成-资本-生态束（CES 函数合成）

$$\mathrm{Eco}_i = \left(\frac{1}{A_{\mathrm{Eco}\_K,\,i}}\right)^{1-\sigma_{\mathrm{Eco}\_K,\,i}} \cdot \alpha_{\mathrm{Eco},\,i}^{\sigma_{\mathrm{Eco}\_K,\,i}} \left(\frac{P\_\mathrm{Eco}\_K_i}{P\_\mathrm{Eco}}\right)^{\sigma_{\mathrm{Eco}\_K,\,i}} \mathrm{Eco}\_K_i \tag{7-1}$$

$$K_i = \left(\frac{1}{A_{\mathrm{Eco}\_K,\,i}}\right)^{1-\sigma_{\mathrm{Eco}\_K,\,i}} \cdot \alpha_{K,\,i}^{\sigma_{\mathrm{Eco}\_K,\,i}} \left(\frac{P\_\mathrm{Eco}\_K_i}{\mathrm{pk}}\right)^{\sigma_{\mathrm{Eco}\_K,\,i}} \mathrm{Eco}\_K_i \tag{7-2}$$

$$P\_\mathrm{Eco}\_K_i = \left(\frac{1}{A_{\mathrm{Eco}\_K,\,i}}\right) \big[\alpha_{\mathrm{Eco},\,i}^{\sigma_{\mathrm{Eco}\_K,\,i}} P\_\mathrm{Eco}^{1-\sigma_{\mathrm{Eco}\_K,\,i}} $$
$$+ (1-\alpha_{\mathrm{Eco},\,i})^{\sigma_{\mathrm{Eco}\_K,\,i}} \mathrm{pk}^{1-\sigma_{\mathrm{Eco}\_K,\,i}}\big]^{1/(1-\sigma_{\mathrm{Eco}\_K,\,i})} \tag{7-3}$$

式中，Eco_K_i 为第 i 生产部门对资本-生态束的需求量；K_i 为第 i 生产部门对资本的需求量；$P\_\mathrm{Eco}\_K_i$ 为生态系统服务价格；pk 为资本价格；$A_{\mathrm{Eco}\_K,\,i}$ 为第 i 生产部门资本-生态束的转移参数；$\alpha_{\mathrm{Eco},\,i}$ 为第 i 生产部门资本-生态束下生态系统服务的份额参数；$\alpha_{K,\,i}$ 为第 i 生产部门资本-生态束下资本的份额参数；$\sigma_{\mathrm{Eco}\_K,\,i}$ 为第 i 生产部门资本-生态束下各投入品间的替代弹性参数。

第二层：劳动和资本-生态束的合成——劳动-资本-生态要素束（CES 函数合成）。

$$\mathrm{Eco}\_K_i = \left(\frac{1}{A_{\mathrm{Eco}\_K\_L,\,i}}\right)^{1-\sigma_{\mathrm{Eco}\_K\_L,\,i}} \cdot \alpha_{\mathrm{Eco}\_K,\,i}^{\sigma_{\mathrm{Eco}\_K\_L,\,i}} \left(\frac{P\_\mathrm{Eco}\_K\_L_i}{P\_\mathrm{Eco}\_K_i}\right)^{\sigma_{\mathrm{Eco}\_K\_L,\,i}} \mathrm{Eco}\_K\_L_i \tag{7-4}$$

$$L_i = \left(\frac{1}{A_{\mathrm{Eco}\_K\_L,\,i}}\right)^{1-\sigma_{\mathrm{Eco}\_K\_L,\,i}} \cdot \alpha_{L,\,i}^{\sigma_{\mathrm{Eco}\_K\_L,\,i}} \left(\frac{P\_\mathrm{Eco}\_K\_L_i}{\mathrm{pl}}\right)^{\sigma_{\mathrm{Eco}\_K\_L,\,i}} \mathrm{Eco}\_K\_L_i \tag{7-5}$$

$$P\_\mathrm{Eco}\_K\_L_i = \left(\frac{1}{A_{\mathrm{Eco}\_K\_L,\,i}}\right) \big[\alpha_{\mathrm{Eco}\_K,\,i}^{\sigma_{\mathrm{Eco}\_K\_L,\,i}} P\_\mathrm{Eco}\_K_i^{1-\sigma_{\mathrm{Eco}\_K\_L,\,i}} + $$
$$(1-\alpha_{\mathrm{Eco}\_K,\,i})^{\sigma_{\mathrm{Eco}\_K\_L,\,i}} \mathrm{pl}^{1-\sigma_{\mathrm{Eco}\_K\_L,\,i}}\big]^{1/(1-\sigma_{\mathrm{Eco}\_K\_L,\,i})} \tag{7-6}$$

式中，$\mathrm{Eco}\_K\_L_i$ 为第 i 生产部门对劳动-资本-生态要素束的需求量；L_i 为第 i 生产部门对劳动的需求量；$P\_\mathrm{Eco}\_K\_L_i$ 为第 i 生产部门所用劳动-资本-生态要素束的价格；pl 为劳动价格；$A_{\mathrm{Eco}\_K\_L,\,i}$ 为第 i 生产部门劳动-资本-生态要素束的转移参数；$\alpha_{\mathrm{Eco}\_K,\,i}$ 为第 i 生产部门劳动–资本–生态要素束下资本–生态束的份额参数；$\sigma_{Eco\_K\_L,i}$ 为第 i 生产部门劳动–资本–生态要素束下各投入品间的替代弹性参数。

第三层：劳动–资本–生态要素束与非生态系统资源中间投入的合成。

$$\text{Int}_{i,j} = ax_{i,j} \text{Eco}\_K\_L_j \tag{7-7}$$

$$\text{Eco}\_K\_L(i) = ay_i \cdot Z_i \tag{7-8}$$

$$P\_\text{Eco}\_K\_L(i) = \left(PZ_i - \sum_{j=1}(a_{j,i} \cdot PQ_j)\right)/ay_i \tag{7-9}$$

式中，$\text{Int}_{i,j}$ 为生产部门对第 i 种商品的需求量；$ax_{i,j}$ 为投入产出系数（第 j 生产部门生产单位产品所需第 i 种商品的数量）；ay_i 为要素投入系数（第 j 生产部门生产单位产品所需第 i 种要素的数量）；PZ_i 为第 i 种商品的价格；$P\_\text{Eco}\_K\_L_i$ 为第 i 生产部门产出品价格；Z_i 为第 i 种商品的国内产出量（即第 i 部门的总产出）。

2. 收入支出模块

生产部门对要素的投入支付报酬形成了要素收入。在初次分配中，劳动报酬全部为居民所得，而资本报酬由企业和居民共同获得，生态系统服务报酬为政府获得。居民和企业再向政府交纳税费后，将收入用于消费和储蓄。政府的收入由向居民和企业征收的各种税费而得，再经过一部分对居民的转移支付，剩余的收入用于政府消费和储蓄。

要素收入：

$$YL_i = pl \cdot L_i \tag{7-10}$$

$$YK_i = pk \cdot K_i \tag{7-11}$$

$$YEco_i = Eco_i \cdot P\_Eco_i \tag{7-12}$$

式中，YL_i 为第 i 生产部门的劳动报酬；YK_i 为第 i 生产部门的资本报酬；$YEco_i$ 为第 i 生产部门的生态系统服务报酬。

企业的收入支出：

企业的收入来自资本报酬，其支出为对政府交纳的税费。

$$\text{EnSav} = (1 - \text{taude})\kappa_e \cdot \sum_i YK_i \tag{7-13}$$

式中，κ_e 为资本收入对企业的分配系数（企业资本收入总值/社会总资本收入值）；taude 为企业向政府交纳税率（企业所交税费/企业总收入）。

居民的收入支出：

（1）居民收入：

$$YH_u = \tau_u \sum_i YL_i + \kappa_u \cdot k_{-u} \sum_i YK_i + g_u \cdot \text{GtoH} \tag{7-14}$$

$$YH_r = \tau_r \sum_i YL_i + \kappa_r \cdot k_{-r} \sum_i YK_i + g_r \cdot \text{GtoH} \tag{7-15}$$

式中，YH_u 为城镇居民总收入；YH_r 为农村居民总收入；GtoH 为政府对居民的总转移支付；τ_u 为城镇居民在劳动报酬上的分配参数；τ_r 为农村居民在劳动报酬上的分配参数；κ_u 为城镇居民在资本报酬上的分配参数；κ_r 为农村居民在资本报酬上的分配参数；k_{-u} 为资本收入对城镇居民的分配参数；k_{-r} 为资本收入对农村居民的分配参数；g_u 为政府对城镇居民的转移支付的分配参数；g_r 为政府对农村居民的转移支付的分配参数。

（2）居民支出：

$$Sp = mps_u \cdot YH_u \cdot (1 - taudh_u) + mps_r \cdot YH_r \cdot (1 - taudh_r) \quad (7\text{-}16)$$

式中，Sp 为居民总储蓄；$taudh_u$ 为城镇居民向政府交纳税率；$taudh_r$ 为农村居民向政府交纳税率；mps_u 为城镇居民储蓄率；mps_r 为农村居民储蓄率。

政府转移支付在城镇、农村居民间的分配参数，城镇、农村居民储蓄率和向政府交纳的税率外生标定。

$$Xp_{u,i} \cdot PQ_i = (1 - sspu_u) \cdot YH_u \cdot (1 - taudh_u) \cdot \alpha_u \quad (7\text{-}17)$$

$$Xp_{r,i} \cdot PQ_i = (1 - sspu_r) \cdot YH_r \cdot (1 - taudh_r) \cdot \alpha_r \quad (7\text{-}18)$$

式中，$\alpha_{u,i}$ 为城镇居民对 i 种商品的消费占城镇居民对所有商品消费的比重；$\alpha_{r,i}$ 为农村居民对 i 种商品的消费占农村居民对所有商品消费的比重；$Xp_{u,i}$ 为城镇居民对第 i 种商品的消费；$Xp_{r,i}$ 为农村居民对第 i 种商品的消费。

政府的收入支出模块：

（1）政府收入：

政府的经常性收入来自生产税费、关税、居民所交税费、企业所交税费和世界其他地区对政府的转移支付，而政府的经常性支出为政府对各种商品的最终消费、对居民的转移支付、对企业的转移支付和对出口的补贴。政府的储蓄为两者之间的差值。

$$GR = IndTax + Tariff + Tdh + EnTax + Tp \quad (7\text{-}19)$$

式中，GR 为政府的经常性总收入；IndTax 为政府的生产间接税费收入；Tariff 为政府关税收入；Tdh 为政府从居民交纳税费所得收入；Tp 为政府生态系统服务所得收入。

$$IndTax = \sum_i tauz_i \cdot PZ_i \cdot Z_i \quad (7\text{-}20)$$

$$Tariff = \sum_i taum_i \cdot PM_i \cdot M_i \quad (7\text{-}21)$$

$$Tp = \sum_i YEco_i \quad (7\text{-}22)$$

$$EnTax = taude \cdot k_{-e} \cdot \sum_i YK_i \quad (7\text{-}23)$$

$$Tdh = taudh_u \cdot YH_u + taudh_r \cdot YH_r \quad (7\text{-}24)$$

式中，$tauz_i$ 为政府对第 i 种商品所收间接生产税税率；$taum_i$ 为政府对第 i 种进口商品所收关税税率；M_i 为第 i 种商品进口额。

（2）政府支出：

$$Sg = GR - GtoH_u - GtoH_r - Txg \quad (7\text{-}25)$$

$$GtoH_u = g\_h_u \cdot GR \quad (7\text{-}26)$$

$$GtoH_r = g\_h_r \cdot GR \quad (7\text{-}27)$$

$$Txg = g\_xg \cdot GR \quad (7\text{-}28)$$

$$Xg_i \cdot PQ_i = Mu_i \cdot Txg \quad (7\text{-}29)$$

式中，Sg 为政府储蓄；$GtoH_u$ 为政府对城镇居民的转移支付；$GtoH_r$ 为政府对农村居民的转移支付；Txg 为政府对各种商品的消费支出总和；Mu_i 为是政府消费在第 i 部门商品的消费占所有部门商品消费的比例。

3. 对外贸易模块

图 7-9 描述了整个经济体系中商品的流向。首先是国内生产的产品和进口品构成阿明

顿（Armington）合成商品，表示商品的供给。其次是国内的生产部门购买生产投入品，生产出产品，同时表示商品的使用和生产。最后是国内的生产者选择在国内销售和出口卖出产品，表示商品的销售。

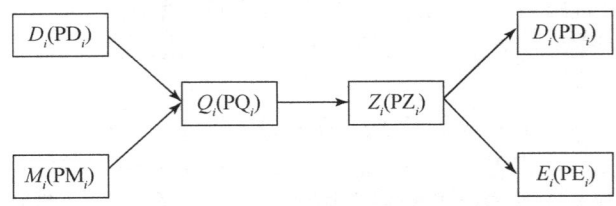

图 7-9　进出口模块商品流动

式中，D_i 为由国内生产的并且在国内销售的第 i 种商品的销售额；PD_i 为国内生产的并且在国内销售的第 i 种商品的价格；M_i 为第 i 种商品进口额；PM_i 为第 i 种进口商品的国内价格；Q_i 为在国内销售的第 i 种商品的销售额（阿明顿商品销售量）；PQ_i 为在国内销售的第 i 种商品的价格（阿明顿商品价格）；Z_i 为第 i 种商品的国内产出量（即第 i 部门的总产出）；PZ_i 为第 i 种商品的国内产出价格（即第 i 部门产出品价格）；E_i 为第 i 种商品出口额；PE_i 为第 i 种出口商品的国内价格。

进口：

$$Q_i = A_{Q,i}(\alpha_{M,i}M_i^{\rho_{Q,i}} + (1-\alpha_{M,i})D_i^{\rho_{Q,i}})^{1/\rho_{Q,i}} \tag{7-30}$$

$$\frac{M_i}{D_i} = \left(\frac{\alpha_{M,i}}{1-\alpha_{M,i}}\frac{PD_i}{PM_i}\right)^{\sigma_{Q,i}} \tag{7-31}$$

$$PQ_i \cdot Q_i = PM_i \cdot M_i + PD_i \cdot D_i \tag{7-32}$$

式中，$A_{Q,i}$ 为第 i 种阿明顿商品的转移参数（规模参数）；$\alpha_{Q,i}$ 为第 i 种阿明顿商品下进口品的份额参数；$\rho_{Q,i} = (\sigma_{Q,i}-1)/\sigma_{Q,i}$，$\sigma_{Q,i}$ 为进口品与国内产品间的替代弹性参数。

在进口贸易的处理上本模型采用了小国假设，即中国进口商品的世界价格是外生给定的，中国只是价格接受者（表明中国进口商品量的变动不能影响世界市场上对应商品的价格），即

$$PM_i = \overline{pwm_i} \cdot epsilon \tag{7-33}$$

式中，$\overline{pwm_i}$ 为第 i 种进口商品的世界价格；epsilon 为汇率。

出口：

在国内生产的产品流向有两种：一是在国内销售（D），二是出口（E）。模型同样认为两者之间存在不完全替代。国内的生产者会在两者之间选择一个最优的销售比例，以最大化其收入。

$$Z_i = A_{Ex,i}(\alpha_{Ex,i}E_i^{\rho_{Ex,i}} + (1-\alpha_{Ex,i})D_i^{\rho_{Ex,i}})^{1/\rho_{Ex,i}} \tag{7-34}$$

$$\frac{E_i}{D_i} = \left(\frac{1-\alpha_{Ex,i}}{\alpha_{Ex,i}}\frac{PE_i}{PD_i}\right)^{\sigma_{Ex,i}} \tag{7-35}$$

$$PZ_i \cdot Z_i = PE_i \cdot E_i + PD_i \cdot D_i \tag{7-36}$$

$$PE_i = \overline{pwe_i} \cdot epsilon \tag{7-37}$$

式中，$A_{\text{Ex}, i}$ 为国内产品的转移参数（scale parameter）；$\alpha_{\text{Ex}, i}$ 为国内产品下出口品的份额参数；$\rho_{\text{Ex}, i} = (\sigma_{\text{Ex}, i} - 1)/\sigma_{\text{Ex}, i}$，$\sigma_{\text{Ex}, i}$ 为出口品与国内品之间的替代弹性参数；$\overline{\text{pwe}_i}$ 为第 i 种出口商品的世界价格。

4. 投资模块

投资模块描述在国内销售的商品中，用于资本品的需求函数方程。

$$Xv_i = \text{Lambda}_i \cdot (Sp + Sg + Se + Sf_0 \cdot \text{epsilon})/PQ_i \tag{7-38}$$

式中，Lambda_i 为各类投资占总投资额比重，由基年数据标定；Xv_i 为部门 i 投资品数量。

5. 宏观闭合

宏观闭合决定了以下宏观账户最终平衡的实现方式：①政府的财政收支平衡；②国际收支平衡；③储蓄-投资平衡；④要素市场的均衡。

本模型采用了新古典闭合原则。首先，政府的实际支出外生于模型，所有的税率和转移支付都是固定的，真实政府储蓄内生于政府的预算平衡；其次，总投资是由储蓄的各组成部分之和内生决定的，即各种投资支出的总和等于企业储蓄、居民储蓄、政府储蓄、国外资本净流入和库存品之和；最后，以世界价格计算的进口总值等于以世界价格计算的出口总值、国外净转移和国外资本净流入之和，模型通过汇率将世界价格转换为国内价格并被视为基准价格保持不变，国外资本流入外生固定，并通过真实汇率的内生调整以实现对外账户的平衡。政府的收支平衡已经在政府收支模块表示。

国际收支平衡：

$$\sum_i \overline{\text{pwe}_i} \cdot M_i = \sum_i \overline{\text{pwe}_i} \cdot E_i + \overline{Sf} \tag{7-39}$$

式中，$\overline{Sf}$ 为世界其他地区的储蓄。

储蓄-投资平衡：

$$\text{TINV} = \sum_i PQ_i \cdot Xv_i \tag{7-40}$$

$$\text{TSAV} = Sp + Sg + Se + \overline{Sf} \cdot \text{epsilon} \tag{7-41}$$

式中，TINV 为总投资；TSAV 为总储蓄；Sp 为居民总储蓄；Sg 为政府储蓄；Se 为企业储蓄；$\overline{Sf}$ 为世界其他地区的储蓄。

商品市场的平衡：

商品市场的平衡指在国内市场上商品的供给等于对其的需求。在国内市场商品的供给来自于国内厂家的生产和国外进口，对其需求可分为两大类：一类是作为中间投入，另一类是作为最终消费品。最终消费品可分为城镇居民消费品 Xpu、农村居民消费品 Xpr、政府消费品 Xg 和投资品 Xv（图 7-10）：

$$Q_i = \text{Int}_i + Xpu_i + Xpr_i + Xg_i + Xv_i \tag{7-42}$$

要素市场的均衡（出清）

在理想状况下，部门间劳动力、资本和生态系统服务的完全流动将会造成完全一致的相对报酬率，即

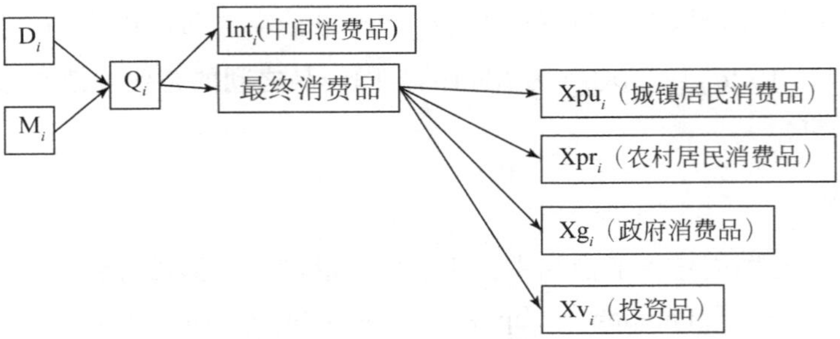

图 7-10　商品市场平衡

$$\overline{L}_0 = \sum_i L_i \tag{7-43}$$

式中，$\overline{L}_0$ 为劳动力总供给量，由基年数据给定。

$$\overline{K}_0 = \sum_i K_i \tag{7-44}$$

式中，$\overline{K}_0$ 为资本总供给量，由基年数据给定。

$$\overline{Eco}_0 = \sum_i Eco_i \tag{7-45}$$

式中，Eco_i 为第 i 部门生态系统服务需求量；$\overline{Eco}_0$ 为生态系统服务总供给量，由基年数据给定。

6. 福利模块

该模块通过构造虚拟的柯布道格拉斯函数度量居民效用，用以衡量生产税变化等政策冲击对于社会福利的改变。

$$UU = \prod_i Xpu_i^{\alpha_{u,i}} \cdot \prod_i Xpr_i^{\alpha_{r,i}} \tag{7-46}$$

UU：居民效用

表 7-6 是本模型采用方程和内生变量汇总，模型总计 46 个方程、46 个内生变量，实际方程数量 1902 个，实际内生变量数量 1902 个。

表 7-6　CGE 模型方程及内生变量数量

		方程	内生变量	实际方程数量	实际内生变量数量
生产模块	生态–资本合成	1. EcoDef（i）	P_Eco	33	1
		2. KDef（i）	pk	33	1
		3. P_Eco_KDef（i）	P_Eco_K（i）	33	33
	劳动–资本–生态合成	4. Eco_KDef（i）	Eco_K（i）	33	33
		5. LDef（i）	pl	33	1
		6. P_Eco_K_LDef（i）	P_Eco_K_L（i）	33	33
	劳动–资本–生态–中间投入合成	7. IntDef（i, j）	int（i, j）	33×33	33×33
		8. Eco_K_LDef（j）	Eco_K_L（j）	33	33
		9. P_Eco_K_LDef2（i）	PZ（i）	33	33

续表

		方程	内生变量	实际方程数量	实际内生变量数量
收入支出模块	要素收入	10. YLDef（i）	YL（i）	33	33
		11. YKDef（i）	YK（i）	33	33
		12. YNEDef（i）	YEco（i）	33	33
	企业收入	13. EnSavDef	Se	1	1
	居民收入	14. YHuDef	YHu	1	1
		15. YHrDef	YHr	1	1
		16. TotHSavDef	Sp	1	1
		17. CDhuDef（i）	Xpu（i）	33	33
		18. CDhrDef（i）	Xpr（i）	33	33
	政府收入	19. GRDef	GovR	1	1
		20. IndTaxDef	IndTax	1	1
		21. TariffDef	Tariff	1	1
		22. tpDef	Tdh	1	1
		23. EntaxDef	Entax	1	1
		24. TotHTaxDef	Tdh	1	1
		25. GovSavDef	Sg	1	1
		26. GtoHuDef	GtoHu	1	1
		27. GtoHrDef	GtoHr	1	1
		28. GdTotDef	Txg	1	1
		29. GDDef（i）	PQ（i）	33	33
贸易模块	进口	30. QDef（i）	Q（i）	33	33
		31. MDef（i）	M（i）	33	33
		32. PQDef（i）	D（i）	33	33
		33. PMDef（i）	PM（i）	33	33
	出口	34. ZDef（i）	Z（i）	33	33
		35. EDef（i）	PE（i）	33	33
		36. PZDef（i）	PD（i）	33	33
		37. PEDef（i）	epsilon	33	1
投资模块		38. XvDef（i）	Xv（i）	33	33
宏观闭合		39. Foreequil	E（i）	1	33
		40. InvestDef	TInv	1	1
		41. SavingDef	TSav	1	1
		42. QequilDef（i）	Xg（i）	33	33
		43. LequilDef	L（i）	1	33
		44. KequilDef	K（i）	1	33
		45. NeequilDef	Eco（i）	1	33
虚拟的效用函数		46. obj	UU	1	1
总计		46	46	1902	1902

(三) 模拟结果

1. 情景设定

税率模拟是 CGE 模型常见的政策冲击之一。就北京市而言,通过增加对煤炭、燃气等能源生产行业的生产税,是减少煤炭及其他能源供应,进而减少"三废"排放的常见手段。此外,还可以通过减少对环境部门税赋,提高环境管理产业发展,从而减少环境污染。因此,情景设定如下。

情景 1:控制政策——提高煤炭开采和洗选业 50% 生产税。

情景 2:控制政策——提高石油、天然气开采、电力、热力和燃料生产和供应业 50% 生产税。

情景 3:鼓励政策——减少水利、环境和公共设施管理业 50% 生产税

2. 模拟结果

情景 1:

政策实施后,对国内各个行业产出的影响见表 7-7~表 7-9。可见,影响最大的为煤炭开采和洗选业,总产出将下降 14.87%;其次是石油、天然气开采、电力、热力和燃料生产和供应业,产出将下降 5.97%,纺织业下降 2.19%。增加最多的是交通运输业,产值增加 11.78%;其次是零售业和制造业,但增幅均在 1% 以下。生态系统服务对各个行业的投入也有较大变化。其中,煤炭开采和洗选业减少 15.95%,石油、天然气开采、电力、热力和燃料生产和供应业减少 5.97%,对交通运输、仓储及邮政业的投入增加 17.99%。在政策变动后,居民福利提高 0.05%,社会总储蓄在政策变动前为 6097.09 亿元,在变动后为 4460.25 亿元。

表 7-7 提高煤炭开采和洗选业 50% 生产税对各行业产出的影响 (单位:%)

行业	产出	生态系统服务	行业	产出	生态系统服务	行业	产出	生态系统服务
agric	−0.48	0.00	ifood	−0.39	1.95	iBtext	<u>−2.19</u>	−1.78
iwodf	0.20	2.92	ipptm	−0.15	2.54	iBchem	−0.72	1.07
IBnmor	−0.46	1.92	immet	−0.15	1.57	iBmach	−0.37	2.12
iecio	0.18	2.91	itrans	**11.78**	**17.99**	imanu	**0.53**	3.25
icommuni	0.33	**3.08**	iBhandi	−0.90	0.81	iBheatprod	−5.97	−5.97
ibuil	0.06	2.73	sBtran	−0.48	0.00	scomputer	0.16	0.00
sretail	**0.59**	0.00	shotel	0.00	0.00	sfina	−0.22	0.00
sestate	0.12	0.00	srent	0.16	0.00	sresear	0.46	0.00
stecho	−0.09	0.00	swaterser	−0.32	0.00	sresi	−0.34	0.00
sedu	0.27	0.00	ssecurity	0.31	0.00	sculture	0.29	0.00
spublic	0.38	0.00	iprcoal	<u>−14.87</u>	<u>−15.95</u>	iprwater	−0.28	2.43

注:下画线数字表明下降最多的行业,黑体数字表明增加最多的行业

表 7-8　提高煤炭开采和洗选业 50% 生产税对居民消费的影响　（单位:%）

行业	城镇	农村	行业	城镇	农村	行业	城镇	农村
agric	0.011	0.010	ifood	0.013	0.011	iBtext	0.010	0.009
iwodf	0.013	0.012	ipptm	0.011	0.010	iBchem	0.012	0.011
IBnmor	0.010	0.009	immet			iBmach	0.010	0.009
iecio	0.016	0.015	itrans	−0.010	−0.012	imanu	0.013	0.011
icommuni	0.011	0.010	iBhandi	0.010	0.008	iBheatprod	0.016	0.014
ibuil	0.016		sBtran	0.010	0.008	scomputer	0.003	0.002
sretail	0.005	0.003	shotel	0.026	0.024	sfina	−0.001	−0.003
sestate	0.015	0.013	srent	0.008	0.007	sresear		
stecho			swaterser	0.051	0.050	sresi	0.013	0.011
sedu	0.014	0.013	ssecurity	0.014	0.013	sculture	0.014	0.012
spublic	0.015	0.013	iprcoal	0.006	0.005	iprwater	6.795	6.794

表 7-9　提高煤炭开采和洗选业 50% 生产税对劳动力和资本转移的影响　（单位:%）

行业	劳动	资本	行业	劳动	资本	行业	劳动	资本
agric	0.026	0.010	ifood	0.063	0.034	iBtext	0.125	0.036
iwodf	0.017	0.003	ipptm	0.008	0.004	iBchem	0.083	0.112
IBnmor	0.018	0.010	immet	−0.013	−0.004	iBmach	0.028	0.017
iecio	0.019	0.015	itrans	−0.389	−0.729	imanu	0.013	0.015
icommuni	0.008	0.004	iBhandi	0.011	0.006	iBheatprod	0.288	0.547
ibuil	0.014	0.003	sBtran	0.012	0.007	scomputer	−0.029	−0.024
sretail	−0.021	−0.029	shotel	0.034	0.006	sfina	−0.006	−0.019
sestate	−0.002	−0.013	srent	−0.014	−0.003	sresear	−0.035	−0.008
stecho	0.011	0.003	swaterser	0.163	0.032	sresi	0.017	0.001
sedu	−0.021	−0.004	ssecurity	−0.022	−0.003	sculture	−0.020	−0.007
spublic	−0.038	−0.006	iprcoal	0.126	0.397	iprwater	2.835	1.918

情景 2:

政策实施后,对国内各个行业产出的影响见表 7-10～表 7-12。可见,影响最大的为石油、天然气开采、电力、热力和燃料生产和供应业,总产出将下降 31.67%;其次是煤炭生产行业,产出将下降 19.81%,纺织业下降 7.75%;增加最多的是交通运输业,产值增加 56.24%;其次是零售业和木材加工制造业,增幅在 7%~9%。生态系统服务在对各个行业的投入也有较大变化,其中石油、天然气开采、电力、热力和燃料生产和供应业减少 39.67%,煤炭生产行业减少 14.50%。对交通业的投入增加 83.19%。在政策变动后,居民福利提高 0.47%,社会总储蓄在政策变动前为 6097.09 亿元,在变动后为 1337.33 亿元。

表 7-10　提高石油、天然气开采、电力、热力和燃料生产和供应业 50% 生产税对各行业产出的影响

(单位:%)

行业	产出	生态系统服务	行业	产出	生态系统服务	行业	产出	生态系统服务
agric	-0.56		ifood	-0.72	5.30	iBtext	<u>-7.75</u>	<u>-9.67</u>
iwodf	**3.07**	**9.96**	ipptm	-0.75	5.93	iBchem	-3.45	-1.43
IBnmor	0.36	6.95	immet	-2.74	-3.55	iBmach	-3.36	1.32
iecio	0.71	7.49	itrans	**56.24**	**83.19**	imanu	2.26	9.05
icommuni	0.13	6.59	iBhandi	-1.31	4.14	iBheatprod	-31.67	-39.67
ibuil	0.55	7.27	sBtran	-0.72		scomputer	0.44	
sretail	2.91		shotel	-0.11		sfina	-1.58	
sestate	0.35		srent	0.72		sresear	2.15	
stecho	-0.47		swaterser	-1.34		sresi	-1.81	
sedu	1.16		ssecurity	1.43		sculture	1.06	
spublic	1.84		iprcoal	<u>-19.81</u>	-14.50	iprwater	-1.52	5.21

注：下画线数字表明下降最多的行业，黑体数字表明增加最多的行业

表 7-11　提高石油、天然气开采、电力、热力和燃料生产和供应业 50% 生产税对居民消费的影响

(单位:%)

行业	城镇	农村	行业	城镇	农村	行业	城镇	农村
agric	0.208	0.221	ifood	0.207	0.221	iBtext	0.272	0.285
iwodf	0.202	0.216	ipptm	0.241	0.255	iBchem	0.018	0.031
IBnmor	0.237	0.250	immet			iBmach	0.095	0.108
iecio	0.253	0.267	itrans	2.581	2.594	imanu	0.264	0.277
icommuni	0.245	0.258	iBhandi	0.243	0.257	iBheatprod	-1.249	-1.236
ibuil	0.183		sBtran	0.343	0.356	scomputer	0.150	0.163
sretail	0.227	0.240	shotel	0.032	0.045	sfina	0.247	0.260
sestate	0.209	0.222	srent	0.094	0.107	sresear		
stecho			swaterser	0.001	0.014	sresi	0.108	0.122
sedu	0.059	0.072	ssecurity	0.150	0.163	sculture	0.158	0.172
spublic	0.059	0.073	iprcoal	0.262	0.275	iprwater	-0.098	-0.085

表 7-12　提高石油、天然气开采、电力、热力和燃料生产和供应业 50% 生产税对劳动力和资本转移的影响

(单位:%)

行业	劳动	资本	行业	劳动	资本	行业	劳动	资本
agric	-0.828	-0.196	ifood	-1.603	-0.694	iBtext	-15.589	-4.526
iwodf	2.753	0.787	ipptm	-1.012	-0.568	iBchem	-7.890	-10.719
IBnmor	-0.056	0.228	immet	-9.875	-1.895	iBmach	-5.322	-3.559
iecio	0.448	0.849	itrans	71.184	133.144	imanu	1.901	4.087

续表

行业	劳动	资本	行业	劳动	资本	行业	劳动	资本
icommuni	−0.394	−0.008	iBhandi	−2.681	−2.161	iBheatprod	−43.623	−83.554
ibuil	0.240	0.174	sBtran	−0.850	−0.365	scomputer	−0.014	0.274
sretail	2.555	3.334	shotel	−0.508	−0.024	sfina	−1.930	−2.842
sestate	0.084	0.949	srent	0.324	0.096	sresear	2.022	0.472
stecho	−1.159	−0.307	swaterser	−2.024	−0.327	sresi	−1.856	−0.154
sedu	0.696	0.173	ssecurity	1.358	0.218	sculture	0.783	0.351
spublic	1.760	0.313	iprcoal	−20.104	−64.271	iprwater	−1.682	−0.881

情景3：

政策实施后，对国内各个行业产出的影响见表7-13～表7-15。可见，影响最大的为纺织业业，总产出将下降0.6%；其次是交通业，产出将下降0.58%，教育业下降0.09%；增加最多的是水利、环境和公共设施管理业，增加2.04%；其次金属冶炼及压延加工业和金属矿采选和金属制品业，增幅在0.3%左右。生态系统服务在对各个行业的投入也有一定变化，其中金属冶炼及压延加工业和金属矿采选和金属制品业均有增加，纺织业减少1.14%。在政策变动后，居民福利提高0.08%，社会总储蓄在政策变动前为6097.09亿元，在变动后为6092.88亿元，变动不大。

表7-13　减少水利、环境和公共设施管理业50%生产税对各行业产出的影响　（单位:%）

行业	产出	生态系统服务	行业	产出	生态系统服务	行业	产出	生态系统服务
agric	0.18		ifood	0.03	0.09	iBtext	−0.60	−1.14
iwodf	−0.01	0.04	ipptm	−0.02	0.02	iBchem	0.01	0.05
IBnmor	0.06	0.10	immet	**0.38**	**0.86**	iBmach	**0.27**	**0.38**
iecio	−0.02	0.02	itrans	−0.58	−0.69	imanu	−0.02	0.02
icommuni	−0.08	−0.05	iBhandi	−0.05	−0.07	iBheatprod	0.17	**0.26**
ibuil	0.08	0.12	sBtran	−0.01		scomputer	−0.04	
sretail	−0.05		shotel	0.00		sfina	0.02	
sestate	−0.01		srent	−0.02		sresear	−0.03	
stecho	0.00		swaterser	**2.04**		sresi	0.04	
sedu	**−0.09**		ssecurity	−0.05		sculture	−0.05	
spublic	−0.06		iprcoal	0.13	0.16	iprwater	0.14	0.19

注：下画线数字表明下降最多的行业，黑体数字表明增加最多的行业

表 7-14　减少水利、环境和公共设施管理业 50% 生产税对居民消费的影响　　（单位:%）

行业	城镇	农村	行业	城镇	农村	行业	城镇	农村
agric	0.060	0.053	ifood	0.041	0.034	iBtext	0.037	0.029
iwodf	0.037	0.029	ipptm	0.038	0.030	iBchem	0.040	0.032
IBnmor	0.039	0.031	immet			iBmach	0.047	0.040
iecio	0.037	0.029	itrans	0.002	−0.005	imanu	0.039	0.031
icommuni	0.036	0.029	iBhandi	0.036	0.028	iBheatprod	0.044	0.037
ibuil	0.034		sBtran	0.033	0.025	scomputer	0.023	0.015
sretail	0.033	0.026	shotel	0.033	0.026	sfina	0.042	0.034
sestate	0.045	0.038	srent	0.038	0.030	sresear		
stecho			swaterser	1.743	1.735	sresi	0.026	0.019
sedu	0.019	0.011	ssecurity	0.032	0.024	sculture	0.028	0.021
spublic	0.027	0.020	iprcoal	0.043	0.036	iprwater	0.086	0.079

表 7-15　减少水利、环境和公共设施管理业 50% 生产税对劳动力和资本转移的影响

（单位:%）

行业	劳动	资本	行业	劳动	资本	行业	劳动	资本
agric	0.198	0.104	ifood	0.033	0.039	iBtext	−1.198	−0.345
iwodf	−0.023	0.003	ipptm	−0.037	0.000	iBchem	−0.006	0.043
IBnmor	0.041	0.054	immet	0.802	0.167	iBmach	0.322	0.258
iecio	−0.040	−0.004	itrans	−0.753	−1.328	imanu	−0.040	−0.007
icommuni	−0.112	−0.077	iBhandi	−0.128	−0.086	iBheatprod	0.202	0.459
ibuil	0.061	0.027	sBtran	−0.036	0.000	scomputer	−0.084	−0.035
sretail	−0.083	−0.053	shotel	−0.018	0.004	sfina	0.001	0.069
sestate	−0.029	0.015	srent	−0.032	0.001	sresear	−0.040	−0.001
stecho	−0.049	−0.005	swaterser	5.697	1.142	sresi	0.036	0.008
sedu	−0.124	−0.014	ssecurity	−0.054	−0.002	sculture	−0.077	−0.012
spublic	−0.069	−0.005	iprcoal	0.105	0.461	iprwater	0.128	0.111

纵观以上 3 种环境政策，居民福利均有所增加，社会总储蓄（总投资）均有减少。与减少环境管理行业生产税情景相比，鼓励其发展的政策，调整煤炭、燃气等直接能源生产部门的生产税，效用变化更为明显。模型定量分析表明：

（1）在部门产出水平和产出价格方面，上述政策对各产业部门都会产生不同程度的影响。受影响最大的是能源密集型的煤炭、电力、燃气行业、交通业、纺织业、制造业等。

（2）在要素投入方面，增加煤炭、电力等行业的生产税会抑制部门产出，使得劳动力和资本从以上部门转移到其他部门；减少环境管理部门的生产税会提高部门产出，使劳动

力和资本从其他部门转移到环境管理部门。

（3）在社会福利方面，以上3种政策均促使更多的储蓄转移为消费，从而提高居民福利。

（4）在环境方面，生态系统净化服务在各个部门的投入也有较大变化，调整电力、燃气行业造成的影响更大，由于本研究中，以"三废"处理费用表征生态系统服务作用，因此，结果也间接表征各个行业污染排放程度的改变。

本研究中构建的污染净化生态系统服务的可计算一般均衡模型，是以北京市可计算一般均衡模型为基础开发设计的，通过在传统模块的基础上增加了污染净化生态系统服务要素、通过要素投入传导，实现了对传统CGE的拓展和改进，使其更具针对性和适用性。此外，该模型还具有很强的可拓性，即可通过增加其他类型生态系统服务，对生态系统服务贡献进行评估，故而具有广阔的应用前景。ES-CGE模型，是将生态系统服务的价值化，进而与人类福祉归并入同一核算系统有益尝试。然而，无论是科学家还是政府决策机构，相比其他形式的资本，我们对于生态系统服务价值的认知仍极其有限，并缺乏相应的监管。这一方面是由于部分生态系统服务受主观意识影响较大，难以度量，如文化服务；另一方面由于目前的理论及技术发展均落后于实践需求。对于传统的经济产品和服务价值，已经有成熟的计量工具将其纳入决策，然而，我们尚未有完备的理论和工具对生态系统服务的价值加以度量。没有坚实的科学研究成果论证，政府部门及其他政策决定者很难将其纳入自己的考量范畴。使用多种综合途径量化生态系统服务，对各类生态系统服务进行一致化处理，即ACTOR框架中的Coherence过程，是未来发展中的重点之一。目前已有部分开源的、以软件为基础的模型通过量化和地图展示不同情景下生态系统服务产生、分布和经济价值，帮助决策者直观感知潜在政策的影响（Daily et al.，2013），如INVEST模型等。通过INVEST等生态学模型，进一步科学精准的度量生态系统服务价值，并将其与CGE模型结合，是未来可以尝试的方法之一。

生态系统服务通过供给、调节、文化和支持等各种服务，为人类福祉的达成起到关键作用，是人类福祉实现的基石。《尚书·洪范》提人之"五福"：一曰寿，二曰富，三曰康宁，四曰攸好德，五曰考终命。这与MA（2005）中对人类福祉的定义几乎不谋而合，可以说，人类福祉寄托了人类对于美好生活的追求。但自然资源仅仅是产生福祉的一种手段，福祉研究不是为了纯粹的追求自然资源或者自然资源的经济价值，而应着眼于人类能力的提高。作为一个前沿研究领域，生态系统服务和人类福祉之间的耦合研究，特别是以人类能力提高为核心的为地理学综合研究，具有较大拓展空间。正如欧阳志云所提："这不仅是保障国家生态安全的紧迫需要，也是我国实现公平发展和建设和谐社会的必然要求，中国乃至世界都正开始实施这一愿景。"（Daily et al.，2013）

第八章 生态系统服务付费：理论与案例

第一节 生态系统服务付费的概念与理论

随着人口数量的持续增长和经济发展速度日益加快，全球生态系统退化以及由此引起的生态系统服务的下降越来越引起人们的关注。MA 的核心理念就是将人类发展与福祉和环境条件紧密联系在一起（MA，2005），即在没有降低基本要求的前提下，达到社会进步与生态保护的双重目标。为达此目标，相关学者从生态系统特征、可持续发展限制因素以及区域环境政策等不同方面进行了许多有益探索，并逐渐认识到必须摒弃单一追求生态系统最大产量的做法，转向追求生态系统的可持续性利用。同时，资源管理也必须从单一资源管理转向系统资源管理。特别是 1992 年联合国召开环境与发展会议以来，可持续发展成为国际社会的共识，可持续性成为生态系统管理的目标（王献溥，1997）。在传统的生态系统开发模式中，可持续性不是一个重要的考虑因素，而生态系统管理模式是为了维持各种生态系统服务的持续供给（Kremen，2005）。

生态系统服务付费（payment for ecosystem services，PES）作为一种基于市场机制的实现发展与保护"双赢"目标的有效生态系统管理途径，在全球范围内得到了广泛的应用。

一、生态系统服务付费的定义

生态系统服务付费与中国的生态补偿概念相近，在国际上也称为环境服务付费（payment for environmental services，PES），但其更强调生态系统服务管理的市场机制（秦艳红和康慕谊，2007）。生态系统服务付费的研究始于 18 世纪 70 年代，美国马萨诸塞大学的 Larson 和 Mazzars 提出了第一个帮助政府颁发湿地开发补偿许可证的湿地快速评价模型（Larson，1994）。此后，Wu 和 Boggess（1999）提出了评估生态保护程序设计的框架，并研究了生态保护资金的区域分配问题。1993 年荷兰把生态补偿原则作为修建公路决策时所考虑的因素之一，目的是对已经尽了最大努力来减轻生态破坏影响的地区，如果仍不能消除这些负面影响，要通过生态系统服务付费来恢复这些地区的生态功能和自然属性（Cuperus et al.，1996）。Landell-Mills 和 Porra（2002）在 *Silver Bullet or Fools' Gold? A Global Review of Markets for Forest Environmental Services and Their Impact on the Poor* 一文中指出，目前森林环境服务市场主要体现在生物多样性、碳汇、森林水文服务、景观美化和综合服务等 5 个方面。世界上现已有 287 个森林环境服务交易案例，涉及 5 种环境服务类型。其中，75 例碳汇、72 例生物多样性保护、61 例流域保护、51 例景观美化，其他案例属于综合服务。尽管国内外学者对 PES 开展了很多案例研究，但目前为止并没有一个准确的、被普遍认可的定义。

生态系统服务付费许多情况下被笼统地认为是一种基于市场机制的环境保护方式，这种机制通常以科斯经济学（Coasean economics）理论为基础（赵雪雁等，2012）。对于土地所有者而言，如果他们从森林保育中得不到期望的效益，在经济利益的驱使下，土地利用方式将会发生改变，经济效益较低的林地将会向效益较高的农田、牧场甚至是建设用地转化。但由此而引起的生态系统服务（如河水净化等）供给能力的减少却增加了下游居民的生活成本，降低了他们的生活质量。若生态系统服务的受益者提供相应的补偿，则能够引导土地利用朝着有利于生态系统服务效益最大化的方式转化，会产生上游生态服务提供者和下游受益者"双赢"的结果。

国际上生态系统服务付费是一个较为狭义的概念，比较有影响的定义有两个：一个是由国际农业发展基金参与的生态环境服务付费与奖励山地穷人的行动研究计划（Rewarding for Use of and Shared Investment in Pro-poot Environmental Services，RUPES）项目的界定；另一个是国际林业研究中心（Center for International Forestry Research，CIFOR）的界定（靳乐山等，2007）。RUPES认为，具备以下4个条件的生态与环境保护经济手段才是生态系统服务付费：①现实性。该条件要求采取的措施具有现实的因果关系（如种树有固碳和减缓温室效应的作用）和对机会成本的权衡。一些研究指出，在寒温带地区种树会加剧而不是减缓温室效应，那么排碳企业为寒温带地区种树而支付的费用，不能算作生态与环境服务付费。②自愿性。付费方和接受方的行为是充分知情下的自愿行为。③条件性。付费是有条件的，且条件可以监测，并有通过合同约束的额度。④扶贫和减贫。通过付费可以促进资源的公平分配，不损害穷人的利益。CIFOR对生态系统服务付费的界定为：是一种自愿的交易，且不同于传统的命令和控制手段；购买的对象"生态系统服务"应得到很好的界定；至少有一个生态系统服务的购买者和一个提供者；只对界定范围内的生态系统服务付费（尚海洋等，2011）。目前国际上较为认可的是Wunder（2005）提出的定义，即生态系统服务付费应符合自愿交易，生态系统服务的类型、数量等可以明确界定，至少有一个生态系统服务的购买者和一个提供者，且服务的提供者能够保证服务供给（有条件的）等四个条件。但是，研究发现并非所有的生态系统服务付费项目都能满足上述条件，尤其是前两个条件。在诸多生态系统服务付费项目中，交易往往不是自愿进行。碳吸收、生物多样性保护和水源净化等服务或产品多具有公共性，因此生态系统服务的充分排他性不可能具备。另外，许多生态系统服务付费所涉及的服务产品、提供者、购买者等都不能精确的界定。由于交易成本过高，政府经常扮演中间人的角色，整合消费者的资金或以政府基金的形式，按照预先设定的价格，分配给生态系统服务（ES）的提供者。为了使生态系统服务付费具有更大的适用性，一些研究者提出生态系统服务付费是不同群体之间的资源转移，它可以激励人们通过改善自然资源管理来提供生态系统服务，使土地利用决策与大尺度的社会收益相一致。

基于Wunder的定义，可以归纳出研究生态系统服务付费项目的工作步骤。首先，分析经济激励对土地利用决策以及生态系统服务供给影响的相对重要性及重要程度；其次，评估ES提供者从消费者那里得到的直接收益；最后，衡量生态系统服务付费过程的商品化程度，即供给方提供的ES多少是可以被测量和评估的。支付金额通常应大于改变土地利用方式（如将森林转化为牧场或农田）所获得的额外收益（否则上游居民将不会改变自己的行为）且小于下游居民所得到的全部收益（否则他们将不会出钱购买）（图8-1）（郝庆等，2008；王立安等，2009）。

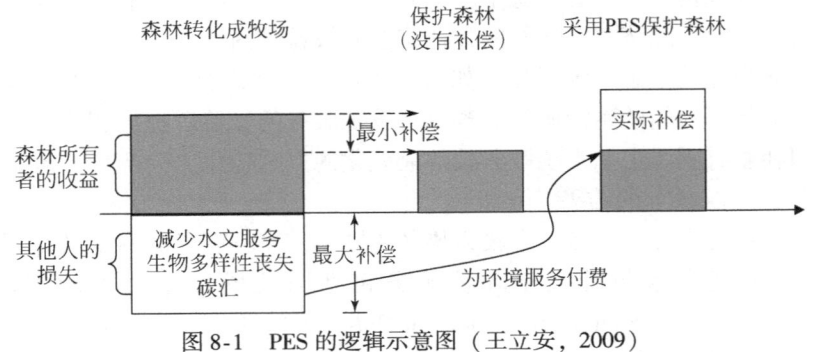

图 8-1　PES 的逻辑示意图（王立安，2009）

二、生态系统服务付费的理论依据

从国内外相关理论研究进展来看，支撑生态系统服务付费的理论框架主要有以下几个流派。

（一）福利经济学说

作为生态系统服务付费理论基础之一的外部性理论和庇古手段，认为资源不合理开发利用和环境污染的原因在于外部性，需要生态系统服务付费来消除外部性对资源配置的扭曲影响，使外部性生产者的私人成本等于社会成本，从而提高整个社会的福利水平。

经济外部性（externality）概念是由剑桥大学的马歇尔和庇古在 20 世纪初提出的，因而外部性理论又被称为庇古理论。该理论的基本含义是：当某一个体的生产或消费决策无意识地影响到其他个体的效用或生产可能性，并且产生影响的一方又不对被影响方进行补偿时，便产生了所谓的外部效果，简称外部性。它包括外部经济性或正外部性（一方对另一方有积极影响）和外部不经济性或负外部性（一方对另一方有不利影响）。按约定俗成，常将负外部性直接称为外部性（潘少兵，2008）。

在完全竞争的市场条件下，边际社会成本与边际私人成本相等，边际社会效益与边际私人效益相等，最终可以实现资源的有效配置，即帕累托最优。在此过程中，社会整体福利可以提高。但在现实中，由于外部性等因素的存在往往使上述情形很难出现。边际社会成本与收益和边际私人成本与收益背离时，不能靠在合约中规定补偿办法予以解决。这时，市场机制无法发挥作用。在这种情形下，就必须依靠外部力量即政府干预加以解决。当它们不相等时，政府可以通过税收与补贴等经济干预手段使边际税率（边际补贴）等于外部边际成本（边际外部收益），使外部性"内部化"。一方面，由政府对造成负外部性的生产者征税，限制其生产；另一方面，给产生正外部性的生产者补贴，鼓励其扩大生产。这样，在利润最大化原则作用下，生产者从各自利益出发，会将其产量调整到价格等于边际社会成本之点。目前，外部效应理论在生态与环境保护领域已得到广泛应用，如排污收费制度、退耕还林还草政策就分别采用的是征税手段和补贴手段。

（二）公共产品理论

公共产品理论通常又称为产权理论。公共产品指每个人消费这种产品不会导致别人对该产品消费的减少。公共产品区别于私人产品，具有非竞争性（non-rivalry）和非排他性（nonexclusivity）的特征。前者是指某个人对一种物品的消费并不妨碍别人对该物品的消费，对它的使用是非竞争性的，因而对再多一个人提供这种物品的边际社会成本为零。后者是指对一种物品未付费的各个人不可能被阻止享受该物品的好处。根据非排他性与非竞争性的程度不同，公共物品还可以进一步细分为纯公共物品、俱乐部产品和公共资源等类型。例如，森林能够提供各种各样产品和服务，这些产品和服务在消费和收益过程中具有不同特性，可以归属于不同类别的物品。就木材、纤维和果实等有形产品而言，消费量增加，供给量必须上升（消费上的竞争性），并且在现有的社会经济发展水平和法律制度下，一般被界定了清晰产权，受益人比较明确（排他性），因此属于私人产品。然而，森林所提供大多数生态服务如水文调节、水土保持和碳汇等往往消费上没有竞争性，消费者增加并不需要增加生态服务供给，也很难将生态服务的潜在受益者排除，因此这类服务属于纯公共物品。具有收费性质的森林公园所提供的休憩、娱乐和观光等服务和具有商业性质的生物多样性保护由于能够有效地将未付费的消费者排除在外，而消费者对其服务的享用并不会影响其他人的消费，所以属于俱乐部产品。尽管一般木材和林果产品等有形产品属于私人产品，但是在产权不明晰或无法提供有效产权保护情况下，例如产权不明确的集体林或者没有得到有效管理和保护的自然保护区等，森林中的木材等产品就会成为事实上的公共资源。非竞争性和非排他性导致人们可以用低成本获得社会提供的公共产品，从而把其少量提供的那部分成本转嫁给社会全体成员承担。一旦一种资源的所有权没有排他性，那么就会导致公共资源的无序过度使用，最终使全体成员的利益受损，产生"公地悲剧"和"搭便车"问题（梁丹，2008）。分析生态系统相关产品与服务的非竞争性和非排他性，有助于选择适合的政策工具增加其有效供给。特别是对于生态系统服务付费而言，生态系统及其提供生态服务的公共物品属性能够帮助确定补偿的主体，以及各个利益相关者的责任和义务（Landell-Mills and Porras，2002）。

（三）利益博弈说

博弈论分析的目的在于运用博弈规划来确定均衡，达到所有参与人的最优策略组合（宋敏，2009）。不管博弈各方是合作、竞争、威胁还是暂时让步，博弈论模型的求解目标都是使最终利益最大化，但这种最大化必须建立在各方都采取各自"最好策略"的基础上，从而使各方最终达到一个力量均衡，谁也无法通过偏离均衡点而获得更多的利益。对生态系统服务付费进行博弈分析的现实意义在于，它能够揭示个人理性与集体理性的矛盾所在，并为促成个人理性与集体理性的统一、实现集体最优提供途径（唐建荣，2007）。然而，由于生态系统服务所具有的外部性和公共物品属性，使得人们在对生态系统利用过程中出现过度开发、"搭便车"和市场失灵等现象。

从博弈论角度来看，生态系统服务付费是为了走出生态"囚徒困境"、"智猪博弈"、"斗鸡博弈"等制度安排。通过建立生态系统服务付费的选择性刺激机制，实现区域内的集体理性，其价值动因是协调和解决环境权与生存权、发展权之间的冲突，采取纵向一体化办法将外部影响内部化。

刘兴元（2012）在青藏高原草地生态补偿研究中指出，政府和牧民分别代表国家和个体参与草地生态补偿的利益博弈，在此过程中政府与牧民和牧民与牧民之间相互博弈，各自选择不同的策略希望从博弈中得到期望的效益。

（四）社会公平说

社会公平说认为，生态系统服务付费说到底是个社会公平问题。环境资源产权界定或者说权利的初始分配差异造成了事实上的发展权利的不平等。在社会发展中，需要弥补这种权利失衡，因此生态系统服务付费应被更多地赋予社会和谐与公正责任。Kosoy 等（2007）指出，生态系统服务付费是实现环境改善和乡村发展的双赢策略。粟晏等（2005）认为，生态系统服务付费是社会矛盾、利益差别和认识分歧的整合器，它可以改变成本收益的动态关系，实现社会公平与公正。

（五）心理学和行为学

心理行为学认为，补偿对行为具有明显的示范定向和塑造作用。补偿可以调整成本收益的时空动态关系，改变心理预期和选择偏好以及行为主体间的责任与义务关系。

行为科学认为，"人"是决定管理效率的关键因素，因此要特别重视人的激励作用。激励是无形的，只能通过观察它引起的行为来判断一个人是否被激励，以及激励到什么程度。人的行为取决于动机，动机的内在条件是需求。心理学家亚伯拉罕·马斯洛（A. H. Maslow）认为人类有 5 种主要需求：生理需求、安全需求、社会需求、尊重需求和自我表现需求。这 5 种由低至高依次排成一个阶梯，低层次的需求获得满足后，就会有下一个高层次的需求出现。归纳起来，这 5 种需求无非是两大类：物质需求和精神需求。在贫困山区，发展经济和解决温饱等问题是物质需求，而生态建设被认为是一种富裕的、高雅的和文明的事业，属于精神需求。在两者相冲突时，首先要解决物质需求问题，因此利益驱动非常重要。在中国大部分退耕还林还草工程实施区，坡耕地是农民赖以生存的基本生产资料，退耕还林还草还未成为广大农民的自觉行为，工程实施会给退耕农民造成直接经济损失，如粮食减产、收入减少等。为了解决利益驱动问题，调动农民和地方政府的积极性，必须进行生态补偿付费（支玲，2004）。

（六）生态系统服务价值理论

在人类社会可持续发展面临生态恶化、资源枯竭等诸多挑战的大背景下，自然价值的认同范围有了很大的变化，特别是对于自然工具价值的认识从最初的资源价值逐渐到扩大生态服务价值的许多方面。生态系统服务价值分为使用价值和非使用价值两大类，其中使用价值又包括直接使用价值、间接使用价值和选择价值 3 类，非使用价值包括遗存价值一类。直接使用价值主要是指生态系统所提供的物质产品的价值，大多能够在市场上直接交易和被直接消费，包括农产品、林产品、畜产品和渔业产品等。另外生态系统提供的休闲娱乐价值也可通过生态旅游之类的经济活动加以实现；间接使用价值主要是生态系统服务所提供的价值，如调节大气成分、保持土壤、吸纳污染物、维持生物多样性和生物地球化学循环等。这部分价值由于是蕴含在生态系统服务功能中，绝大部分游离于市场之外，因而很难被准确定量评估；选择价值是指社会及其成员对自然物品和服务的潜在价值的未来利用，包括未来的直接利用、间接利用、选择利用和潜在利用等形式。其价值量可用人们为将来选择使用自然物品和服务愿意付出的费用来测度。非使用价值中的遗存价值包括遗产价值和存在价值两类。前者是指当代人为了将某种自然生态系统本身或其服务遗赠给后代人而自愿支付的费用或价格，是具有关于某种自然存在的知识而衍生的知识价值。存在价值亦称内在价值，是人们为确保生态系统及其服务功能能够持久续存的支付意愿，是一种生态系统自身具有的价值，与人类利用与否无关，即使人类不存在，存在价值仍然客观存在。自从 1997 年 Costanza 等评价了全球生态系统服务价值以来，生态系统服务的价值论不断发展和完善，为以生态系统服务的价值来确定生态补偿标准提供了重要依据。该理论可以引申出 3 种确定生态补偿的标准：①生态系统服务提供者所提供的生态系统服务的价值；②生态系统服务享受者所享受的生态系统服务的价值；③生态与环境破坏者对生态与环境负面影响产生的价值损失（李晓光，2009）。

第二节 生态系统服务付费项目的属性特征

国内外实践表明，生态系统服务付费对于解决目前的资源紧缺和环境退化问题具有积极作用。但由于生态系统服务提供者和受益者信息缺乏、自然资源所有权不明晰、产权制度安排不合理以及货币市场发育不充分等因素的制约，实施效果往往不甚理想。自然资源开发和生态系统类型转变的大部分收益具有外部性，由服务提供者和受益者自愿解决的方法很难奏效，因而实施生态系统服务付费从制度上就具有很强的必要性。总体上，PES 项目适用于那些由于生态系统服务收益的外部性所造成的生态系统管理问题。

一、生态系统服务付费项目实施主体

生态系统服务付费项目的实施者包括服务产品的供给方（providers）和购买方（buyers）两个主体，他们在地理空间上具有不重合性，且处在生态系统服务产品流动的不同环节。双方利益的权衡（trade-off）通过一定运作机制来实现。

（一）供给方

生态系统服务的供给方是指那些能够安全提供生态系统服务和产品的个人、集体或政府机构。在土地私有制的国家或地区，潜在的生态服务供给方大多是私人土地所有者，例如玻利维亚的 Los Negros 项目的供给方是 Santa Rosa 地区的 46 位土地拥有者（Asquith et al.，2008）。此外，少数政府也是土地所有者，生态系统服务付费项目也有部分针对公共土地（Frost and Bond，2008）。

(二) 购买方

购买方是指生态系统服务付费项目中由于生态系统服务供给增加而得到正外部性的主体。按照购买方的不同，可将生态系统服务付费项目分为"用户付费"和"政府付费"两类生态系统服务付费项目。两者的区别并不是谁来为生态系统服务买单，而是谁拥有决定买单的权力。虽然表面上"用户付费"项目比"政府付费"项目更能有效地对生态系统进行维护和管理，但由于用户付费的随机性和不确定性，很多时候在区域生态系统管理过程中，往往只能选择"政府付费"生态系统服务付费项目。随着购买者数量的增多，交易成本和搭便车的概率也会增加，尤其是当生态系统服务是公共物品时（王志凌等，2007）。因此，政府的存在可以减小交易成本或通过强制征收使用费用来避免搭便车现象的产生。

(三) 生态系统服务付费对象的空间定位

生态系统服务付费对象的空间选择是一种基于付费资金效率的考虑，在潜在生态系统服务供给者中，依据其区域或个体条件差异，确定最有效的服务供给者的空间定位技术。

由于不同区域提供的生态系统服务以及农户的经济行为都存在空间异质性，生态系统服务付费实施过程中会出现三类无效率问题：①在没有生态系统服务付费项目时，也会存在期望的土地利用活动；②支付的金钱数量并没有高到引起社会期望的土地利用；③支付的金钱数量引起的正外部性的价值低于成本。因而，为了提高生态补偿效率，需要在众多潜在生态服务提供者中，依据个体差异，选择最有效的生态服务供给者（Tobias，2008）。

生态系统服务提供者的空间选择可以基于福利法、成本法或者二者的结合，如福利-成本比例法。依据福利法生态系统服务付费项目应优先选择那些土地利用调整可以引起生态系统服务价值增量最大的地区，成本法则要求项目应优先在那些土地利用调整成本最低的地区实施。而福利-成本比例法综合考虑了生态系统服务的价值增量和土地利用调整的成本，融合了生态系统服务管理的多个目标性，选择在单位土地利用调整成本下，生态系统服务价值增量最大的区域实施（Babcock，1997）。

$$\max \sum_{j=1}^{n} q_i(e_i)$$

Powell（2000）、Rodrigues（2003）等采用效益标准定位原则，利用保护生物多样性的地理学方法（a geographic approach to protect biological diversity，GAP）分析确定生物多样性保护的优先保护区域；Chomitz（2006）等采用成本法选择参与者，发现成本和生物多样性间存在负相关关系，提出了低成本高收益的最终解决方案。Claassen（2008）等利用线性得分函数并把成本作为得分方程中的一个因子进行了空间定位。Ferraro（2003）和Barton（2003）等采用成本福利比率标准，利用距离函数法，确定了生物多样性保护和流域保护的优先区域。然而，这些方法面临共同的问题，即很少考虑空间异质性，导致补偿效率虽比不进行生态服务提供者空间选择时有所提高，但并没有达到最优。在此研究基础上，Wunscher（2008）进一步融合了生态系统服务的多目标性，将环境服务损失的风险作为一个空间变量，集成了微观个体的参与成本，以生态补偿项目对环境服务的贡献程度为标准选择补偿区域，提出了一个考虑空间异质性的空间定位选择模型。约束：

$$\sum_{j=1}^{n} q_j(C_j) \leq C_{\text{budget}}$$

式中，q_j 是 0，1 选择变量；C_j 是参与成本；C_{budget} 是总预算；e_j 是地点 j 对环境服务的贡献。

在 GIS 中我们可以通过项目对生态系统服务的贡献、供给成本和环境服务的叠加来选择实施付费项目的地点，如图 8-2 所示。项目对生态系统服务的贡献 = 生态系统服务的损失风险×生态系统服务价值增量；生态系统服务包括水文服务、生物多样性保护、碳汇、景观美景服务等。而供给成本包括了机会成本、实施成本和交易成本的总和。

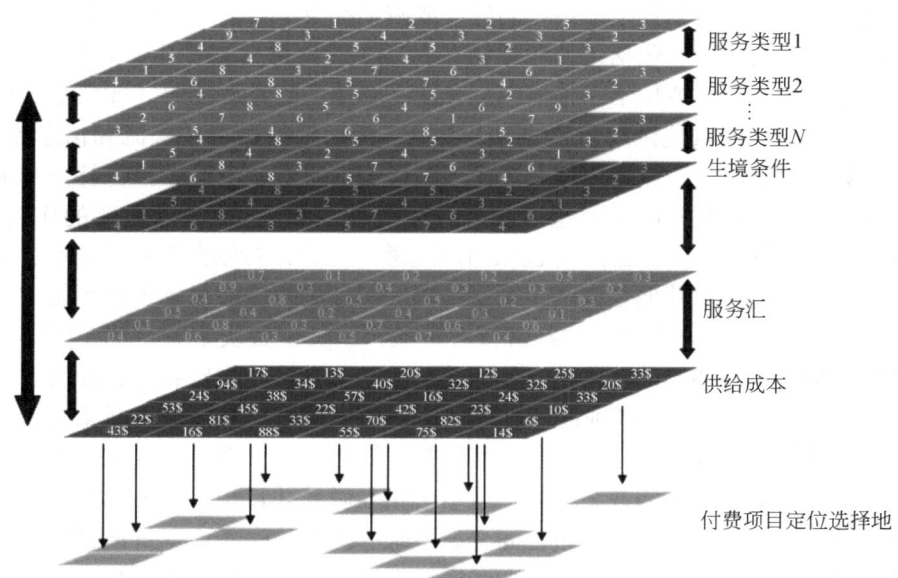

图 8-2 基于 GIS 的数据获取框架

Wunscher 还结合了 Costa Rica 的 PSA 项目，对 3 类无效率问题进行了处理。针对第一种情况，可以用毁林概率来表征。低毁林风险的森林即使登记其对环境服务的贡献程度也小。针对第二种情况，可以采用灵活的支付方式，并根据土地所有者（购买方）的参与成本进行调整。尽管这并不一定能保证增加的服务价值超过其参与成本，但采用这种方法减少了发生这类无效率问题的可能性。针对第三种情况，可以优先选择那些服务–成本比例最高的地区。

二、生态系统服务付费的地理学特征

在生态系统服务付费研究中，地理学是解决其"区域（对哪些对象进行补偿？在哪里开展补偿？）、尺度（补偿标准尺度？补偿区域尺度？）、差异（补偿主体的差异？补偿客体的差异？补偿标准的差异？补偿尺度的差异？补偿形式的差异？）"难题的突破口。生态系统服务付费具有地理学研究的一般特征及内涵。

不同区域自然地理条件下的不同生态系统具有不同的生态服务功能，相互之间通过大气、水流等自然地理要素的运动，产生了生态服务的空间关系和空间格局，并基本明确了各主体间的生态利益关系。

地理学的视野中，地表是异质空间，具有区域差异性，存在各种要素的运动。其意义是：水和热的传递。从宏观尺度上看，大气降水、寒潮、海洋对大陆的水热调节等都是由大气运动带来的水热循环。从局部区域上看，森林蒸发对边缘区域（林缘）的降水影响，以及陆地上各种水体对周边区域湿度和温度的调节是通过大气在微观尺度上的运动来传播的。碳等温室气体的循环，无论是自然界所产生的碳排放（如森林或草原火灾），还是人类经济活动所产生的碳排放，都是从"碳源"到"碳汇"的大气运动过程。所以一个地区的造林或毁林，以及对其他生态系统的建设或破坏都会对其他地区产生影响。

各种污染物质的传播。包括各种颗粒物在大气中的传播（如沙尘、粉尘、硫等），各种污染物质通过地表径流或地下水传播，都会使一个地区的经济活动（如工业发展对土地和草原的开发）产生对其他区域的影响。人类经济活动中的物流、人流和信息流的传递。枢纽机场、集装箱枢纽港、铁路枢纽站或集多种运输枢纽于一身的城市，特别是那些把国内运输与国际运输连接起来的综合运输城市，对其他区域产生了非常重要的作用和影响。交通走廊，即干线铁路和干线公路（包括内河航道）重合并行轴向分布的区域，也会由于承担大量物流、人流而对其他区域产生重要影响。信息流的传播对各个地区是均衡的，但"信息源"仍然集中分布在大城市和经济核心地城市，其位置决定着全球、国家或地区信息流的格局。构造地理环境的整体性。最为重要的是，自然界物质和人类经济活动所产生的各类要素的地理运动，通过各种循环过程把地表各个地点与其他地点联系起来，构成了地理环境的整体性。地理环境整体性也必然包括区域之间的关系，即区域之间存在空间关联性，地表物质的地理运动使各个区域成为一个相互联系并且相互影响的整体。

地理学的区域特征决定了各区域之间生态系统所提供的生态服务价值量存在较大的差异，这种差异体现了区域自然资源的状况和区域发展对自然资源的消耗程度，以及因这种消耗给生态环境带来的影响，使区域生态系统的生态服务价值量呈现出与生态现状相关的空间差异性。这种差异性的存在正是区域间生态价值量发生转移的原因，也形成了生态系统服务付费的理论基础。

生态系统服务付费的地理学属性，已有相关学者在其理论研究成果中提及。在实践中，全球各个尺度的地理空间均开展了生态系统服务付费项目。

表8-1　生态补偿的类别与尺度（秦艳红和康慕谊，2007）

项目类别	案例	主要提供的生态服务	补偿尺度
流域管理	环境服务支付（PES）；日本和哥斯达黎加流域下游对上游的生态补偿	主要为改善与净化水质、保持土壤、降低侵蚀与沉积、涵养水源、防洪、兼顾调节气候、防风固沙、维护景观、保护野生生物等	流域

续表

项目类别	案例	主要提供的生态服务	补偿尺度
农业环境保护	欧洲的农业环境项目；中国的退耕还林还草工程；美国的保护与储备计划（CRP）、环境质量激励项目（EQIP），加拿大的永久性草原覆盖恢复计划（PPCRP）	主要为保持土壤、降低侵蚀与沉积、防风固沙、减少农药化肥的污染、兼顾调节气候、维护景观、保护野生生物等等	国家
林业	爱尔兰的私人造林补贴和林业奖励、中国的森林生态效益补偿基金	基本涵盖上面所提到的所有的生态服务功能，另外还包括固碳功能	流域、国家
自然生境的保育与恢复	栖息地保护公约、美国渔业与野生动物保护方案（FWS）、新西兰的生物多样性保护激励措施	主要针对生物多样性保护，同时提供其他生态服务	区域、国家、全球
碳汇	《京都议定书》、欧盟排放交易方案（EUETS）	主要是防止全球变暖，同时提供其他生态服务	全球
景观保护	瑞士自然保护区景观保护、尼泊尔自然保护区景观保护、伯利兹城（洪都拉斯首都）保护区信托	主要为保护特殊景观，提供休闲、文化等服务	区域

三、生态系统服务付费的基本原则

（一）生态利益原则

在生态型社会中，效益原则要求统筹兼顾经济效益、社会效益和生态效益。每一生态系统要素不仅有经济价值和社会服务价值，也具有生态价值，甚至生态价值远高于经济价值。曾有学者测算，中国长江流域森林资源的直接经济价值为 0.197 万亿元，而生态价值则达 2.1 万亿元，两者之比为 1∶11（沈开举，2004）。

在生态利益原则下，针对不同层次的生态利益采用不同的付费方法，达到不同的效益目标。对于个人生态利益，利用市场机制进行经济补偿，实现其经济效益；对于社会生态效益与生态自身的利益，由于社会价值与生态价值的不可交换性，需采用政府管制机制付费，实现社会效益与生态效益，最终实现社会公平与生态正义。生态系统的开发和利用者应按照"开发者保护，破坏者恢复"的原则承担相应的责任和义务。生态与环境资源的效益具有扩散性，即生态系统功能的改善会使许多人受益。根据外部经济性理论，生态系统服务的受益者应支付相应费用，以此鼓励人们保护生态系统（王金南，2006）。

(二) 公平性原则

环境资源是大自然赐予人类的共有财富，所有人都应有平等的利用环境资源的权利。传统的公平观限于同代人之间及人与人之间，但在可持续发展理念已逐渐被接受的现代社会中，公平性原则"在内容上包括机会公平和分配公平，在时间跨度上包括代内公平和代际公平，在范围上包括人与人的公平和人与自然的公平"（李克国，2007）。相对同代人的公平，代际公平问题更加需要解决。代际公平问题产生于不可更新资源的耗竭和可更新资源的过度消耗，产生于生态质量的下降和生态功能的丧失，产生于生态美学价值文化价值的丧失。代际公平问题本质是当代人对后代人生态利益的侵犯，主要表现在三个方面：第一，属于后代人的资源被当代人消耗；第二，属于后代人的资源质量下降；第三，从前代人获得资源中获益的可能性。魏伊丝认为有三种方案可以解决代际公平问题：一是应当鼓励各国给予未来世代的代表以主体资格；二是赋予全体社会成员在法律诉讼中为公共利益辩护的资格；三是指定后代人利益的调查委员会（魏伊丝，2000）。在实践中，也不乏当代人为后代人生态利益而请求付费的例子。例如，菲律宾最高法院1993年的一个判例中，42名儿童以自己以及后代名义提出诉讼，要求政府停止大规模出租国家森林给开发公司砍伐，得到法院支持。

四、生态系统服务付费项目运作流程

一般而言，生态系统服务付费项目的运作涉及以下三个方面：第一，确定哪种土地利用类型或方式将发生改变，该土地利用类型变化将影响哪些生态系统服务的供给变化。第二，选择合适的"基准点"以衡量生态系统服务付费项目实施的绩效，即确定土地利用类型或方式转变所带来的生态系统服务的变化量。理论上，支付额度的确定应建立在购买方得到的生态系统服务收益量的基础上。然而由于监测缺失和信息不对称，土地所有者对ES增量的类型和规模并不十分了解，这种"基于输出"（output-based）的支付方式往往并不可行。因此，执行中往往采用"基于输入"（input-based）的支付模型，即计算单位面积的额外投入或损失。第三，选择支付金额和类型。对供需双方而言，只有在供给方和购买方利益都得到满足的情况下，生态系统服务付费项目才能持续良好地运行。

五、资金筹措来源

PES项目实施的资金来源渠道一般有政府支付、市场支付和受益者支付等方式。政府补偿是以国家或某一级政府为实施补偿的主体，以区域、下级政府或农牧民为补偿对象，以国家生态安全、社会稳定和区域协调发展等为目标，以财政补贴、政策倾斜、项目实施、税费改革和人才技术投入等为手段的补偿方式，它是政府以非市场途径对生态系统服务供给或反服务损害进行的补偿。另外，市场支付和受益者支付形式也是生态系统服务付费项目的主要资金来源。

（一）政府支付

财政转移支付是生态补偿的一项重要政府支付方式。它是通过公共财政支出将其收入的一部分无偿的让渡给微观经济主体或下级（同级）政府主体支配使用所发生的财政支出。既包括中央财政支付，也包括地方政府间横向转移支付。财政转移支付多是专项性补助，转移支付的款项必须用于指定的项目，实行"专款专用"。如"退耕还林（草）工程"、"三北及长江流域防护林体系建设工程"等都是通过中央财政转移支付完成的。横向转移支付是同级政府财政间的转移支付，以德国最为典型，是通过横向转移改变地区间既得利益格局，实现地区间公共服务水平的均衡化。

政府支付具有以下特征：

（1）支付形式的指令性。由于付费是在政府强制命令下做出的统筹安排，作为生态服务的利益相关者尤其是受偿对象无法参与政府决策，只能被动地接受付费。

（2）受益者的间接性。政府付费只能由政府（中央或地方政府）组织进行，政府在付费过程中发挥主体作用，而不是生态效益受益者对生态服务提供者直接付费，这是区别于市场补偿的主要特征。

（3）补偿资金来源的强制性。生态系统服务付费资金虽由国家财政支出做出统筹安排，但从资金来源上来看，由于这项财政支出主要源于对生态与环境受益者的税收或收费，故带有强制性。

（二）市场支付

市场支付是市场交易主体利用经济手段参与环境市场产权交易，从而达到改善生态与环境目的之活动总称。它的主体可以是市场交易中的任何人，即可以是生态系统服务的供给者，可以是生态服务的受益者，抑或是政府。但要求政府在市场付费活动中，地位与其他交易者相同，对其他主体不能施加命令强制。与依附财政转移支付的政府间接补偿相比，市场补偿是生态服务受益者对保护者的直接补偿。通过市场补偿机制，游生态系统服务提供者与生态系统非常受益者之间实现"对接"，各利益主体通过市场机制享受其权力并承担相应的责任，实现各自的利益诉求。

市场支付是政府支付的有益补充，是生态系统服务付费机制创新的主要方向。市场支付主要有产权交易市场、一对一交易、生态标记等形式。例如，中国金华江流域进行的东阳-义乌市水权交易在一定程度上就是一种环境产权交易。在水权交易过程中，政府作为谈判代理和中介部门推动和管理水权的具体实施，市场依靠水资源缺乏、用水成本及水价上涨在交易过程发挥了无形力量。又如，美国纽约市与上游卡茨基尔（Catskill）流域之间的清洁供水交易也是市场支付形式。纽约市通过投资购买上游卡茨基尔流域的生态系统服务，向该流域内的奶牛场和林场经营者支付 4000 万美元，以使他们采用环境友好的生产方式。生态标记实际上是对生态系统服务的间接支付方式。这种支付方式的关键是存在赢得消费者信赖的认证体系，其初衷是希望把各类产品中在生态保护领域的优异者选出，予以肯定和鼓励。在中国典型的案例是农夫山泉品牌的生态标记。农夫山泉公司认为水源地居民为了保护水源而牺牲了一定的经济发展。因此公司希望能为水源地的环境保护尽自己一份力，所以在每瓶水中拿出一分钱捐献给水源地。市场付费在政府调控范围内，赋予生态资源以商品属性，通过市场机制，将生态系统服务成本纳入各主体决策，使开发和利用生态与环境资源的生产者和消费者各自承担相应的经济代价，以达到保护生态与环境资源的目的。

市场支付具有付费主体多元化、付费主体的平等自愿性和付费机制的市场激励性等特征。但与政府付费相比，市场付费存在付费难度大，付费短期行为严重，缺乏相关法律法规配套等缺陷。

（三）受益者支付

相比较市场支付，受益者支付能够建立一条持久的资金供给渠道。受益者支付可以采取多种形式，如使用费、指定用途税和保护基金等。在多数情况下，中间使用者（如水电站生产者、水务公司或灌溉组织联合会等）通过调节水价将一部分生态建设费用转嫁给终端受益者，以此筹集生态系统服务付费资金，并达到受益者支付的目的。因此，实施生态补偿需进一步开发生态服务市场，使更多的受益者参与其中，并逐渐成为生态系统服务付费资金供给的主体。

在实际应用中，多采用政府支付、市场支付和受益者支付中的一种或几种结合实现。表 8-2 总结了几个典型项目资金来源方式（葛颜祥等，2007）。

表 8-2 生态系统服务付费的资金来源

项目类别	案例	资金来源
流域管理	哥斯达黎加水生态服务市场	多数情况下私人用水者承担 1/4 的费用，剩余的 3/4 由国家林业基金提供
	墨西哥水环境服务支付项目	墨西哥政府
	厄瓜多尔基多市流域保护	FONAG 水基金
农业环境保护	保护与储备计划（CRP）	政府财政转移支付
	退耕还林（草）工程	政府财政转移支付
生物多样性保护	世界临界生态系统生物多样性保护	关键生态系统合作基金（CEPF）
	中小企业项目与土地投资基金	国际金融公司（IFC）
	哥斯达黎加生物多样性保护工程	世界银行贷款，全球环境基金捐款，哥斯达黎加政府出资
碳汇	京都议定书	签署国家之间的排放权交易
	欧盟排放交易方案（EUETS）	所有欧盟成员国
景观服务	尼泊尔自然保护区景观保护	每个游客向安纳布尔那保护区支付 12 美元门票
	伯利兹城（洪都拉斯首都）保护区信托	部分由游客交纳，每个游客交 3.75 美元生态保护费

六、生态系统服务付费方式

目前,国际上生态系统付费项目的付费方式主要包括资金、实物、技术、政策和产业等,为了提高付费效率与项目的持续性,往往会将各种付费方式进行组合(中国生态补偿机制与政策研究课题组,2007)。

资金是最常见、最迫切和最急需的付费方式,包含多项费用如效益和损失补偿费等,常见方式包括补偿金、赠款、减免税收、退税、信用担保的贷款、补贴、财政转移支付、贴息、加速折旧费等。

利用实物形式付费是指生态服务购买者运用物质、劳力和土地等形式,给生态服务供给者提供部分生产要素和生活要素,以改善生态服务提供者的生活状况,增强其生产能力。

利用技术形式付费是指生态服务购买者通过开展智力服务,提供无偿技术咨询和指导,培训生态服务供给区的技术人才和管理人才,或为其输送各类专业人才,提高生态服务供给区的生产技能、技术能力和管理组织水平。

利用政策形式付费是指上级政府通过优惠或特许政策对下级政府提供的权利和机会。受益者在授权权限内,可以利用政策的优先权和优惠待遇,制定一系列创新性的举措,促进其发展并筹集资金。利用制度资源和政策资源进行付费十分重要的,尤其对于资金缺乏和经济落后的地区更为急迫和必要。

利用产业形式付费是指生态服务购买者帮助生态服务供给区发展替代产业,或者补助发展无污染产业,增强其自身造血功能。这种付费方式是缩小发展差距,提高人民生活水平的重要举措(赵雪雁等,2010)。

通常,生态系统服务使用者资助项目的支付方式灵活多样。例如,玻利维亚的 Los Negros 项目在 2800 hm^2 的土地面积上至少提供了蜂箱、养蜂培训、果树苗、铁丝网、现金补偿等方式(Asquith et al.,2008);在法国东部的 Vittel 流域,为了使地下水水质维持在最高标准,建议农民采用对水质影响小的方式发展奶牛业,在实施过程中把有条件限制的现金支付与技术支持结合起来使用。以农场为单位,根据机会成本的不同,为参与者制定不同的价格水平;厄瓜多尔的 Pimampiro 地方性流域保护计划,对受干扰的森林和高山草地生态系统每年补偿 6 美元/hm^2,对成熟期的劣等森林补偿 8 美元/hm^2,对初级森林或高山草地补偿 12 美元/hm^2(Wundera and Albánb,2008)。

第三节 生态系统服务评估与付费标准量化

在进行生态系统服务付费之前,重要的是对服务进行评估,并根据评估结果制定付费标准。从理论上讲,付费标准应介于供给方机会成本与其所提供的新增生态服务价值之间,因为生态系统服务付费效率不仅由提供的不断增加的生态服务多少来决定,同时也由供给这些服务的成本来决定。这些成本包括:替代行为预期收益的机会成本;当土地利用必须变化时,决策和维持这些变化的实施成本和交易成本。如果假设参与者是理性决策者，除非补偿额超过他们面对的机会成本、必须承担的执行成本及交易成本的总和，否则他们不可能接受补偿。因此，可以把这些价值作为补偿额的下限，通过加入生态系统服务付费计划自身负担的交易成本，就可以得出该项目总成本的一个合理下限。但在应用实践中，付费标准的设置更接近机会成本，导致付费不足。许多研究者曾尝试以新增生态系统服务的价值作为服务付费的标准，但计算结果往往很高，难以实施。Macmillan 和 Huang（2008）对苏格兰造林生态系统服务付费的研究结果显示，服务付费标准与机会成本直接相关，而与新造林地的生态系统服务无关，生态系统服务付费不能完全被看作是从供给生态系统服务的土地使用者手中购买生态服务。

根据目前的研究成果，生态系统服务付费标准一般依据生态系统服务价值，生态保护者的投入和机会成本、生态受益者的获利量、生态破坏的恢复成本及支付意愿和受偿意愿等途径进行制定。虽然目前这些方法的准确性和实用性仍然存在争议，但其对于生态系统服务付费机制的完善和项目具体实施仍有积极意义。表8-3对这些方法的确定依据和具体算法进行了总结（杨丽韫等，2010）。

表 8-3 生态系统服务付费标准确定依据与核算方法分析

确定依据	支付方法	相关案例
按生态系统服务的价值计算	主要计算方法有直接市场价格法、影子工程法、模拟实验法、碳税法、造林成本法等	熊鹰等（2004）计算洞庭湖湿地恢复后产生的湿地生态服务功能价值，约为 107 290.67×10⁴ 元；钟瑜等（2002）计算鄱阳湖退耕还田后湿地的生态服务功能价值约 402096 万元
按生态保护者的直接投入和机会成本计算	主要根据生态恢复地区的产业产值、当地生产净收益率以及物价指数计算出损失收益	钟瑜等（2002）计算退田还湖农民的收益损失为 5179.44 万元
按生态破坏恢复或修复成本计算	在生态系统服务付费研究中，可以根据生态环境污染物的治理或恢复成本计算生态系统服务，一些修复或恢复数据，一般需要实验方法确定	虞锡君（2007）计算出太湖流域水生态修复成本
按支付意愿和受偿意愿确定补偿标准	根据生态保护贡献者的接受补偿意愿作为付费标准，主要采用问卷调查统计法	甄霖等（2006）和杨光梅等（2006）分别调查了海南自然保护区和锡林郭勒草原地区居民的意愿
基于生态足迹确定的生态补偿标准	主要构建模型计算不同国家或区域之间消费的生态赤字/盈余来确定生态系统服务付费标准	陈源泉等（2007）以中国不同省级行政区为例，用生态足迹法研究了不同区域之间的生态系统服务付费问题

其中，依据生态系统服务价值评估来确定服务付费标准的途径经常用于生态功能较为复杂的生态系统如森林和湿地等。但大多数研究也认为，由于在采用指标、价值估算方法等方面尚缺乏统一标准，且在生态系统服务与现实付费能力方面有较大差距，因此，按照生态服务价值计算出的付费标准只能作为参考依据和理论上限值。此外，目前价值评估时并没有以生态系统为主要对象，而是以人能享受到多少生态系统服务为估值的依据，评估

主观性较强。

按生态保护者的直接投入和机会成本计算的生态系统服务付费标准目前被普遍认可。由于生态系统服务付费要与地区经济发展相结合，所以生态系统服务付费不仅包括支付生态恢复和建设的投入，还应包括为生态保护做出贡献者丧失的机会成本，如在调整产业结构和改变传统生产生活方式上的各种投入。理论上，生态保护的直接投入与机会成本之和应该是生态系统服务付费的最低标准，是对生态保护做出贡献者的最低保障。但这种方法的不足之处是，在计算过程中如果仅仅考虑当地居民的经济损失，不考虑以后当地的产业发展和生态恢复后如何持续管理和经营，将会使这种生态系统服务付费只有短期效果，而不能保证恢复后的生态与环境不再遭受破坏。

基于生态修复和支付意愿确定的生态系统服务付费标准，可以为目前付费标准的确定提供一些补充依据。开展生态系统服务付费的初衷是保护和恢复生态与环境，所以生态修复是生态系统服务付费的前提。由于在中国环境污染治理方面的技术较为成熟，所以生态修复需要的资金较容易计算。

因为不同案例的社会经济条件相差很大，生态系统服务付费项目所激励的行为差别也很大。例如，希望保持当前土地使用状况或让土地休耕的项目付费标准较低，需要实施某些工程措施（如植树造林）的项目支付标准较高。对于前一种情况，只需要给生态服务供给者支付土地利用机会成本；但对于后者，不仅要支付供给者的机会成本，而且要支付他们植树造林的工程成本。因此，哥斯达黎加环境服务支付项目（PSA）只为森林保护支付 45 美元/($hm^2 \cdot a$)，但为人工林种植支付 163 美元/($hm^2 \cdot a$)。对每一个研究案例而言，生态系统服务付费标准制定基本上都是以生态服务的供给成本为依据，而不是以所提供的生态服务价值为标准。因此，名义上为多种生态系统服务付费的项目，比如哥斯达黎加的 PSA，并不需要因为相似的行为而比单一的生态服务项目（如墨西哥的 PSAH）支付更多费用（Pagiola，2008）。

一、生态系统服务价值化评估

货币价值评估是目前影响最大、应用最广的生态系统服务测度方法之一，其中最杰出工作当属 Costanza 等（1997）在 Nature 发表的成果。直接市场价值法、机会成本法和影子工程法等是价值化模型中最为常见种方法（表 8-4）。Faber 等（2006）也提供了对不同种类生态系统服务、不同应用以及其不同推广进行估值的最适合方法的分析（表 8-5）。Graves（2009）等最近试图估量快速增长的评估技术应用的数量。利用文献搜索外加对研究人员的调查信息，表 8-6 给出了一些关键结果的概要。

表 8-4　价值化模型评价方法、应用和局限

评价方法	途径	应用	例子	局限
市场价格法	直接观察市场价格	在市场进行交易的环境商品和服务	取自森林的木料和薪柴	市场价格法会被诸如补贴之类的行为扭曲。环境服务通常不能进行市场交易

续表

评价方法	途径	应用	例子	局限
替代成本法	将环境服务替换为人工服务的成本	以人工等价物替代与环境类服务类似的效益	红树林对海岸的防护、湿地对水源的涵养以及净化	如果社会不愿支付这些人工的替代品，那么其价值就会被高估。如果这些人工的替代品不能提供环境服务所有的收益，那么其价值就会被低估
净要素收益法	环境相关产品的销售收入减去其输入成本	提供市场化商品的产品输入的生态系统	湿地对水体的净化、珊瑚礁对商业捕鱼的支持	高估生态系统服务价值
生产函数法	通过市场化商品的产品输入，估量生态系统服务的价值	提供市场化商品的产品输入的生态系统	湿地对水体的净化、珊瑚礁对商业捕鱼的支持	技术上困难较高的数据需求
享乐价格法	估量市场化商品价格的环境特征的影响	各物品（通常是房屋）不尽相同的环境特征	国家公园、空气污染、垃圾填埋场周边	技术上困难较高的数据需求
旅行费用法	评估某一资源的旅行费用以指示其价值	休闲胜地	国家公园、海洋保护区	技术上困难较高的数据需求
条件价值评估法	直接利用调查问卷得到消费者支付意愿，对生态系统服务的价值进行计量	任何环境产品和服务	物种损失、自然区域、空气污染	实施费用高
价值转移法	使用其他地区的估值	任何环境产品和服务	物种损失、自然区域、空气污染	可能传递错误，与初级的评估法有相同的技术难题

表8-5 生态系统评估方法

生态服务	经济评估的易受控程度	最适合的评价方法	可转移性
气体调节	中	CV, AC, RC	高
气候调节	低	CV	高
干扰调节	高	AC	中
生物调节	中	AC, P	高
水体调节	高	M, AC, RC, H, P, CV	中
土壤持水量	中	AC, RC, H	中
废弃物调节	高	RC, AC, CV	中到高
营养调节	中	AC, CV	中
水资源供给	高	AC, RC, M, TC	中

续表

生态服务	经济评估的易受控程度	最适合的评价方法	可转移性
食品	高	M, P	高
原材料	高	M, P	高
遗传资源	低	M, AC	低
药物资源	高	AC, RC, P	高
观赏资源	高	AC, RC, H	中
休闲	高	TC, CV, ranking	低
审美	高	H, CV, TC, ranking	低
科学和教育	低	Ranking	高
精神和历史	低	CV, ranking	低

注：AC，损害成本避免法；CV，条件价值评估法；H，享乐价格法；M，市场价格法；P，生产计算法；RC，替代成本法；TC，旅行费用法

表8-6 自然科学主题领域内出现的经济评价的关键词（Graves et al., 2009，有改动）

评价方法	空气相关关键词		土地相关关键词		水相关关键词		生命系统关键词		能源关键词	
	数量	百分比/%	数量	百分比/%	数量	百分比/%	数量	百分比/%	数量	百分比/%
条件价值评估法	89	39.38	701	34.93	316	44.07	304	36.36	26	23.21
选择模型	5	2.21	31	1.54	13	1.81	16	1.91		
市场价格法	6	2.65	68	3.39	24	3.35	23	2.75	4	3.57
生产函数法	2	0.88	41	2.04	9	1.26	10	1.20	3	2.68
随机效用	3	1.33	16	0.80	12	1.67	10	1.20		
享乐价格法	11	4.87	100	4.98	35	4.88	28	3.35	2	1.79
旅行费用法	12	5.31	104	5.18	55	7.67	45	5.38	4	3.57
价值转移法	12	5.31	49	2.44	34	4.74	17	2.03	2	1.79
生产函数法	2	0.88	41	2.04	9	1.26	10	1.20	3	2.68
市场价格法	6	2.65	68	3.39	24	3.35	23	2.75	4	3.57

注：下画线数字为各领域使用比例最高的研究方法

从对4000多篇文献的分析来看，到目前为止，应用最普遍的方法是条件评估法，大约占31%。从不同研究领域来说，在所有文献中超过五成涉及土地问题，有约五分之一关注生命系统。

1. 直接市场价值法

直接市场价值法又称为实际市场价值法。对于具有实际市场交易的生态系统服务，可以直接以其市场价格作为服务的价值，根据价值收益终端的不同，其评估方法为费用支出法和市场价值法。

费用支出法是从消费者角度来评价生态服务的价值，以人们对某种生态服务功能的支

出费用来表示其经济价值。例如，可以用游憩者支出的费用总和（包括往返交通费、餐饮费用、住宿费、门票费、入场券、设施使用费、摄影费用、购买纪念品和土特产的费用、购买或租借设备费以及停车费和电话费等所有支出的费用）衡量自然景观的游憩价值。

市场价值法与费用支出法类似，但它可适合于没有费用支出的但有市场价格的生态服务价值评估。例如，在当地直接消耗的生态系统产品虽没有市场交换，但有市场价格，因而可按市场价格来确定它们的经济价值。市场价值法先定量地评价某种生态系统服务的效果，再根据这些效果的市场价格来评估其经济价值。在实际评价中，通常有两类评价过程。一是理论效果评价法，它可分为三个步骤：首先计算某种生态系统服务功能的定量值，如涵养水源的量、CO_2固定量、农作物增产量；其次研究生态服务功能的"影子价格"，如涵养水源的定价可根据水库工程的蓄水成本，固定CO_2的定价可以根据CO_2的市场价格；最后计算其总经济价值。二是环境损失评价法，这是与环境效果评价法类似的一种生态经济评价方法。例如，评价保护土壤的经济价值时，用生态系统破坏所造成的土壤侵蚀量及土地退化、生产力下降的损失来估计。理论上，市场价值法是一种合理方法，也是目前应用最广泛的生态系统服务价值的评价方法。

2. 间接市场价值法

对于没有实际市场的生态系统服务，可以通过估算其替代品的价值进行间接估算，即间接市场价值法。其中机会成本法、恢复和保护费用法、生产成本法、影子工程法等均是间接市场价值评估中常用的方法。

机会成本法基于经济学中机会成本的概念，即为了得到某种东西而要放弃另一些东西的最大价值。对于非稀缺性生态系统服务，如气候调节和文化供给等，可以用平均机会成本加以度量；而对于稀缺性的生态系统服务，如干旱情况下的水供给等，一般用边际机会成本度量，每增加一单位生态系统服务供给时，人类社会需要付出的代价。

恢复和保护费用法是指若某种生态系统服务或环境资产由于环境恶化而损坏，重新恢复或建设所需的费用，或者是保护该生态系统服务不被破坏，而花费的维持费用。生产成本法和影子工程法都与恢复和保护费用法类似。生产成本法是根据生产某种生态系统服务的产品所需成本进行定价的方法。影子工程法是通过可以提供相同功能的工程建设成本估计生态系统服务的价值，不同的是恢复和保护费用法是重建生态系统服务本身，生产成本法是重建需要的原材料本身成本，而影子工程法是建设可以提供相同服务的其他设施的成本。例如，对于森林水源涵养功能的度量，若通过恢复和保护费用法估算，是指若该片森林消失，重新种植并成长至原森林规模所需的费用；通过置换成本法估算，森林消失后，为保持同样的水源涵养功能，需要种植草地，购买草的成本；通过影子工程法估算则是若该片森林消失，建设一个与此森林功效相同的水库所需的费用。

3. 模拟市场价格法

对于没有实际市场的生态系统服务，还可以通过构造假想虚拟市场，以人们支付意愿和接受意愿对生态系统服务和环境资产进行评估。模拟市场中，直接询问支付意愿和调查专家意愿是常用的两种方法。直接询问法可以通过问卷调查或访谈形式测度支付意愿。例如，某村有一片森林，可对村民进行如下询问："该片森林将被砍伐，但通过捐款可以留下此片森林，你愿意捐助多少钱？"专家调查一般通过面谈或通讯形式请专家就各种生态系统服务进行打分或排序。为了减少结果偏差，一段时间后可再次用同样的题目进行第二轮调查。在虚拟市场中，增大样本量有助于结果精度的提升。在专家调查中，专家水平和责任心也极大地影响结果的准确性。

二、智能体模型法

智能体是存在于一定环境中并与环境相互作用的具有自主性和决断性的个体。智能体模型可以模拟复杂的人类行为及决策，描述不确定性的状态和行为，从而确定不同行为和决策模式对生态系统服务的影响。一般智能体模型由能自主决策的智能体、环境及控制智能体行为的规则组成。由于在模拟具有自主决策个体行为方面的优势，智能体模型近年来在生态系统服务付费方面开始得到应用。例如，潘理虎等（2010）以智能体模型（LUC-ASM）为基础，利用实地调研的农户生产活动数据，以鄱阳湖区中一个现实自然乡中的农户、政府和企业3类智能体利用土地资源的决策行为为准则，模拟研究区内土地利用变化过程和退田还湖政策的实施效应。在模拟分析不同气候和社会经济条件下，农户对所承包的土地进行耕种与否的决策行为及其环境响应的基础上，探讨了各种可能的生态系统服务付费政策措施对农户退田还湖决策的影响。这一工作为生态系统服务付费研究提供了新的思路和方法。Chen 和 Frank（2012）利用智能体（ABM）模拟不同社会和环境因素对社会规范产生和演变的影响。ABM 通过模拟决策者（如个人或家庭）相互作用及与环境关系来预测决策结果。以四川省卧龙自然保护区为研究区域，将模型应用于已参加退耕还林项目的土地，比较在不同时间进行土地登记者的社会规范及观念更新，分析不同土地所有者之间的相互作用，据此来测度当前项目停止后农户会选择预想的哪种付费项目。

农户被模拟成被赋予社会经济学属性的自主智能体，属性包括种族、教育程度、家庭规模和收入等。农民经营一个或多个地块，可设想为单元空间中的规则斑块。斑块属性如地块尺寸、土壤质量、坡度和土地利用类型等。根据调查数据、遥感图像解译等，运用 ABM 模型得出以不同支付金额付费再登记的退耕还林土地数额（图8-3）。

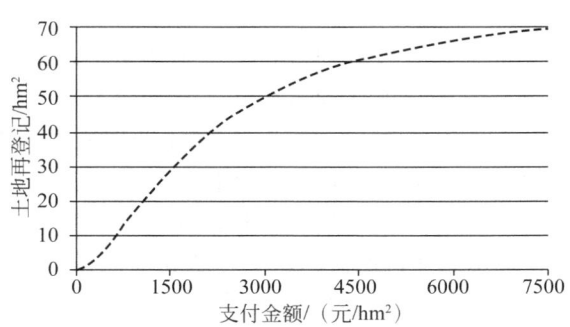

图 8-3　以不同支付金额付费再登记的退耕还林土地数额

模拟结果表明，44.3%的退耕还林土地可以 1800 元/hm² 再登记，约是现退耕还林项目的一半。如若现在的退耕还林项目持续支付（3450 元/hm²），约 69.3% 土地可继续登记。但是，如需要 90% 土地进行再登记，需要支付更昂贵的土地金额，约 7500 元/hm²。

三、系统热力学理论

由于评估中存在着许多不确定性，生态系统服务价值评估结果一般高于其现实交易价值几倍到几十倍以上，常常被称为"天文数字"，从而限制了价值评估结果在生态系统服务付费中的应用。

为解决生态系统服务价值评估中的不确定性问题，一些学者探讨其他可能的评估途径和方法。其中，系统热力学理论被认为是一种具有潜在应用价值的评估途径。所谓系统热力学途径是指从热力学中引入相关概念和指标，如能量、能值和㶲值等来研究社会经济系统动力学特征的方法。在系统热力学途径中，能值和㶲值分析是两种应用最为广泛的方法。

能值理论是生态系统核算的传统方法之一。所谓能值是指产品或劳务过程中直接或间接投入的某种可用能的总量（Odum，1996）。能值概念和能值指标体系为社会经济系统分析提供了可操作的度量方式和评价指标。在实际应用中，一般以"太阳能值"来衡量某一产品或服务的能值，任何流动或储存的能量所体现的太阳能之量，为该能量的太阳能值，单位为 sej。能值这一概念是在"能质"的基础上发展起来的（Brown and Ulgiati，2002）。能值转换率表征能量传输和转换过程中每一级的能质，实际使用的是太阳能值转换率，即单位能量或物质所含太阳能值的量。能值分析把生态系统维持社会经济活动的贡献以统一的单位进行量化，为量化评价生态系统服务提供了科学基础。

㶲概念来源于热力学。1953 年，Rant 最早提出用㶲表征做功能力。1965 年 Baehr 将㶲正式定义为：系统在与周围环境达到平衡过程中所能做的最大功（Wall，1977）。20 世纪 70 年代后期，Szargut 提出了积累㶲耗分析方法，主要用以衡量不可更新自然资源的消耗，表征资源产品和产业过程的"生态成本"与经济代价（Szargut，1978，1986，1988）。此在 20 世纪 90 年代中后期，积累㶲耗理论体系在 Odum 的系统生态学框架内被加以拓展，统一衡量生态或经济系统的产出与服务（Chen，2006）。Sciubba（2003）提出扩展㶲概念，希望通过将人类劳动和货币折算成㶲，与资源㶲一同纳入社会经济核算体系，构建更为全面的社会㶲核算体系。

作为生态系统与经济系统统一核算的桥梁，系统热力学的能值及㶲值理论自创立伊始，即与不同尺度的生态系统服务评估紧密相连。从理论基础上看，生态系统具有开放性、层次性和自组织性等系统热力学特征，只有能量不断地流入和流出，才能使其维持自身正常运转。能量流动恰是基于热力学理论的能值和㶲值理论构建的本源。从计算方法看，能值及㶲值理论是以能值或㶲为基准，通过能值/㶲值转换率把生态系统中不同种类、不可直接比较的物质流、能量流和价值流以及生态系统服务等各种复杂系统的组分和过程转化成同一标准，有效地将自然环境与社会经济系统置于同一可比平台。从应用领域看，早在 1995 年，Odum 即采用能值理论对独立树木、林木景观、全球林木贸易等不同尺度的热带森林生态系统进行环境核算。此后，有大量研究广泛应用于湿地、草原、农业和城市等各类自然及人工生态系统服务评估。Pulselli 等 2011 年利用投入产出模型，间接研究了生态系统服务与能值流动之间的关系，从而建构了全球生态系统服务与全球可更新能值流比。结果发现，该比例略小于任意已知国家的能值货币比，也就是说，与国家这一巨系统相比，生态系统在创造服务上效率更高。

四、生态足迹与生态系统服务足迹模型

（一）生态足迹模型

所谓生态足迹是指现有生活水平下人类占用的能够持续提供资源或消纳废物的、具有生物生产力（biologically productive）的地域空间。

与能值和㶲值理论等直接对生态系统服务和产品进行评估的方法不同，生态足迹模型是从反方向来估算支持一定人口可持续发展所需的具有生物生产力的地域空间面积，也就是说，某一地域内的人均生态足迹可以从某种程度上说明该地域生态系统服务的丰富程度，生态足迹的变化也反映了生态系统产品和服务的生产和消费/消耗的变化（秦艳芳等，2008）。

生态足迹模型可以反映生态服务生产、流动和消费的全过程，在生态系统服务领域有广泛应用。Kurt（2004）计算了全球碳储存生态足迹。Văcká（2012）将生态足迹与生物多样性维持联系，将各类生物多样性指数与生态足迹进行回归，结果表明生态足迹可以作为表征生态系统多样性的重要指标。Borucke等（2013）通过生态足迹理论，构建了生态系统再生能力计算方法和框架，计算了200多个国家的生态系统再生服务。闵庆文等（2011）基于生态足迹模型，对污染物吸纳服务进行了理论框架构建。焦雯珺等（2010）使用生态足迹模型，对贵州省从江县2007年食物生产、原材料生产和二氧化碳固定服务进行了度量。结果表明，相比物质量和价值量方法，生态足迹模型排除了价格等外在因素，从生态系统内部出发来衡量生态系统服务的消费，能够更加全面地反映当地居民对生态系统服务的消费强度。

（二）生态系统服务足迹模型

生态足迹模型计算简单，数据可得性高，迅速成为区域可持续发展度量的重要手段。但由于生态足迹理论假设存在固有缺陷，许多学者对其进行了多方面改进。在生态系统服务研究领域，

生态足迹理论涵盖不全及估计不准的缺陷，可以从两方面解决：一方面应全面衡量人类活动对生态系统产生的各种影响及获得的各种收益，另一方面要承认土地功能多样性的客观事实，不能将生态足迹仅建立在某种土地单一的生态服务功能之上，而是将生态足迹构建于多种生态服务功能之上。

基于生态系统服务概念对生态系统模型进行改进，是生态足迹理论在生态系统服务领域的最新应用。生态系统服务足迹与生态足迹的概念类似，是指在一区域内某时间或时段内，能够提供满足人类对某种特定生态系统产品及服务需求所需的土地面积。计算公式可表示为：

生态系统服务足迹：

$$\mathrm{esf} = \sum^{k} \mathrm{esf}_k = \sum^{k}\sum^{j}\left(r_{j,k} \times \sum^{i} \frac{c_i}{\mathrm{gP}_i}\right) = \sum^{k}\sum^{j}\left(r_{j,k} \times \sum^{i}\left(\frac{c_i}{\mathrm{lP}_i} \times YF_j\right)\right)$$

生态系统服务承载力：

$$\mathrm{esbc} = \sum^{k} \mathrm{esbc}_k = \sum^{k}\sum^{j} a_j \times r_{j,k} \times YF_j$$

生态盈余或赤字：

$$\mathrm{esd}(\mathrm{esr}) = \mathrm{esbc} - \mathrm{esf}$$

式中，esf 为总生态系统服务足迹；esf_k 为 k 种类型生态系统服务足迹；esbc 为总生态服务承载力；esbc_k 为 k 种类型生态系统服务承载力；esd（esr）为总生态系统服务赤字或盈余；a_j 为第 j 类生态系统服务供给面积。值得注意的是，传统生态足迹模型中将土地分为 6 种生产性土地面积，而在生态系统服务足迹度量中，水体、湿地等传统生态足迹分类中不存在的土地利用类型提供了如淡水供给、净化等不可替代的重要生态系统服务，因此应根据实际生态系统类型及服务种类进行细分。$r_{j,k}$ 为第 j 类土地利用类型的 k 种生产系统服务均衡因子；c_i 为 i 种生态系统服务消费项目的总消费量；gP_i 和 lP_i 分别为第 i 种生态系统服务消费项目单位面积的全球年平均供给量和国家平均供给量；YF_j 为 j 类土地供给量因子（为 gP_i 与 lP_i 的比值）。由于目前生态系统服务消费项目单位面积的全球年平均供给量核算研究十分有限，因此在模型中也可化简该因子。化简后，公式为

$$\mathrm{esf} = \sum^{k} \mathrm{esf}_k = \sum^{k}\sum^{j}\left(r_{j,k} \times \sum^{i} \frac{c_i}{\mathrm{lP}_i}\right)$$

$$\mathrm{esbc} = \sum^{k} \mathrm{esbc}_k = \sum^{k}\sum^{j} a_j \times r_{j,k}$$

传统生态足迹核算包括生产生态足迹和消费生态足迹两类。其中，生产生态足迹包括支持区域生物质生产所需要的土地面积与吸纳区域生产活动排放的 CO_2 所需要的土地面积，消费生态足迹代表支持区域消费活动所需要的生物承载力数量。为了核算方便，在国家以下尺度，如省域、县域等，消费生态足迹又被分为基于生物质（例如食物、木材、木质家具、羊毛、鲜奶、禽畜肉与水产品等）消费的生态足迹、包括私家车燃料消费在内的家庭直接能源消费、家庭非直接能源消费和建设用地足迹。根据 MA、TEEB（The Economics of Ecosystems and Biodiversity）和生态系统服务国际通用分类（Common International Classification of Ecosystem Services，CICES）等生态系统服务分类系统的大类划分，淡水、食物和原材料等物质供给类服务和洪水、污染控制等调节类服务是与传统核算中生产生态足迹和消费生态足迹契合度最高且最容易合算的类型，而审美文化服务是较难度量的类型。而在生态服务承载力核算中，生产系统服务均衡因子的度量是最难完成的步骤（高阳，2011）。

基于生态足迹模型构建的生态系统服务足迹模型具有传统生态足迹可在不同土地类型之间进行比较的特点，同时，不同生态系统服务的生态足迹之间相对独立，不同生态系统服务的生态系统服务足迹与生态系统服务承载力之间以及不同生态系统服务之间都具有可比性，从而更全面更真实地反映出人类社会对生态系统服务的利用水平及其与生态系统供给能力之间的关系。

第四节 生态系统服务付费效率的诊断框架及案例[*]

一、影响生态系统服务付费项目执行效率的变量

在实践中,生态系统服务付费更多地被赋予了社会和谐与公正的责任。如果一个生态系统服务付费项目造成利益相关者之间的收益和成本分配不公平,那么它很少能被相关方接受。例如,尼加拉瓜的贫穷土地所有者通过参与生物多样性实践而受益,但 Grieg·Gran 发现有些生态系统服务付费项目排斥贫穷的小土地所有者,Corbera 发现拥有有限土地禀赋的家庭难以参与南墨西哥碳森林工程(赵雪雁,2012)。在此情形下,项目很难顺利实施下去;但如果生态系统服务付费项目不受效率约束,仅考虑公平与公正,将会降低生态系统服务付费项目的长期可行性。因此,在项目设计时,需要权衡效率与公平之间的关系,尤其在发展中国家,生态系统服务付费被明确地看作是农村发展计划和项目的一部分,应充分考虑到弱势群体的生计对生态与环境的依赖作用,充分考虑弱势群体的生存和发展权利,而不是仅仅作为一种以有效方式保护环境的经济工具,应将其作为多元目标的政策工具来建构实施框架。

目前有关生态系统服务付费效率的研究尚不成熟,已识别的影响因素并不全面且未形成完整体系,不同因素之间的作用机制亦不明晰。Ostrom(2007)在大量实践案例研究分析的基础上,提出了社会–生态系统的诊断框架。她认为,社会–生态系统应包含资源系统、资源单位、管理系统和用户 4 个核心子系统。每个子系统都由更低一级的子系统所构成,各子系统之间及其子系统与关联生态系统之间存在反馈关系。由于社会–生态系统的内部变量之间存在复杂的关联关系,对系统中诸多问题的解决必须超越简单的预测模式,需对其开展诊断分析。该诊断框架对于开展社会–生态系统的实证研究提供了潜在的相关变量集,有利于研究者更好地识别和分析影响社会–生态系统可持续发展的变量及其作用机制,诊断诸如生态系统服务付费等环境管理政策的利弊,协调环境保护和区域发展之间的关系。本节尝试应用 Ostrom(2007)的社会–生态系统诊断框架,根据生态系统服务付费评价目标,遵循科学性、可操作性和数据可获得性等原则,提取影响生态系统服务付费执行效率的变量体系,包括生态系统服务(ecosystem services,ES)、供给方(providers,P)、购买方(buyers,B)、管理系统(governance systems,GS),以此作为影响生态系统服务付费执行效率的 4 个一级核心变量,各一级变量又由若干二级变量组成(表 8-7)。

表 8-7 影响生态系统服务付费执行效率的变量体系(朱文博等,2014)

(a) 二级变量

ES	P	B	GS
ES1 类型 *▲	P1 类型 *▲	B1 类型	GS1 政府组织 *
ES2 物品属性 *▲	P2 数量 *	B2 数量	GS2 非政府组织 *○

---

[*] 本节部分内容引自朱文博等(2014)。

续表

(a) 二级变量

ES3 平衡性▲	P3 社会经济属性*▲	B3 社会经济属性	GS3 网络结构
ES4 动态可预测性▲	P4 区位*	B4 区位	GS4 目标选择过程◎
ES5 空间特征	P5 领导力或企业管理能力*	B5 领导力或企业管理能力*	GS5 支付方式*◎
ES6 时间特征*	P6 规范或社会资本	B6 规范或社会资本	GS6 资金来源*
ES7 可监测性*	P7 有关 ES 的知识或思维模式*	B7 有关 ES 的知识或思维模式*	GS7 资金大小*
ES8 经济价值总量*	P8 ES 的重要性	B8 ES 的重要性	GS8 合同持续时间▲
ES9 单位 ES 的经济价值*	P9 所使用的技术	B9 购买方受其他供给方的影响程度▲	GS9 分配方式▲
ES10 不同 ES 之间的相互关系*	P10 目标供给方与潜在供给方的关系▲	B10 购买方与潜在收益方的关系▲	GS10 产权系统
ES11 区位	P11 目标供给方与中间人的关系*▲	B11 购买方与中间人的关系*▲	GS11 集体选择规则
ES12 土地利用与 ES 的关联程度*			GS12 宪法规则
ES13 土地利用转变*			GS13 监督与惩罚机制*▲◎
			GS14 ES 的监测◎

(b) 相互作用(interactions, I) → 结果(outcomes, O)

I1 不同供给方的供应能力	O1 社会表现力衡量◎ (如, 产权, 额外性, 效率, 公平性, 意识, 责任感, 透明度, 地区经济, 可持续性等)
I2 供给方之间的信息共享	O2 生态表现力衡量(额外性, 弹性等)
I3 收益方之间的信息共享	O3 外部性(溢出效应)
I4 供给方与收益方之间的信息共享	
I5 商议过程	
I6 供给方之间的冲突	
I7 投资行为	
I8 游说行为	

(c) 关联环境/非环境项目(Related Environmental/Non-Environmental Program REP)

REP1 农业生产项目　REP2 扶贫项目　REP3 区域发展项目

*哥斯达黎加 PSA 项目中进行诊断分析的变量
▲我国退耕还林(草)工程中进行诊断分析的变量
◎我国完善生态系统服务付费机制中应加强或改善的变量

二、国内外生态系统服务付费案例的诊断分析

联合国环境规划署（United Nations Environment Programme，UNEP）极为重视生态系统服务付费研究，开展了一系列项目。例如，由国际农业发展基金会（IFAD）投资，依托国际农林研究中心（ICRAF）进行的为期5年的生态系统服务付费与山地贫困人口脱贫项目（RUPES）；由英国国际发展部（DFID）投资，委托国际环境与发展研究所（IIED）开展的为期5年的流域生态系统服务付费与改善贫困人口生计项目（DMWPSIL）等。

一些国家实施的生态系统服务付费项目，在水质保护与水量保持、洪水控制和生物多样性保护等方面取得了积极效果。如南非的水资源工作计划（Working for Water，WfW）是在公共土地或私人土地上雇佣失业工人清理外来入侵物种（尤其是高耗水植物），既可以提高下游地区获取水资源的能力，又保护了当地的生物多样性（Turpie，2008）。生物多样性保护措施主要包括购买具有较高生态价值的栖息地，对物种、栖息地及生物多样性的保护与管理进行补偿等。如德国的 Northeim 项目，采用招标程序决定对农户转换土地利用的支付（该项措施后期被纳入欧盟公共农业政策），由私人基金向农户支付，减少农业生产强度，增加物种丰富度，提高了生物多样性。表8-8为部分国内外生态系统服务付费的典型案例。

表 8-8　国内外主要的生态系统服务付费案例（朱文博等，2014）

成功案例	生态系统服务 目标	支付对象	买方	卖方	代理商	付费方式
玻利维亚 Los Negros	流域和生物多样性保护	森林和草原保护	南美大草原自治市	Santa Rosa 农民	Fundacion Nature（NGO）	实物+技术支持
厄瓜多尔 Pimampiro	流域保护	森林和草原保护/造林	城市计量用水者（20%费用）	N. America Coop	CEDERENA（NGO）	现金
法国东部 Vittel 流域保护项目	水质	奶牛业	Vittel	饲养奶牛的农户	Agrivair	现金+技术支持+农业劳动成本+土地租金
墨西哥水文环境服务支付（PSAH）	流域和含水层保护	保护现有森林	FONAFIFO	私人土地拥有者和地方团体	森林委员会管理	现金
中国退耕还林项目	流域保护	退耕还林还草	中央政府	农村住户	村、镇和县政府	现金+免费树苗+技术支持
哥斯达黎加环境服务支付（PSA）	水文服务、生物多样性、碳固定、景观保护	森林保护	公共和个人拥有者	公共和私人土地所有者	FONAFIFA	现金

(一) 哥斯达黎加 PSA 项目

1. 项目基本情况

哥斯达黎加 PSA (Pago por Servicios Ambientales, PSA) 项目是中美地区生态系统服务付费的一个典型案例 (Russo, 2006)。20 世纪 50 年代哥斯达黎加森林面积约占国土面积的 50%，20 世纪 70~80 年代森林面积迅速减少，到 1995 年森林覆盖率降至 25%。1979 年哥斯达黎加通过了第一个林业法律并建立了相应的经济激励机制，以鼓励植树造林。1996 年依据林业法律第 7575 法令，授权国家森林基金 (The Forest Law and the National Forestry Finance Fund, FONAFIFO) 发表了关于保护私有森林的生态系统服务契约。

根据哥斯达黎加的森林法，森林可提供以下 4 种生态系统服务：减少温室气体排放、涵养水源 (包括饮用水水源保护、灌溉用水的供给和水能产品的提供等)、生物多样性维持和自然景观保护。PSA 依靠国家森林基金 (FONAFIFO) 和国家保护区系统 (Sistema Nacional de Areas de Conservacion, SINAC) 共同执行。SINAC 负责对项目的实施过程进行监督，FONAFIFO 负责财务管理和对土地所有者进行项目补偿。

PSA 项目为保护森林生态系统提供了市场激励机制。土地所有者可将它们的温室气体排放权交给 FONAFIFO，由 FONAFIFO 作为中介在国际市场上出售，然后由国家财政拨款，将汽油消费税的 5% 以及来自私人财团的捐赠补偿给土地所有者，用于天然林的各种维护。项目的实施为研究区域内生态系统服务消费者提供了高质量的饮用水，保护了区域内的水土资源和生物多样性，并减少了温室气体的排放，给私人土地所有者（即森林生态系统服务产品的提供者）带来了可观的经济效益，促进了区域森林生态系统的保护和持续利用。PSA 项目运行架构见图 8-4。

作为第一个广泛实践生态服务付费项目的发展中国家，哥斯达黎加的 PSA 项目在实践过程中不可避免的有许多漏洞和缺陷，其中最突出的就是工作指导细则的缺失，导致许多相关问题没有明确的解决办法，而只能凭经验去理解和执行。

2. PSA 项目诊断分析

本小节尝试使用生态系统服务付费诊断框架对哥斯达黎加 PSA 项目进行分析评价。

(1) ES。

PSA 项目所涉及的生态系统服务类型 (ES1) 包括减少温室气体排放、涵养水源、生物多样性维持和自然景观保护。这些生态系统服务类型多具有公共产品性质 (ES2)。而诸如饮用水供给和减少温室气体排放等生态系统服务都有一定的季节变化特征 (ES6)。这几种生态系统服务之间多呈现协同作用 (ES10)，如保护区域生物多样性有利于区域景观优化，可提供良好的生态旅游环境等。同时，这几种生态系统服务具有一定的可监测性 (ES7)。如根据林地与其他土地利用类型（主要是耕地）之间的转换方式和范围，大致可以计算出温室气体的减排量及应所获得的补贴金额 (ES8、ES9、ES12 和 ES13)。统计数据显示，在项目实施的五年之内，凡是新造林的土地所有者平均可获得 540 美元/ hm^2 的补贴，土地所有者建立种植园平均可获得 210 美元/ hm^2 的补偿，重建和保护森林的土地

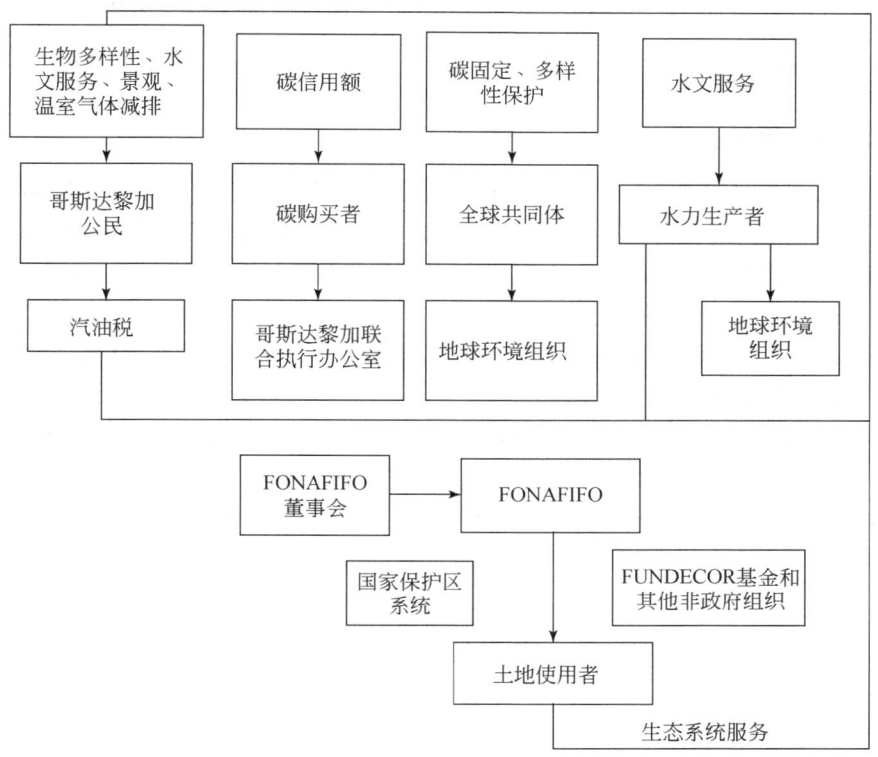

图 8-4　哥斯达黎加 PSA 项目运行架构（Redondo-Brenes and MFS，2005）

所有者平均可获得 210 美元/ hm^2 的补偿。1997 年到 2001 年，共有 283384 hm^2 森林被纳入 PSA 计划，FONAFIFO 支付给土地所有者约 5700 万美元森林生态系统服务费用。

（2）P 与 B。

PSA 项目为保护森林生态系统提供了市场激励机制。提供生态系统服务的私有土地所有者（P1 和 P3）可将温室气体排放权交给 FONAFIFO，由 FONAFIFO 作为中介在国际市场上出售。作为 PSA 项目的执行机构，FONAFIFO 有着良好的组织领导、管理协调和服务消费者的能力（P5 和 B5）。FONAFIFO 作为中间人，可提供给供给方和购买方所需的详细信息，如私人土地所有者的数量（P2）、个人信息（P3）以及地块区位信息（P4）等，FONAFIFO 具有丰富的与生态系统服务有关的地方知识和管理经验等（P7 和 B7）。因此供给方和购买方对中间协调人的信任程度较高，对 FONAFIFO 工作也都较为满意（P11 和 B11）。

（3）GS。

PSA 项目中，政府组织变量（GS1）在服务销售中扮演着中介角色，政府把诸如 CO_2 处理和水文保护的生态系统服务出售国内和国际买家（B1），买家以支付现金、发放免费树苗和提供技术支持等形式支付给私人土地所有者（GS5）。政府还通过制定法律法规，为交易搭建了安全平台。非政府组织（GS2）起到监督作用（GS13）。项目的实施既给供给方带来一定的经济效益，也促进了区域森林生态系统的保护和持续利用（O1 和 O2）。

但该项目对资金来源（GS6）和资金额度（GS7）等信息的描述较为模糊。

（二）中国退耕还林（草）工程

1. 项目基本情况

1998年长江流域洪水之后，中国政府实施了退耕还林（草）（Sloping Land Conversion Program，SLCP）工程。工程的实施加快了中国生态脆弱地区和经济贫困地区的生态修复速度，在一定程度上改善了区域内人民群众的生产和生活条件。依据《中华人民共和国森林法实施条例》第22条之规定："25度以上的坡地应当用于植树、种草。25度以上的坡耕地应当按照当地人民政府制定的规划，逐步退耕，植树和种草。"据统计，自1999年项目开始实施至2010年为止，粮食补助定额设定为长江流域2250kg/hm^2，黄河流域1500kg/hm^2，共耗资4500亿美元。此项工程由国家投资，各级政府自上而下管理执行（图8-5）。虽然宪法规定自然资源和土地的全部所有权属于中华人民共和国，但SLCP执行期间，土地使用者可直接管理和受益于所属地块（秦艳红和康慕谊，2006；黄富祥等，2002）。

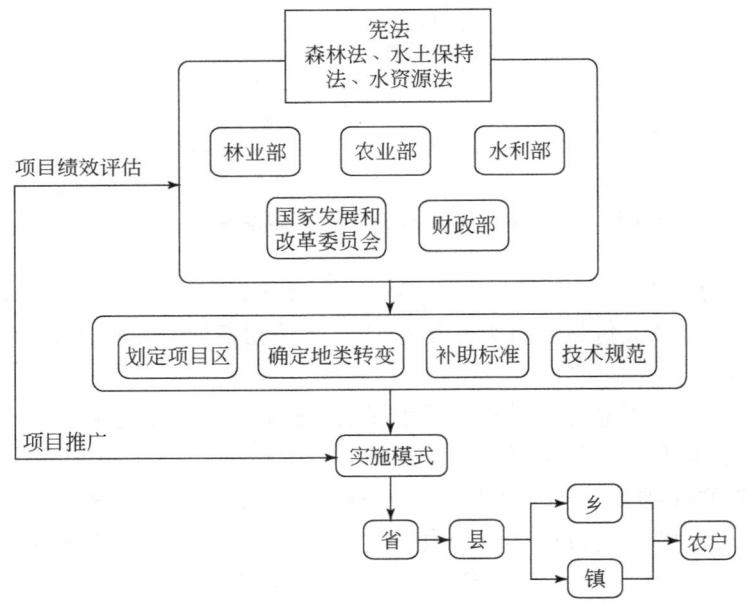

图8-5 中国退耕还林（草）工程管理结构（朱文博等，2014）

2. SLCP项目诊断分析

（1）ES。

中国SLCP工程中涉及的生态系统服务类型（ES1）主要有水源涵养、土壤保持和碳固定等，且这些生态系统服务多具有公共产品的性质（ES2）。在退耕还林（草）试点地区，生态系统服务的供给严重受气候变化和人类活动等因素制约，具有一定的不稳定性。如果不及时采取措施防护，未来几年或几十年内，将会引起区域食物供给功能和调节功能等一系列生态系统服务的剧烈下降（ES3和ES4）。

(2) P。

在SLCP项目中，生态系统服务的供给方为退耕还林（草）农牧户（P1），他们将承担法律规定的工程实施和经营管护义务。此外，根据不同的权属特性，国有林归国家所有，集体林的所有者和经营者分离，两者都享受购买方的补偿付费（P3）。国家建立了退耕还林（草）专项基金，帮助解决项目实施区的农户生计，但仅以长江和黄河流域划分，采取不同的付费标准，并未对流域内部进行详细划分。目标供给方与周围区域或相关区域内的潜在供给方之间是合作互惠的关系（P10）。SLCP项目由地方政府具体实施，因此地方政府的管理水平及其供给方对地方政府的信赖程度（P11）都将影响项目的执行。

(3) B。

由于中国的特殊国情，现有的由国家财政筹措资金的付费方式，使得对购买方的评估较为棘手。购买方可以从多个供给方那里获得所需的生态系统服务，不同供给方所提供的生态系统的数量、质量和价格等因素都会对当前PES项目的目标供给方和购买方的交易产生影响（B9）。SLCP工程将供给方农户所提供的生态服务看作同等质量，并且价格相等，仅有数量区分。购买方与潜在收益方的关系（B10），也就是潜在收益方的数量、空间分布以及潜在收益方与购买方之间的信任关系等，也将影响PES的功效。SLCP工程以村、镇和县政府作为代理商，但基层政府作为国家行政的一部分，也是利益相关方（B11）。

(4) GS。

SLCP工程自1999年开始第一批试行，时限8年，各段工程政策付费陆续到期（GS8）。虽然工程成效显著，但仍存在部分供给方当前生活困难和长远生计得不到保障等问题。国家财政在一定期限内将继续给予农牧户付费补偿。粮食补助定额区分长江流域和黄河流域差异，采取当年现金结算的付费方式，保障供给方生活（GS9）。此外国家财政还设立有巩固退耕还林专项资金。但对照表8-8中的二级变量，SLCP项目中监督机制（GS13）明显不足，骗取、挪用和截留资金等违规违纪现象时有发生。国家审计署通过对2000年和2001年SLCP工程资金使用状况专项审计结果表明，资金违规使用率达8.3%。例如，湖南省衡阳县，虚报退耕地6379.4亩[①]，骗取国家支付款。

（三）对完善中国生态系统服务付费机制的启示

本节运用社会-生态系统诊断框架对哥斯达黎加的PSA项目和中国的SLCP工程做了初步诊断分析。研究发现，尽管这两个生态系统服务付费项目在实施过程中均考虑了生态系统服务、供给方、购买方和支付管理系统中的诸多变量，但仍忽略了一些重要变量，如监督惩罚机制和对生态系统服务的监测等，最终导致项目实施效果并不十分理想。

当然，社会-生态系统诊断框架本身也并不十分完善。现有框架中各变量之间存在共线性，且变量之间的因果关系也尚不十分清晰。案例不同，变量的表现形式和作用强度也会发生变化。总体看，这一诊断框架仍然需要来自国内外更多案例的支持，以使其更加完善。而且，案例间的比较研究，有助于更好地揭示变量在不同社会、政治和经济背景中的

---

① 1亩≈666.7m^2

相对作用。

通过分析哥斯达黎加 PSA 项目，对中国生态系统服务付费机制的建立与完善有以下建议：

1. 建立生态系统服务付费的市场机制，实现多样化付费

目前，中央财政专项资金是中国工程付费的主要资金来源，区域之间横向资金转移措施严重缺失，单一的付费方式在一定程度上影响生态系统服务付费项目开展的可持续性。借鉴 PSA 项目经验，应当建立生态系统服务付费的市场机制，实现多样化付费。一方面，坚持以政府部门如民政局、财政局和环保局等作为主导力量。另一方面，引入民间组织、环保社团和民间基金会等社会力量。随着中国市场化经济改革日益深化，一些类似的政策正在实施或制定中，如从 20 世纪 90 年代开始的土地招（标）、拍（卖）、挂（牌）出让制度，从 2006 年开始的探矿权的有偿取得制度，以及国家发改委拟议中的排污权有偿取得政策等。可探索将这些付费方式应用于 SLCP 工程中的可能性，使购买方（B）不局限于政府。

2. 付费标准应当考虑区域差异

目前，中国退耕还林（草）补偿政策采取的是"一刀切"的做法，仅仅按照黄河和长江流域确定补偿标准，而没有考虑东、中、西部及南北不同地区巨大的地理环境条件差异和社会经济发展水平高低。同等付费标准有损于社会公平和供给方的积极性，导致了付费的区域非均衡性，造成补偿金额在供给方之间分配不公。这些问题将会阻碍 SLCP 项目的深入开展。另外，购买方还应根据针对供给方提供生态系统服务种类的不同而制定详细的付费标准。

3. 建立生态系统服务付费项目的第三方监督和绩效评估机制

加强对督查事项的跟踪监督，明确各部门工作职责，增强对规章制度的执行力。SLCP 工程以村、镇和县政府作为代理商，但基层政府作为国家行政的一部分，也是利益相关方，对社会表现力（O1）中诸如公平性、责任感等的衡量缺乏客观性。如果增加第三方监督机构，可及时发现项目中存在的问题，杜绝挪用、截留资金等内部腐败违法违纪现象的出现，保障项目科学高效的实施。

4. 加强对生态系统服务的监测

当前，中国现有的生态系统服务付费项目的科学研究投入明显不足，且项目缺少统一、细致的规划。现阶段主要依据土地利用类型的转变来评估其所提供的生态系统服务的数量。然而，科学界对 LUCC 与生态系统服务之间的关系还没有形成统一认识。如若能在项目区建立若干监测点以实施针对各生态系统服务变化量的动态监测，则可完善项目布局，提高项目效率。

第九章 生态系统服务制图与可视化

为了有效管理生态系统服务，迫切需要回答以下科学和应用问题：在特定区域内，生态系统服务的空间格局如何？它们在哪里产生，又给哪些地区的人带来利益？现有的土地管理政策应如何调整，才能更好地与生态系统服务的空间特征相匹配？（Naidoo et al., 2008）生态系统服务制图（ecosystem services mapping, ESM）是对生态系统服务的空间特征及其相互关系的定量描述过程，是将生态系统服务的概念和理论融入环境制度和决策的桥梁工具，是生态系统服务研究的可视化"语言"，有助于科学家和决策者回答上述问题。

第一节 生态系统服务制图的研究进展

一、生态系统服务制图的应用领域

近年来，生态系统服务制图已广泛运用于分析不同类型的生态系统服务在局地（Naidoo and Ricketts, 2006；Nelson et al., 2008；Lautenbach et al., 2011；Lavorel et al., 2011）、区域（Chan et al., 2006；Metzger et al., 2006）乃至全球（Naidoo et al., 2008；Luck et al., 2009）尺度的空间分布特征。基于生态系统服务制图，相关学者开展了一系列研究，如生态系统服务与生物多样性的空间一致性分析（Chan et al., 2006；Egoh et al., 2009；Bai et al., 2011）、不同生态系统服务类型之间的权衡与协同分析（Raudsepp-Hearne et al., 2010；Chisholm, 2010）、生态系统服务的时空模拟与预测（Li and Ren, 2008；Harrison et al., 2010）、区域环境政策的成本-效益分析（Coiner et al., 2001；Naidoo and Adamowicz, 2006；Termansen et al., 2008；Nelson et al., 2009）、生态系统服务供给区和需求区的识别（Burkhard et al., 2012；Willemen et al., 2012）、生态系统服务价值量估算（Deng et al., 2011；O'Farrell et al., 2011；Gascoigne et al., 2011）以及生物多样性和生态系统规划和管理的空间优化（Chan et al., 2006）等。其中，基于生态系统服务制图的 ES 供给-需求分析、权衡与协同分析和区域环境政策评估已成为该领域的研究热点。

（一）生态系统服务的供给制图

生态系统服务供给（ecosystem services supply）是指某研究区域（或生态系统）在一定时间范围内生产的一系列能被人类利用的生态系统产品和服务的能力。这种能力的大小可以通过价值量或物质量来度量。与潜在的最大生态系统服务供给能力不同，生态系统服务供给是指能被人类直接利用以满足人类需求的那部分生态系统所提供的产品和服务（Burkhard et al., 2012）。区域生态系统服务供给能力主要取决于生态系统的健康程度或区域生态完整性（即生态系统抵御生态风险或恢复其稳定性的自组织能力）。而区域生态完整性又受人类的土地利用决策和技术进步等因素的影响。

Martínez-Harms 和 Balvanera（2012）统计和总结了生态系统服务供给制图的相关文献。研究发现：从空间尺度看，区域和国家尺度上的生态系统服务制图研究较多；从服务类型看，生态系统调节服务制图最为常见。在供给制图中，与使用实际观测和调查的原始数据相比，代理数据（如遥感数据和社会经济统计数据等）的使用频率较高。核查表法、专家知识法、多变量因果关系法、插值法与回归分析法是生态系统服务制图常用的五种方法。其中，多变量因果关系法的使用次数最多。

（二）生态系统服务的需求制图

人类福祉（包括社会、经济和个人的福祉）主要来源于人类对生态系统服务和产品的实际利用。这种实际利用过程构成了生态系统供给和需求链条中的需求面（EEA，2010）。生态系统服务需求（ecosystem services demand）是指特定时空范围内，人们使用或消费的生态系统产品和服务的总和。它受政府政策、人口变动、经济水平、市场营销、文化规范等因素的影响（Burkhard et al.，2012）。

确定生态系统服务受益者群体的空间分布和需求结构是生态系统服务需求制图的关键。人口密度图、居住地和基础设施等分布图是辨别生态系统服务消费地的主要数据源，如许多研究利用夜间灯光分布的 DMSP-OLS 数据来识别人类消费区域等（Briggs et al.，2007）。受益者的消费结构和消费偏好则通过统计资料和调查问卷等的分析获得。然而，相对于生态系统服务供给制图，生态系统服务需求制图的难度要大得多。目前，还不能清晰地界定哪些人是生态系统服务的直接受益者，哪些又是潜在受益者；他们在哪里居住，他们的流动性如何；社会、文化因素和管理政策如何影响他们的受益方式和受益程度等（Naidoo et al.，2008）。

在实际案例研究中，生态系统服务需求制图往往与供给制图相结合来分析。通过研究区生态系统服务供给图层和需求图层的叠加运算，可以了解区域生态系统服务的供需平衡状况。如 Burkhard 等（2012）基于专家知识建立了 44 种土地利用/土地覆被类型所对应的生态系统服务 29 种供给能力、22 种消费需求、22 种供需平衡的关系矩阵（表 4-3 ~ 表 4-5）。从供给矩阵中可以看出，森林、湿地、水体、城市绿地和农田等接近自然的土地覆被类型具有较高的供给能力。相反，连续的城市结构、工业商业区、港口、矿区等经过人类强烈改造过的土地覆被类型则具有较低的供给能力。分析需求矩阵可以看出，人口密度分布较高的地区如城市和工业商业区等对生态系统服务的需求较高。相反，靠近自然植被的地区，其人口密度较低和生态系统服务消费行为较少，对生态系统服务的需求亦较低。通过叠加供给和需求矩阵，可以得到基于土地覆被类型的生态系统服务供需平衡矩阵。该矩阵显示，在诸如城市和工业商业区等人口大量聚集的区域，其生态系统服务存在巨大的赤字。而诸如森林、水体等较少受人类活动干扰的区域，其生态系统服务存在巨大的盈余。

（三）基于生态系统服务制图的权衡与协同分析

由于生态系统服务类型的多样性、空间分布的不均衡性以及人类使用的选择性，不同生态系统服务之间的关系呈现出多种动态变化特征，如此消彼长的权衡、相互增益的协同等形式。

目前常用的生态系统服务权衡与协同研究方法主要有：图形比较、情景分析以及模型模拟等（Lautenbach et al.，2010）。无论上述哪种方法都要涉及生态系统服务制图。

在图形比较法中，研究者通常需要对某几种生态系统服务类型进行空间制图，然后应用 GIS 工具进行叠加等空间分析，比较其空间重合度，以识别权衡与协同的类型及区域。例如，Chan 等（2006）通过 GIS 空间分析发现，在生物多样性保护优先区和美国加利福尼亚中心海岸生态区的 6 个生态系统服务供应区之间只有较弱的相关性。Naidoo 等（2008）利用 Pearson 相关系数对全球碳吸收、碳储存、草地畜产品供给和水供给等 4 种生态系统服务的空间分布进行了一致性分析，发现任意两种生态系统服务之间相关系数均小于 0.2，但在部分区域（如热带丛林区），这几种生态系统服务与生物多样性分布之间具有较高的相关性。Egoh 等（2009）使用图形表征了南非 5 种生态系统服务的供给（地表水供给、水流量调节、土壤堆积物、土壤保持力和碳储存），并评估了它们之间的关系。Raudsepp-Hearne 等（2010）对 12 种生态系统服务进行空间制图和聚类分析，确定了 6 类生态系统服务簇，最终识别出不同服务之间的协同与权衡类型和区域。Onaindia 等（2013）利用 GIS 技术对西班牙北部 Urdaibai 生物圈保护区的生物多样性、碳储存以及径流调节 3 种生态系统服务进行空间制图，通过分析其空间分布的一致性，确定了 3 种服务之间的权衡与协同关系。

生态系统服务情景分析是对未来生态系统服务变化可能性的一种度量方法。生态系统服务情景制图可以清晰直观地展示未来生态系统服务在供给和消费等方面的可能路径，通过对不同情景下生态系统服务的类型、数量、空间分布及其对区域社会经济影响的权衡分析，利益相关者和决策者可以更科学地选择和制定出生态系统管理和规划的最优方案。一般来说，情景的制定和选择与生态系统服务变化的驱动力有关，其中包括直接驱动力（如温室气体排放、污染物排放、气候变化、海平面上升、土地利用变化、化学肥料使用等）和间接驱动力（如人口增加、经济发展、技术发展、人类行为改变、制度因素以及食物和能源的供给和需求变化等）。MA 为全球生态系统服务构建了 4 种 "概括情景"，即实力秩序、适应组合、全球协同和技术乐园（Carpenter et al.，2006）。Alcamo 等（2005）分析了这 4 种情景下，全球几种主要生态系统服务的时空变化，结果表明未来全球对生态系统服务的需求将大大增加，然而由于土壤流失风险的增加（尤其是在撒哈拉以南的非洲）和水资源获得能力的降低（尤其是在中亚），全球生态系统的食物供给能力将下降。2000～2050 年，农业用地扩张将造成现有森林、草地等土地覆被类型的锐减，与此相关的基因资源、木材生产、栖息地等生态系统服务也将大幅度减少。

模型模拟是通过机理或统计模型来揭示生态系统服务的形成、传输和消费过程。在生态系统的权衡与协同分析中，它通常与情景分析相结合。生态系统服务图既是模型模拟的输入，亦是模拟结果输出的重要内容。它是利益相关者和决策者权衡分析的重要依据。模型模拟涉及生态系统服务形成链条的各个环节，如生态系统的结构和功能、生态系统服务流、生态系统服务产品的价格波动、生态系统服务消费者的偏好选择等。例如，Nickerson（1999）应用种群动态模型模拟了菲律宾红树林生境的鱼类数量变化，并制定了未开发、混养业和半集约的虾养殖业 3 种情景，权衡分析了 3 种情景下保护与开发中的利弊。

Bekele 和 Nicklow（2005）融合 SWAT 模型与多目标进化算法模拟了美国伊利诺伊州农业商品生产和非点源污染控制方面的生态系统服务，并提供了基于权衡分析的解决方案。Valdivia 等（2012）将权衡分析与市场均衡模型进行耦合，以肯尼亚 Machakos 地区为例，分析了半自给农场尺度在增施肥料、乡村发展以及两者结合 3 个情景下乡村贫困与土壤养分消耗之间的权衡。White 等（2012）利用一个空间详尽的权衡分析模型对美国马萨诸塞州的近海风能、商业捕鱼、鲸鱼观赏 3 个部门的生产活动的净现值和空间分布进行了分析，模型模拟的结果清晰地展示了不同部门间的权衡。通过逐步权衡的策略，得到了一个既能避免渔业和鲸鱼观赏部门收入减少，又能增加能源部门收入的规划方案。Haines-Young 等（2012）使用一个专家和文献驱动模型，分析了欧洲作物生产、野生动物产品、生境多样性以及休闲娱乐 4 种生态系统服务在 1990～2000 年、2000～2006 年和 2000～2030 年时段土地利用变化情景下对于生态系统服务供给能力的边际变化。

生态系统服务制图过程本身也涉及生态系统服务权衡和协同分析的内容。由于大多数土地覆被类型或景观类型能够同时提供多种生态系统服务，而且不同生态系统服务之间存在复杂的相互作用关系，生态系统服务制图既要考虑单一生态系统服务类型的空间分布，也应显示多种生态系统服务的联合分布。在实际制图过程中，往往会给不同的生态系统服务类型赋予不同的权重，或者为了方便利益相关者和决策者更直观地了解区域生态系统系统服务的综合空间分布格局，经常需要综合制图。在综合生态系统服务制图中，需要舍去某些生态系统服务图层中的次要属性信息，以突出其他生态系统服务图层的属性特征。另外，综合后的生态系统服务图层亦可包含几种生态系统服务类型的共同特性。

（四）基于生态系统服务制图的环境政策评估

随着人类社会对自然生态系统控制力的不断提高，为满足不断增长的物质和精神需求，人类对生态系统的直接和间接作用显著增加，表现为对生态系统类型的广泛替代或转换，对生态系统结构与功能的强烈干预，对生态系统服务的过度消费等。据千年生态系统评估，目前，地球上 24 类生态系统中的 15 类正在持续恶化。大约 60% 的人类赖以生存的生态系统服务持续下降，如饮用水供应、渔业、区域性气候调节以及自然灾害和病虫害控制等，并且这种退化趋势在 21 世纪上半叶可能会更加恶化。生态系统服务的退化不仅危及当代人类社会的福祉，而且将极大地削减人类后代从生态系统获取的利益（李双成等，2011）。

为了减缓或扭转生态系统服务不断退化的趋势，人们制定了各种各样的环境保护政策，生态系统服务付费就是其中之一。作为资源环境管理的一种方法，生态系统服务付费旨在将源于生态系统服务的部分收益以现金或其他补偿的形式支付给服务提供者或自然资源管理者，以激励他们更好地保育生态系统（Wunder，2005）。一般来说，生态系统服务付费涉及生态系统服务、生态系统服务的供给方与消费方和付费管理系统等诸多要素。提高生态系统服务付费效率需要厘清和协调上述组分之间的关系，而有效判读区域生态系统服务的空间分布图（包含生态系统服务的类型、数量等）、供给方空间分布图（包含供给方的类型、数量、供给方土地利用转变成本和意愿等）、受益方空间分布图（包含受益方类型、数量、受益方对生态系统服务的偏好、支付意愿等）是付费项目决策分析的关键。

Vina 等（2013）选择区域坡度指数、耕地适应性、耕地转变为林地的可能性 3 个代理指标，以中国四川省宝兴县为例，识别"退耕还林"政策的理想实施区域。研究结果显示，现阶段该县已实行的"退耕还林"区有接近一半分布于坡度较缓和远离森林的区域，这种分布格局大大减少了"退耕还林"政策的收益。假如在以上 3 个指标确定的目标区域内实施"退耕还林"，则可活动收益将翻倍，从而大大提高政策的执行效率。

二、生态系统服务的制图方法

一般认为，生态系统服务制图的方法有两种：一种是基于原始数据，另一种是基于代理数据。前者可以细分为基于全区域典型抽样制图和基于原始数据抽样的模拟制图，后者包括基于土地利用/土地覆被数据的代理制图和基于先验知识和逻辑的代理制图（Eigenbrod et al.，2010）。表 9-1 总结了不同类型生态系统服务制图方法的优势和劣势及其典型的制图案例。

表 9-1　主要的生态系统服务制图方法（Eigenbrod et al.，2010）

方法	优势	劣势	典型制图案例
需要研究区的原始资料			
覆盖整个研究区的典型抽样（如地图集和整个研究区的调查等）	对生态系统的预估最为准确 适宜于研究生态系统服务的异质性	昂贵、很难获取或不可获取 误差程度取决于采样密度	休闲娱乐 生物多样性 渔业生产
基于研究区抽样数据的模拟	比典型抽样需要的数据量要小得多 对数据的平滑处理可以克服采样的异质性	平滑处理可能会掩盖生态系统服务本身的异质性 误差取决于样本量大小和模型模拟所选择的变量	碳储存 生物多样性 生物多样性"热点" 碳吸收 农业生产 授粉 水分保持 休闲娱乐
不需要研究区的原始资料			
基于土地利用和土地覆被的代理指标	适用于缺乏原始数据的区域生态系统服务制图	代理数据的实际表现力很弱	生物多样性 休闲娱乐 碳储存 洪水调控 土壤保持
基于一系列因果关系的代理指标	依靠辅助数据可以提高基于土地利用和土地覆被代用指标的制图精度	如果假设的因果关系不成立，会存在较大的误差	休闲娱乐 洪水调控和水供给 土壤积累

基于全区域典型抽样的生态系统服务制图仅适用于少数几种类型的服务如生物多样性和休闲娱乐等，且制图的区域范围不宜过大，否则成本将十分巨大。基于采样数据的模拟制图通常需要建立采样点生态系统服务类型与该点的环境因素如气候条件、土地利用类型和土壤类型等之间的关系模型，以此来识别和估算整个区域的生态系统服务类别和数量。目前，这种方法已广泛应用于大尺度的碳储存、碳通量和生物多样性"热点"制图。

与基于原始数据的生态系统服务制图相比，基于代理数据的生态系统服务制图以其较低的成本和较高的数据可得性，在实际应用中更为普遍。其中，土地利用和土地覆被数据是主要的代理指标。现阶段，给每种土地利用类型赋予一定币值的生态系统服务价值评估，也主要是基于土地利用/土地覆被数据进行核算的。为了使评估结果更符合实际，研究中还会在代理指标中增加一些已知的影响变量，如加权的土地利用、交通、地形和土壤等信息以提高基于土地利用/土地覆被数据制图的精度。

由于生态系统服务的供给主要取决于基因、物种和生态系统多样性，近来越来越多的研究者开始关注基于生物数据的制图技术。这些生物数据包括植物的功能特性、生态系统的结构以及物种生境条件等。诸如植株高度、叶干物质和氮磷含量以及开花期等数据已被用来分析不同生态系统服务之间的权衡关系（Lavorel et al., 2011）。此外，包含生物多样性数据的生境分类也有助于更好地理解生物多样性与生态系统服务之间的关系。

此外，一些研究者使用生态系统动态过程模型等较为综合的制图方法来评估生态系统功能。这种制图方法考虑了影响生态系统服务传输的潜在机制，因此可以更为精确的显示局地和景观尺度上的生态系统服务供给，但其仍需要大量的实测数据和专家知识的支持。

三、生态系统服务制图所面临的挑战

（一）填补数据空白

生态系统服务制图需要更多可靠的数据来精确描述区域生态系统服务的存量、流量，并验证生态系统服务模型的可靠性（Maes et al., 2012）。然而，目前制图所依赖的数据多是代理数据，并不能包含生态系统服务产生区的特殊背景信息，而且它们也不能体现区域生态系统服务的"基线（baseline）"。由于"基线"的缺乏，很多生态系统服务的评估都不够科学（Feld et al., 2009；Harrison et al., 2010；Layke et al., 2011）。Harrison 等（2010）指出，目前我们对基因和药物资源的供给功能、生命循环系统的支持功能、基因库对疾病和害虫及种子扩散等的调节功能、几乎所有的文化服务（除了休闲娱乐）等生态系统服务形成机制的了解尚不清晰。而且，诸如食物链中的营养级和关键物种等有关物种关系和生态系统结构与功能的生态学知识并没有很好地融入生态系统服务评估之中。因此，未来我们不仅需要关注诸如食物、水资源供给、气候调节等颇具"政治色彩"的生态系统服务，还应针对那些尚未定量的生态系统服务制定详细的评估指标，以估算人类从中得到的收益。

在已有的生态系统评估和制图中，研究者通常关注的是陆地生态系统，而忽视了对供给和调节功能都十分重要的海洋生态系统服务的研究。尽管一些研究者提出了海洋生态系统服务评估的概念框架（Costanza，1999；Beaumont et al.，2007；Foley et al.，2010），但鲜有海洋生态系统服务制图的案例。由于缺乏生态系统服务供给分布的空间信息，多数情况下，研究者只能开发基于国家尺度的海洋生态系统服务统计和估算模型（Lange and Jiddawi，2009；Brenner et al.，2010；Austen et al.，2011），对海洋生态系统服务供给和消费的识别还有很大的不确定性。

（二）制图方法的一致性

如前所述，生态系统服务制图是多种方法的融合。许多情况下，研究者采用多个指标来衡量同一种生态系统服务，这往往造成评估和制图单位的不一致。例如，在空气质量调节制图中，会使用不同的指标如气体交换量和大气清洁能力等（Layke et al.，2011）。由于对生态系统服务定义的理解存在差异，一些研究者仅关注自然生态系统服务的制图，而另一些学者则认为生态系统服务制图也应包含人类改造过的系统，如城市生态系统等（Metzger et al.，2006；Reyers et al.，2009）。另外，在生态系统服务存量和流量制图方面亦存在分歧（Van Jaarsveld et al.，2005；Kalacska et al.，2008；Naidoo et al.，2011）。由于研究目的和指标选取的不同，同一研究区的同一种生态系统服务的制图结果也可能有较大差异（Lamarque et al.，2011），从而对估算区域生态系统服务的价值量产生重要影响。

（三）供给区与需求区的识别与制图

根据生态系统服务空间特征的差异，Costanza（2008）将已划分的 17 个生态系统服务归并为 5 种类型，即全球非空间位置依存的服务、局部空间位置依存的服务、与方向相关的服务、原位的服务和与用户迁移有关的服务。

从空间特征上分析，碳汇和碳储存（属于气候调节的中间服务）是"全球非空间位置依存的服务"，因为大气是混合物，并且 CO_2（或其他温室气体）在空间任何位置上的移动都是等同的。"局部空间位置依存的服务"指那些具有区域特征的生态系统服务，如"风暴潮防护"的受益区主要在海岸地带。"与方向相关的服务"主要针对流域生态系统，如水供给和水调节等。而"与用户迁移有关的服务"则需要生态系统服务的消费者主动接近服务的产生地，如休闲娱乐等。

生态系统服务的空间特征直接影响到生态系统服务供给与需求的空间格局。例如，碳汇、碳储存等"全球非空间位置依存的服务"，其服务的消费者基本上也是全球非空间依存的；而诸如依赖于空间位置的"风暴潮防护"的服务对象主要是居住在海岸带附近的居民。对于流域生态系统服务来说，上游森林和草原等植被类型在流域水供给和水调节等方面可能发挥重要作用。上游是主要的生态系统服务供给区，而下游则是消费区。类似地，在农田—城市构成的社会-生态系统中，农田是主要的生态系统服务供给区，它可以向生活在农区和城市的居民提供粮食和蔬菜等农产品，而城市则是农产品的纯消费区。就原位生态系统服务而言，它的供给区和消费区也多是在局地。此外，对于较独立的、自给自足的群体或社区的居民来说，他们日常生活需要的薪柴和食物等也主要源于居住区内的森林和草地所生产的林产品和畜产品。还有一些服务，如休闲娱乐等，它们的产生地主要是一些自然或人文景观地，而消费者主要是区域外的居民。旅游者要通过自身的移动才能享用到这类服务,所以它们是"与用户迁移有关的服务"。

前已述及,生态系统服务的供给区和消费区往往并不匹配。按照供给区和消费区空间位置的不同,大致可以分为4种类型:①生态系统服务供给区与消费区完全重合。例如,授粉、防洪、薪柴提供等;②生态系统服务供给区不仅为当地居民提供服务而且还满足更大范围内消费者的需求。例如,碳汇、气候调节等;③生态系统服务供给区处于消费区的上游位置。例如,水土保持、水质净化等;④生态系统服务的供给区处于消费区的一侧。例如,海岸带红树林为沿岸居民提供的风暴潮防护服务等(Fisher et al., 2009)。

Syrbe 和 Walz(2012)提出了生态系统服务供给区、受益区和连接区的概念。生态系统连接区是生态系统提供的、消费者所需的物质、能量或有机体的连接区域。基于供给区、消费区和连接区的空间特征,他们识别了德国萨克森地区洪水调节服务的供给区、消费区和连接区。洪水调节服务的供给区是洪水产生的区域,受益区或消费区则是下游洪积冲积低平原,而连接区则是上游平原。

供给区、受益区和连接区的识别应该面向特定类型的生态系统服务。例如,流域生态系统的下游平原,对于洪水调节生态系统服务而言,它是消费区,而对于食物供给而言,它又是农产品的重要供给区。当然,受科学认知局限性的制约,现阶段还很难对每一类型的生态系统服务供给区、消费区和连接区在空间上清晰地划定出来,但未来研究应充分吸收和借鉴有关生态系统结构、过程和功能的最新认识,以更好地判别特定生态系统服务的供给区、服务区和连接区。

(四)生态系统服务流制图

由于生态系统服务的供给和消费在不同时空尺度上具有动态变化特征,因此其供给与需求往往呈现出复杂性和多样性。尽管研究者已广泛认识到生态系统服务的"空间流动"问题,但如何超越生态系统服务"静态制图",动态地显示生态服务的流动路径、速率和通量等已成为目前研究的重大挑战之一。

Bagstad 等(2012)详细阐述了生态系统服务流的相关概念,如生态系统服务的"源"、"汇"、使用区、载体和流动等。他们认为,生态系统服务流是某种生态系统服务从其产生地到使用者的空间直观路径。运行服务流模型可以产生一系列空间图形,服务流制图往往作为服务流模型的输出。依据其空间动态,大体可将这些空间图形分为5种:①理论上的生态系统服务"源"、"汇"和"使用"的空间分布图;②潜在的生态系统服务"源"、"使用"和服务流的空间分布图;③实际的生态系统服务"源"、"汇"、"使用"和服务流的空间分布图;④"不可到达的"生态系统服务"源"、"汇"和"使用"的空间分布图;⑤"非流通"或"阻塞的"生态系统服务"源"、"使用"和服务流的空间分布图。

在以上几种生态系统服务图的基础上,还需绘制生态系统服务流的连接路径。依据一定的流动路径算法可以确定生态系统服务载体的运动方式。流动路径算法的建立需要基于特定的生态过程数据,例如,水流网络数据、河漫滩和堤防数据和道路网络数据等。

然而,目前生态系统服务流的制图还仅仅处于概念和理论模型的构建阶段,距离实际的制图还有一定的距离。一方面,从生态系统服务的产生区到使用者之间可能存在多个路径且路径之间又相互交叉，对这些过程的描述还需进一步从理论上解释其作用机制；另一方面，由于实际监测数据的缺乏，尚无法得到生态系统服务流的数量信息，即特定生态系统服务在其流动路径上的通量。

（五）将生态系统服务的复杂性融入制图过程

生态系统及其服务的变化通常会表现出非线性特征，而且非线性特征会随着外部驱动力的增强而表现得更为显著。以生物多样性损失为例，假如物种数量的减少超过一定阈值或关键物种濒临灭绝，则可能通过食物链或食物网的级联效应，导致整个生态系统崩溃。尽管建立了各种模型来模拟生态系统的非线性特征，但是对于生态系统阈值的确定还尚无可靠手段。显然，现阶段的生态系统服务制图并没有充分考虑生态系统维持其持续存在的阈值（Maes et al., 2012）。

由于生态系统服务依赖于不同时空尺度上的自然和社会过程，因而不论是生态系统服务的供给还是消费都存在一定的尺度效应。生态系统服务制图应向利益相关者和决策者提供详细的生态系统服务的尺度信息。如哪些生态系统服务的供给是局地的，哪些又是区域的或全球的？哪些生态系统服务的变化是短时的、剧烈的，而哪些又是相对平稳的？消费者对哪些生态系统服务的需求是短期的，哪些是长期的？这些信息是决策者制定生态系统管理规划的重要依据。然而，已有的生态系统服务制图仅仅向决策者展示了一种或几种生态系统服务的空间分布，并没有将这些生态系统服务的时空尺度特征以图形或其他形式表现出来。

生态系统服务制图的一个重要目的就是辅助决策，因此，内容的表达要充分考虑决策者的需求。如决策者通常关心区域内最重要的几种生态系统服务是什么，它们之间有什么相互关系？如何调整土地利用结构和管理方式才能优化生态系统服务格局，并协调不同生态系统服务之间的关系？这就要求在制作某种生态系统服务空间分布图时，应把该生态系统服务与其他生态系统服务的权衡和协同关系以及情景分析结果也一并以图形形式展示出来。也就是说，应在单一生态系统服务制图的基础上增加空间分析和情景分析结果。只有这样，决策者才能更全面地了解区域生态系统服务特征。同时，只有决策者的充分参与才能使制图结果更好地服务于生产实践。

第二节　生态系统服务制图规范

一、生态系统服务空间分布图的性质和制图原则

生态系统服务制图主要服务于生态系统结构、功能和服务的科学研究以及生态系统管理政策和规划方案的制定。基于上述制图功能定位，生态系统服务空间分布图的绘制应满足以下制图原则：

（1）表达内容的多重性和丰富性。图幅内容应反映：①区域生态系统服务的类型、空间分布和时间变化。图件显示内容包括单一生态系统服务抑或是综合生态系统服务，生态

系统服务在空间上呈集聚状态还是分散状态,生态系统服务的属性特征(包括数量、质量、空间分布等)在过去、现在和未来的时间段内是如何发生变化的。②生态系统服务的空间分布与环境因子之间的相互关系。由于生态系统服务的形成受到环境因子的制约,诸如地形、地貌、气候、土壤、植被等环境要素与特定生态系统服务之间存在着密切联系。生态系统服务的空间分布格局应大致符合环境因子的空间分布规律。③不同生态系统服务之间的权衡与协同特征。不同生态系统服务具有一定的空间关联关系,如生物多样性保护与生境维持服务之间、气候调节与休闲娱乐之间等。科学有效地识别多种生态系统服务集聚的"热点区"有助于制定合理的规划方案,节约生态系统服务的管理成本,提高管理效率。另外,生态系统服务中的供给服务和调节服务多呈现权衡关系,生态系统服务制图应清晰地展示权衡发生的类型、重点区域以及权衡对研究区社会-生态系统可持续发展的影响。

(2) 兼顾科学性与实用性。生态系统服务制图内容不但要有科学性,还应注意实用性。一方面,图幅内容应包含生态系统服务供给和需求两方面特征,以提供决策者协调生态系统服务供给和需求之间互动关系的充足信息,确保生态系统服务收益的长期最大化。在生态系统服务需求制图时,应充分考虑当地居民、企业和各级政府的利益诉求,确定不同主体对不同类型生态系统服务的需求权重,并针对不同用户绘制特定需求情景下的生态系统服务空间分布图,使利益相关者和决策者更加清晰全面地了解未来区域生态系统服务的变化态势。另一方面,生态系统服务制图要增强易读性。某些生态系统服务类型的空间分布图对于科研工作者来说容易理解,而决策管理者未必就能准确地判读。因此,为了实现科研工作者和决策管理者之间的有效交流和沟通,制图过程中应突出区域生态系统服务的整体特征,以及某些对于区域社会-生态系统可持续发展至关重要的生态系统服务类型的时空特征。

(3) 制图的规范性与艺术性结合。一方面,生态系统服务图的编制不仅要充分利用调查和观测等地面实测资料,还要深度挖掘航空和卫星等遥感海量数据。同时,传统地形图编制与现代自动化制图技术相结合,以提高图件的科学性和制图水平。另一方面,在保证制图科学性的基础上,采用现代图形和图像分析处理技术,尽可能使图件色彩丰富、形式灵活多样,以增大图幅内容的受众范围。

二、生态系统服务类型系统和图例系统

(一) 生态系统服务类型系统

确定生态系统服务分类系统和图例系统是制图规范中最重要和最关键的理论问题。图例系统是建立在分类系统之上的,分类系统是确定图例系统的依据和前提。早期权威的分类系统是由 Daily (1997)、Costanza 等 (1997) 完成的,他们分别将生态系统服务归为 13 类和 17 类。他们的分类系统成为 20 世纪末和 21 世纪初生态系统服务价值评估的重要依据。目前,应用最为广泛的是千年生态系统评估提出的分类方案,将生态系统服务分为供给、调节、文化和支持服务 4 类。然而,目前对于生态系统服务的分类仍然有不同看法。

如 Wallace（2007）认为，由于对一些关键概念如生态系统过程、功能和服务界定不清，现有的分类系统将实现服务的过程（途径和手段）与服务本身（终极目标）混合在一起，限制了它们的应用范围。据此，他提出了一个用于自然资源管理的分类系统，在这个系统中，生态服务功能被分为以下几类，即充足的资源、良好的物理和化学环境、天敌、疾病和寄生虫的防护、社会文化满足与实现。响应 Wallace 的提法，Fisher 和 Turner（2008）提出以中间服务、终点服务和收益来建构起联结生态系统服务和人类福祉联系的概念框架。Costanza（2008）提出了辩护性解释，并给出了 Wallace 分类系统没有包容的两个分类依据，即依据空间特征的分类和依据排他性和竞争性的分类。前者将生态系统服务分为 5 类，即全球非空间位置依存的、局部空间位置依存的、与方向相关的服务流、原位的服务和与用户迁移有关的服务；后者则依据排他性/非排他性和竞争性/非竞争性两维矩阵将生态系统服务归为 4 类。由于生态系统结构的复杂性和功能的多样性，很难找到一个普适的生态系统服务分类方案，但一个较好的方案应当包括生态系统功能和服务特征，同时又便于决策使用（李双成等，2011）。

（二）生态系统服务图例系统

生态系统服务制图的图例系统应与其分类系统相适应。以千年生态系统评估的分类方案为例，供给、调节、文化和支持服务可作为图例系统的第一级。农作物、牲畜、饲料、木材、淡水等可作为供给服务下的第二级。水稻、小麦、玉米、高粱等可作为农作物供给服务下的第三级。当然也可以按照其他分类方式来划分等级，如按照生态系统服务与人类福祉的关联程度等。

生态系统服务的测度和衡量单位也是图例系统的重要组成部分。就生态系统服务的单位而言，既可包括有量纲指标，也可包括无量纲指标。有量纲单位包括物理单位（如 kg/hm^2、m^3/hm^2、人、次等）和价值单位（如元/m^2等）两种衡量指标。无量纲指标多以等级或得分来划分，如以高、中、低或 1、2、3、4 等表示。表 9-2 列举了常见的生态系统服务测度的状态指标和性能指标（物理量）。状态指标主要描述哪些生态系统过程或组分在提供服务、提供多少（如总生物量或者叶面积指数），而性能指标则描述潜在的能够被可持续利用的服务量（如最大可持续性收获的生物量、与空气质量相关的有效叶面积指数）。

表 9-2　生态系统服务测度的指标（de Groot et al.，2010）

服务类型	提供服务的生态过程或组分	状态指标	性能指标
供给服务			
食物	可食用动植物的存在	总量或平均存量（kg/hm^2）	净生产力 $kcal/(hm^2·a)$ 或其他单位
水	水库的存在	水资源总量（m^3/hm^2）	最大持续取水量 $m^3/(hm^2·a)$
木材、燃料和其他原材料	可用于木材、燃料或原材料的物种或生物组分的存在	总生物量（kg/hm^2）	净生产力（$kg/(hm^2 a)$）

续表

服务类型	提供服务的生态过程或组分	状态指标	性能指标
遗传物质：抗作物病毒基因	具有（潜在的）有用遗传物质的物种的存在	"基因银行"总价值（如物种和亚种的数量）	最大可持续收获量
生物化学产品和医药资源	具有潜在化学/医药用途的物种或生物组分的存在	可被提取的有用物质的总量（kg/hm²）	最大可持续收获量
观赏作物/资源	具有观赏作用的物种或生物组分的存在	总生物量（kg/hm²）	最大可持续收获量
调节服务			
空气质量调节（如吸收粉尘颗粒）	生态系统从大气中吸收气溶胶和化学物质的能力	叶面积指数、氮氧化物固定量等	吸收的气溶胶或化学物质的量——对空气质量的影响
气候调节	生态系统通过土地覆被与生物调节过程对局部和全球气候的影响	温室气体收支（特别是碳储存）、土地覆被特征等	固定/释放的温室气体等的量——对气候特性的影响
缓解自然灾害	森林在减弱极端事件中的角色（如抵御洪水灾害）	水储存（缓冲）能力（m³）	对洪水威胁的减少，避免对基础设施的损害
水资源调节	森林在过滤和逐步释放水资源中的作用	土壤或地表保持水的能力	保持的水资源的量，对用水体系的影响（例如灌溉）
废物处理	生物和非生物过程在移除和分解有机物、异类营养元素和化合物中的作用	去营养化（kg/(hm²·a)），在作物和土壤中的固定	可被回收和固定在可持续利用基质中的化学物质的最大量
侵蚀防御	植被和动植物在土壤保持中的作用	植被覆盖-根系-基质	保持的土壤的量和获取的沉积物的量
土壤形成与重建	自然过程在土壤形成和重建过程中的作用	例如生物扰动	重建的表土的量
传粉		传粉物种的数量和作用	作物对自然传粉的依赖程度
生物调节		防控害虫的物种数量和作用	对人类疾病、动物瘟疫的减少等
繁育生境	生态系统在为迁徙物种提供孵化、养育和休憩生境等方面的重要性	迁徙生物的物种数目和个体数量（特别是有商业价值的生物）	其他生态（或"经济"）系统对繁育生境的依赖程度
基因库保存	对特定生态平衡和进化过程的维持	自然的生物多样性（特别是地方种），生境完整度（最小规模阈值）	生态价值（即生物多样性的实际价值和潜在价值之间的差距）

续表

服务类型	提供服务的生态过程或组分	状态指标	性能指标
文化与审美			
审美：对自然风景的欣赏	景观建立在结构多样性、"绿度"和宁静等方面上的审美价值	景观特征的数量/面积	被表达的审美价值，如自然用地周围的房屋数量、观光路的使用者数量
娱乐：旅游机会和娱乐活动	景观特征、吸引人的野生生物	有稳定娱乐价值的景观数量/面积	最大可持续承载人数、实际投入使用的设施数量
文化、艺术与设计的灵感来源	景观特征、对人类艺术有启发的物种	具有灵感价值的景观特质或物种的数量/面积	以生态系统为灵感的书籍、绘画等
文化遗产与认同：地方感、归属感	有重要文化意义的景观特征和物种	在文化意义上重要的景观特质或物种的数量/面积	文化遗产的数量和认同的人数
精神和宗教热情	具有精神和宗教价值的景观特质或物种	具有精神价值的景观特质或物种的呈现	对生态系统赋予精神和宗教价值的人数
科教价值：提供正式或非正式的教育/培训机会	具有特殊教育和科研价值/兴趣的特征	具有特殊教育和科研价值/兴趣特征的呈现	来访班级的个数、科研项目的个数等

三、生态系统服务图的编制步骤与方法制定

图 9-1 显示了生态系统服务图的编制流程。第一步，用户需求分析。由于生态系统服务制图主要是满足特定用户群体的需求，因此制图的第一步是要对用户开展需求分析。如图件编制者需要了解用户所关注的区域生态系统服务类型的空间分布；用户使用这些生态系统服务空间分布图的目的是什么，从事科研还是辅助管理等？第二步，制定分类方案。针对研究区的实际情况，根据用户需求制定研究区生态系统服务分类方案，并确定诸如生态系统服务类型划分的详细程度、是用物质量还是价值量来表征生态系统服务等问题。当然，在此过程中也需要完成一些制图的前期准备工作，如明确界定区域范围、地图投影、大地坐标、比例尺和图例系统等。第三步，数据收集与整理。根据资料类型可将其划分为：地图资料、影像资料和文字资料等。具体包括各种地形图、普通地图、专题地图、航空照片、遥感影像、野外观测与考察资料、统计资料、调查问卷及文献资料等。第四步，数据分析和评价。收集来资料可能良莠不齐，相互重叠，还可能有矛盾。因此，在使用这

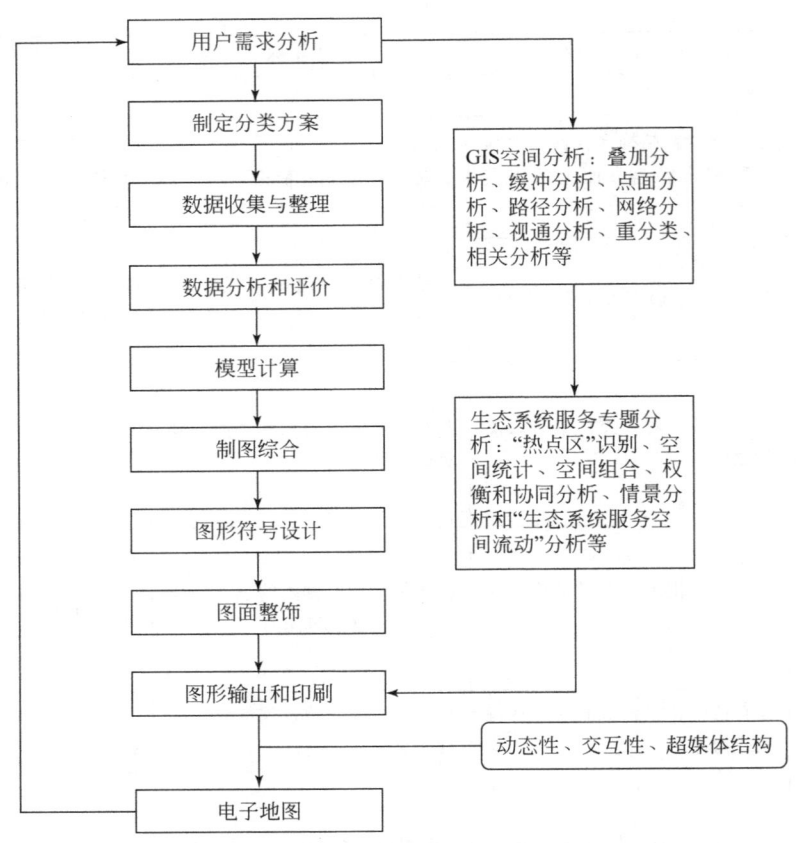

图 9-1　生态系统服务图的编制流程

些资料之前需要对其进行鉴别和初步分析，如需要考虑数据采集时间是否一致，数据精度如何，有无缺失和噪声，是否需要对某些数据作变换处理等。第五步，模型计算。选择合适的过程模型或统计模型计算研究区的生态系统服务的物理量、价值量或生态系统服务的相对重要性。第六步，制图综合。对图件信息进行概括、简化和综合取舍，使地图阅读者快速准确地获取他所关心的信息，达到地图信息传输的目的。第七步，图形符号设计。通过地图符号的图形、颜色、尺寸、文字、声音和动画视频等突出地图所要表达的信息。第八步，图面整饰。按照绘制要求进行图面编整和修饰处理。第九步，图形输出和印刷。

一般来说，按照以上 9 个步骤进行工作，就可制作出一幅完整的生态系统服务空间分布图。但由于用户需求的复杂性和不确定性，在最初阶段并不能将所有的需求都充分表达，当图件初步编制后，往往会提出新的需求。也可能是制图者与用户之间信息交流不畅，导致初始制图并不能完全满足要求。这就需要在初始图件的基础上对其做进一步分析和处理，即从简单的阅读型地图发展到分析型地图。如果是图件是在 GIS 平台上制作的，可以按照用户需求对其进行简单的空间分析，包括叠加、缓冲、点面、路径、网络和相关等分析。另外，还可以就具体问题深入开展专题分析，如以区域生态系统服务空间分布图为基础，提取区域内生态系统服务的"热点区"，并将其作为未来生态系统服务管理的重点区域。另外，还可以对区域生态系统服务图进行数理统计分析，揭示各类型生态系统服务的数量特征。同时，在单项识别和特征提取的基础上，形成新的专题图。此外，还可根据需求开展更为复杂和综合的分析，如基于生态系统服务制图的权衡和协同分析、情景分析和"生态系统服务空间流动"分析等。

生态系统服务的制图过程是制图者与用户（包括科研人员、决策者和生态系统服务利益相关方等）的互动过程。因此，用户参与十分重要，他们所提出的意见和建议可使制图不断完善。为了更好地实现制图者和用户之间的交互，应该借助于先进技术使纸质地图走向互联网和个人电脑，甚至是手持移动设备。20世纪80年代中期，随着数字地图和地理信息技术的发展，以及计算机图形可视化研究的深入，电子地图作为一种新的地图品种应运而生。与纸质地图相比，电子地图以丰富的色彩和灵活多变的显示方式多角度地表达各种地理环境信息，同时也不再受图幅和比例尺的限制，可以在不同比例尺之间进行切换，为地图使用者带来了极大的便利（王光霞等，2011）。电子地图在展示生态系统服务时具有以下特征：

（1）动态性。电子地图具有实时、动态地表现空间信息的能力。一方面，它可以利用具有时间维的动画地图来反映区域生态系统服务随时间的动态变化过程；另一方面，它可以通过对动态过程的分析来反映区域生态系统服务的发展变化趋势。

（2）交互性。电子地图可以实现查询、分析等功能，以辅助阅读和决策。电子地图提供了交互式接口，用户既可以根据不同的需求查找所需的信息，也可将自身采集的数据，如站点监测数据、统计数据、文字资料和照片等上传至电子地图的数据库中，从而丰富地图内容。

（3）超媒体结构。超媒体是超文本的拓展，即将超文本原则扩充至图形、视频和声音，从而提供了一种浏览不同形式信息的超媒体机制。电子地图以地图为主题结构，将图像、文字和声音等附加媒体信息作为主体的补充融入电子地图，通过图、文、声互补，使地图图形信息的先天缺陷得到数据库的弥补。通过人机交互的查询手段，可以获得精确的文字和数字信息，大大丰富了地图内容。同时，它可以充分调动读者的多种感官，最大限度地发挥阅读功效。

第三节　制图案例——西南昆士兰地区的生态系统服务制图[①]

西南昆士兰地区是澳大利亚发展最快的大都市区，其人口占昆士兰州总人口的70%（Hinchcliffe，2009）。该区域属于亚热带气候，非常适合人类居住。西南昆士兰地区面积约22000 km^2，典型地貌类型有山脉、丘陵、山谷、河流、湖泊、泛滥平原、海湾和岛屿等。该区是澳大利亚物种最丰富的地区之一，包括近5000个本地植物种和900个本地脊椎动物种。

---

①　本节案例节选自：Petter 等（2012）

一、西南昆士兰地区的生态系统服务框架

生态系统服务框架构建要求利益相关者充分了解框架结构、使用术语和工具,并达成一致意见。Maynard 等(2012)认为生态系统服务框架应包含以下三个方面内容:

(1) 列举和描绘出生态系统服务评估的 4 项主要内容:生态系统的主要类别、生态系统功能、生态系统服务、人类福祉。

(2) 以得分或矩阵形式对上述评估内容之间的关系做出半定量描述。

(3) 绘制一系列地图以识别生态系统服务的空间分布。

生态系统服务框架的构建有赖于科学指导委员会、工作组、专家组和社区委员会的积极参与和信息的协调与交流。该框架的建立可以增加利益相关者的责任感和使命感,同时也可促进不同部门和学科之间的信息交流和共享(MA,2005;Cowling et al.,2008;Maynard et al.,2010,Maynard et al.,2012)。

二、制图方法

区域生态系统服务图集的制作在 ESRI 公司的 ArcGIS 平台上完成。制图的第一个阶段绘制了 19 种生态系统功能的空间分布图。生态系统功能是指"生态系统的生物、物理和地球化学的组分和过程"(Maynard et al.,2010)。制图的第二个阶段是叠加单一生态系统功能图层(19 个)以产生"综合生态系统功能"图层。综合生态系统功能图包含两种:一种是基于"有/无"算法,另一种是基于"四分位"的算法。19 幅单一生态系统功能图和 2 幅综合生态系统功能图集成了各种数据源和相关图层的分析结果,是最终的制图产品。

(一) 生态系统功能的类型和描述

经过专家组商议,在 De Groot 等(2002)的生态系统服务分类方案基础上,确定了 19 种主要的生态系统功能。当然,这仅仅是一个粗略划分,还可以进一步细分。表 9-3 详细描述了这 19 种生态系统功能及绘制这些功能所使用的数据。

表 9-3　西南昆士兰地区生态系统服务制图的数据说明(Petter et al.,2012)

数据类型	数据参考	使用原因
气体调节		
优良草场覆盖	Scarth 等(2006)	草地在蒸发和热量平衡中有重要作用(Reynolds and Frame,2005)
森林植被	DNR&M(2005)	森林有助于改善空气质量(Krieger,2001)
溪流森林植被	Mooney 和 Petter(未发表手稿)	有科学认知表明溪流是碳吸收和氮调节的重要区域

续表

数据类型	数据参考	使用原因
湿地		湿地对于吸收空气中的 CO_2 有重要作用（Whiting and Chanton, 2001）
浅海	Mooney 和 Petter（未发表手稿）	海洋表面存在大量的 CO_2、O_2 和 CH_4 的交换（Scholes et al., 2003）
表层海水	Mooney 和 Petter（未发表手稿）	
潮间带	Mooney 和 Petter（未发表手稿）	潮间带对气体调节有重要作用（Batker et al., 2005）
气候调节		
优良草场覆盖	Scarth 等（2006）	地表植被类型会影响近地表气候（Geiger, 1965）
森林植被	Scarth 等（2006）	树木的存在可以调节树冠以下区域的小气候（Geiger, 1965）
降水	Mooney 和 Petter（未发表手稿）	降水是气候波动的重要指标（Lough, 1994）
表层海水	Mooney 和 Petter（未发表手稿）	海洋在全球碳循环和气候调节中起重要作用（Chisholm et al., 2001）
扰动调节		
红树林、海蓬子和盐沼泽	澳大利亚昆士兰环境保护局（Young and Dillewaard, 1999）	红树林是洪水和风暴潮的缓冲区，可以使海岸带免受侵蚀（Tomlinson, 1994）；红树林具有风暴潮防护的功能（Bennett and Alcamo, 2004）；盐沼泽具有保护区域免受扰动事件侵袭的功能（Laegdsgaard, 2006）
优良草场覆盖	Scarth 等（2006）	优良草场覆盖有助于沙丘和堤岸的稳定（USACE, 1989）
接地地带以下 0~5m 土层	NASA 航天飞机雷达地形测绘中心（Rabus et al., 2003）	过去海岸带区域的这一厚度的土层已暴露于扰动之下。有地质证据显示一次巨大的海啸侵蚀了澳大利亚东南海岸带（Dawson and Shi, 2000），而且未来该地区也将遭受扰动的影响
海岸沙丘	Mooney 和 Petter（未发表手稿）	沙丘可以保护海岸免受海风、海浪和风暴潮的侵蚀（Zimmermann et al., 2005）
漫滩和海岸沉积物	Mooney 和 Petter（未发表手稿）	漫滩可以减缓洪水流速（Murphy and Nance, 2000），同时可以吸收风暴潮的能量。另外，它还可以补给地下水，减少下游洪水发生的可能性（Rapport et al., 1998）
高强度的降水	Mooney 和 Petter（未发表手稿）	高强度的降水往往导致洪水的产生，引起水土流失（Suppiah and Hennessy, 1998）。因此，高强度降水发生区域受扰动的可能性亦较大

续表

数据类型	数据参考	使用原因
水体	环境与资源管理部门（DERM，2008）	湖泊和大坝有储存水的能力，它们通过存储多余的径流来减少洪水的负面效应（Neal et al.，2007）
森林植被	DNR&M（2005）	
灌丛	Mooney 和 Petter（未发表手稿）	树木可以起到防风和保护土壤的作用（Abel et al.，1997）
坡面森林植被		
溪流森林植被		
湿地	环境与资源管理部门（DERM，2008）	湿地可以减少洪水流量并储存多余的水分（EPA，2006）
岛屿	环境与资源管理部门（DERM，2008）	对于内陆来说，岛屿可作为海啸等的缓冲地
沙泥滩	Mooney 和 Petter（未发表手稿）	沙泥滩可以使海岸免受海风、海浪和风暴潮的侵蚀（Zimmermann et al.，2005）
潮间带	Mooney 和 Petter（未发表手稿）	扰动现象很可能发生在海岸带（McInnes et al.，2003）
水分调节		
优良牧草地	Scarth 等（2006）	草地可以降低水流速度（LSP，2004）
高质量的农业用地	DPI 和 DHLGP（1993）	高质量的农业用地既包括湿度较高的土壤也包括持水能力较高的土壤（DPI and DHLGP，1993）。因此，这种用地类型可以在暴雨或洪水发生时吸收多余的水分
森林植被	Scarth 等（2006）	植物从土壤中吸收水分，通过蒸腾作用将其转变成水汽，从而减少土壤水分（Murphy and Nance，2000）。植物也起到重要的过滤作用
坡面森林植被	Mooney 和 Petter（未发表手稿）	
溪流森林植被	Mooney 和 Petter（未发表手稿）	
漫滩和海岸沉积物	DNR&M（2002）	漫滩可以调节径流量，还可以降低洪峰的最大流速（Murphy and Nance，2000）
地表0~5m的沙子和砾石	DNR&M（2002）	沙子和砾石具有较高的穿透性，可以实现水分的存储和传输
湿地	EPA（2008）	湿地植被可以降低洪峰流量，同时湿地还可以存储多余的水流（EPA，2006）
土壤保持		
优良牧草地	Scarth 等（2006）	地表植被的存在可以减少土壤侵蚀（Prosser et al.，2000）
森林植被	Scarth 等（2006）	林区的土壤具有较高的稳定性、渗透率和较低的可侵蚀度（Young，1989）

数据类型	数据参考	使用原因
坡面森林植被	Mooney 和 Petter（未发表手稿）	坡面植物可以减小侵蚀率（Prosser et al., 2000）
溪流森林植被	Mooney 和 Petter（未发表手稿）	与裸露的河岸滩相比，有植被覆盖的河岸滩不易于遭受侵蚀（Beeson and Doyle, 1995）
养分调节		
生物多样性规划评估	EPA（2002）	生物多样性规划评估层包含了零散分布的植被。这些零散分布的植被可以提供一系列重要的生态系统服务，其中就包括养分循环（Parkes et al., 2003）
红树林、海蓬子和盐沼泽	澳大利亚昆士兰环境保护局（Young and Dillewaard, 1999）	红树林区域具有较高的养分循环（Tomlinson, 1994），盐沼泽也是养分循环的重要区域（Broome et al., 1988）
渔业生境	QFSMH（2000）	渔业生境区是重要的养分循环区（Broome et al., 1988）
优良牧草地	Scarth 等（2006）	草地和植物的存在有助于土壤中的养分循环（Murphy and Nance, 2000）
高质量的农业用地	DPI 和 DHLGP（1993）	
森林植被	Scarth 等（2006）	
人工林	昆士兰土地利用制图计划（Witte et al., 2006）	
氮磷含量低值区和总悬浮颗粒物低值区	WBM Oceanics（2005）	养分循环多发生在养分的低值区域（Bormann and Likens, 1967）
漫滩和海岸沉积物	DNR&M（2002）	漫滩也是养分循环发生的区域（Tockner et al., 1999）.
溪流	WBM Oceanics（2004）	溪流中也存在养分循环（Newbold et al., 1981）
溪流森林植被	Mooney 和 Petter（未发表手稿）	草地和植物的存在有助于土壤中的养分循环（Murphy and Nance, 2000）。溪流中也存在养分循环（Newbold et al., 1981）
湿地	EPA（2008）	湿地中存在养分循环（Corstanje et al., 2007）
浅海	USNGIA（2005）、MSQ（2007）	浅海中存在养分循环（Sturges et al., 2001）。潮汐波以及营养物的输出能够减缓水藻的瞬间集聚和爆发，因此也能够减弱基岩海岸群落抵御富营养化的能力（Kraufvelin, 2007）
表层海水		表层海水中存在养分循环（Sturges et al., 2001）

续表

数据类型	数据参考	使用原因
污染物处理		
红树林、海蓬子和盐沼泽	澳大利亚昆士兰环境保护局（Young and Dillewaard, 1999）	红树林有重要的污染处理功能（de Lacerda, 2002）
优良牧草地	Scarth 等（2006）	植物具有清除土壤污染物的功能（Cunningham et al., 1995）
森林植被	Scarth 等（2006）	植物可以通过根系吸收和利用废弃物中可溶性的化学成分，然后将其转化为植物组织（Getter, 1999）
氮磷含量低值区和总悬浮颗粒物低值区	WBM Oceanics（2005）	养分低值区域意味着该区具有较高的污染物吸纳能力（Bormann and Likens, 1967）
漫滩和海岸沉积物	USNGIA（2005）、MSQ（2007）	漫滩具有过滤能力，这种过滤是污染物处理的一种方式（Shelton et al., 2001）
总氮低值区	WBM Oceanics（2005）	营养水平代表了生态系统的健康程度（Bunn et al., 1999），总氮低值区的生态系统健康程度较高，因此其污染物降解能力也较高（Bormann and Likens, 1967）
总磷低值区	WBM Oceanics（2005）	
总悬浮颗粒物低值区	WBM Oceanics（2005）	
溪流		小溪和河流具有污染物同化和吸纳的能力
溪流森林植被	Mooney 和 Petter	植物具有清除土壤污染物的功能（Cunningham et al., 1995）
湿地	EPA（2008）	相对于其他生态系统，湿地具有较高的生物活性，它可以将污水等常见污染物转变为有害程度较小的副产品或基本营养组分，这些产品和组分又可作为提高生物生产力的元素（Kadlec and Wallace, 2008）
浅海	USNGIA（2005）、MSQ（2007）	海洋具有污染物同化和吸纳的能力
表层海水		
授粉		
生物多样性规划评估	EPA（2002）	零星植被分布区对本地授粉具有重要作用（Cunningham et al., 2002）
优良牧草地	Scarth 等（2006）	草地和其他地表植被也具有授粉功能（Friedman and Harder, 2004）
湿地	EPA（2008）	湿地具有授粉功能（Cronk and Fennessey, 2001）
植物廊道	EPA（2002）	植物具有授粉功能（Dafni, 1992）

续表

数据类型	数据参考	使用原因
荒野平原	EPA（2005）	荒野平原具有授粉功能（Dafni，1992）
雨林		森林具有授粉功能（Dafni，1992）
大片植被分布区	Mooney 和 Petter（未发表手稿）	植物具有授粉功能（Dafni，1992）
生物控制		
生物多样性规划评估	EPA（2000）	零散植被的覆盖面积越大，本地脆弱性越低，物种弹性越高（Murcia，1995）
植物廊道	EPA（2002）	
大片植被分布区	Mooney 和 Petter（未发表手稿）	
优良牧草地	Scarth 等（2006）	
岛屿		由于远离大陆可以降低特殊物种或捕食者的入侵风险
植物的屏障作用		
森林植被	Scarth 等（2006）	森林植被可以减少灰尘和气溶胶等空气物质的移动速度，促进空气混合并降低噪音（Bolund and Hunhammar，1999）
生境支持		
具有较高生态价值的水体	MBWCP（2005）	无脊椎动物和鱼类丰富的区域。莫顿海湾以其高生态系统价值而闻名于国际，它也是维持生物多样性的重要生境（South East Queensland Healthy Waterways Partnership，2007）
生物多样性规划评估	EPA（2002）	生物多样性规划评估可以识别西南昆士兰州一定数目物种的栖息地（EPA，2002）。零散分布的植物是本地物种的生境（Parkes et al.，2003）
红树林、海蓬子和盐沼泽	澳大利亚昆士兰环境保护局（Young and Dillewaard，1999）	红树林是若干动物群系的生境（Tomlinson，1994）。据拉姆萨公约，盐藻沼泽对于水禽有重要作用。越来越多的证据表明，它们对一些具有商业价值的鱼类和本地哺乳动物等也非常重要（Laegdsgaard，2006）
核心生境	EPA（2002）	澳大利亚昆士兰环境保护局将综合专家团的建议和其他信息来确定西南昆士兰州的核心生境区，这些区域对于濒临灭绝的、脆弱的、数量稀少的生物种群十分重要（EPA，2002）
渔业生境	Queensland Fisheries Service-Marine Habitat（2000）	渔业生境对于西南昆士兰州十分重要（South East Queensland Healthy Waterways Partnership，2007）
沙虎鲨栖息地	EPA（2006b）	沙虎鲨是澳大利亚昆士兰环境保护局规定保护的重要物种（EPA，2006b）

续表

数据类型	数据参考	使用原因
海洋公园保护区	Queensland Government（1997）	1997年制定的"海洋公园保护区"识别了莫顿海湾的一些重要生境（Queensland Government, 1997）
海洋公园生境区	Queensland Government（1997）	
优先群的主要分布区	EPA（2007b）	植物为动物种群提供了生境（Morrison et al., 2006）
礁石	EPA（2006b）	礁石和岩礁为许多动物群提供了生境（Roberts et al., 2002）
岩礁		
海草		海草床是重要生境（Butler and Jernakoff, 1999; Coles et al., 2004）
特殊生物多样性价值	EPA（2002）	生物多样性高值区可以为许多物种提供生境（Brooks et al., 2002）
濒危物种栖息地	EPA（2002）	这些数据可以描绘出西南昆士兰州濒临灭绝的、脆弱的、数量稀少的生物群生境的空间分布（EPA, 2002）。零散分布的植物也是一些物种的重要生境区（Parkes et al., 2003）
溪流森林植被	Mooney 和 Petter（未发表手稿）	自然河堤是地球陆地生态系统中最具多样性、变化性和复杂性的生物栖息地之一（Naiman and Décamps, 1997）
涉禽栖息地和栖木	EPA（2006b）	莫顿海湾地区存在一些重要的水禽动物栖息地（Clouston, 2002）
湿地	EPA（2008）	湿地是鱼类、无脊椎动物、两栖类、爬行类、哺乳类和鸟类等的重要栖息地（Cronk and Fennessey, 2001）
植被廊道	EPA（2002）	植被廊道是本地动物群系的重要栖息地（Bennett, 1990）；植物具有栖息地功能（Morrison et al., 2006）
大片植被分布区	Mooney 和 Petter（未发表手稿）	
浅海	USNGIA（2005）、MSQ（2007）	浅海中存在多种鱼类（Warburton and Blaber, 1992）
沙洲和泥滩		沙洲和泥滩是重要栖息地（Lloyd and Cook, 2002）
表层海水		莫顿海湾区是一些海洋生物的栖息地（Queensland Government, 1997）
土壤形成		
生物多样性规划评估	EPA（2000）	植被存在有助于土壤形成（Jenny, 1994）
红树林、海蓬子和盐沼泽	澳大利亚昆士兰环境保护局（Young and Dillewaard, 1999）	红树林和盐沼泽是物理和化学沉降的发生地，也是土壤积累的区域（Rogers et al., 2005）
优良牧草地	Scarth 等（2006）	草地是土壤形成的区域（Jenny, 1994）

续表

数据类型	数据参考	使用原因
高质量的农业用地	DPI & DHLGP（1993）	有利于有机质（Schnitzer and Khan, 1978）和土壤（Phillips et al., 1999）的沉积
漫滩和海岸沉积物	USNGIA（2005）、MSQ（2007）	风化的土壤通常搬运至这里沉积（Gerrard, 1992）
坡面森林植被	Mooney 和 Petter（未发表手稿）	有助于有机质的形成（Schnitzer and Khan, 1978）。土壤形成的场所（Jenny, 1994）
湿地	EPA（2008）	风化的土壤通常搬运至这里沉积（Richardson and Vepraskas, 2001）
食物供给		
粗放型农业	QLUMP（Witte et al., 2006）	农田能够为人类提供小麦等食物产品（Kokic, 1993）
红树林、海蓬子和盐沼泽	澳大利亚昆士兰环境保护局（Young and Dillewaard, 1999）	红树林是许多动物的重要食物来源（EPA, 2007）
高质量的农业用地	DPI & DHLGP（1993）	高质量的农田具有较高的土壤肥力，可以提供大量的新鲜食物（M. Petter, 2008 年私人通信）
牧草地	QLUMP（Witte et al., 2006）	牧草是牲畜的食物来源
精细型农业	QLUMP（Witte et al., 2006）	可以满足人类所需的食物供给（Petter 2008 年私人通信）
海洋公园生境区	Queensland Government（1997）	海洋物种和鸟类的食物来源（EPA, 2006）
水库	DNR&W（2006）	可以为鱼类和水鸟提供水和食物资源（Arthington and Pusey, 2003）
海草	EPA（2006b）	海草是诸多海洋动物的重要食物来源（Schneider and Mann, 1991），同时是昆士兰海岸带海洋生物的重要食物来源（Coles et al., 2004）
水体	DNR&W（2006）	牲畜的主要水源
浅海	USNGIA（2005）、MSQ（2007）	光合作用可以为自养生物提供食物（Garrison, 2007）
潮间带		潮间带生活有多种海洋生物（Pihl, 1985）
原材料		
森林植被	Scarth 等（2006）	森林植被（乔木和灌木）提供木材（Kavanagh et al., 2005）
人工林	QLUMP（Witte et al., 2006）	澳大利亚的森林是木料的来源（Department of Agriculture, Fisheries and Forestry, 2003）

续表

数据类型	数据参考	使用原因
种植园	QLUMP（Witte et al., 2006）	澳大利亚的种植园可以提供各种软木和硬木（Department of Agriculture, Fisheries and Forestry, 2005）
植被廊道	EPA（2002）	森林植被（乔木和灌木）提供木材（Kavanagh et al., 2005）
水供给		
高生态价值的水体	MBW CP（2005）	健康的生态系统应有足够的水源以保持其良好状态（Gleick, 1996）
低海拔汇水区	Roberts 等（1997）	地下水汇聚地区（Roberts et al., 1997）
高质量的农业用地	DPI & DHLGP（1993）	高质量土壤具有较高的持水能力（Arshad and Martin, 2002）
高密度的上游水源	Mooney 和 Petter（未发表手稿）	
氮磷含量低值区和总悬浮颗粒物低值区	WBM Oceanice（2005）	水质越清洁，水的供给能力越强（Petter 2008 年私人通信）
降水	Mooney 和 Petter（未发表手稿）	降水和径流汇集到水库和大坝中（Petter 2008 年私人通信）
水库	DNR & W（2006）	
0~5m 砂卵石层	DNR & W（2002）	这些区域具有贮存新鲜水分的能力（Milly and Dunne, 1994）
水体	DNR&W（2006）	降水使径流流入水库和大坝，从而提高水供给（Petter 2008 年私人通信）
溪流	DNR&W（2008）	
遗传资源		
核心生境	EPA（2002）	提供生境以维持基因多样性（Corvalán et al., 2005）。生境维持与遗传资源的可得性密切相关（Lowe et al., 2005）
渔业生境	Queensland Fisheries Service-Marine Habitat（2000）	
沙虎鲨栖息地	EPA（2006a）	
莫顿海洋公园保护区	海洋公园保护区规划（Queensland Government, 1997）	
优先群的主要分布区	EPA（2007b）	生物多样性高的地区往往基因多样性也高（Corvalán et al., 2005）
礁石	EPA（2006b）	澳大利亚礁石是世界上基因多样性最高的地区之一（Volkman, 1999）
岩礁		海草是基因多样性较高的食物（Corvalán et al., 2005），主要分布在昆士兰海岸（Coles et al., 2004）
海草		

续表

数据类型	数据参考	使用原因
特殊生物多样性价值	EPA（2002）	生物多样性是生态系统产品如基因等资源的来源
濒临灭绝物种生境	EPA（2005）	这些区域具有较高的基因多样性（Corvalán et al., 2005）
区域生态系统的变异		
植被廊道	EPA（2002）	
溪流	EPA（2008）	溪流具有缓解干旱、分流洪水、降解有毒物质，维持生物多样性的功能（Phillips, 2006）
岛屿溪流		
沙洲和泥滩	USNGIA（2005）、MSQ（2007）	这些生境的维持与基因资源的可得性有关（Lowe et al., 2005）
大片植被分布区	Mooney 和 Petter（未发表手稿）	
庇护所		
森林植被	Scarth 等（2006）	乔木可以使许多动物免受阳光直射（Belsky, 1994）
庇护所	Mooney 和 Petter（未发表手稿）	树木可以为植物新芽提供庇护所（Greenslade, 1992）
药物资源		
礁石	EPA（2006b）	那些具有高物种多样性和基因多样性的区域也是生物勘探的重点区域（Tucker and Farrier, 2001）
岩礁		
海草		为许多海洋生物提供生境和食物（Coles et al., 2004），这些食物具有药用价值如蜗牛等（Chivian, 2002），同时它也是生物勘探的重点区域（Tucker and Farrier, 2001）
特殊生物多样性价值	EPA（2002）	生物多样性是生物勘探的基本内容（Hassan et al., 2005）。保存濒危物种有助于维持生物多样性
濒临灭绝物种生境		
雨林		热带雨林中有很多药物资源，如真菌就有很高的药用价值（Paulus et al., 2006）
区域生态系统的变异	EPA（2005）	生物勘探者对澳大利亚本土的物种很感兴趣（Williams et al., 2001）.
潮间带	USNGIA（2005）、MSQ（2007）	潮间带的海藻是一种药物资源（Reichelt and Borowitzka, 1984）

续表

数据类型	数据参考	使用原因
景观美学		
特有种群的优先分布区	EPA（2005，2007b）	特有的残存种群栖息地具有特殊的景观变异性。西南昆士兰州未开垦地区具有较高的美学价值（Office of Urban Management, 2007）
特殊生物多样性价值	EPA（2007b）	
特殊景观类型	地块制图（2007）	特殊景观类型增加了区域的变异性。许多景观具有美学、休闲娱乐和文化社会价值。特定区域的水渠也是必不可少的景观类型（Petter, 2008 年私人通信）
植被廊道	EPA（2002）	廊道是不同景观之间的连接通道，这些连接带具有较高的景观多样性（Petter, 2008 年私人通信）
优质溪流	DERM（2008）	自然的溪流能够提供休闲和文化功能，如水上运动、观鸟（Bennett and Alcamo, 2004）等。这些区域在西南昆士兰区域规划中被划定为具有重要美学价值的区域。水渠为该区域提供了美学价值（Preston, 2001；城市管理办公室, 2007）
景观变异 地质多样性和资源多样性	自然资源与矿产部（2002） EPA（2005）	地质类型的多样性是区域生态系统多样性的基础（Petter 2008 年私人通信）
植被手册	Mooney 和 Petter（未发表手稿）	规模较大的成片生境区为给人启发和灵感（South East Queensland Regional Organization of Councils, 2005）
景观偏好	西南昆士兰州市政委员会（2005）	优美的景观给人启发和灵感（South East Queensland Regional Organization of Councils, 2005）

在单一生态系统服务功能图的绘制过程中，所有数据或图层都应满足统一标准，只有这样才能在 GIS 中进行叠加运算。主要的标准化过程是将数据属性重新归并为"存在（值为1）"或"不存在"（值为0）两种，并将数据的空间分辨率统一设定为25km×25km。标准化过程中使用了两种方法，第一种方法是将数据直接归并为 0 和 1 两种类型。如生物多样性规划评估中，将核心生境的状态划定为低、中、高和极高 4 种类型，并分别赋予 1、2、3、4 的分值。在数据标准化时将得分 1 和 2 归并为 0，将得分 3 和 4 归并为 1。第二种则是将数据按照升序或降序排列，并将其平均分成 4 个类别，以产生 1、2、3、4 的得分。其中 1 和 2 可以重新归并为 0，3 和 4 则可归并为 1。

(二) 制图过程

将不同类别的标准化相关数据进行叠加即可产生针对单一生态系统功能的空间分布图。如在制作气体调节功能的空间分布图时就需要叠加优良牧草地、森林植被、溪流森林植被、湿地、浅海、表层海水和潮间带等7个图层的数据和信息。在单一生态系统功能图制作过程中，并未对不同数据或图层赋予不同的权重。

虽然单一生态系统功能图对于专家和资源管理者来说价值较大，但对于决策者来说可能需要一些更为综合的图面信息。因为要在规划中尝试保护那些具有重要生态功能的区域，如森林、湿地和水库等。因此，综合生态系统功能图的制作就十分必要。

对19种单一生态系统功能简单叠加，形成综合生态系统功能分布图。如在扰动调节图层中，若某个栅格具有显著的扰动调节功能，那么其属性值被设定为1。反之，如果该栅格没有扰动调节功能，则其属性值为0。也就是，每个图层的栅格属性值为0或1，那么叠加后的综合生态系统功能图中每个栅格的属性值范围为0~19。

对19种单一生态系统功能按照4个得分值进行叠加，形成综合生态系统功能分布图。也就是，单一生态系统服务图层中每个栅格的属性值范围为0~4，综合生态系统服务图中每个栅格的属性值范围则为0~76。

三、结果图展示与分析

(一) 综合生态系统功能图A

综合生态系统功能图A包含了19个单一生态系统功能图层及其相互关系。生态系统功能的高值区用深色表示，其中包括大部分自然区域、健康溪流的上游、海拔较高的景观单元、清洁的水域、湿地和海洋生态系统中的海草滩和浅海等。从中可以看出，生态系统功能的高值区为分散分布，并未呈现出集聚状态。生态系统功能的低值区主要分布在一些边缘地带，如城市和农村的居住区以及远离浅海的海洋地带。后者主要是因为数据缺乏而致。

表9-4统计了19个单一生态系统功能图层叠加后的特征。统计结果显示，生态系统功能重叠2次、4次、7次、14次和18次的栅格点比较多。在这些重叠的栅格点中，出现7次重叠的栅格点最多，占12.93%；仅有一种生态系统功能的栅格占17.32%；完全没有生态系统功能的栅格仅占0.42%；仅有2.92%的栅格完全拥有19种生态系统功能。

表9-4　综合生态系统功能分布图中栅格属性值的比例

栅格属性值	面积比例/%	栅格属性值	面积比例/%	栅格属性值	面积比例/%
0	0.42	4	8.85	8	2.05
1	17.32	5	1.90	9	1.74
2	9.75	6	2.83	10	1.67
3	0.92	7	12.93	11	2.30

续表

栅格属性值	面积比例/%	栅格属性值	面积比例/%	栅格属性值	面积比例/%
12	2.54	15	2.63	18	10.7
13	3.15	16	3.62	19	2.92
14	5.90	17	5.86		

(二) 综合生态系统功能图 B

在制作综合生态系统功能图 B 时，需要将每种生态系统功能赋予 1~4 的分值，然后将所有图层进行叠加。理论上叠加后栅格属性的最大值为 76，而实际上为 68。叠加后的高值区用深色表示，这些高值区包括岛屿、高海拔地区、上游集水区、健康的溪流以及大部分自然区域。高值区和低值区的分布格局与综合生态系统功能图 A 大致相似，只是栅格属性值的范围不同。

表 9-5 统计了综合生态系统功能图 B 中单一生态系统功能图层叠加后的特征。其中，综合图层中栅格属性的最大值为 68。属性值为 1~10 的栅格数最多，占总栅格数的 51.67%。

表 9-5　综合生态系统功能图 B 中栅格属性值的比例

栅格属性值	面积比例/%	栅格属性值	面积比例/%	栅格属性值	面积比例/%
0	0.42	21~30	12.97	51~68	1.86
1~10	51.67	31-40	10.59		
11~20	13.99	41~50	8.50		

第十章 生态系统服务模拟模型与工具

近年来，GIS 在生态系统服务研究中得到了广泛应用，特别是在生态系统服务供给评估和制图领域作用颇大。GIS 能够对生态系统服务时空格局进行空间分析，还有助于预估土地利用、管理模式或气候条件等因素改变对服务带来的潜在影响，从而辅助科学决策。本章介绍了用于评估生态系统服务的 GIS 方法和两个常用软件。

第一节 生态系统服务研究中的模型与方法

一、GIS 在生态系统服务研究中的应用

GIS 拥有数据采集、信息集成、空间建模与可视化表达等强大功能，并能较好地表现区域生态系统内部空间异质性。目前，GIS 在生态系统服务研究中主要应用在区域尺度的空间数据管理、数据可视化表达、空间建模与权衡等方面。

通用而可靠的数据对于研究生态系统服务供给及其影响因素十分关键。生态系统结构与功能的异质性导致其服务供给的时空变化差异很大，需要大量空间数据帮助分析与模拟；而与此同时，随着遥感数据和地面调查资料的不断积累，生态系统服务研究和管理的海量数据也要求功能强大的空间数据库管理平台来统筹管理。在此情形下，GIS 在生态系统服务数据管理领域得到广泛应用。基于 GIS 建立的空间数据库，不但能够管理大量的空间数据，还能够进行生态系统服务时空格局及驱动力分析，模拟土地利用/土地覆被变化、气候变化以及社会经济因素变化对于生态系统服务供给影响等（Leslie, 2011; Nemec and Raudsepp-Hearne, 2013）。

GIS 是优秀的可视化表达工具，无论是原始数据还是计算结果，均可以图像的形式表达与呈现。由于空间数据是异质的，这种和空间位置紧密相关的可视化表达就显得尤为重要。生态系统服务的供给、流动、消费，以及价值分布、热点识别等，都要依托 GIS 平台描绘；而生态系统服务的制图实践也要在 GIS 软件平台上完成。

GIS 的一项强大功能是针对空间数据的建模与分析，因此被广泛用在生态系统服务模拟与权衡研究之中。GIS 常被用来模拟生态系统服务机理模型以及自然现象与人类活动的关系模式，以期弄清单一生态系统服务内部或多种生态系统服务之间的关联，以及生态系统服务与人类的复杂关系。与此同时，许多研究都采用 GIS 来分析不同尺度下生态系统服务的时空间分布。在服务时空格局分析的基础上，识别单个或复合生态系统服务供给的"热点"区域，比较多种生态系统服务的分布差异，从而能更好地理解生态系统服务的协同和权衡（Chan et al., 2006; Beier et al., 2008; Naidoo et al., 2008; Egoh et al., 2009; Swallow et al., 2009; Raudsepp-Hearne et al., 2010; Willemen et al., 2010）。目前研究最为

广泛的生态系统服务价值评估,也是依托 GIS 完成的。科学家们一直在努力寻求一种一致的、可比的方法量化生态系统服务。通常是采用一系列指标和衡量标准,在不同的时空尺度上对生态系统服务的供给(生产)和需求(消费)进行量化。在此过程中,应用 GIS 可以对生态系统服务的供给和需求指标进行空间结构分析,并结合其他判断规则,识别生态系统服务的供给区、消费区及连接区。

采用 GIS 技术可以在一定程度上解决生态服务功能的空间异质性问题,帮助决策者更好地在区域范围内进行生态系统服务评估与管理。虽然 GIS 往往无法单独完成生态系统服务模拟与评估,但它是一个极佳的集成平台。许多生态系统服务专门软件都可以以模块或插件的形式在 GIS 平台上运行,从而扩展了 GIS 功能与应用范围。

二、常用的生态系统服务模拟模型

基于 GIS 的模型和方法试图将生态系统供给和人类收益及价值都纳入模型体系,并希望能够支持生态系统管理和保护等决策(Leslie,2011)。本节介绍 GIS 用于估算生态系统服务及其价值的不同方法,以及获得决策信息的不同途径(表 10-1)。内容包括:①表征现在或过去某个时间点某种生态系统服务价值的"静态"估计的模型与方法;②分析外部因素变化如何影响生态系统服务和收益提供的模型与方法;③为生态系统服务管理设置社会偏好和优先级的模型和方法。

表 10-1 常用的生态系统服务模拟模型及其特征(Nemec and Raudsepp-Hearne,2013)

工具	模型类型	可获得性	适宜应用尺度	时间/h	利益相关者的引入
InVEST	生产功能	公开	景观到流域	160~260	可选
ARIES	收益转移	公开	景观到流域	200~300	可选
ESValue	优先级	私有	站点级到景观	200	需要
EcoAIM	优先级	公开	站点级到景观	每个变量 25	需要
EcoMetrix	价值转移	私有	站点级	每英亩 1	否
NAIS	价值转移	私有	站点级到流域	N/A	可选
SolvES	优先级	公开	景观	N/A	需要

(一)生态生产功能模型

生态系统提供的生态生产功能是生态系统服务的重要来源(Tallis and Polasky,2009)。在 GIS 环境下,可以模拟不同时空尺度下生态系统的过程、组分、结构和功能变化如何影响生态系统服务的供给和分布。从生态生产功能角度来模拟生态系统服务的供给,适用于与政策支撑相关的生态系统服务评价,因为它针对的是土地利用和管理决策情景变化如何影响生态系统服务和收益。大多数生态生产功能的模拟方法适用于某一时间或特定社会经济背景下的单一生态系统服务(Wilson and Carpenter,1999;Barbier,2000;Kaiser and Roumasset,2002;Ricketts et al.,2004)。然而,决策者面临的挑战是如何管理土地利用变化下多种生态系统服务的权衡或协同变化。因此,提高针对多重生态系统服务的建模能力十分重要，因为服务之间是相互关联的，增加一种服务的激励措施，可能会对其他服务产生不利影响（Kinzig et al.，2011）。

目前已有一些模型工具可以用来对多重生态系统服务及其相互关系建模分析。InVEST 是一个开源的 GIS 工具，旨在使用生态生产功能方法来估测生态系统服务价值。InVEST 是一套 GIS 模型工具集，通过使用土地利用/土地覆被和相关的生物物理、经济数据来预测生态系统服务的供给及其经济价值。在多数 InVEST 模型工具中，把生态生产功能定义为生态系统服务，并且使用土地利用类型的多个输入变量来模拟每个栅格单元服务的供给程度。生态系统服务的价值则由供给模型和需求模型共同决定（Tallis and Polasky, 2009）。例如，河岸植被可以提供减少水库淤积的服务。为估算水库减少淤积的经济价值，建模者需要弄清水库上游有多少植被，能够提供多少服务，然后通过估测减少水库疏浚和其他维护费用来估计其服务价值。目前，InVEST 能够模拟的生态系统过程和服务包括：波能量、海岸脆弱性、海岸保护、海洋渔业养殖、海洋景观美学质量、捕鱼和娱乐、海洋栖息地、陆地生物多样性、碳储存和固定、水库水电生产、水体净化/营养保存、泥沙调节、木材生产和农作物授粉等。从目前发表的研究成果分析，InVEST 是生态系统服务研究最为常用的 GIS 软件工具，其优点包括使用的简便性、简洁性、模拟类型的多样性和认可的广泛性等。模型的不足可以概括为淡水服务和生物多样性建模能力较弱，模型过度简化以及用户指南对模型机理解释不够详尽等。例如，尽管 InVEST 可以在不同的空间尺度和范围中使用，但对不同景观要素的空间关系处理过于简单化。如在一个土地利用类型中，地块大小不同，与其他地块的位置关系也有差异，但模型对这种类型地块的异质性关注不够。此外，土地利用/土地覆被数据质量对于模型结果影响也较大。尤其是缺乏局地 LUCC 数据和模型参数时，模型的精确性就会受到影响。另外，InVEST 模型尚未在生态系统中被全面测试，所以在应用时应当审慎。

（二）价值转移模型

目前，已有一些学者应用收益转移或价值转移方法，把一种环境下的生态系统服务价值研究结果推挈到其他信息贫乏环境之中（Wilson and Hoehn, 2006）。例如，Costanza 等（1997）使用价值转移方法，通过把某一特定地点对特定生态系统服务类型的估计价值运用到该生态系统服务类型的所有区域，估算了整个地球的生态系统服务价值。静态价值转移方法已被成功地应用确定生态系统服务的总经济价值，但直到最近，该方法才被整合进模型以测度生态系统服务价值变化如何影响人类的福祉。

目前，应用较为广泛的内嵌价值转移方法的 GIS 开源模型是 ARIES（artificial intelligence for ecosystem services）。ARIES 集合了区域生态系统服务供给、使用和空间流动的算法（Villa et al.，2009b），可以对生态系统服务的空间输送和空间流路径、通量进行模拟计算。由于服务供给和使用常发生在不同的时空尺度上，ARIES 提供使用特定尺度方法研究生态系统服务的功能，并采用概率模型（空间贝叶斯网络）来模拟与生态系统服务相关的自然与社会经济因子（Villa et al.，2009b）。与 InVEST 不同的是，ARIES 评估生态系统服务的基础是收益真实流动的量化，而不去关注内在的生态过程。例如，该软件构建了供给、源、汇和流分析的贝叶斯网络模型，以确定哪些区域对于服务传递是至关重要的

（Villa et al., 2009b）。ARIES 使用网络访问技术，而非用户运行他们自己的 GIS 软件，并且存储许多和用户模型相关的全球数据。用户可以定义感兴趣的生态系统服务受益者或福利，绘制或提供有关他们自己系统边界的 GIS 地图，并可以用和局地更相关的数据来补充或替换 ARIES 的数据集来运行程序。目前，ARIES 正在运行的案例包括美国的加利福尼亚等州、多米尼加共和国、墨西哥等。较之 InVEST，ARIES 需要更多的时间和专业知识来确定模型参数（Waage et al., 2011）。随着模型的进一步完善和使用范围的扩大，ARIES 的优势将会得到逐步体现。

　　另外两个使用价值转移方法的 GIS 软件程序是 EcoMetrix 和 NAIS（natural assets information system）（Troy and Wilson, 2006）。EcoMetrix 是为土地所有者设计的表征特定地点生态系统服务和过程，并分析未来变化状况的软件。通过给水利工程相关的六个因子分配权重，研究者使用 EcoMetrix 评价了四个河岸修复工程的生态系统服务等级，并绘制价值变化图来直观展现同初始状态相比生态系统服务的增减趋势（Waage et al., 2011）。NAIS 是一个决策支持系统框架，其中包括了一个为生境类型估算生态系统服务价值的 GIS 数据库和查询引擎。NAIS 的运行机制是：首先在系统框架下，空间信息小组（spatial informatics group, SIG）与客户一起确定表现生态系统服务价值流的合适地理单元，例如流域、地块或行政区。SIG 对土地和水体覆被类型层与生态系统服务价值的多边形图层进行空间叠置分析。然后，在地理单元和覆被类型上绘制表征总体价值流的地图。NAIS 框架常应用于较小尺度的土地利用规划情景，如普吉特湾的一个小岛——莫里岛（Ricketts et al., 2004）等。但也曾被用于分析较大区域的生态系统服务价值，如马萨诸塞州等（Troy and Wilson, 2006）。

　　价值转移方法通常是行之有效的，因为使用者可以通过文献回顾低成本地快速获得特定地区的系统信息。但是，价值转移方法的可靠性在经济学研究领域引起了广泛争议，争议的焦点集中在该方法在价值转移过程中的推绎错误，因为接受价值转移地块和产生价值地块之间的特征不同（Brouwer, 2000）。例如，实证结果表明，将环境物品价值转移方法应用于例如捕鱼、水质提升、娱乐和农地生物多样性等 7 个研究案例中，其转移误差大致在 1%~75%，其中一个案例的误差高达 475%（Brouwer, 2000）。相比之下，集成了价值转移和生产功能等多种评估方法的元分析研究误差较小，评估湿地方面的平均转移误差为 74%（Brander et al., 2006），评估珊瑚礁的误差为 186%（Brander et al., 2007）。

　　当把研究结果从一个地方推绎到另一个地方时，需要非常审慎，要确保两个地点使用的评估方法相一致（Tallis and Polasky, 2009）。尽管有很多限制，但是价值转移方法的支持者认为这毕竟好于没有为生态系统服务分配价值的状况（Troy and Wilson, 2006）。实际上，价值转移方法更加适用于评估位置无关的生态系统服务价值。例如，陆地和水体生态系统的固碳作用提供了帮助减缓全球气候变暖的服务价值，而与其发生在哪里无关（Turner et al., 1998）。

（三）强调社会偏好和优先的生态系统服务管理模型

　　一些新的生态系统服务评估方法超越了纯生态建模，强调把人类偏好和优先级纳入生态系统服务评估之中。由 Cardno ENTRIX 开发的 ESValue 模型（http://www.entrix.com）

把已有信息和专家经验同利益相关者价值整合在一起，以明确不同管理策略带来的主要生态效益以及由此带来的经济价值变化。ESValue 中的变量表征某地与生态系统服务相关的生态系统变化程度和利益相关者的偏好，专家知识用来识别变量被为其赋权。EcoAIM 是一种生态资产清查和管理的 GIS 优化模型，基于风险分析，用利益相关者偏好的权重矩阵，评估了生态系统服务的变化量。美国地质调查局（USGS）提供的 SolVESO 项目，旨在评估、制图和量化生态系统服务被感知到的社会价值，如美学、生物多样性和娱乐等（Sherrouse et al.，2011）。

第二节　InVEST 模型

一、InVEST 模型概述

InVEST 模型是美国斯坦福大学与世界自然基金会等机构实施的"自然资源计划"（Natural Capital Project）中的重要组成部分。为了更好地协调经济发展与生态保护，该计划开发出这一为生态系统服务评估、模拟与权衡提供支持的多层级模型。模型旨在通过特定的生产方程，模拟生态系统服务的供给状况，进而对利益相关者所需服务和价值进行评估，最终指导利益相关者的政策制定和制度选择（图 10-1）。一般说来，模型层级愈高，所需数据愈复杂，模拟结果也愈精确。0 级模型（tier 0）能够在空间上模拟服务供给或者需求程度的分布情况，并不进行价值评估。1 级模型（tier 1）在 0 级的基础上，可以输出当前或者未来情况下，不同生态系统类型的服务与生物多样性价值，输出单位可以是实物量，也可以是经济价值（例如海洋渔业模块中，输出单位可以是捕鱼产量或者价值）。更加复杂的 2 级模型（tier 2）模拟对象是针对生物多样性以及部分生态系统服务，能够输出更加精确的实物量和经济价值评估结果。虽然 Natural Capital Project 并不打算开发更高级的 3 级模型（tier 3），但是鼓励在实际案例研究中不断修正和改善现有模型（表 10-2）。

表 10-2　InVEST 2.4.5 模型中不同层的比较

模型开发阶段	0 级模型	1 级模型	2 级模型	3 级模型
实物量评估	相对值	绝对值	绝对值	绝对值
经济价值评估	无价值评估	用一套特定方法进行价值评估	用一套特定方法进行价值评估	用一套特定方法进行价值评估
时间尺度	一般情况时间尺度不定，或每年	时间尺度为年，无时间动态	时间尺度为天或月，部分时间动态	时间尺度为天或月，有反馈和阈值的时间动态
空间尺度	适当的空间范围，从子流域到全球	适当的空间范围，从子流域到全球	适当的空间范围，从地块到全球	适当的空间范围，从地块到全球
应用范围	有利于关键（高风险或高服务供给）区域的识别	基于绝对价值或经过校正后，有利于决策	基于绝对价值，有利于决策	更加精确的服务传递的估算

续表

模型开发阶段	0级模型	1级模型	2级模型	3级模型
服务间的相互关系	部分服务的相互关系	部分服务的相互关系	部分服务的相互关系	有反馈和阈值的复杂的相互作用

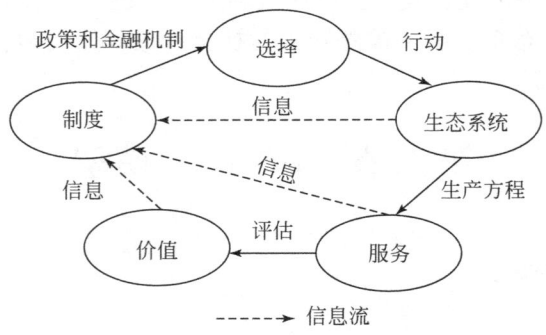

图 10-1 InVEST 模型的理论框架

虽然截至目前，InVEST 模型中的大部分模拟仍处于生态系统服务供给和经济价值评估阶段，但该模型经过多位学者的不断改进，已能够融合其他模型，如 CENTURY 和 SWAT 等，为最终权衡决策提供强有力帮助（Kareiva et al.，2011）。通过对利益相关者进行调查访谈，从而建立起一套完善的决策体系，在此基础之上应用 InVEST 模型更加有效（图 10-2）。首先，调查访谈可以明确决策者、社区和保护组织等利益相关方所关心的主要问题。这些问题可能和当前服务的流动和传递有关，也可能是有关未来的项目、政策或者环境如何影响服务供给。针对未来的变化问题，利益相关者可以制定相应的"情景"（scenarios）来模拟生态系统服务的变化态势。

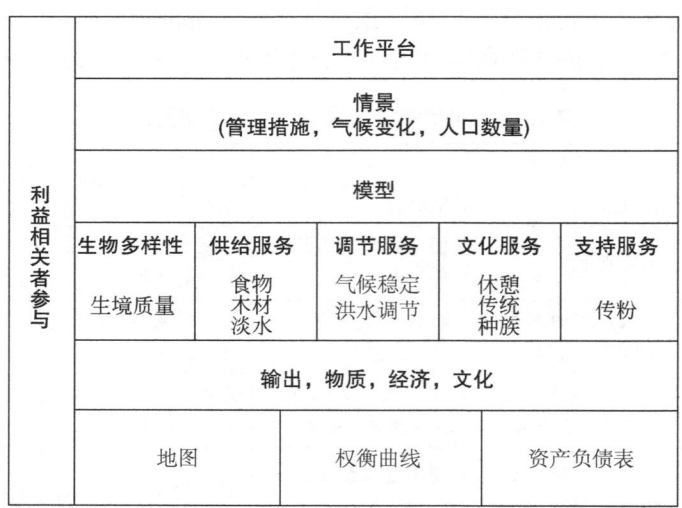

图 10-2 InVEST 模型中嵌入的决策过程示意图。利益相关者通过生物物理方程和经济模型，在不同的情景下评估生态系统服务价值，并得到不同的输出结果

基于利益相关者访谈以及情景分析结果，InVEST 模型能够模拟当前或者未来情景下，生态系统服务供给的数量和价值。InVEST 模型的输出结果图是空间直观的，输出单位可以是实物量（如储存碳的质量）也可以是货币价值（如储存碳的市场净现值）。输出结果的空间分辨率亦可以变化，视研究区范围和所关心问题的尺度而定。利益相关者还可以通过模型输出结果的优劣来调整情景，直至得到满意结果。

在 Natural Capital Project 提供的用户手册中，按照提供服务的生态系统类型不同，模拟与评估的生态系统服务类型见表 10-3。

表 10-3　InVEST 模型中基于不同生态系统类型的模块分类（版本 2.4.5）

海洋生态系统模型	陆地生态系统模型	淡水生态系统模型
波能发电	生物多样性：生境质量与稀缺性	水库水力资源
海岸脆弱性	碳存储与储存	水质净化：营养物质保持
海岸保护	土壤保持：防止淤积和水质调节	
海洋渔业	木材生产管理	
海洋美学欣赏	作物传粉	
海洋叠加分析：渔业与休憩		
生境风险评价		
海洋水质净化：对流扩散		

二、InVEST 模型模块介绍[*]

InVEST 模型中的每个模型及其子模块，都是通过一定的生产函数（production function）将必要的模型输入转化为以实物量或者货币价值为单位的输出。

（一）海洋生态系统模型

在 InVEST 模型中，所模拟的海洋生态系统能够提供的生态系统服务包括波能发电、海岸带脆弱性评估、海岸侵蚀保护、渔业产品供给、美学欣赏、渔业与休憩的叠加分析、生境风险评估和海洋水质净化等。

1. 波能发电

波能发电模块所估算的服务包括波浪的潜在能量、能够被利用的能量和经装置转换后得到的能量。进一步地，模型可以将建造发电设备的成本、设备的折旧率等考虑在内，得出上述服务的货币价值。其具体计算原理如下：

对于波浪的潜在能量 P_n（kW/m），即每单位宽度、一定长度的不规则波浪能够产生的能量，近似的计算公式为

---

[*] 本小节内容来自 InVEST 用户手册

$$P_n = \frac{\rho \cdot g}{16} H_s^2 C_g(T_e, h)$$

式中，ρ 和 g 分别为海水密度和重力加速度；H_s 为显著波高；C_g 为波群速度，是波能周期和水深的函数。

在波能发电模型中，计算所需的数据包括：

- 研究区矢量图：模型允许选取整个研究区或者其中的子区域作为研究对象。
- 研究区 DEM。
- 波浪参数：包括波浪高度和周期等。
- 发电装置参数：包括最大功率、所能利用的海浪高度及周期范围等。

2. 海岸带脆弱性评估

海岸带脆弱性评估模块通过输入研究区域在海平面波动、波浪、风等影响下的暴露度，得出一个综合脆弱性指数来衡量不同海岸地形地貌的脆弱性。计算公式为

$$VI = \sqrt{\frac{R_{Geomorphology} R_{Relief} R_{Habitats} R_{SLR} R_{WindExposure} R_{WaveExposure} R_{Surge}}{Count_{Var}}}$$

式中，VI 为脆弱性指数，值越高表明脆弱性越高；$R_{Geomorphology}$、R_{Relief}、$R_{Habitats}$、R_{SLR}、$R_{WindExposure}$、$R_{WaveExposure}$ 和 R_{Surge} 分别代表地形、坡度、自然栖息地、海面波动、风、浪和潜在海潮之下的暴露度，暴露度分为 5 个等级（$R_{Surge}=1, 2, 3, 4, 5$），等级越高表明暴露度越高；$Count_{Var}$ 为计算时所考虑的上述变量的个数。

在脆弱性评估模型中，计算所需的数据包括：

- 研究区矢量图：包括研究区域的面积、形状等基本属性。
- 计算单元大小：即模型计算与结果输出的空间分辨率。
- 有效距离阈值：该参数决定提取的距离阈值，以区分受到庇护和处于暴露之下的海岸带。
- 风浪暴露度：不同地点的风浪暴露度分级（$R=1, 2, 3, 4, 5$），等级越高表明暴露度越高。
- 波浪暴露度：研究区内的平均水深，用于计算波浪参数。
- 研究区 DEM。

3. 海岸侵蚀保护

InVEST 模型的海岸侵蚀保护模块，能够定量地计算出生态系统对海岸带所提供的防止侵蚀与抵御洪水的价值。模型计算的是在垂直于海岸线的一维地形断面（或一系列断面）中，不同自然生境类型对于减少波浪能量，进而防止海岸受到侵蚀的相对贡献。海岸侵蚀保护模块由两个次一级的子模块构成：侵蚀断面模拟模块与近岸波浪侵蚀模块。前者用于构建研究对象的位置、形状、地形高程与水深等，后者基于上述信息，结合生境特征与情景变化，估算生境所防止海岸被侵蚀的量和价值。首先，需要计算波浪沿着所定义的断面从离岸移动到近岸时，高度的变化：

$$\frac{1}{8}\rho g \frac{\partial C_g H^2}{\partial x} = -D$$

式中，ρ 为海水密度；g 是重力加速度；C_g 为波群速度；H 为波浪高度；D 表示波浪能量的耗散。对于波浪能够对海岸造成侵蚀的最大量，有

$$R_2 = 1.1(0.35m\sqrt{H_p L_o} + 0.5\sqrt{0.563m^2 H_p^2 L_o + 0.004 H_o L_o})$$

式中，m 为海滩的坡度；H_p 为假设的波浪高度；H_o 为水深；L_o 为波长。通过价值换算与贴现，还可以计算出该项服务的货币价值。

在海岸侵蚀保护模块中，所需的数据包括：
- 研究区矢量图：包括参考点，以及参考点缓冲区的大小。
- 侵蚀保护数据表格：包括波浪高度、长度、所选择参考点的基质、自然生境类型和管理措施等。
- 风暴参数：包括持续时间以及最大波浪高度，用于分别估算在风暴期或者间期，不同的海岸侵蚀量。
- 经济数据：包括单位体积的侵蚀价值、风暴重现时间、利率和核算时间等。

4. 渔业产品供给

渔业产品供给是海洋生态系统中重要的供给服务之一。目前 InVEST 版本 (InVEST2.4.5) 是以大西洋鲑鱼 (*Salmon salar*) 为例，分析其在特定环境下的产量和经济价值。在时间段为 t，年份为 y 时，渔场 f 的个体鲑鱼预期捕获重量 $W_{t,y,f}$ 可以通过下式计算：

$$W_{t,y,f} = (aW^b_{t-1,y,f} \cdot e^{T_{t-1,f}}) + W_{t-1,y,f}$$

式中，a 和 b 是鱼类的生长参数；$T_{t,f}$ 是渔场 f 的每日水温；τ 表示当温度升高时，鱼类生长的变化率。当鲑鱼生长达到由利益相关者所设定的重量时，即可进行捕获。由此可以得到渔场 f 在收获周期 c 中的总鲑鱼捕获量 TPW：

$$\text{TPW}_{f,c} = W_{t_h,f} \cdot d \cdot n_f e^{-M \cdot (t_h - t_0)}$$

式中，$W_{t_h,f}$ 是渔场 f 的个体鲑鱼预期捕获重量；d 是捕获进行后仍残留在渔场中的鱼；n_f 是渔场中鱼的总数量；t_0 是放苗时间；t_h 是捕获时间；M 是鱼的成长速率。

渔业产品供给计算所需的数据包括：
- 渔场基本图层：渔场的位置和名称等基本信息。
- 鱼类生长参数：模型中默认采用的是大西洋鲑鱼的参数，可根据实际鱼种的生长率调整。
- 渔场水温：分辨率为天。
- 渔场管理参数：包括鱼类的起始重量与收获重量、起始时间与捕捞时间和总数等。

5. 美学欣赏

海洋与海岸景观的自然风光能够为当地居民以及游客带来视觉及精神上的享受，也被视作一项重要的生态系统服务。美学欣赏模块通过评估当地工程（如发电设施建造和海岸房屋建设等）对人们视野的影响，来间接估算美学欣赏价值。视野分析结果将有助于决策者在建设与美学欣赏价值之间做出权衡。

模块首先评估每一个栅格视野受到影响的程度，用 5 个等级来表示，等级越高表示受

影响程度越大。然后，通过统计每个栅格中的人口，计算每个等级中受到影响的人数。进一步的，决策者可以选择诸如公园和自然保护区等娱乐休憩用地，来评估其视野受到影响地区占总面积的百分比。

美学欣赏模块所需的数据有：
- 研究区矢量图。
- 视野干扰点图层：能够对视野造成干扰的工程和设施的位置。
- 研究区 DEM。
- 折射率系数：用于校正由于地表曲率而导致的光传播偏差，缺省值为 0.13。
- 人口栅格数据。

6. 渔业与休憩的叠加分析

对人类活动给海洋可能造成的影响进行空间制图，是海洋空间规划的首要步骤。InVEST 中的叠加分析模块是以渔业与休憩为例，旨在寻找对于使用者而言，海洋生态系统中最重要的地区。模块的默认简单方法是赋予所有的地点与活动以相同权重，则其重要性得分为

$$IS_i = \sum_{i,j} U_{ij} I_j$$

式中，IS_i 为重要性得分，表示在区域 i 中的人类活动的总数；U_{ij} 为在区域 i 中的第 j 项活动的发生判断系数，0 表示未发生，1 表示发生。如果考虑赋予不同的活动相应的权重，则重要性得分变为

$$IS_i = \frac{1}{n} \sum_{i,j} U_{ij} I_j$$

式中，n 表示人类使用行为的数量；U_{ij} 表示某项活动的使用性权重；I_j 为该项活动的重要性权重。

叠加分析所需要的数据包括：
- 研究区矢量图。
- 叠加分析属性表：包括叠加分析对象的图层名称、权重与缓冲区大小等参数。
- 其他数据：允许用户定义不同活动地点的名称、位置与相对权重等。

7. 生境风险评估

海洋生态系统面临着许多自然和人为压力，如捕鱼、气候变化、环境污染与人类开发等。InVEST 模型中的生境风险评估模块使得使用者能够评估人类活动对海洋生态系统引起的风险，以及各项生态系统服务与生物多样性的响应。其工作步骤如下：

第一步，通过专家打分法，为每一种压力可能引发的暴露度与系统对于暴露的响应赋分。对于每一评分标准 i，总体的暴露度 E 和响应 C 的得分是由单项暴露度得分 e_i 和单项响应得分 c_i 加权平均得来：

$$E = \frac{\sum_{i=1}^{N} \frac{e_i}{d_i \cdot w_i}}{\sum_{i=1}^{N} \frac{1}{d_i \cdot w_i}}, \quad C = \frac{\sum_{i=1}^{N} \frac{c_i}{d_i \cdot w_i}}{\sum_{i=1}^{N} \frac{1}{d_i \cdot w_i}}$$

式中，d_i 表示对于评分标准 i 的数据质量评级；w_i 代表评分标准 i 的重要性权重；N 代表每一生境类型的评分标准数目。

第二步，将暴露与响应结合得到风险得分。对于生境类型 i 在压力状态 j 下的风险，可以通过暴露–响应空间的欧氏距离计算：

$$R_{ij} = \sqrt{(E-1)^2 + (C-1)^2}$$

第三步，将所有的风险得分加和，得到该生境类型的总风险得分：

$$R_i = \sum_{j=1}^{J} R_{ij}$$

第四步，用户可以依据前三步计算结果，识别研究区内的风险"热点区"。判断热点区与否的标准也由用户自由定义。热点区包括可能出现的人类活动与生态系统服务之间的权衡。

生境风险评估模块所需的数据包括：
- 生境压力分级打分表：包括生境的类型、压力类型、暴露和响应的权重及得分等。
- 其他数据：热点区识别所需的风险分级标准等。

8. 海洋水质净化

水质净化是海洋生态系统提供的重要服务，直接关系到人类健康与长期生存。在 InVEST 中的海洋水质净化功能模拟由对流扩散模型完成，海水理化性质与人类活动被认为是影响水质的两大因素。污染物通过水流运输和自净作用而逐渐消减。同时人类的污染排放与控制等行为，也会对海水污染造成一定影响。

海洋水质净化模块通过求解如下的潮平均二维质量平衡方程，来得到水质状态变量的空间分布：

$$E\left(\frac{\partial^2 C}{\partial x^2} + \frac{\partial^2 C}{\partial y^2}\right) - \left(U\frac{\partial C}{\partial x} + V\frac{\partial C}{\partial y}\right) + S = 0$$

式中，x 和 y 分别为正东和正北坐标系；C 表示水质状态变量的潮平均值；U 和 V 分别代表 x 和 y 方向的平均流速；E 为潮汐扩散系数；S 表示污染物的源和汇。该方程为经典对流扩散方程的稳定状态，前两项表示潮汐扩散，后两项表示水流扩散。据此，结合某一污染物在水中的分解或衰减速率，可以模拟出该污染物的分布状态。以病原体为例，其分布状态 S 可以通过下式计算：

$$S = -K_B C + \frac{W}{\text{VOL}}$$

式中，C 表示病原体的浓度；K_B 表示衰减率；W 为病原体指示微生物的外部载荷；VOL 为水体体积。

InVEST 模型中，海洋水质净化模块所需数据有：
- 研究区矢量图。
- 输出栅格属性：包括输出栅格的大小和深度（垂直水深）。
- 污染源属性：包括其位置和每天的排污量大小。
- 衰减率：即 K_B。

- 扩散系数：即 E。
- 水流速度：包括水平和垂直两个方向。

(二) 陆地生态系统模型

陆地生态系统服务模型是 InVEST 研究组最早开发的模拟模块，主要包括生物多样性、碳储存、土壤保持、木材生产和传粉等。

1. 生物多样性

生物多样性与多种生态系统服务之间存在着密切关系。一些地区的研究案例表明，生物多样性与多种生态系统服务之间存在着协同关系，增强对生物多样性保护会导致供给服务增加（Nelson et al., 2009; McNally et al., 2011）。在 InVEST 模型中，生境质量与稀缺性被视作生物多样性的代替指标。其中，生境质量与稀缺性可以看做是下列四个指标的函数：每种胁迫的影响、每种生境类型对于每种胁迫的敏感性、生境与胁迫之间的距离和生境的可达性程度。

在栅格 x 处，假定用地类型或其生境类型为 y，则总的胁迫指数

$$D_{xj} = \sum_{r=1}^{R} \sum_{y=1}^{Y_r} \left(\frac{w_r}{\sum_{r=1}^{R} w_r} \right) r_y i_{rxy} \beta_x S_{jr}$$

式中，y 代表栅格图层 r 中的单个栅格；Y_r 为 r 中所有栅格的总和；w_r 是归一化的胁迫权重；r_y 表示胁迫 r 在栅格 y 中的影响；S_{jr} 表示土地覆被类型 j 对于胁迫 r 的敏感性；i_{rxy} 是生境与胁迫之间的距离函数；β_x 表示栅格 x 的可达性。由此可以得出 x 处土地覆被类型 j 的生境质量得分：

$$Q_{xj} = H_j \left(1 - \left(\frac{D_{xj}^z}{D_{xj}^z + k^z} \right) \right)$$

式中，z 和 k 为尺度常量，$z=2.5$，而半饱和常数 k 则由用户自己定义；H_j 是土地覆被类型 j 对应的生境类型得分，表示该土地覆被类型作为生境支持的能力大小。

一种当前或者预期的土地覆被类型 j 的稀缺性，是相对于基线土地覆被类型 $j_{baseline}$ 而言的。首先，模块定义了表征土地覆被类型的稀缺性指数 R_j：

$$R_j = 1 - \frac{N_j}{N_{j_{baseline}}}$$

式中，N_j 和 $N_{jbaseline}$ 分别表示当前或预期情景和基线情景的栅格数目，稀缺性指数 R_j 越接近 1，表明该土地覆被类型对于生物多样性保护的重要性越高。由此可以得到格网单元 x 处的总生境稀缺性指数：

$$R_x = \sum_{x=1}^{X} \sigma_{xj} R_j$$

式中，σ_{xj} 为土地覆被类型 j 在格网单元 x 中是否存在的判断函数。$\sigma_{xj}=1$，表示存在；$\sigma_{xj}=0$，表示不存在。

生物多样性保护模块所需数据：
- 土地利用/土地覆被数据：其中现状数据是必需的，未来情景和基线数据可以

省略。
- 威胁数据表：所有需要考虑的威胁名称、与生境的距离和相对权重。
- 胁迫来源：即上述胁迫数据的空间分布，为 GIS 栅格数据图层。
- 生境属性表：每种土地覆被类型的生境得分和对于每种胁迫的敏感性。
- 半饱和常数：需要根据模型运行结果确定，一般常取值为生境最高退化值的一半。

2. InVEST 模型中的碳储存

在 InVEST 碳储存模型中，计算所需的数据包括：
- 研究区植被类型图。
- 研究区土壤类型图。
- 研究区土壤数据库：包括土壤深度和土壤有机碳密度等。
- 林木碳密度：不同林木单位体积的碳含量，需要进行实地采样分析。
- 地上生物量：研究区内不同植物在地上部分的生物量，可以通过查阅森林清查数据与实地采样分析相结合得到。
- 地下生物量：研究区内不同植物在地下部分的生物量，主要是植物根系。
- 枯枝落叶层的有机质量：需要进行实地采样分析。

3. 土壤保持

侵蚀与淤积是生态系统的正常自然过程，但是过于剧烈的侵蚀和淤积往往会对人类福祉产生负面效应。InVEST 的土壤保持模块通过计算不同地块每年的土壤侵蚀量，得出某一特定地点的土壤淤积量，然后估算出该点土壤保持的能力，最终在年时间尺度上评估将产生的淤积量清除所需费用，即土壤保持服务的价值量。土壤保持模块的计算采用 USLE（Wischmeier and Smith，1978）：

$$\text{USLE} = R \times K \times \text{LS} \times C \times P$$

式中，R 为降雨侵蚀因子；K 为土壤侵蚀因子；LS 为坡长因子；C 为植被覆盖因子；P 为管理因子。各因子的具体计算方法已有大量文献发表，在此不再赘述。土壤保持服务体现在两个方面，即水质调节和减缓淤积。模块首先在小尺度上计算土壤侵蚀量，然后在子流域尺度上进行汇总计算。假设每个小尺度地块上的土壤保持的阈值相同，对于水质净化服务则有：

$$\text{sed\_ret\_wq}_x = \text{sret}_x - \frac{\text{wq\_annload}}{\text{contrib}}$$

式中，sed_ret_wq_x 为营养物质的保持量，即减缓营养物质流失的服务；sret_x 是总的土壤保持量；wq_annload 是每年的营养物质承载量，即阈值；contrib 是子流域内的地块数量。同理，对于减缓淤积服务，有

$$sed\_ret\_dr_x = \text{sret}_x - \frac{dr\_deadvol \times 1.26}{dr\_time \times contrib}$$

式中，$dr\_deadvol$ 是水库等蓄水设施的死库容；sret_x 是总的土壤保持量，1.26 是沉积物的密度；dr_time 是水库的使用年限，其余参数意义同上。将上述两部分服务量相加，即可得到土壤保持服务的总量。

土壤保持服务模块所需的数据包括：
- 研究区 DEM。
- 降雨侵蚀因子 R。
- 土壤侵蚀因子 K。
- 土地利用/土地覆被数据。
- 流域与子流域矢量图。
- 生物物理属性表：包括不同土地覆被类型对应的植被覆盖因子 C 和管理因子 P，及其保持土壤的能力。
- 累积径流阈值：判断是否产生地表径流的阈值。
- 坡度阈值：即开辟梯田或加固斜坡等措施需要实施的坡度。
- 沉积物阈值表：包括水库的死库容、使用年限与营养物质承载量等参数。
- 经济价值计算所需数据：包括建设成本、时间以及利率等。

4. 木材生产

木材生产是森林生态系统提供的重要供给服务之一。InVEST 中的木材生产模块，主要模拟在有效管理的森林生态系统中，定期收获的木材材积量。这一模块可以作为前面提到的碳储存模块的一部分，帮助计算从森林生态系统中移除的碳。其原理在碳储存模块中已经介绍，故不再赘述。

木材生产模块所需的数据包括：
- 林木类型图：不同地块上的林木种类
- 产量统计表：包括不同林木的面积、伐木的比例和频率、收获木材的材积、木材价格和砍伐成本、时间和碳密度等。
- 市场利率：用于价值计算，收获木材的净现值 NPV_x 可以通过下式计算：

$$NPV_x = \sum_{s=0}^{ru\left(\frac{T_x}{Freq\_harv_x}\right)-1} \frac{VH_x}{\left(1+\frac{r}{100}\right)^{Freq\_harv_x \cdot s}} - \sum_{t=0}^{T_x-1}\left(\frac{Mait\_cost_x}{\left(1+\frac{r}{100}\right)^t}\right)$$

式中，VH_x 是一个收获周期中的净利润；T_x 和 t 表示时间段；$Freq\_harv_x$ 是伐木频率；ru 表示向上取整；$Mait\_cost_x$ 是管理成本；r 为市场利率。

5. 传粉

自然界中的许多生物种都可以实现传粉功能，而 InVEST 模型中传粉模块则是以蜜蜂为主要传粉者。模块通过对蜂巢和开花作物丰度以及两者之间距离的估算，用蜜蜂在每一作物栅格上出现的可能性指数来评估传粉服务。评价结果可以作为农业生产和自然保护权衡的参考依据。

传粉模块将土地利用/土地覆被分布图划分为不同的格网单元，利用专家知识对每一个格网单元的蜂巢和开花作物丰度及其可达性进行估算。同时，结合开花作物与蜂巢之间的距离，赋予传粉者不同的权重，距离越近权重越高，最终可以得到传粉者 β 在格网单元 x 上的丰度指数 $P_{x\beta}$：

$$P_{x\beta} = N_j \frac{\sum_{m=1}^{M} F_{jm} e^{\frac{-D_{mx}}{\alpha_\beta}}}{\sum_{m=1}^{M} e^{\frac{-D_{mx}}{\alpha_\beta}}}$$

式中，N_j 是蜜蜂在土地覆被类型 j 上的筑巢适宜性指数；F_j 是开花作物的相对数量；D_{mx} 是格网单元 m 和 x 之间的欧氏距离；α_β 是传粉者 β 的预期觅食距离。根据此公式计算出的传粉者丰度指数可以作为服务供给程度的表征。为了将服务消费考虑进来，还需要对每种传粉者在每个作物格网单元上出现的频次，即作物格网单元丰度加以估计。与上式的计算原理相同，传粉者 β 从格网单元 x 到作物单元 o 处觅食的相对丰度为

$$P_{ox\beta} = \frac{P_{x\beta} e^{\frac{-D_{ox}}{\alpha_\beta}}}{\sum_{x=1}^{M} e^{\frac{-D_{ox}}{\alpha_\beta}}}$$

式中，$P_{x\beta}$ 为传粉者 β 在格网单元 x 上的相对丰度；$D_{ox\beta}$ 为蜜源 x 和作物单元 o 之间的距离；α_β 是传粉者 β 的预期觅食距离。由此式得到的结果是服务需求程度的表征，即在不同作物单元上服务得到传递的相对大小。最终的服务价值则由传粉者对于作物产量的贡献程度决定。假设作物 c 在农场 o 的产量 $Y_{o\beta}$ 为

$$Y_{o\beta} = 1 - \nu_c + \nu_c \frac{P_{o\beta}}{P_{o\beta} + \kappa_c}$$

式中，κ_c 表示自然传粉过程对于总产量的贡献；ν_c 是作物依赖于自然传粉的程度系数（0~1。越接近 1，表示依赖程度越高）。通过对不同作物格网单元的计算，可以得到最终的传粉服务价值量：

$$PS_{x\beta} = V_o P_{x\beta} \frac{\sum_{m=1}^{M} \frac{Y_{o\beta m}}{P_{o\beta m}} e^{\frac{-D_{mx}}{\alpha_\beta}}}{\sum_{m=1}^{M} e^{\frac{-D_{mx}}{\alpha_\beta}}}$$

式中，V_o 表示农场 o 的作物价值。

传粉模块所需的数据包括：
- 当前土地利用/土地覆被图：GIS 栅格数据。
- 传粉者属性表：包括传粉者种名、巢穴利用情况、不同花期的活动能力和觅食距离等。
- 土地覆被属性表：包括土地覆被类型、对应不同季节开花作物的丰度、蜜蜂筑巢的适宜性等。
- 其他数据：半饱和常数 ν_c、未来情景数据（非必需）等。

（三）淡水生态系统模型

InVEST 中的淡水生态系统模型由水库水力发电和水质净化两个模块组成。

1. 水库水力发电

水源涵养是淡水生态系统的一项重要服务。在 InVEST 模型中，水源涵养的终端服务

价值通过水力发电价值来核算。这一模块包括三个部分：水量模拟、水量消耗与水力发电。通过估算不同的土地覆被类型对最终水源涵养的贡献，该模块能够建立土地利用/覆被变化与地表水量和水力发电价值之间的相互关系。图 10-3 是一个简化的水量循环模式，其中深色部分为模块所包含的参数，而浅色部分的参数则可忽略。

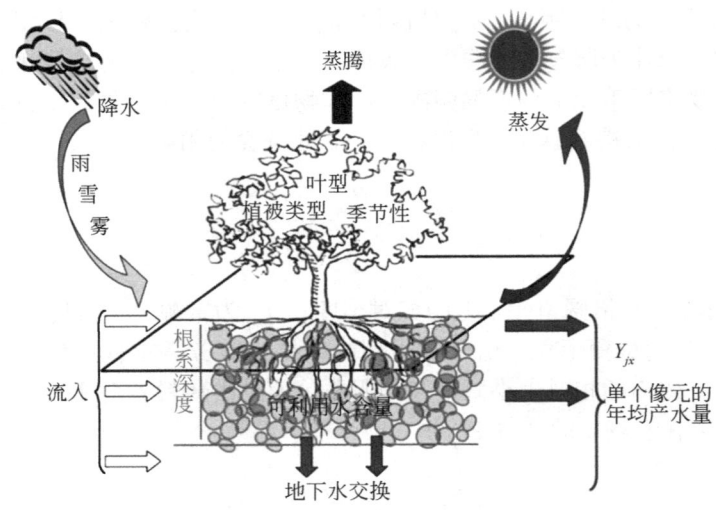

图 10-3　InVEST 水力发电模块的水量平衡原理示意图

对于每一节点 x（$x=1$，2，$\cdots$，X）处的年蓄水量 Y_{jx}，可以通过下式计算：

$$Y_{xj} = \left(1 - \frac{\text{AET}_{xj}}{P_x}\right) \cdot P_x$$

式中，AET_{xj} 为节点 x 处土地覆被类型 j 时的实际蒸散量；P_x 为 x 处的年降水量。蒸散量是由 Zhang 等（2001）提出的 Budyko 曲线的近似：

$$\frac{\text{AET}_{xj}}{P_x} = \frac{1 + w_x R_{xj}}{1 + w_x R_{xj} + \frac{1}{R_{xj}}}$$

式中，R_{xj} 是节点 x 处，土地覆被类型 j 下的干燥度指数；w_x 是植被可利用水含量。考虑到水资源的消耗，可以得出最终流入水库的水量为

$$V_{in} = Y - u_d$$

即流入水库的水量 V_{in} 等于产流 Y 减去水库 d 上游的水源消耗量 u_d。进一步，可以得到水库 d 的水力发电量：

$$p_d = \rho \cdot q_d \cdot g \cdot h_d$$

式中，p_d 是水库的发电功率（单位为瓦特）；ρ 为水的密度；q_d 为水的流量；g 为重力加速度；h_d 为发电轮机距离水面的高度。模块假设水库在一年中，以保持恒定流速来发电。将发电产能收入减去设备维护费用，再根据时间进行贴现，即可得到水力发电的价值量。

水库水力发电模型所需的数据有：

- 土壤深度。

- 降水量。
- 植物可利用水含量。
- 年平均潜在蒸散量。
- 土地利用/覆被数据。
- 流域及子流域图。
- 生物物理属性表：包括土地覆被类型名称、植物根系的深度和对应的植物蒸散系数。
- Zhang 系数：表征降水季节性分配特征的指数。
- 需求表格：表明每种土地利用/覆被类型对于水资源的需求情况。
- 水力发电价值数据：包括发电轮机效率、有效发电水量、水库高度、电价、发电成本、时间尺度和利率等。

2. 水质净化

InVEST 的水质净化模块通过计算出不同地点的养分蓄积，在子流域尺度上计算每种养分的平均保持量，最终得出养分的经济价值。虽然不同植被覆盖和土壤类型会对养分保持产生重要影响，但是为了方便决策者使用，所有结果都是在子流域尺度上给出。

首先需要计算每一地块的年平均产流，计算过程和水力发电模块相同。然后计算每一地块上的养分保持量：

$$\mathrm{ALV}_x = \mathrm{HSS}_x \cdot pol_x$$

式中，ALV_x 是节点 x 处的修正负载价值；pol_x 是养分流出系数；HSS_x 是节点 x 处的水文敏感性得分，可以通过下式计算：

$$\mathrm{HSS}_x = \frac{\lambda_x}{\overline{\lambda_W}}$$

其中，λ_x 是节点 x 处的养分流出指数，可以通过下面的公式进行计算；$\overline{\lambda_W}$ 是整个研究流域的平均养分流出指数。

$$\lambda_x = \log(\sum_U Y_u)$$

这里，$\sum_U Y_u$ 是节点 x 及其上游全部节点的水量之和。为了计算产生的服务量，需要确定水体对于某污染物的阈值。即超过一定水质标准以外的污染物，才是使用者所关心的。由此可以得到产生的服务：

$$\mathrm{net}_x = \mathrm{retained} - x - \frac{\mathrm{thresh}}{\mathrm{contrib}}$$

式中，net_x 是最终产生的服务；retained 是前文中计算的养分保持量；thresh 是不同污染物在水体中的阈值；contrib 是研究区内所有节点的数量。进一步地，可以通过这些养分（污染物）的市场价格来计算水质净化服务的价值量。

三、InVEST 模型的国内外应用实例

随着 InVEST 模型的不断完善，模块数量逐渐增多，所能模拟的服务种类也日益丰富。

早期模型应用专注于服务的现状模拟，随着研究的不断深入，服务的权衡与协同分析逐渐成为了模型应用的主要领域。下面介绍一些 InVEST 模型在生态系统服务权衡与协同方面的国内外经典应用实例。

（一）国外应用实例

Nelson 等（2009）应用 InVEST 模型，在基于利益相关者决策的不同情景下，模拟了美国俄勒冈州威拉米特盆地土地利用/土地覆被变化引起的不同生态系统服务之间关系的改变。作者使用 InVEST 模型模拟水质调节、洪峰消减、土壤保持和碳储存四种服务，同时采用野外生物多样性得分法评估了该地区的生物多样性。通过情景分析，揭示不同土地利用/土地覆被情景下的四种生态系统服务动态，并对服务之间的协同作用或博弈权衡进行衡定。研究结果显示，很少有证据表明在生态系统服务供给与生物多样性保护之间存在权衡，增强生物多样性保护同样能够增加生态系统服务的供给。然而，在商品生产价值与生态系统服务供给和生物多样性保护之间却存在着明确的权衡关系（图10-4）。这表明当土地所有者的决策仅仅基于市场回报时，他们倾向于偏好生态系统服务供给与生物多样性保护程度较低的土地利用/土地覆被格局。如果将碳储存的付费并入模型之中，则会减少这种权衡。为了使分析结果更加接近实际，在未来的工作中也可以加入除 LUCC 以外的驱动力作为 InVEST 模型的输入，如气候变化、人口增长、科技进步、市场波动以及各种反馈效应等。

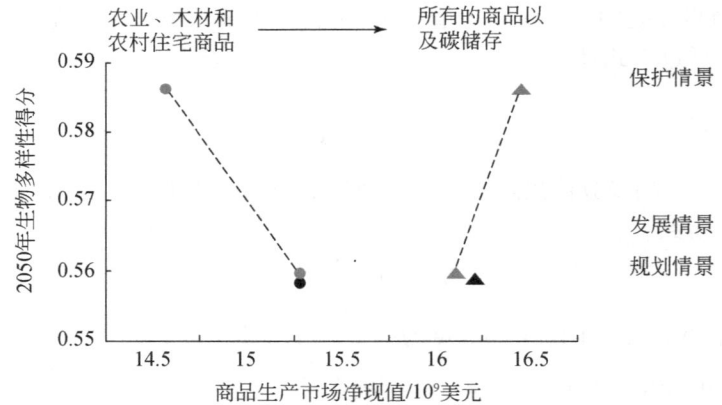

图 10-4　1990~2050 年生态系统的商品生产市场价值与生物多样性保护的权衡，除去（圆形）与包含（三角形）碳储存市场价值（假设碳的社会价值等于碳储存的市场价值）。横坐标表示商品的总折现价值，纵坐标轴表示 2050 年生物多样性得分（Nelson et al., 2009）

Guerry 等（2012）对 InVEST 模型中海洋生态系统模块进行了较为详细的解释，并以加拿大温哥华岛西海岸地区为例，详细介绍了每一个子模块的输入和输出。通过对基线、保护情景和工业发展情景下该地区渔业生产、生境质量、休憩娱乐和水质调节等服务的模拟，展示了 InVEST 模型在海洋空间规划（marine spatial planning, MSP）中，辅助决策的能力。由此案例说明，InVEST 模型能够将生态系统服务从单一模拟扩展到多重服务的评估和比较。通过综合考量模型的不同输出，利益相关者能够比较哪种情景较优，或者有选择性地增加或减少某些服务的使用量，以便更好地保护生态系统。

（二）国内应用实例

潘韬等（2013）利用 InVEST 模型中的产水模块，定量估算了1980~2005年三江源区生态系统的水源供给量，分析了不同时期水源供给量的时空变化特征及其成因。在模型应用过程中，对于表征降水特征的 Zhang 系数进行了校验。基于研究区内水文站点多年平均蒸散量和多年平均径流量观测数据，采用水量平衡法，发现当 Zhang 系数为3.33时，模拟产水量相对误差为6.2%，此时 InVEST 产水模块的模拟效果最优。研究结果表明，三江源区的降水量整体呈先降低后增加的趋势，降水径流系数的递减趋势比较显著，表明区域地表产流能力下降；潜在蒸散发有减少趋势，但并不明显，其变化趋势为-0.226mm/a。1980~2005年，三江源区水源供给量整体呈下降趋势，且黄河源区的下降趋势最明显。三江源区水源供给量的时空变化是气候变化和土地利用共同作用的结果，这两种因素导致的生态系统退化及下垫面改变可能是三江源区水源供给量下降的主要驱动力。

白杨等（2013）采用 InVEST 模型，评价了河北省白洋淀流域生物多样性、水源涵养、氮保持、磷保持、土壤保持、碳固定和授粉7种生态系统服务，并分析了其空间分布特征。结果表明，生物多样性、水源涵养、土壤保持和固碳重要区域主要分布在流域西部、北部和流域中部山区；水质保护和授粉重要区域主要分布于流域东部、南部和中部平原区。通过政策与保护情景分析，较好地反映了农业直接经济收入与生态系统服务之间的关系。其中，政策情景下，产水量第二，农业产出有所下降，固碳能力较保护模式差，N/P输出最少。在保护情景下，产水量最大，农田产出价值不变，氮磷保持与政策情景差不多，但固碳效果最好。通过权衡不同情景下生态系统服务得失，最终遴选出既不损害流域居民实际经济收入，又能使得水文服务功能得到提高的管理模式。

吴健生等（2013）利用 InVEST 中的生境质量和保护模块，将城市、农田、公路和铁路作为影响生境质量的风险源，进而评估了京津冀地区的生境保护价值。同时，基于其他方法评估了研究区内物质生产、碳储存、土壤保持和人口支持4项景观服务。通过对上述景观服务的叠加以及相关分析，找出不同服务之间的相互关系，并识别出服务的热点区。结果表明，不同景观服务之间存在着空间异质性，京津冀东南部平原区是物质生产和人口支持服务的高值区，而西北地区则是土壤保持和生境保护的高值区。研究区内将近四分之三的面积提供了超过一种的景观服务，其中北京和天津市周边是服务热点的集中区。在景观服务中，土壤保持与生境保护、物质生产与人口支持之间存在着较强的正相关，而土壤保持与人口支持、生境保护与人口支持间则表现出较强的负相关关系。

第三节　ARIES：一种生态系统服务建模方法

一、ARIES 简介

目前，关于"人类社会和自然系统在不同尺度上如何耦合"的研究不断升温，因而对定量测度"生态系统和人类活动复杂关系"工具的需求也越来越大。ARIES 是实现这一需求的强有力工具，能够帮助政策制定者和研究者回答上述问题（Villa，2009）。

ARIES 方法是一种新颖的基于本体论概念的生态系统服务软件。它将单个收益分解并单独建模，最后再将其集成为整体（Villa et al.，2007）。ARIES 的知识库来自于相关领域专家共识，通过使用人工智能技术（机器推理和模式识别等）从源数据中析取推理规则。ARIES 使用概率贝叶斯网络模型来分析生态系统服务供给及其自然与社会经济影响因子（Cowell et al.，2007）。在模型中，系统地定义了生态系统服务及其供给和使用过程，并使用数学语言量化了生态系统服务的空间流动（Gruber，1995；Madin et al.，2007）。

为适用于 ARIES 模型规范，人类从生态系统服务获得的所有收益都要符合 5 个要求：①可量化；②对人类有直接价值；③由清晰可识别的自然实体或过程提供；④由清晰可识别的人类消费者使用；⑤清晰可识别的载体媒介转移，载体媒介可以是物质的、能量的或是信息的（如 CO_2 或洪水）。

在 ARIES 中，生态系统服务是在给定的时空范围内，从生态系统端点到人类终点的收益流对人类社会经济产生的影响。该定义的内涵要求集成使用生态系统供给及使用的空间直观模型和动态流模型来描述整个生态系统服务的收益分配。由于不确定性对政策制定至关重要，ARIES 采用概率模型（空间贝叶斯网络）进行收益评估，并把每项收益的供给、使用和连接模型整合为识别每项生态系统服务从供给区到使用区空间路径的动态流分析。

源、使用、汇和流制图是 ARIES 模型的关键术语。源是指能够产生收益和价值的生态系统服务的生产者，使用指是受益者消费生态系统服务并产生价值，汇是指生态系统服务从源到使用者流动路径上的损耗，流是指从源到使用者之间生态系统服务的路径选择。各部分的描述和实际使用如表 10-4 所示。

表 10-4　源、汇、使用和流制图的描述和实际使用（Villa et al.，2009）

制图类型	描述	实际使用
源	ARIES 的生态系统制图关注对人类福祉具有重要影响的收益和该收益潜在的可供给总量。理论供给量是不考虑流情形下的最大交付值。可能供给量是不存在汇情形下能够流动到受益者的服务最大值。阻滞源是因被汇耗散而不能到达受益者的服务。实际供给量的计算公式为：可能供给量减去阻滞量	生态系统服务的实际供给和潜在供给的位置，考虑预期受益者的生态系统服务潜在数量、实际数量和损耗量。其他评估方法只量化了理论供给量
使用	对受益者作用大的收益和该收益的需求量，分类方法与源相似。每种生态系统服务通常有许多不同的使用类别。ARIES 可以定制对每个类别的分析，并可以使用受益者竞争模型清晰地识别竞争和分配关系。在一项生态系统服务评估中为某个服务模拟多个受益者十分常见	实际和潜在人类受益者的位置。例如，阻滞用户是对一个未满足需求受益者的量化；情景分析可用来改善服务传递的分析

续表

制图类型	描述	实际使用
汇	汇是从源到受益者流动路径上阻滞和耗散收益的测度。在供给服务中（例如提供水和鱼类等），通过吸纳和改变环境，汇减少了服务流量；在预防服务中，通过吸纳或改变水流路径，汇减少了服务流。在竞争收益中，使用者也充当了汇角色，因为他们消耗了服务；而对于非竞争服务（例如美学欣赏）使用者的汇作用不存在	实际和潜在汇的位置。对于政策制定者来说，汇的位置和强度较其他变量通常更容易控制（例如，堤坝位置或不透水面比例等）
流	从生态系统服务到受益者之间的流通量表征了收益提供路径中服务供给强度大的区域。实际流取决于汇和受益者的需求级别。不同的服务供给路径差别很大，但是所有服务都有一个空间路径，尽管有时尺度差异很大。对供给空间路径的识别是可持续规划的重要内容	位于流通量高的区域可能生态系统服务流的使用和耗散量也大，应在这些地区开展保护活动，以维持生态系统服务流

ARIES 和已有的生态系统服务量化和评估软件相比，主要有 4 点不同：

第一，ARIES 提供了一个智能建模平台，能够从使用者指定的模型集合中组织复杂的生态系统服务模型。模型成分可以使用 ARIES 语言来定义，也可以采用其他语言和架构来实现，并通过 ARIES 模型的封装机制进行使用。一经封装，ARIES 能够自动协调不同模型成分的输入数据、运行方式和应用尺度。另外，模型成分可以有条件地在 ARIES 中定义，使得不同组分的模型能根据空间、时间、文化和其他生态系统评价背景信息进行动态替换。

第二，一经定义和建构，ARIES 模型可以通过任何网络浏览器进行远程访问和运行，计算通过独立服务器运行，结果通过网络接口返回给用户。

第三，在 ARIES 中，最顶层的生态系统服务模块会在整个计算中传播不确定性。由于许多使用 ARIES 建模语言编写的模型都是基于概率和贝叶斯方法的，因此可以在输入和输出中清晰地表达不确定性，甚至可以在数据匮乏的条件下运行，而其他确定性模型无法做到这一点。

第四，ARIES 能够清楚地解释生态系统服务的复杂空间动态特征。许多研究者都注意到，生态系统服务的供给和使用发生在不同的时间和空间尺度上（Ruhl et al.，2007；Fisher et al.，2008；Tallis et al.，2011）。ARIES 可以描绘出生态系统服务潜在提供者的位置和数量（源）、受益者（使用者）和其他消耗服务流的生物物理特征（汇）。然后使用一组智能算法来测度源和使用者位置之间的服务流（Johnson et al.，2010）。通过使用这些算法规则，ARIES 对生态系统服务载体在景观上的移动路径得以清晰表征。例如，洪水和泥沙等供给与调控的水文网络、观光旅游路线、游客和物资的交通线以及开放空间接近度和某些非使用价值的距离衰减等。

ARIES 包括一个全球尺度的模型，使用全球数据集（通常为 1km×1km 的空间分辨率）来量化地球上任何区域的生态系统服务供给、使用和空间动态。目前，ARIES 地理服务器存储了大量的空间数据集，可以供从全球到局地尺度的生态系统服务模型使用。ARIES 模型库中已经提供了一些局地研究实例,以反映影响生态系统服务供给或与特定生态系统服务使用和需求相关的多样化的社会经济特征。局地研究案例使用更精细的空间数据,对于局地生态系统服务研究更精确。ARIES beta 版本中有 7 个研究区域案例,包括 8 种生态系统服务。

二、贝叶斯概率和贝叶斯网络

贝叶斯概率是根据先验知识和现有统计数据,用概率方法来预测未知事件发生的可能性。也就是说,贝叶斯概率度量的是观测者对某一事件的发生的信任程度(林士敏等,2000;慕春棣等,2000)。

记 $D = \{X_1 = x_1, X_2 = x_2, \cdots, X_m = x_m\}$ 为重复 m 次试验所得到的观测样本。其中,X 为事件变量,x 为变量值或状态。参数 θ 为事件 $X=x$ 发生的客观概率或先验概率,$p(\theta\delta)$ 为事件发生的概率密度函数。其中,δ 为观测者的先验知识。贝叶斯概率公式的描述为:已知先验概率密度 $p(\theta\delta)$ 和样本 D,求 $m+1$ 次实验中的事件 $X_{m+1} = x_{m+1}$ 发生的概率 $p(X_{m+1} = x_{m+1}D, \delta)$。

由全概率公式:

$$p(X_{m+1} = x_{m+1}D, \delta) = \int p(X_{m+1} = x_{m+1}\theta, D, \delta)p(\theta D, \delta)d\theta = \int \theta p(\theta D, \delta)d\theta = E_{p(\theta D, \delta)}(\theta)$$

事件 $X_{m+1} = x_{m+1}$ 发生的贝叶斯概率即先验概率 θ 相对于后验概率的期望值。根据贝叶斯规则,由先验概率 $p(\theta\delta)$ 计算后验概率密度 $p(\theta D, \delta)$ 的公式为

$$P(\theta D, \delta) = \frac{p(\theta\delta)p(D\theta, \delta)}{p(D\delta)} = \frac{p(\theta\delta)p(D\theta, \delta)}{\int p(D\theta, \delta)p(\theta\delta)d\theta}$$

贝叶斯网络是一个带有概率注释的有向无环图,这种概率图模型能表示变量之间的联合概率分布。一组变量 $X = \{X_1, X_2, \cdots, X_n\}$ 的贝叶斯网络由以下两部分组成:①一个表示 X 中变量的条件独立确定的网络结构 S;②与每一个变量相联系的局部概率分布集合 P,两者定义了 X 的联合概率分布。S 是一个有向无环图,S 中的节点一对一地对应于 X 中的变量。以 X_i 表示变量以及该变量对应的节点,pa_i 表示 S 中 X_i 的父节点。S 的节点之间缺省弧线则表示条件独立。X 的联合概率分布表示为:

$$p(x) = \prod_{i=1}^{n} p(x_i | pa_i)$$

P 表示式中的局部概率分布,即乘积中的项 $p(x_i | pa_i)(i = 1, 2, \cdots, n)$,则二元组 (S, P) 表示了联合概率分布 $p(X)$。当仅仅从先验信息出发建立贝叶斯网络时,该概率分布是贝叶斯的(主观的)。当从数据出发进行学习,进而建立贝叶斯网络时,该概率是物理的(客观的)。

McCann 等(2006)描述了贝叶斯模型在生态学中应用的基本原则,Marcot 等(2006)提供了贝叶斯建模的基本准则。Marcot 等(2006)认为,条件概率表(CPTs)应易处理且透明,一般每个变量都有不超过 3~5 个离散状态(通常归类为"高—中—低"或者"非常高—高—中—低—非常低"),每个公式都不超过 3~5 个变量,并且在适当之

处使用中间变量。对于融入专家经验而言，与使用确定性公式的刚性和非透明的结构和参数相比，贝叶斯模型在训练数据缺失状态下的概率分配更有效。Brunsdon 和 Willis（2002）指出："一些人认为，引入对于模型的认识是一种主观甚至不科学的方法。诚然，贝叶斯可能会引起这样的问题，所以必须有严格的方法来确定其先验分布。例如，利用前人研究成果来提供先验认识就符合科学规范。另一种避免主观的方法是在先验信息不可用或不可测的情况下使用无信息先验。当然，即使是无信息先验仍可提供关于未知参数分布的信息，毕竟提供的特定分布已经蕴含一些有用信息。"

尽管贝叶斯统计方法已经被广泛用来解决各种环境评价和价值转移问题，但 ARIES 是第一个系统地使用贝叶斯模型来分析生态系统服务供给、使用和空间动态的软件。

三、ARIES 模型常用模块[*]

（一）碳吸收和碳储存

在碳模型中，吸收被看作是一种速率或者流，而储存通常以存量来衡量。ARIES 的碳模型估测植被与土壤碳吸收和储存碳的释放（例如，森林砍伐、土地利用变化或者火灾等释放碳）。现有的植被和土壤碳存储数据集通常是基于各种生物、物理和气候因素关系得到的。在 ARIES 中，这样的数据集被用于训练数据不完整或者空间分辨率不足地区的贝叶斯网络。表 10-5 是对 ARIES 中碳模型特性的总结。

表 10-5　ARIES 碳模型特性（Bagstad et al.，2011）

服务	碳吸收和碳存储
收益类型	供应
介质/单位	C 吸收/排放（t）
尺度	全球
移动	大气混合
衰减	无
是否竞争	竞争
源	储存 C 的释放（火灾、土地利用变化或其他扰动）
汇	植被和土壤 C 吸收
使用	二氧化碳排放

（二）美学视域和接近度

在生态系统服务文献中，美学价值通常被定义为视域（Bourassa Hoesli et al.，2003）或者接近开放空间所产生的价值（Fausold and Lilieholm，1999；McConnell and Walls，2005；Brander and Koetse，2011）。对这些价值经常使用视域质量或者接近开放空间的影子价格来计量。视域和开放空间的接近度提供的生态系统服务通常都被认为是无竞争的，其

---

[*] 本小节内容来自 ARIES 用户手册和其他文献

服务价值以抽象单位衡量。分析范围从步行尺度（审美接近度）到整个视域（审美视域）。表10-6总结了审美视域和接近度模型的特征。

表10-6 ARIES美学视域和接近度模型特性（Bagstad et al.，2011）

服务	美学视域	美学接近度
收益类型	供给	供给
介质/单位	美景（抽象单位，0~100）	开放空间（抽象单位，0~100）
尺度	视域	步行距离
移动	视线（光线投射）	步行模拟
衰减	平方反比	高斯函数
是否竞争	无竞争	无竞争
源	山，水体等	开放空间，尤指在城市区域
汇	视觉疲劳	障碍物（例如公路）
使用	财产/住房价值	财产/住房价值

（三）洪水调节

在ARIES中，以一组离散的生态系统服务收益建立起的洪水扰动调节模型，需要明确特定收益提供者和受益方，才能够明确量化相应的生态系统服务价值。迄今为止，调节洪水的收益有三个来源：①保护具有经济价值的财产以免受河湖洪水的破坏；②保护生命和财产以免受沿海风暴潮洪水的破坏；③防止山体滑坡、泥石流和雪灾危害对生命和财产的破坏。ARIES洪水调节模型的模拟对象是河道洪水对生命及财物的影响。模型从可引发洪水的降水和融雪等源头开始，而后是渗透吸收和阻挡迟滞洪水的汇，最后是可能接受防洪减灾服务的受益者。其中，汇子模块考虑了植被、土壤、辐射和风等因素，以表征流域对洪水的阻滞效应。植被和土壤被称为绿色基础设施，它们与水坝、蓄洪区等灰色基础设施共同发挥阻滞洪水的作用。洪水流模型从空间上连接了洪水源、可利用汇和受益者。不同的受益群体都可能得到保护农作物、私有房屋或其他建筑物、公有设施以及人类生命免遭洪水危险的生态系统服务。通常，受益者及其相关要素的空间分布可以在洪泛区图上加以标注。表10-7是对ARIES洪水调节模型特性的总结。

表10-7 ARIES洪水调节模型特性（Bagstad et al.，2011）

服务	洪水调节
收益类型	预防
介质/单位	水（径流，mm/a）
尺度	流域
移动	水体流
衰减	无
是否竞争	无竞争
源	降水和融雪
汇	土壤和植被吸收水
使用	洪泛平原的生命和经济财产

(四)自给型渔业

生态系统提供的食物、能源、纤维和其他资源的自给型收获对于发展中国家和一部分发达国家的生计而言至关重要(MA,2005)。这些生态系统服务被称为"穷人GDP",因为它们为世界上很多穷人提供了就业和生计,但其中的大部分却并没有在国家经济核算中像GDP一样被货币化。自给型渔业在社会经济中的重要作用,以及世界海洋因过度捕捞、污染和气候变化陷入资源危机这一情形得到广泛认同,因此亟须对水生和海洋资源采取更加可持续的管理和保护。通过加强对社会依赖性自给型渔业的管护,可以提升人类的福祉水平。此外,通过分析从陆地到海域的沉积物、营养物质和淡水等生态系统服务流,可以为陆地和海域生态系统服务供给之间的复杂权衡提供依据。(McCulloch et al., 2003; Fabricius, 2005; Silvestri and Kershaw, 2010)。表10-8是对ARIES自给型渔业模型特性的总结。

表10-8 ARIES自给型渔业模型特性(Bagstad et al., 2011)

服务	自给型渔业
收益类型	供给
介质/单位	鱼类/kg
尺度	步行距离
移动	行走仿真
衰减	高斯函数
是否竞争	竞争
源	渔场
汇	无
使用	靠近渔场的自给型居民

(五)海岸带洪水调节

包括2004年印度洋海啸和2005年卡特里娜飓风等在内的危害重大的热带风暴和海啸,对海岸地区的社会经济系统造成了严重破坏。因而海岸生态系统在减轻风暴潮破坏方面的作用得到了广泛关注(Chatenoux and Peduzzi, 2007; Day et al., 2007; Cochard et al., 2008)。此外,气候变化引起的海平面上升和热带风暴数量规模的增加可能进一步增加沿海洪水的风险(Emanuel, 2005; Vermeer and Rahmstorf, 2009)。人口、土地利用和气候驱动因子叠加在一起凸显了准确评估和管护海岸生态系统服务重要性。为此,ARIES建立了模拟海岸带洪水调节服务的模块(表10-9)。

表10-9 ARIES海岸带洪水调节模型特性(Bagstad et al., 2011)

服务	海岸带洪水调节
收益类型	预防
介质/单位	风暴潮/m
尺度	海岸地带

续表

服务	海岸带洪水调节
移动	波浪抬升与推进
衰减	汇功能的存在和强度
是否竞争	非竞争
源	易遭受风暴的海岸地带
汇	植被、珊瑚礁和地形特征
使用	沿海洪水威胁区的生命和经济财产

（六）泥沙调节

土壤侵蚀和泥沙沉积是严重的全球性生态问题，增加了生态系统服务的传递成本（Yang et al.，2003）。过度的土壤侵蚀和泥沙沉积对农业灌溉、发电和航运等生产活动都有负面影响，也对海岸带生态系统服务供给产生不利影响。同时，中断自然沉积过程对于不同河段社会-生态系统会产生截然不同的效应。例如，减少河水泥沙输移量对于中游可以降低洪灾风险，但对河口三角洲地区则会导致造陆速率降低，并引起某些与沉积过程相关的生态系统服务的损失（Costanza et al.，2006；Day et al.，2007）。

ARIES泥沙调节模块模拟了水携带泥沙的源、泥沙沉积发生的汇以及因泥沙输移或沉积而获益或遭到损失的使用者。泥沙调节可以分为供给服务和预防服务，其收益呈现竞争性，并在流域尺度上进行测算（表10-10）。运行该模块，用户可以将泥沙来源、泥沙淤积地和因泥沙输移而受益或受害的使用者联系起来。此外，泥沙调节模块可以量化人类从增加绿色覆被、控制侵蚀中所得的收益。其算法是通过运行土壤侵蚀模型，对比现状和无植被或有不同类型植被条件下的结果来实现，而不需要运行流模型。

表10-10 ARIES泥沙调节模型特性（Bagstad et al.，2011）

服务	泥沙调节
收益类型	供给或预防
介质/单位	泥沙/t
尺度	流域
移动	水径流
衰减	否
是否竞争	竞争
源	河流沿线地区
汇	沉积发生的河岸地带
使用	需要泥沙地区、不需要泥沙地区

土壤侵蚀和沉积作用的空间建模通常是采用USLE和修订通用土壤流失方程（revised universal soilLoss equation，RUSLE）。USLE和RUSLE采用五个影响因子，即降雨侵蚀力、土壤可蚀性、坡度和坡长、覆盖管理和保护实践，在给定的空间和时间预测土壤侵蚀程

度。如果参数确定适当,使用 USLE 和 RUSLE 等确定性模型,可以取得很好的模拟效果。然而,USLE 和 RUSLE 也有一些不足:①只适用于片蚀与线性侵蚀或面状侵蚀;②只在坡度为 1%~20% 的地区进行过测试和检验,对更陡坡度山区并不适用,但这些区域通常会发生更为严重的侵蚀;③能量-降雨关系仅在美国大平原上得到了较好检验,而在其他地区是否是适用仍不十分清晰,这要求必须审慎地使用局地降雨侵蚀力指数;④方程简化了因子之间的相互关系,模拟结果有一定的不确定性。

(七)水供给

淡水供给在支撑人类福祉方面起着关键作用。随着对于生态系统在涵养水源和清洁水质等方面作用的认知程度不断加深,对生态系统在这方面服务的付费越来越多,特别是在发展中国家。水供给付费项目的实施对于水源地保护发挥了重要作用,维护了不同用户的利益(Munoz-Pina et al.,2008;Goldman,2009)。为了更好地测度生态系统水供给产生的服务价值,ARIES 通过模拟地表水和地下水的流动来连接受益者(例如,农业和工业等)、上游水源地和水流动过程中的汇(消耗)。在 ARIES 水供给模块中,水径流量在很大程度上是一种基于地形因素的水文模拟,而水质则是通过考虑泥沙、营养物质和病原体等因素后模拟得到。

水供给是非常复杂的生态系统服务,其空间流动模拟也很困难,因为地下水和地表水紧密联系,但其流动却是由不同的因子控制,这加大了建模的难度,并且高时空分辨率的数据难以获得,对于模拟制约很大。考虑到这些限制,最初的水供给模块是在年尺度上运行(与可获得的重要空间变量相一致,例如降水、渗透、融雪和蒸散等)。目前,尽管也模拟地表水渗入地下和地下水通过水井抽取到地面,但模块只考虑地表水供给服务。模块通过地表径流的流动将地表水源(降水、融雪、泉水、河流基流和跨流域调水)、地表水汇(蒸发和入渗等)、地表水的受益者或使用者以及地表水在环境中的流动等环节联系起来。表 10-11 是对水供给模块特性的总结。

表 10-11 ARIES 水供给模型特性(Bagstad et al.,2011)

服务	水供给
收益类型	供给
介质/单位	地表水或地下水/mm^3
尺度	流域
移动	径流,地表水及地下水
衰减	否
是否竞争	竞争
源	降水、融雪、泉水、基流和调水(地表水),人工补给和渗透(地下水)
汇	渗透和蒸散(地表水),泉水和基流(地下水)
使用	提取地表水或井水

(八)休闲娱乐

休闲娱乐是最被公众认知的生态系统服务之一。对此服务,经济学家和其他社会学家已经进行了大量研究。从空间或区域角度进行研究，可以确定休闲娱乐服务的供给地、休闲娱乐的汇以及特定娱乐区域某种活动的使用者。ARIES 休闲娱乐模块提供了一种评估生态系统支持某项特定休闲娱乐的能力。休闲娱乐流模型解释了居民从居住地到特定休闲娱乐活动地的旅行过程。模型中，旅行费用确定和目的地选址使用的是连接休憩者和娱乐点之间交通距离作为代用指标，但此算法通常不便于与其他生态系统服务作比较（Hunt et al.，2005；Hunt，2008）。休闲娱乐流模型说明了某特定旅游区域吸引了哪里的游客，或者一个区域的特定游客群体倾向于去哪些目的地。因此，所有的休闲娱乐模型都包含一个基于交通网络的流模型来模拟把人输送到旅游目的地的过程。在 ARIES 大多数模块中，生态系统服务流的媒介是物理的（通过水、养分、泥沙或大气移动）、生物的（通过关键物种的迁移或移动）或贸易网络（生态系统服务产品的运输），而休闲娱乐流的媒介则是游客的空间移动。由于旅游行为受到消费偏好、空间距离、场所吸引力和其他一些自然和社会经济因素的影响，为模拟休闲娱乐流增加了很大难度（Hunt et al.，2005；Hunt，2008）。模型中，休闲娱乐服务常用交通距离以及场所对于旅游活动的适宜度等主观指标测度。表 10-12 是对娱乐模型特征的总结。

表 10-12　ARIES 娱乐模型特性（Bagstad et al.，2011）

服务	娱乐
收益类型	供给
介质/单位	娱乐享受（抽象单位，0~100）
尺度	旅行距离
移动	旅行模拟
衰减	高斯函数
是否竞争	非竞争但拥挤的
源	适合某项活动的休闲娱乐场所
汇	无
使用	对某项休闲娱乐活动感兴趣的休憩者

四、ARIES 建模步骤

一般来说，ARIES 建模过程可以归结为以下五个步骤。

（一）收集空间数据

确定建模所需要的数据，获取并预处理得到的数据。在这一过程中，用户可以上传获得的数据或替换已有的数据。使用数据的语义注释，ARIES 可以自动把所有数据转换为统一类型，包括数据的单位、分辨率和空间投影等（Villa，2001；Kiryakov et al.，2003；Villa，2007；Villa，2009；Villa et al.，2009）。

ARIES 使用的空间数据主要是源、汇和使用等部分的 GIS 数据，包括矢量和栅格两种格式。为了保证模拟精度，尽量用精确度较高的局地数据，否则使用大尺度的数据代替。

如果数据不可获得，则使用贝叶斯先验概率或基本假设，一般概率和假设可由相似环境的数据集训练得到。

（二）识别受益者

利用 ARIES 推断出收益和受益者，并根据具体环境识别收益和受益者的分布区域，然后上传至 ARIES 模型中。通过选择一个特殊的"切入点"来选择分析目的（如保护规划选址等），根据分析目的，ARIES 确定研究区的生态系统服务列表，并依据地域和目标将其分解为相关的收益和受益者。不同生态系统服务类型可能的受益者如表 10-13 所示。

表 10-13　ARIES 模型中不同生态系统服务类型潜在受益者

生态系统服务	主要受益者类别	具体受益者群体
碳吸收和碳储存	对气候变化敏感的群体	海岸物种、依赖融雪的物种、农民等
	大气二氧化碳吸收的使用者	温室气体排放者
美学价值	美景	拥有美景的居民
	开放空间接近度	靠近开放空间的居民
土壤保持	无侵蚀危害	侵蚀土地上的居民
	沉积作用受益区	洪泛平原的居民
	无沉积危害	一些农民、渔民和水电设施等
分布规律	防洪	洪泛平原居民、公共和私有财产的拥有者
	风暴潮预防	洪泛平原居民、公共和私有财产的拥有者
	泥石流/雪崩预防	洪泛平原居民、公共和私有财产的拥有者
成年鲑鱼保护	文化符号	美国土著、流域居民、美国市民
	食物来源	美国土著、自给型渔民、消费者

（三）建立供给、源、汇和使用的贝叶斯网络模型

建立概率模型，并用前两步的输出数据来训练模型。使用自身模型库和智能体辅助迭代过程，ARIES 建立了供给、源和汇的贝叶斯网络模型。如果校准数据可用，则用这些数据训练模型；如果不可用，则根据相似地区之前计算过的模型，使用期望最大化方法（Dempster et al.，1977）决定模型的先验概率。

欲建立生态系统服务源模型，先要确定生态系统服务供给的生产函数。在模型输入时，可以使用现有的生态模型和其输出。如果没有合适的生态模型，也可以根据专家知识建立经验模型。

根据服务类型的不同，生态系统服务的汇可能有益，也可能有害。例如，吸纳对于洪水防御有增益，而视觉疲劳则降低了景色质量。

建立生态系统服务使用模型与供给模型相似，重点在于将生态系统服务使用者的空间位置标注在地图上。

（四）建立生态系统服务流模型

运行贝叶斯模型，把贝叶斯网络的输出作为流模型的输入，评估实际传递给受益者的

服务量。流分析可以确定哪些区域对于生态系统服务的传递至关重要,以及多大比例的理论供给量最终能够到达潜在受益者。

生态系统服务流模型多基于智能体行为构建,其初始状况由数据或先验知识决定。每条服务路径都由供给级别、使用可能性以及总体损失(汇)等决定。生态系统服务流模型的建立对于政策制定有很大帮助。

(五) 整体价值评估

这一步工作集成了价值评估和经济分析,目的在于将服务之间的相互依赖关系考虑进去,为特定生态系统服务进行价值评估。根据用户需求级别,可以进行生态系统服务流的一致性分析,进而对多重生态系统服务赋予不同权值。根据这一过程得到的生态系统服务价值图可以认为是相对价值的"抽象量化"。最后,利用生态系统服务流信息建立转移方程,将之前对特定生态系统服务的价值评估转变为经济评价,并最终用以指导研究区域的社会经济可持续发展(Villa et al., 2007b)。

参 考 文 献

白杨,郑华,庄长伟,等.2013.白洋淀流域生态系统服务评估及其调控.生态学报,33(3):711-717.
布朗.2000.公平地对待未来人类:国际法、共同遗产与世代间平衡.汪劲等译.北京:法律出版社.
毕君,王超.2011.木兰围场森林固碳能力及其特征.东北林业大学学报,39(2):45-46.
蔡博峰,穆彬,方皓,等.2008.基于自组织神经网络的生态敏感性分区——以北京市房山区为例.中国环境科学,28(4):375-379.
蔡海生,肖复明,张学玲.2010.基于生态足迹变化的鄱阳湖自然保护区生态补偿定量分析.长江流域资源与环境,19(6):623-627.
曹吉鑫,田赟,王小平,等.2009.森林碳汇的估算方法及其发展趋势.生态环境学报,18(5):2001-2005.
陈春阳,陶泽兴,王焕炯,等.2012.三江源地区草地生态系统服务价值评估.地理科学进展,31(7):978-984.
陈国阶,何锦峰,涂建军.2005.长江上游生态服务功能区域差异研究.山地学报,23(4):406-412.
陈亮,王如松,李爱仙,等.2009.区域自然资本与自然资本持续度评价——以北京市为案例.生态环境,16(2):51-55.
陈祥义,白彦锋,姜春前,等.2011.生态系统服务生产及输送和消费过程中的关键问题.世界林业研究,24(4):19-23.
陈彦光.2011.地理数学方法:基础和应用.北京:科学出版社.
陈宜瑜,Jessel B.2011.中国生态系统服务与管理战略.北京:中国环境科学出版社
陈源泉,高旺盛.2007.基于生态经济学理论与方法的生态补偿量化研究.系统工程理论与实践,4(4):165-170.
陈仲新,张新时.2000.中国生态系统效益的价值.科学通报,45(1):17-22.
慈龙骏.1994.全球变化对我国荒漠化的影响.自然资源学报,9(4):289-303.
Daily G C,欧阳志云,郑华,等.2013.保障自然资本与人类福祉:中国的创新与影响.生态学报,33(003):669-676.
丹尼尔·贝尔.1984.后工业社会的来临——对社会预测的一项探索.高铦,等译.北京:商务印书馆.
邓祥征.2011.环境CGE模型及应用.北京:科学出版社.
第二次气候变化国家评估报告编写委员会.2011.第二次气候变化国家评估报告.北京:科学出版社.
段晓男,王效科,欧阳志云,等.2005.乌梁素海湿地生态系统服务功能及价值评估.资源科学,27(2):110-115.
范小杉,高吉喜,于勇.2007.基于生态补偿实施的NSE生态服务功能分类体系及应用模型.生态经济,(4):35-38.
方精云,郭兆迪,朴世龙,等.2007.1981—2000年中国陆地植被碳汇的估算.中国科学D辑:地球科学,37(6):804-812.
方精云,唐艳鸿,林俊达,等.2000.全球生态学.北京:高等教育出版社.
方修琦,殷培红.2007.弹性、脆弱性和适应——IHDP三个核心概念综述.地理科学进展,26(5):11-22.

封志明, 刘登伟. 2006. 京津冀地区水资源供需平衡及其水资源承载力. 自然资源学报, 21 (5): 689-699.

傅伯杰, 吕一河, 高光耀. 2012. 中国主要陆地生态系统服务与生态安全研究的重要进展. 自然杂志, 34 (5): 261-272.

傅伯杰, 周国逸, 白永飞, 等. 2009. 中国主要陆地生态系统服务功能与生态安全. 地球科学进展, 4 (6): 571-576.

高虹, 欧阳志云, 郑华, 等. 2013. 居民对文化林生态系统服务功能的认知与态度. 生态学报, 33 (3): 756-763.

高江波, 周巧富, 常青, 等. 2009. 基于GIS和土壤侵蚀方程的农业生态系统土壤保持价值评估——以京津冀地区为例. 北京大学学报（自然科学版），45 (1): 151-157.

高学杰, 石英, 张冬峰, 等. 2012. RegCM3对21世纪中国区域气候变化的高分辨率模拟. 科学通报, 57 (5): 374-381.

葛菁, 吴楠, 高吉喜, 等. 2012. 不同土地覆被格局情景下多种生态系统服务的响应与权衡——碁江二滩水利枢纽为例. 生态学报, 32 (9): 2629-2639.

葛颜祥, 吴菲菲, 王蓓蓓, 等. 2007. 流域生态补偿: 政府补偿与市场补偿比较与选择. 山东农业大学学报（社会科学版），9 (4): 48-53.

郭中伟, 甘雅玲. 2003. 关于生态系统服务功能的几个科学问题. 生物多样性, 11 (1): 63-69.

国灵华. 2007. 河北省退耕还林工程社会经济效益分析. 河北林业科技, 4 (2): 18-21.

国务院. 2002. 中国食物与营养发展纲要（2001—2010年）. 营养学报, 24 (4): 337-341.

郝成元, 吴绍洪, 李双成. 2008. 基于SOFM的区域界限划分方法. 地理科学进展, 27 (5): 121-127.

郝庆, 邓玲, 张万军, 等. 2008. 冀北山区生态建设对农户经济行为影响分析. 生态经济（学术版），(8): 52-55.

郝瑞彬, 尹力军, 王伟毅. 2010. 河北省耕地面积变化与经济增长关系分析. 农机化研究, 32 (005): 217-220.

何浩, 潘耀忠, 朱文泉, 等. 2005. 中国陆地生态系统服务价值测量. 应用生态学报, 16 (6): 1122-1127.

胡乔利, 齐永青, 胡引翠, 等. 2011. 京津冀地区土地利用/覆被与景观格局变化及驱动力分析. 中国生态农业学报, 19 (5): 1182-1189.

胡小飞, 傅春, 陈伏生, 等. 2012. 国内外生态补偿基础理论与研究热点的可视化分析. 长江流域资源与环境, 21 (11): 1396-1401.

黄富祥, 康慕谊, 张新时. 2002. 退耕还林还草过程中的经济补偿问题探讨. 生态学报, 22 (4): 471-478.

黄娇. 2012. 基于生态系统服务区的背景周边土地利用管理——以北京为例的探索研究. 北京: 北京大学城市与环境学院.

黄秋昊, 蔡运龙. 2005. 基于RBFN模型的贵州省石漠化危险度评价. 地理学报, 60 (5): 771-778.

贾良清, 欧阳志云, 赵同谦, 等. 2005. 安徽省生态功能区划研究. 生态学报, 25 (2): 254-260.

江波, 欧阳志云, 苗鸿, 等. 2011. 海河流域湿地生态系统服务功能价值评价. 生态学报, 31 (8): 2236-2244.

高阳, 冯喆, 娄峰, 等. 2013. CGE模型在地理学综合研究中的应用. 地理研究, 32 (7): 1345-1355.

姜大膀, 王会军. 2005. 20世纪后期东亚夏季风年代际减弱的自然属性. 科学通报, 50 (20): 2256-2262.

姜大膀, 王会军, 郎咸梅. 2004a. SRES A2情景下中国气候未来变化的多模式集合预测结果. 地球物理学报, 47 (5): 776-784.

参考文献

姜大膀, 王会军, 郎咸梅. 2004b. 全球变暖背景下东亚气候变化的最新情景预测. 地球物理学报, 47 (4): 590-596.

姜立鹏, 谭志豪, 谢雯, 等. 2007. 中国草地生态系统服务功能价值遥感估算研究. 自然资源学报, 22 (2): 161-170.

姜永华, 江洪. 2009. 森林生态系统服务价值的遥感估算——以杭州市余杭区为例. 测绘科学, 34 (6): 155-158.

蒋晶, 田光进. 2010. 1988年至2005年北京生态服务价值对土地利用变化的响应. 资源科学, 32 (7): 1407-1416.

蒋帅. 2010. K均值聚类算法研究. 西安: 陕西师范大学.

蒋延玲, 周广胜. 1999. 中国主要森林生态系统公益的评估. 植物生态学报, 5: 426-432.

靳乐山, 李小云, 左停. 2007. 生态环境服务付费的国际经验及其对中国的启示. 生态经济, (12): 156-159.

匡文慧, 刘纪远, 邵全琴, 等. 2011. 区域尺度城市增长时空动态模型及其应用. 地理学报, 66 (2): 178-188.

赖力, 黄贤金, 刘伟良. 2008. 生态补偿理论、方法研究进展. 生态学报, 28 (6): 2870-2877.

冷疏影, 冯仁国, 李锐, 等. 2004. 土壤侵蚀与水土保持科学重点研究领域与问题. 水土保持学报, 18 (1): 1-6, 26.

李博, 周天军. 2010. 基于IPCC A1B情景的中国未来气候变化预估: 多模式集合结果及其不确定性. 气候变化研究进展, 6 (4): 270-276.

李惠梅, 张安录. 2013a. 基于福祉视角的生态补偿研究. 生态学报, 33 (4): 1065-1070.

李惠梅, 张安录. 2013b. 生态环境保护与福祉. 生态学报, 33 (3): 825-833.

李京, 陈云浩, 潘耀忠, 等. 2003. 生态资产定量遥感测量技术体系研究——生态资产定量遥感评估模型. 遥感信息, (3): 8-11.

李克让, 王绍强, 曹明奎. 2003. 中国植被和土壤碳贮量. 中国科学 (D辑: 地球科学), 33 (1): 72-80.

李鹏, 姜鲁光, 封志明, 等. 2012. 生态系统服务竞争与协同研究进展. 生态学报, 32 (16): 5219-5229.

李双成. 2013. 自然地理学研究范式. 北京: 科学出版社.

李双成, 蔡运龙. 2005. 地理尺度转换若干问题的初步探讨. 地理研究, 24 (1): 11-18.

李双成, 刘金龙, 张才玉, 等. 2011. 生态系统服务研究动态及地理学研究范式. 地理学报, 66 (12): 1618-1630.

李双成, 张才玉, 刘金龙, 等. 2013. 生态系统服务权衡与协同: 研究进展、趋势及地理学研究议题. 地理研究, 32 (8): 1379-1390.

李双成, 郑度, 张镱锂. 2002. 青藏高原生态资产地域划分中的SOFM网络技术. 自然资源学报, 17 (6): 750-756.

李婷, 谭振忠, 舒贵清, 等. 2011. 气候因子对共和盆地木格滩荒漠化的影响. 贵州农业科学, 39 (6): 66-70.

李文华, 张彪, 谢高地. 2009. 中国生态系统服务研究的回顾与展望. 自然资源学报, 24 (1): 1-10.

李文华, 等. 2008. 生态系统服务功能价值评估的理论、方法与应用. 北京: 中国人民大学出版社.

李文华, 李世东, 李芬, 等. 2007. 森林生态补偿机制若干重点问题研究. 中国人口·资源与环境, 17 (2): 13-18.

李西良, 侯向阳, Ubugunov L, 等. 2013. 气候变化对家庭牧场复合系统的影响及其牧民适应. 草业学报, 22 (1): 148-156.

李晓光, 苗鸿, 郑华, 等. 2009. 生态补偿标准确定的主要方法及其应用. 生态学报, 29（8）：4431-4440.

李晓松, 姬翠翠, 曾源, 等. 2009. 基于遥感和GIS的水土流失动态监测——以河北省赤城县为例. 生态学杂志, 28（9）：1723-1729.

李琰, 李双成, 高阳, 等. 2013. 连接生态系统系统服务与多层次人类福祉：概念与服务分类框架. 地理学报, 68（8）：1038-1047.

李屹峰, 罗跃初, 刘纲, 等. 2013. 土地利用变化对生态系统服务功能的影响——以密云水库流域为例. 生态学报, 33（3）：726-736.

李镇清, 刘振国, 陈佐忠, 等. 2003. 中国典型草原区气候变化及其对生产力的影响. 草业学报, 12（1）：4-10.

梁丹. 2008. 全球视角下的森林生态补偿理论和实践——国际经验与发展趋势. 林业经济,（12）：7-15.

林泉. 2012. 草地生态系统服务权衡的方法研究——以浑善达克正蓝旗地区为例. 北京：北京林业大学.

林士敏, 田凤占, 陆玉昌. 2000. 贝叶斯学习、贝叶斯网络与数据采掘. 计算机科学,（10）：69-72.

刘丹, 那济海, 杜春英, 等. 2007. 1961—2003年黑龙江主要树种的生态地理分布变化. 气候变化研究进展, 3（2）：100-105.

刘桂环, 文一惠, 张惠远. 2010. 基于生态系统服务的官厅水库流域生态补偿机制研究. 资源科学, 32（5）：856-863.

刘金龙. 2013. 生态系统服务的模拟与时空权衡——以京津冀地区为例. 北京：北京大学.

刘金龙, 马程, 王阳, 等. 2013. 基于径向基函数网络的京津冀地区生态系统服务脆弱性评估. 北京大学学报（自然科学版）, 49（6）：1040-1046.

刘世荣, 郭泉水, 王兵. 1998. 中国森林生产力对气候变化响应的预测研究. 生态学报, 18（5）：478-483.

刘兴元. 2012. 青藏高原草地生态屏障保护与畜牧业经济发展博弈. 生态经济,（010）：93-97.

刘玉卿. 2012. 基于生态补偿的自然和人文过程耦合研究——以黑河流域上游为例. 兰州：兰州大学.

刘云慧, 宇振荣, 刘云. 2004. 北京东北旺农田景观步甲群落结构的时空动态比较. 应用生态学报, 15（1）：85-90.

刘增力, 郑成洋, 方精云. 2004. 河北小五台山主要植被类型的分布与地形的关系：基于遥感信息的分析. 生物多样性, 12（1）：146-154.

龙慧灵, 李晓兵, 王宏, 等. 2010. 内蒙古草原区植被净初级生产力及其与气候的关系. 生物学报, 30（5）：1367-1378.

罗跃初, 韩单恒, 王宏昌, 等. 2004. 辽西半干旱区几种人工林生态系统涵养水源功能研究. 应用生态学报, 15（6）：919-923.

马程, 李双成, 刘金龙, 等. 2013. 基于SOFM网络的京津冀地区生态系统服务分区. 地理科学进展, 32（9）：1-11.

马文红, 方精云. 2006. 内蒙古温带草原的根冠比及其影响因素. 北京大学学报（自然科学版）, 42（6）：774-778.

马志尊. 1989. 应用卫星影象估算通用土壤流失方程各因子值方法的探讨. 中国水土保持, 3：26-29.

门明新, 赵同科, 彭正萍, 等. 2004. 基于土壤粒径分布模型的河北省土壤可蚀性研究. 中国农业科学, 37（11）：1647-1653.

闵庆文, 刘寿东, 杨霞. 2004. 内蒙古典型草原生态系统服务功能价值评估研究. 草地学报, 12（3）：165-175.

闵勇, 常杰, 葛滢, 等. 2012. 生态系统服务复杂关系研究的机遇、挑战与对策. 科学通报, 57（22）：

2137-2142.

慕春棣, 戴剑彬, 叶俊. 2000. 用于数据挖掘的贝叶斯网络. 软件学报, (5): 660-666.

那平山, 王玉魁, 满都拉. 1997. 毛乌素沙地生态环境失调的研究. 中国沙漠, 17 (4): 410-414.

牛振国, 宫鹏, 程晓, 等. 2009. 中国湿地初步遥感制图及相关地理特征分析. 中国科学 (D辑: 地球科学), 39 (2): 188-203.

欧阳志云, 王如松. 2000. 生态系统服务功能、生态价值与可持续发展. 世界科技研究与发展, 5: 45-50.

欧阳志云, 王效科, 苗鸿, 等. 1999. 中国陆地生态系统服务功能及其生态经济价值的初步研究. 生态学报, 19 (5): 607-613.

欧阳志云, 赵同谦, 王效科, 等. 2004. 水生态服务功能分析及其间接价值评价. 生态学报, 24 (10): 2092-2099.

潘理虎, 黄河清, 姜鲁, 等. 2010. 基于人工社会模型的退田还湖生态补偿机制实例研究. 自然资源学报, 25 (12): 2007-2017.

潘少兵. 2008. 生态补偿机制建立的经济学原理及补偿模式. 安庆师范学院学报 (社会科学版), 27 (10):6-9.

潘韬, 吴绍洪, 戴尔阜, 等. 2013. 基于InVEST模型的三江源区生态系统水源供给服务时空变化. 应用生态学报, 24 (1): 183-189.

潘耀忠, 史培军, 朱文泉, 等. 2004. 中国陆地生态系统生态资产遥感定量测量. 中国科学 (D辑: 地球科学), 4: 375-384.

彭怡. 2010. InVEST模型在生态系统服务功能评估中的应用研究——以四川汶川地震灾区为例. 北京: 中国科学院研究生院.

朴世龙, 方精云, 贺金生, 等. 2004. 中国草地植被生物量及其空间分布格局. 植物生态学报, 28 (4): 491-498.

朴亚杰. 2007. 决策树分类算法的研究与应用. 北京: 华北电力大学.

秦艳红, 康慕谊. 2006. 退耕还林 (草) 的生态补偿机制完善研究——以西部黄土高原地区为例. 中国人口·资源与环境, 16 (4): 28-32.

秦艳红, 康慕谊. 2007. 国内外生态补偿现状及其完善措施. 自然资源学报, 22 (4): 557-567.

全斌. 2011. 土地利用与土地覆被变化学导论. 北京: 中国环境科学出版社.

任国玉, 郭军, 徐铭志, 等. 2005. 近50年中国地面气候变化基本特征. 气象学报, 63 (6): 942-956.

任海, 邬建国, 彭少麟, 等. 2000. 生态系统管理的概念及其要素. 应用生态学报, 11 (3): 455-458.

尚海洋, 苏芳, 徐中民, 等. 2011. 生态补偿的研究进展及其启示. 冰川冻土, 33 (6): 1435-1443.

石龙宇, 崔胜辉, 尹锴, 等. 2010. 厦门市土地利用/覆被变化对生态系统服务的影响. 地理学报, 65 (6):708-714.

石垚, 王如松, 黄锦楼, 等. 2012. 中国陆地生态系统服务功能的时空变化分析. 科学通报, 57 (9): 720-731.

史培军, 潘耀忠, 陈云浩, 等. 2002. 多尺度生态资产遥感综合测量的技术体系. 地球科学进展, 2: 169-173.

史培军, 张淑英, 潘耀忠, 等. 2005. 生态资产与区域可持续发展. 北京师范大学学报 (社会科学版), 2: 131-137.

世界自然保护联盟 (IUCN). 1997. 生态系统管理的概念和战略. 王献溥译. 世界自然保护联盟通讯, (3).

宋敏. 2009. 生态补偿机制建立的博弈分析. 学术交流, (5): 83-87.

宋秀杰, 郑希伟, 2001. 北京市生态环境现状及生态保护发展战略探讨. 环境保护, 3: 30-32.

苏常红，傅伯杰．2012．景观格局与生态过程的关系及其对生态系统服务的影响．自然杂志，34（5）：277-283．

苏飞，张平宇．2009．基于生态系统服务价值变化的环境与经济协调发展评价——以大庆市为例．地理科学进展，3：471-477．

粟晏，赖庆奎．2005．国外社区参与生态补偿的实践及经验．林业与社会，13（4）：40-44．

孙新章，周海林，谢高地．2007．中国农田生态系统的服务功能及其经济价值．中国人口、资源与环境，4：55-60．

唐建荣．2007．生态经济学．北京：环境科学与工程出版中心．

唐秀美，陈百明，卢庆斌，等．2011．北京市土地利用生态分类方法．生态学报，31（14）：3902-3909．

万利，陈佑启，谭靖，等．2009．土地利用变化对区域生态系统服务价值的影响——以北京市为例．地域研究与开发，28（4）：94-99．

王爱玲，朱文泉，李京，等．2007．内蒙古生态系统服务价值遥感测量．地理科学，3：325-330．

王兵，鲁绍伟，尤文忠，等．2010．辽宁省森林生态系统服务价值评估．21（7）：1792-1798．

王兵，任晓旭，胡文．2010．森林生态系统服务功能评估区域差异．东北林业大学学报，38（11），49-53．

王兵，任晓旭，胡文，等．2011．中国森林生态系统服务功能的区域差异研究．北京林业大学学报，33（2）：43-47．

王春连，张镱锂，王兆锋，等．2010．拉萨河流域湿地生态系统服务功能价值变化．资源科学，32（10）：2038-2044．

王发科，苟日多杰，祁贵明，等．2007．柴达木盆地气候变化对荒漠化的影响．干旱气象，25（3）：28-33．

王光霞，游雄，於建峰，等．2011．地图设计与编绘．北京：测绘出版社．

王佳丽，黄贤金，陆汝成，等．2010．区域生态系统服务对土地利用变化的脆弱性评估——以江苏省环太湖地区碳储量为例．自然资源学报，25（4）：556-563．

王金南，2006．生态补偿机制与政策设计．北京：中国环境科学出版社．

王立安，钟方雷，苏芳．2009．西部生态补偿与缓解贫困关系的研究框架．经济地理，29（9）：1552-1557．

王其翔，唐学玺．2009．海洋生态系统服务的产生与实现．生态学报，5：2400-2406．

王情，岳天祥，卢毅敏，等．2010．中国食物供给能力分析．地理学报，65（10）：1229-1240．

王绍强，周成虎，罗承文．1999．中国陆地自然植被碳量空间分布特征探讨．地理科学进展，18（3）：238-244．

王羊，刘金龙，冯喆，等．2012．公共池塘资源可持续管理的理论框架．自然资源学报，27（10）：1797-1807．

王英，曹明奎，陶波，等．2006．全球气候变化背景下中国降水量空间格局的变化特征．地理研究，25（6）：1031-1040．

王志凌，谢宝剑，谢万贞．2007．构建我国区域间生态补偿机制探讨．学术论坛，（3）：119-125．

王遵娅，丁一汇，何金海，等．2004．近50年来中国气候变化特征的再分析．气象学报，62（2）：228-236．

魏云洁，甄霖，Batkhishig O，等．2009．蒙古高原生态服务消费空间差异的实证研究．资源科学，31（10）：1677-1684．

吴波，慈龙骏．1998．五十年代以来毛乌素沙地荒漠化扩展及其原因．第四纪研究，2：165-174．

吴建寨，李波，张新时．2007．生态系统服务价值变化在生态经济协调发展评价中的应用．应用生态学报，18（11）：2554-2558.

吴玲玲，陆健健，童春富，等 . 2003. 长江口湿地生态系统服务功能价值评估 . 长江流域资源与环境，12（5）：411-416.

吴秀芹，蔡运龙 . 2003. 土地利用/土地覆盖变化与土壤侵蚀关系研究进展 . 地理科学进展，22（6）：576-584.

肖宝英，陈高，代力民，等 . 2002. 生态土地分类进展 . 应用生态学报，13（11）：1499-1502.

肖玉，谢高地，安凯，等 . 2012. 基于功能性状的生态系统服务研究框架 . 植物生态学报，36（4）：353-362.

谢高地，鲁春霞，冷允法，等 . 2003a. 青藏高原生态资产的价值评估 . 自然资源学报，18（2）：189-196.

谢高地，鲁春霞，肖玉，等 . 2003b. 青藏高原高寒草地生态系统服务价值评估 . 山地学报，21（1）：50-55.

谢高地，张镱锂，鲁春霞，等 . 2001. 中国自然草地生态系统服务价值 . 自然资源学报，16（1）：47-53.

谢高地，甄霖，鲁春霞，等 . 2008. 一个基于专家知识的生态系统服务价值化方法 . 自然资源学报，23（5）：911-919.

辛琨，肖笃宁 . 2002. 盘锦地区湿地生态系统服务功能价值估算 . 生态学报，22（8）：1345-1349.

熊鹰，王克林，蓝万炼，等 . 2004. 洞庭湖区湿地恢复的生态补偿效应评估 . 地理学报，59（5）：772-780.

徐立，刘少博，刘云国，等 . 2009. 湘中红壤丘陵区土地利用变化对生态系统服务价值的影响——以长沙市为例 . 环境科学学报，（8）：1788-1792.

徐丽芬，许学工，罗涛，等 . 2012. 基于土地利用的生态系统服务价值当量修订方法——以渤海湾沿岸为例 . 地理研究，31（10）：1775-1784.

徐铭志，任国玉 . 2004. 近40年中国气候生长期的变化 . 应用气象学报，15（3）：306-312.

徐冉 . 2012. 基于遥感技术的嘉兴典型区域生态系统服务价值评估研究 . 上海：华东师范大学 .

徐小锋，田汉勤，万师强 . 2007. 气候变暖对陆地生态系统碳循环的影响 . 植物生态学报，31（2）：175-188.

徐新良，曹明奎，李克让 . 2007. 中国森林生态系统植被碳储量时空动态变化研究 . 地理科学进展，26（6）：1-10.

徐中民，钟方雷，赵雪雁，等 . 2008. 生态补偿研究进展综述 . 财会研究，23：67-72.

许旭，李晓兵，韩念龙 . 2011. 基于多源遥感数据的生态系统保育土壤价值评估——以河北省北部四地市为例，国土资源遥，3：123-129.

严作良，周华坤，刘伟，等 . 2003. 江河源区草地退化状况及成因 . 中国草地，25（1）：73-78.

杨朝晖，王浩，褚俊英，等 . 2010. 海河流域生态系统价值评估与空间特征 . 水利学报，41（9）：1121-1127.

杨光梅，闵庆文，李文华，等 . 2006. 基于CVM方法分析牧民对禁牧政策的受偿意愿——以锡林郭勒草原为例 . 生态环境，15（4）：747-751.

杨莉，甄霖，李芬，等 . 2010. 黄土高原生态系统服务变化对人类福祉的影响初探 . 资源科学，32（5）：849-855.

杨莉，甄霖，潘影，等 . 2012. 生态系统服务供给——消费研究：黄河流域案例 . 干旱区资源与环境，26（3）：131-138.

杨丽韫，甄霖，吴松涛 . 2010. 我国生态补偿主客体界定与标准核算方法分析 . 生态经济（学术版），（5）：298-302.

杨振,刘会敏,杨芳.2012.森林生态系统服务外溢与补偿次序研究.林业经济,10:104-107.
姚玉璧,张秀云,段永良.2008.气候变化对亚高山草甸类草地牧草生长发育的影响.资源科学,30(12):1839-1845.
叶长盛,董玉祥.2010.珠江三角洲土地利用变化对生态系统服务价值的影响.热带地理,30(6):603-608.
叶敏婷,王仰麟,彭建,等.2007.基于SOFM网络的云南省土地利用程度类型划分研究.地理科学进展,26(2):97-104.
于东升,史学正,孙维侠,等.2005.基于1:100万土壤数据库的中国土壤有机碳密度及储量研究.应用生态学报,16(12):2279-2283.
于贵瑞,高扬,王秋凤,等.2013.陆地生态系统碳—氮—水循环的关键耦合过程及其生物调控机制探讨.中国生态农业学报,21(1):1-13.
于闽,周翔,邓志刚.2008.系统聚类分析法在统筹区域土地利用分区研究中的应用.国土资源导刊,5(1):44-46.
俞孔坚.1999.生物保护的景观生态安全格局.生态学报,19(01):8-15.
俞孔坚,王思思,李迪华,等,2010.北京城市扩张的生态底线术——基本生态系统服务及其安全格局.城市规划,34(2):19-24.
虞锡君.2007.构建太湖流域水生态补偿机制探讨.农业经济问题,(9):56-59.
展小云,于贵瑞,郑泽梅,等.2012.中国区域陆地生态系统土壤呼吸碳排放及其空间格局——基于通量观测的地学统计评估.地理科学进展,31(1):97-108.
张彪,谢高地,肖玉,等.2010.基于人类需求的生态系统服务分类.中国人口·资源与环境,6(12):64-67.
张明阳,王克林,陈洪松,等.2009.喀斯特生态系统服务功能遥感定量评估与分析.生态学报,29(11):5891-5901.
张苹,马涛.2011.湿地生态系统服务价值评估的国内研究评述.湿地科学,9(2):203-208.
张清华,郭泉水,徐德应.2000.气候变化对我国珍稀濒危树种——珙桐地理分布的影响研究.林业科学,36(2):47-52.
张涛.2003.森林生态效益补偿机制研究.北京:中国林业科学研究院.
张秀英,钟太洋,黄贤金,等.2013.海州湾生态系统服务价值评估.生态学报,33(2):640-649.
张永民,赵士洞.2007.生态系统可持续管理的对策.地球科学进展,22(7):748-754.
张永民,赵士洞.2010.千年生态系统评估项目的后续计划:将知识转化为行动的全球战略.自然资源学报,25(3):522-528.
张振明,刘俊国.2011.生态系统服务价值研究进展.环境科学,31(9):1835-1842.
张志强,徐中民,王建,等.2001.黑河流域生态系统服务的价值.冰川冻土,23(4):360-366.
章锦河,张捷,梁玥琳,等.2005.九寨沟旅游生态足迹与生态补偿分析.自然资源学报,20(9):735-744.
赵翠薇,王世杰.2010.生态补偿效益、标准——国际经验及对我国的启示.地理研究,29(4):597-606.
赵凤君.2007.气候变化对内蒙古大兴安岭林区森林火灾的影响研究.北京:中国林业科学研究院.
赵凤君,王明玉,舒立福,等.2009.气候变化对林火动态的影响研究进展.气候变化研究进展,5(1):50-55.
赵慧颖.2007.气候变化对典型草原区牧草气候生产潜力的影响.中国农业气象,28(3):281-284.
赵景柱,肖寒,吴刚.2000.生态系统服务的物质量与价值量评价方法的比较分析.应用生态学报,

11（2）：290-292.

赵俊芳，延晓东，贾根锁．2009．1981—2002年的中国东北地区森林生态系统碳储量的模拟．应用生态学报，20（2）：241-249.

赵其国，高俊峰．2007．中国湿地资源的生态功能及其分区．中国农业生态学报，15（1）：1-4.

赵同谦，欧阳志云，贾良清，等．2004a．中国草地生态系统服务功能间接价值评价．生态学报，24（6）：1101-1110.

赵同谦，欧阳志云，郑华，等．2004b．中国森林生态系统服务功能及其价值评价．自然资源学报，4：480-491.

赵雪雁．2012．生态补偿效率研究综述．生态学报，32（6）：1960-1969.

赵雪雁，徐中民．2009．生态系统服务付费的研究框架与应用进展．中国人口·资源与环境，19（4）：112-118.

赵雪雁，董霞，范君君，等．2010．甘南黄河水源补给区生态补偿方式的选择．冰川冻土，32（1）：204-210.

赵雪雁，李巍，王学良．2012．生态补偿研究中的几个关键问题．中国人口·资源与环境，22（2）：1-7.

赵永，王劲峰．2008．经济分析CGE模型与应用．北京：中国经济出版社．

甄霖，闵庆文，李文华，等．2006．海南省自然保护区生态补偿机制初探．资源科学，28（6）：10-19.

郑华，李屹峰，欧阳志云，等．2013．生态系统服务功能管理研究进展．生态学报，33（3）：702-710.

郑景云，葛全胜，赵会霞．2003．近40年中国植物物候对气候变化的响应研究．中国农业气象，47（1）：1582-1587.

郑默．2011．贝叶斯分类算法与应用．重庆：重庆大学．

郑伟，石洪华．2009．海洋生态系统服务的形成及其对人类福利的贡献．生态经济，8：178-180.

支玲．2004．西部退耕还林经济补偿机制研究．林业科学，40（2）：2-8.

中国可持续发展林业战略研究项目组．2002．中国可持续发展林业战略研究总论．北京：中国林业出版社．

中国生态补偿机制与政策研究课题组．2007．中国生态补偿机制与政策研究．北京：科学出版社．

中华人民共和国农业部．2013-1-15．2010年全国草原监测报告．http://www.grassland.gov.cn/Grassland-new/Item/2819.aspx.

钟祥浩，刘淑珍，王小丹，等．2010．西藏高原生态安全研究．山地学报，1：1-10.

钟秀丽，林而达．2000．气候变化对我国自然生态系统影响的研究综述．生态学杂志，19（5）：62-66.

钟瑜，张胜，毛显强．2002．退田还湖生态补偿机制研究——以鄱阳湖区为案例．中国人口·资源与环境，12（4）：46-50.

周天军，李立娟，李红梅，等．2008．气候变化的归因与预估模拟研究．大气科学，32（4）：906-922.

周晓峰，王晓春，韩士杰，等．2002．长白山岳桦-苔原过渡带动态与气候变化．地学前缘，9（1）：227-231.

周鑫，左平，滕厚峰，等．2011．基于土地利用变化的生态系统服务价值核算——以江苏盐城滨海湿地为例．海洋通报，30（6）：656-661.

朱绍文，胡宏银，王泉德，等．2000．决策树采掘技术及发展趋势．计算机工程，26（10）：77-78.

朱文博，王阳，李双成．2013．生态系统服务付费的诊断框架及案例剖析．生态学报，2014，（10）．http：//dx.doi.org/10.5846/stxb201304040602.

朱文德，陈锦，魏天兴．2011．北京市生态系统服务价值变化和区域差异分析．林业调查规划，36（2）：38-42.

祝志辉，黄国勤．2008．江西省生态功能区划的分区过程及结果．生态科学，27（2）：114-118.

宗跃光，周尚意，温良，等. 2002. 区域生态系统可持续发展的生态价值评价——以宁夏灵武市为例，生态学报，10：1573-1580.

Abel N, Baxter J, Campbell A, et al. 1997. Design principles for farm forestry: a guide to assist farmers to decide to place trees and farm plantations on farms. Rural Industries Research and Development Corporation, Barton, Australian Capital Territory, Australia.

Aebischer, N. 1991. Twenty years of monitoring invertebrates and weeds in cereal fields in Sussex// Firbank, L., Carter, N., Darbyshirem, J. et al. eds. The Ecology of Temperate Cereal Fields. Oxford: Blackwell Scientific Publications

Alcamo J. 2002. Introduction to special issue on regional air pollution and climate change in Europe. Environ. Sci. Policy, 5 (4): 255.

Alcamo J, van Vuuren D, Ringler C, et al. 2005. Changes in nature's balance sheet: model-based estimates of future worldwide ecosystem services. Ecology and Society, 10 (2): 19.

Aldred J. 2006. Incommensurability and monetary valuation. Land Economics, 82 (2): 141-161.

Alessa L, Kliskey A, Brown G. 2008. Social-ecological hotspots mapping: a spatial approach for identifying coupled social-ecological space. Landscape and Urban Planning, 85 (1): 27-39.

Anderson B J, Armsworth P R, Eigenbrod F, et al. 2009. Spatial covariance between biodiversity and other ecosystem service priorities. Journal of Applied Ecology, 46 (4): 888-896.

Anderson-Teixeira K J, DeLucia E H. 2011. The greenhouse gas value of ecosystems. Global Change Biology, 17 (1):425-438.

Anderson-Teixeira K J, Snyder P K, Twine T E, et al. 2012. Climate-regulation services of natural and agricultural ecoregions of the Americas. Nature Climate Change, 2 (3): 177-181.

Andersson E, Barthel S, Ahrné K. 2007. Measuring social-ecological dynamics behind the generation of ecosystem services. Ecological Applications, 17 (5): 1267-1278.

Andrew B, Rodrigues A S L, Walpole M, et al. 2008. The economics of ecosystems and biodiversity: scoping the sicence.

Arends D, Prins P, Jansen R C, et al. 2010. R/qtl: high-throughput multiple QTL mapping. Bioinformatics, 26 (23):2990-2992.

Arnberger A, Haider W. 2007. Would you displace? It depends! A multivariate visual approach to intended displacement from an urban forest trail. Journal of Leisure Research, 39 (2): 345-365.

Arshad M A, Martin S. 2002. Identifying critical limits for soil quality indicators in agro-ecosystems. Agriculture, Ecosystems & Environment, 88 (2): 153-160.

Arthington A H, Pusey B J. 2003. Flow restoration and protection in Australian rivers. River Research and Applications, 19 (5-6): 377-395.

Asquith N M, Vargas M T, Wunder S. 2008. Selling two environmental services: In-kind payments for bird habitat and watershed protection in Los Negros, Bolivia. Ecological Economics, 65 (4): 675-684.

Aubry C, Ramamonjisoa J, Dabat M H, et al. 2011. Urban agriculture and land use in cities: An approach with the multi-functionality and sustainability concepts in the case of Antananarivo (Madagascar). Land Use Policy, 29 (2): 429-439.

Austen M C, Malcolm S J, Frost M, et al. 2011. Marine//The UK National Ecosystem Assessment Technical Report. UK National Ecosystem Assessment. UNEP-WCMC, Cambridge, 459-498.

Australian Bureau of Statistics. 2010. Regional population growth, Australia, 2008-09. Canberra, Australia: Australian Bureau of Statistics.

参 考 文 献

Ba A, Moustier P, 2010. La perception de l'agriculture de proximitépar les résidents de Dakar. Revue d'Economie Régionale et Urbaine, 5913-5936.

Babcock B A, Lakshminarayan P, Wu J, et al. 1997. Targeting tools for the purchase of environmental amenities. Land Economics, 73 (3): 325-339.

Bagstad K J, Johnson G W, Voigt B, et al. 2013. Spatial dynamics of ecosystem service flows: A comprehensive approach to quantifying actual services. Ecosystem Services, 4: 117-125.

Bagstad K J, Villa F, Johnson G, et al. 2011. ARIES—Artificial Intelligence for Ecosystem Services: A guide to models and data, version 1.0. ARIES report series (1).

Bai Y, Zheng H, Ouyang Z Y, et al. 2013. Modeling hydrological ecosystem services and tradeoffs: a case study in Baiyangdian watershed, China. Environmental Earth Sciences, 70: 709-718.

Bai Y, Zhuang C W, Ouyang Z Y, et al. 2011. Spatial characteristics between biodiversity and ecosystem services in a human-dominated watershed. Ecological Complexity, 8 (2): 177-183.

Baker T R, Phillips O L, Malhi Y, et al. 2004. Variation in wood density determines spatial patternsinAmazonian forest biomass. Global Change Biology, 10 (5): 545-562.

Bala G, Caldeira K, Wickett M, et al. 2007. Combined climate and carbon-cycle effects of large-scale deforestation. Proceedings of the National Academy of Sciences of the United States of America, 104 (16): 6550-6555.

Baldocchi D, Kelliher F M, Black T A, et al. 2000. Climate and vegetation controls on boreal zone energy exchange. Global Change Biology, 6: 69-83.

Balmford A, Bruner A, Cooper P, et al. 2002. Economic reasons for conserving wild nature. Science, 297: 950-953.

Balvanera P, Pfisterer A B, Buchmann N, et al. 2006. Quantifying the evidence for biodiversity effects on ecosystem functioning and services. Ecology Letters, 9: 1146-1156.

Barber V A, Juday G P, Finney B P. 2000. Reduced growth of Alaskan white spruce in the twentieth century from temperature-induced drought stress. Nature, 405 (6787): 668-673.

Barbier E B. 2000. Valuing the environment as input: review of applications to mangrove-fishery linkages. Ecological Economics, 35 (1): 47-61.

Barbier E B, Koch E W, Silliman B R, et al. 2008. Coastal ecosystem-based management with nonlinear ecological functions and values. Science, 319 (5861): 321-323.

Barral M P, Maceira N O. 2012. Land-use planning based on ecosystem service assessment: A case study in the Southeast Pampas of Argentina. Agriculture, Ecosystems and Environment, 154 (1): 34-43.

Barton D N, Faith D, Rusch G, et al. 2003. Spatial prioritization of environmental service payments for biodiversity protection. NIVA Report SNR 4746.

Barton D. 1999. The quick, the cheap and the dirty: Benefit transfer approaches to the non-market valuation of coastal water quality in Costa Rica. Agricultural University of Norway: Department of Economics and Social Sciences.

Bastian O, Schreiber K F. 1999. Analyse und Ökologische Bewertung der Landschaft. 2nd ed. Heidelberg-Berlin. Spektrum Akademischer Verlag.

Bastian O, Steinhardt U. 2003. Development and Perspectives of Landscape Ecology. Dortrecht: Kluwer Academic Publishers.

Bateman I J, JonesA P. 2003. Contrasting conventional with multi-level modeling approaches to meta-analysis: expectation consistency in UK woodland recreation values. Land Economics, 79 (2): 235-258.

Bathiany S, Claussen M, Brovkin V, et al. 2010. Combined biogeophysical and biogeochemical effects of large-scale forest cover changes in the MPI earth system model. Biogeosciences, 7 (5): 1383-1399.

Batker D, Barclay E, Boumans R, et al. 2005. Ecosystem services enhanced by salmon habitat conservation in the Green/Duwamish and Central Puget Sound watershed. Asia Pacific Environmental Exchange, Seattle, Washington, USA.

Baumgärtner S, Becker C, Faber M, et al. 2006. Relative and absolute scarcity of nature. Assessing the roles of economics and ecology for biodiversity conservation. Ecological Economics, 59 (4): 487-498.

Beaumont N J, Aust en M C, Atkins J P, et al. 2007. Identification, definition and quantification of goods and services provided by marine biodiversity: implications for the ecosystem approach. Marine Pollution Bulletin, 54: 253-265

Beeson C E, Doyle P F. 1995. Comparison of bank erosion at vegetated and non-vegetated channel bends. Water Resources Bulletin, 31 (6): 983-990.

Beier C M, Patterson T M, Chapin F S. 2008. Ecosystem services and emergent vulnerability in managed ecosystems: A geospatial decision-support tool. Ecosystems, 11 (6): 923-938.

Bekele E G, Nicklow J W. 2005. Multi objective management of ecosystem services by integrative watershed modeling and evolutionary algorithms. Water Resources Research, 41 (10): 1-11.

Belsky A J. 1994. Influences of trees on savanna productivity: tests of shade, nutrients, and tree-grass competition. Ecology, 75: 922-922.

Bennett A F. 1990. Habitat corridors and the conservation of small mammals in a fragmented forest environment. Landscape Ecology, 4: 109-122.

Bennett E M, Alcamo J. 2004. Ecosystems and human well-being: a framework for assessment. Washington D C, USA: Island Press.

Bennett E M, Balvanera P. 2007. The future of production systems in a globalized world. Frontiers in Ecology and the Environment, 5: 191-198.

Bennett E M, Peterson G D, Gordon L J. 2009. Understanding relationships among multiple ecosystem services. Ecology Letters, 12 (12): 1394-1404.

Benton T G, Bryant D M, Cole L. 2002. Linking agricultural practice to insect and bird populations: a historical study over three decades. J. Appl. Ecol., 39: 673-687.

Bergland O, Magnussen K, Navrud S. 2002. Benefit transfer: testing for accuracy and reliability//Florax R J, Nijkamp P, Willis K K G. Comparative environmental economic assessment. Cheltenham, United Kingdom: Edward Elgar.

Bernstein L, Bosch P, Canziani O, et al. 2007. IPCC: climate change 2007: synthesis report. Contribution of working groups I. II and III to the Fourth Assessment Report of the Intergovernmental Panel on Climate Change. Intergovernmental Panel on Climate Change, Geneva. http://www.ipcc.ch/ipccreports/ar4-syr.htm.

Bilsborrow R E, Okoth-Ogondo H W O. 1992. Population-driven changes in land use in developing countries. Ambio, 21: 37-45.

Bingsheng K. 1996: Regional inequality in rural development//Garnaut R, Shutian G, Guonan M. The Third Revolution in the Chinese Countryside. Cambridge: Cambridge University Press.

Bohensky E L, Lynam T. 2005. Evaluating responses in complex adaptive systems: insights on water management from the Southern African Millennium Ecosystem Assessment (SAfMA). Ecology and Society, 10 (1): 11.

Bohensky E L, Reyers B, Van Jaarsveld A S. 2004. Ecosystem Services in the Gariep Basin: A Basin-Scale Component of the Southern African Millennium Ecosystem Assessment (SAfMA). Stellenbosch, South Africa: African Sun Media.

参 考 文 献

Bohensky E L, Reyers B, van Jaarsveld A S. 2006. Future ecosystem services in a Southern African river basin: a scenario planning approach to uncertainty. Conservation Biology, 20: 1051-1061.

Bolund P, Hunhammar S. 1999. Ecosystem services in urban areas. Ecological Economics, 29: 293-301.

Bonan G B. 2008. Forests and climate change: Forcings, feedbacks, and the climate benefits of forests. Science, 320 (5882): 1444-1449.

Bormann F H, Likens G E. 1967. Nutrient cycling. Science, 155: 424-429.

Bourassa S, Hoesli M E R, Sun J. 2003. What's in a view? FAME Research Paper, (79).

Boyd J, Banzhaf S. 2007. What are ecosystem services? The need for standardized environmental accounting units. Ecological Economics, 63 (2): 616-626.

Boyd J, Krupnick A. 2009. The definition and choice of environmental commodities for nonmarket valuation. Available at SSRN 1479820.

Boyle K J, Poe G L, Bergstrom J C. What do we know about groundwater values? Preliminary implications from a meta-analysis of contingent-valuation studies. 1994 American Journal of Agricultural Economics, 76 (5): 1055-1061.

Brander L M, Florax J G M. 2007. The Valuation of Wetlands: Primary Versus Meta-analysis Based Value Transfer. Aldershot: Ashgate.

Brander L M, Florax R J G M, Vermaat J E. 2006. The empirics of wetland valuation: a comprehensive summary and a meta-analysis of the literature. Environmental and Resource Economics, 33 (2): 223-250.

Brander L M, Ghermandi A, Kuik O, et al. 2010. Scaling up ecosystem services values: methodology, applicability and a case study.

Brander L M, Koetse M J. 2011. The value of urban open space: Meta-analyses of contingent valuation and hedonic pricing results. Journal of environmental management, 92 (10): 2763-2773.

Brander L M, Van Beukering P, Cesar H S J. 2007. The recreational value of coral reefs: a meta-analysis. Ecological Economics, 63 (1): 209-218.

Brauman K A, Gretchen C D, Duarte T K, et al. 2007. The nature and value of ecosystem services: an overview highlighting hydrologic services. Annu. Rev. Environ. Resour. 32: 67-98.

Brekke K A, Howarth R B, Nyborg K. 2003. Status-seeking and material affluence: evaluating the Hirsch hypothesis. Ecological Economics, 45 (1): 29-39.

Brekke K A, Howarth R B. 2000. The social contingency of wants. Land Economics, 493-503.

Brenner J, Jimenez J A, Sarda R, et al. 2010. An assessment of the non-market value of the ecosystem services provided by the Catalan coastal zone. Spain. Ocean & Coastal Management, 53: 27-38.

Briggs D J, Gulliver J, Fecht D et al. 2007. Dasymetric modelling of small-area population distribution using land cover and light emissions data. Remote Sensing of Environment, 108: 451-466.

Bromley D W. 1991. Environment and Economy: Property Rights and Public Policy. Basil Blackwell Ltd.

Brooks C P. 2003. A scalar analysis of landscape connectivity. Oikos, 102: 433-439.

Brooks T M, Mittermeier R A, Mittermeier C G, et al. 2002. Habitat loss and extinction in the hotspots of biodiversity. Conservation Biology, 16: 909-923.

Broome S W, Seneca E D, Woodhouse W W. 1988. Tidal salt marsh restoration. Aquatic Botany, 32: 1-22.

Brouwer R, Langford I H, Bateman I J, et al. 1999. A meta-analysis of wetland contingent valuation studies. Regional Environmental Change, 1 (1): 47-57.

Brouwer R, Spaninks F A. 1999. The validity of environmental benefits transfer: further empirical testing. Environmental and resource economics, 14 (1): 95-117.

Brouwer R. 2000. Environmental value transfer: state of the art and future prospects. Ecological Economics, 32 (1): 137-152.

Bryan B A. 2013. Incentives, land use, and ecosystem services: synthesizing complex linkages. Environmental Science & Policy, 27: 124-134.

Bryan B A, Grandgirard A, Ward J R. 2010. Quantifying and Exploring Strategic Regional Priorities for Managing Natural Capital and Ecosystem Services Given Multiple Stakeholder Perspectives. Ecosystems, 13: 539-555.

Bryan B A, Raymond C M, Crossman N D, et al. 2011. Comparing Spatially Explicit Ecological and Social Values for Natural Areas to Identify Effective Conservation Strategies. Conservation Biology, 25 (1): 172-181.

Bullock S D, Lawson S R. 2008. Managing the "commons" on cadillac mountain: a stated choice analysis of acadia national park visitors' preferences. Leisure Sciences, 30 (1): 71-86.

Bunker D E, DeClerck F, Bradford J C, et al. 2005. Species loss and aboveground carbon storage in a tropical forest. Science, 310: 1029-1031.

Bunn S E, Davies P M, Mosisch T D. 1999. Ecosystem measures of river health and their response to riparian and catchment degradation. Freshwater Biology, 41: 333-345.

Burkhard B, Kroll F, Nedkov S, et al. 2012. Mapping ecosystem service supply, demand and budgets. Ecological Indicators, 21: 17-29.

Burkhard B, Diembeck D. 2006. Zukunftsszenarien für die deutsche Nordsee. Forum Geologie, 17 (2): 27-30.

Burkhard B, Kroll F, Müller F, et al. 2009. Landscapes' Capacities to Provide Ecosystem Services—A Concept for Land-Cover Based Assessments. Landscape Online: 1-22.

Burkhard B, Kroll F. 2010. Maps of ecosystem services, supply and demand// Cleveland C J. Encyclopedia of Earth. Washington, DC: Environmental Information Coalition, National Council for Science and the Environment.

Butler A J, Jernakoff P. 1999. Seagrass in Australia: strategic review and development of an R&D plan. Collingwood, Victoria, Australia: CSIRO Publishing.

Butler J R A, Wong G Y, Metcalfe D J, et al. 2011. An analysis of trade-offs between multiple ecosystem services and stakeholders linked to land use and water quality management in the Great Barrier Reef, Australia. Agric. Ecosyst. Environ, 180: 176-191.

Carpenter S R, Bennett E M, Peterson G D. 2006. Scenarios for ecosystem services: an overview. Ecology and Society, 11 (1): 29.

Carpenter S R, Mooney H A, Agard J, et al. 2009. Science for managing ecosystem services: beyond the millennium ecosystem assessment. Proceedings of the National Academy of Sciences, 106 (5): 1305-1312.

Carreño L, Frank F C, Viglizzo E F. 2012. Tradeoffs between economic and ecosystem services in Argentina during 50 years of land-use change. Agriculture, Ecosystems and Environment, 154: 68-77.

CBD. 2004. The 2020 biodiversity target: a framework for implementation//Decisions from the Seventh Meeting of the Conference of the Parties of the Convention on Biological Diversity in Kuala Lumpur. Montreal: Secretariat of the CBD.

Chan K M A, Guerry A D, Balvanera P, et al. 2012. Where are cultural and social in ecosystem services? A framework for constructive engagement. BioScience, 62 (8): 744-756.

Chan K M A, Shaw M R, Cameron D R, et al. 2006. Conservation planning for ecosystem services. PLoS Biology, 4 (11): 2138-2152.

Chapin III F S, Carpenter S R, Kofinas G P, et al. 2009. Ecosystem stewardship: sustainability strategies for a rapidly changing planet. Trends in Ecology and Evolution, 25: 241-249.

Chatenoux B, Peduzzi P. 2007. Impacts from the 2004 Indian Ocean Tsunami: analysing the potential protecting role of environmental features. Natural Hazards, 40 (2): 289-304.

Chattopadhyay S. 2003. A repeated sampling technique in assessing the validity of benefit transfer in valuing non-market goods. Land Economics, 79 (4): 576-596.

Chee Y E. 2004. An ecological perspective on the valuation of ecosystem services. Biological Conservation, 120 (4): 549-565.

Chen X D, Frank L. 2012. Agent-based modeling of the effects of social norms on enrollment in payments for ecosystem services. Ecological Modelling, 229: 16-24.

Chiesura A, De Groot R. 2003. Critical natural capital: a socio-cultural perspective. Ecological Economics, 44 (2): 219-231.

Chisholm R A. 2010. Trade-offs between ecosystem services: water and carbon in a biodiversity hotspot. Ecological Economics, 69: 1973-1987.

Chisholm S W, Falkowski P G, Cullen J J. 2001. Discrediting ocean fertilization. Science, 294: 309-310.

Chivian E. 2002. Biodiversity: its importance to human health. Harvard Medical School, Boston, Massachusetts, USA: Center for Health and the Global Environment.

Chomitz K M, Da Fonseca G A B, Alger K, et al. 2006. Viable reserve networks arise from individual landholder responses to conservation incentives. Ecology and Society, 11 (2): 40.

Christie M, Fazey I, Cooper R, et al. 2008. An evaluation of economic and non-economic techniques for assessing the importance of biodiversity to people in developing countries. London: Defra.

ClaassenR, Cattaneo A, Johansson R. 2008. Cost-effective design of agri-environmental paymentprograms: US experience in theory and practice. Ecological Economics, 65: 737-752.

Clouston E M. 2002. Linking the ecological and economic values of wetlands: a case study of the wetlands of Moreton Bay. Brisbane, Australia: Griffith University.

Cochard R, Ranamukhaarachchi S L, Shivakoti G P, et al. 2008. The 2004 tsunami in Aceh and Southern Thailand: a review on coastal ecosystems, wave hazards and vulnerability. Perspectives in Plant Ecology Evolution and Systematics, 10 (1): 3-40.

Coiner C, Wu J J, Polasky S. 2001. Economic and environmental implications of alternative landscape designs in the Walnut Creek Watershed of Iowa. Ecological Economics, 38: 119-141.

Coles R, McKenzie L, Campbell S, et al. 2004. Seagrasses in Queensland waters. CRC Reef Research Centre Limited, Townsville, Queensland, Australia.

Coley R L, Sullivan W C, Kuo F E. 1997. Where does community grow? The social context created by nature in urban public housing. Environment and Behavior, 29 (4): 468-494.

Comim F, Kumar P, Sirven N. 2009. Poverty and environment links: an illustration from Africa. Journal of International Development, 21 (3): 447-469.

Conte M, Nelson E, Carney K, et al. 2011. Terrestrial carbon sequestration and storage. Natural capital: theory & practice of mapping ecosystem services. Oxford, UK: Oxford University Press.

Corstanje R, Reddy K R, Prenger J P, et al. 2007. Soil microbial eco-physiological response to nutrient enrichment in a sub-tropical wetland. Ecological Indicators, 7: 277-289.

Corvalán C, Hales S, McMichael A J. 2005. Ecosystems and human well-being: health synthesis. Geneva, Switzerland: World Health Organisation.

Costanza R. 1999. The ecological, economic, and social importance of the oceans. Ecological Economics, 31: 199-213.

Costanza R. 2008. Ecosystem services: multiple classification systems are needed. Biological Conservation, 141: 350-352.

Costanza R, d'Arge R, de Groot R, et al. 1997. The value of the world's ecosystem services and natural capital. Nature, 387: 253-260.

Costanza R, Fisher B, Ali S, et al. 2007. Quality of life: an approach integrating opportunities, human needs, and subjective well-being. Ecological Economics, 61 (2-3): 267-276.

Costanza R, Mitsch W J, Day J W. 2006. A new vision for New Orleans and the Mississippi delta: applying ecological economics and ecological engineering. Frontiers in Ecology and the Environment, 4 (9): 465-472.

Costello C, Gaines S D, Lynham J. 2008. Can catch shares prevent fisheries collapse? Science, 321 (5896): 1678-1681.

Cowell R G, Dawid P, Lauritzen S L, et al. 2007. Probabilistic Networks and Expert Systems: Exact Computational Methods for Bayesian Networks. Berlin: Springer.

Cowling R M, Egoh B, Knight A T, et al. 2008. An operational model for mainstreaming ecosystem services for implementation. Proceedings of the National Academy of Sciences of the United States of America, 105 (28): 9483-9488.

Cramer W, Bondeau A, Woodward F I, et al. 2001. Global response of terrestrial ecosystem structure and function to CO_2 and climate change: results from six dynamic global vegetation models. Global Change Biology, 7 (4): 357-373.

Cronk J K, Fennessey M S. 2001. Wetland plants: biology and ecology. Lewis Publishers, Boca Raton, Florida, USA.

Crowly J M. 1967. Biogeography. Canadian Geographer, 11 (4): 312-326.

Cumming G S, Cumming D H M, Redman C L. 2006. Scale mismatches in social-ecological systems: causes, consequences, and solutions. Ecology and Society, 11 (1): 14.

Cunningham S A, FitzGibbon F, Heard T A. 2002. The future of pollinators for Australian agriculture. Australian Journal of Agricultural Research, 53: 893-900.

Cunningham S D, Berti W R, Huang J W. 1995. Phytoremediation of contaminated soils. Trends in Biotechnology, 13: 393-397.

Cuperus R, Canters K J, Helias A U, et al. 1999. Guidelines for ecological compensation associated with highways. Biological Conservation, 90: 41-51.

Cutter S L. 1993. Living with Risk: the Geography of Technological Hazards. London: Edward Arnold.

Dafni A. 1992. Pollination Ecology: a Practical Approach. Oxford, UK: Oxford University Press.

Daily G C, Söderqvist T, Aniyar S, et al. 2000. The value of nature and the nature of value. Science, 289 (5478): 395-396.

Daily G C. 1997. Nature's Services: Societal Dependence on Natural Ecosystems. Washington DC: Island Press.

Dasgupta P. 2010. Nature's role in sustaining economic development. Philosophical Transactions of the Royal Society B: Biological Sciences, 365 (1537): 5-11.

Davoudi S, Stead D. 2007. Urban-rural-relationships-an introduction and brief history. Building and Environment, 28: 269-277.

Daw T, Brown K, Rosendo S, et al. 2011. Applying the ecosystem services concept to poverty alleviation: the need to disaggregate human well-being. Environmental Conservation, 38 (4): 370-379.

Dawson A G, Shi S. 2000. Tsunami deposits. Pure and Applied Geophysics, 157: 875-897.

Day J W, Boesch D F, Clairain E J, et al. 2007. Restoration of the Mississippi Delta: Lessons from Hurricanes

Katrina and Rita. Science, 315 (5819): 1679-1684.

De Bello F, Lavorel S, Díaz S, et al. 2010. Towards an assessment of multiple ecosystem processes and services via functional traits. Biodiversity and Conservation, 19: 2873-2893.

De Groot R S. 2006. Function-analysis and valuation as a tool to assess land use conflicts in planning for sustainable, multi-functional landscapes. Landscape and Urban Planning, 75: 17-186.

De Groot R S. 1992. Functions of Nature: Evaluation of nature in environmental planning, management and decision making. Groningen, the Netherlands: Wolters-Noordhoff BV.

De Groot R S, Alkemade R, Braat L, et al. 2010. Challenges in integrating the concept of ecosystem services and values in landscape planning, management and decision making. Ecological Complexity, 7 (3): 260-272.

De Groot R S, Wilson M A, Boumans R M J. 2002. A typology for the classification, description and valuation of ecosystem functions, goods and services. Ecological Economics, 41 (3): 393-408.

De Lacerda L D. 2002. Mangrove Ecosystems: Function and Management. Berlin: Springer.

Dempster A P, Laird N M, Rubin D B. 1977. Maximum Likelihood from Incomplete DataVia Em Algorithm. Journal of the Royal Statistical Society Series B—Methodological, 39 (1): 1-38.

Deng S, Shi Y, Jin Y, et al. 2011. A GIS-based approach for quantifying and mapping carbon sink and stock values of forest ecosystem: a case study. Energy Procedia, 5: 1535-1545.

Department of Agriculture, Fisheries and Forestry. 2003. Australian agriculture, fisheries and forestry at a glance. Canberra, Australia: Commonwealth of Australia.

Department of Environment and Resource Management (DERM). 2008. Queensland drainage basin (1:100,000 Scale). Brisbane, Australia: Department of Environment and Resource Management.

Department of Environment and Resource Management (DERM). 2009. The SEQ Natural Resource Management Plan 2009—2031. Brisbane, Australia: Queensland Government.

Department of Natural Resources and Mines (DNR&M). 2002. SEQ Geological Units Database. Brisbane, Queensland, Australia: Department of Natural Resources and Mines.

Department of Natural Resources and Mines (DNR&M). 2005. Land cover change in Queensland 2001-2003, incorporating 2001—2002 and 2002—2003 change periods: a statewide land-cover and trees study (SLATS) report. Brisbane, Queensland. Australia: Department of Natural Resources and Mines.

Department of Natural Resources and Water (DNR&W). 2006. Queensland dams and waterbodies. Brisbane, Queensland, Australia: Department of Natural Resources and Water.

Department of Primary Industries and Department of Housing, Local Government and Planning (DPI and DHLGP). 1993. Planning guidelines: the identification of good quality agricultural land. Brisbane, Queensland, Australia: DPI/DHLGP.

Diener E. 1995. A value based index for measuring national quality of life. Social Indicators Research, 36 (2): 107-127.

Dietz T, Ostrom E, Stern P C. 2003. The struggle to govern the commons. Science, 302 (5652): 1907-1912.

Ding Y H, Ren G Y, Zhao Y, et al. 2007. Detection, causes and projection of climate change over China: anoverview of recent progress. Advances in Atmospheric Sciences, 24 (6): 954-971.

Dittmar H. 1992. The Social Psychology of Material Possession. New York: St. Martins.

Dixon P B, Parmenter B R. 1996. Handbook of computational economics//Amman H M, Kendrick D A, Rust J. Amsterdam: Elsevier Science B. V.

Donald P F, Green R E, Heath M F. 2001. Agricultural intensification and the collapse of Europe's farmland bird populations. Proc. R Soc. Lond. B, 268: 25-29.

Dovers S R. 1995. A framework for scaling and framing policy problems in sustainability. Ecological Economics, 12: 93-106.

Downing M, Ozuna Jr T. 1996. Testing the reliability of the benefit function transfer approach. Journal of Environmental Economics and Management, 30 (3): 316-322.

Dresner M. 2008. Using research projects and qualitative conceptual modeling to increase novice scientists' understanding of ecological complexity. Ecological Complexity, 5: 216-221.

Dryzek J S. 1994. Discursive Democracy: Politics, Policy, and Political Science. Cambridge: Cambridge University Press.

EEA. 1994. Corine Land Cover Report- Part 2: Nomenclature. http://www.eea.europa.eu/publications/COR0-part2.

EEA. 2010. Ecosystem accounting and the cost of biodiversity losses. The case of coastal Mediterranean wetlands. EEA Technical Report, 3: 91.

Egoh B, Reyers B, Rouget M, et al. 2008. Mapping ecosystem services for planning and management. Agriculture, Ecosystems and Environment, 127: 135-140.

Egoh B, Reyers B, Rouget M, et al. 2009. Spatial congruence between biodiversity and ecosystem services in South Africa. Biological Conservation, 142 (3): 553-562.

Ehrlich P R, Ehrlich A. 1981. Extinction: The Causes and Consequences of the Disappearance of Species. New York: Random House.

Eigenbrod F, Armsworth P R, Anderson B J, et al. 2010. The impact of proxy-based methods on mapping the distribution of ecosystem services. Journal of Applied Ecology, 47: 377-385.

Emanuel K. 2005. Increasing destructiveness of tropical cyclones over the past 30 years. Nature, 436 (7051): 686-688.

ENDA, MNP. 2006. Rural development and the role of food, water and biomass: opportunities and challenges for development and climate. // Workshop report, ENDA, Dakar, Senegal.

Engel S. 2002. Benefit function transfer versus meta-analysis as policy-making tools: a comparison. Comparative Environmental Economic Assessment. Cheltenham: Edward Elgar.

EPA. 2002. Biodiversity assessment and mapping methodology. Brisbane, Queensland, Australia: Environmental Protection Agency.

EPA. 2005. Queensland herbarium survey and mapping of 2003 remnant vegetation communities and regional ecosystems of Queensland. Brisbane, Queensland, Australia: Environmental Protection Agency.

EPA. 2006a. Areas of coastal biodiversity significance (marine). South-east Queensland Regional Coastal Plan. Brisbane, Queensland, Australia: Environmental Protection Agency.

EPA. 2006b. South-east Queensland regional coastal management plan. Brisbane, Queensland Australia: Environmental Protection Agency.

EPA. 2006c. South-east Queensland regional coastal management plan supporting document. Brisbane, Queensland Australia: Environmental Protection Agency.

EPA. 2007a. Moreton Bay marine park zoning plan review. Habitat information: mangroves. Brisbane, Queensland, Australia: Environmental Protection Agency.

EPA. 2007b. WildNet (database). Brisbane, Queensland, Australia: Environmental Protection Agency.

EPA. 2008. Queensland Wetlands Program—SEQ draft wetland mapping files. Brisbane, Queensland, Australia: Environmental Protection Agency.

Etzioni A. 2010. Moral Dimension: Toward a New Economics. SimonandSchuster.com.

Fabricius K E. 2005. Effects of terrestrial runoff on the ecology of corals and coral reefs: review and synthesis. Marine Pollution Bulletin, 50 (2): 125-146.

Fang J Y, Piao S L, Field C B, et al. 2003. Increasing net primary production in China from 1982 to 1999. Frontiers in Ecology and the Environment, 1 (6): 293-297.

Farber S C, Costanza R, Wilson M A. 2002. Economic and ecological concepts for valuing ecosystem services. Ecological economics, 41 (3): 375-392.

Farrier D, Tucker L. Wise use of wetlands under the Ramsar Convention: a challenge for meaningful implementation of international law. 2000. Journal of Environmental Law, 12 (1): 21-42.

Fausold C J, Lilieholm R J. 1999. The economic value of open space: a review and synthesis. Environmental Management, 23 (3): 307-320.

Feddema J J, Oleson K W, Bonan G B, et al. 2005. The importance of land-cover change in simulating future climates. Science, 310 (5754): 1674-1678.

Feld C K, Martins da Silva P, Paulo Sousa J, et al. 2009. Indicators of biodiversity and ecosystem services: a synthesis across ecosystems and spatial scales. Oikos, 118: 1862-1871.

Feldman I R, Blaustein R J. 2007. Ecosystem services as a framework for law and policy. Environmental Law Reporter.

Feng Xiaoming, Fu Bojie, Yang Xiaojun, et al. 2010. Remote sensing of ecosystem services: an opportunity for spatially explicit assessment. Chin. Geogra. Sci., 20 (6): 522-535.

Ferraro P J. 2003. Conservation contracting in heterogeneous landscapes: an application to watershed protection with threshold constraints. Agricultural and Resource Economics Review, 32 (1): 53-64.

Fisher B, Christopher T. 2007. Poverty and biodiversity: measuring the overlap of human poverty and the biodiversity hotspots. Ecological Economics, 62 (1): 93-101.

Fisher B, Polasky S, Sterner T. 2011. Conservation and human welfare: economic analysis of ecosystem services. Environmental and Resource Economics, 48 (2): 151-159.

Fisher B, Turner R K. 2008. Ecosystem services: classification for valuation. Biological Conservation, 141: 1167-1169.

Fisher B, Turner R K, Zylstra M, et al. 2008. Ecosystem services and economic theory: integration for policy-relevant research. Ecological Applications, 18 (8): 2050-2067.

Fisher B, Turner R K, Morling P. 2009. Defining and classifying ecosystem services for decision making. Ecological Economics, 68 (3): 643-653.

Flynn D F B, Gogol-Prokurat M, Nogeire T, et al. 2009. Loss of functional diversity under land use intensification across multiple taxa. Ecology Letters, 12 (1): 22-33.

Foley JA, DeFries R, Asner G P, et al. 2005. Global consequences of land use. Science, 309 (5734): 570-574.

Foley M M, Halpern B S, Micheli F, et al. 2010. Guiding ecological principles for marine spatial planning. Marine Policy, 34: 955-966.

Folke C, Carpenter S, Elmqvist T, et al. 2002. Resilience and sustainable development: building adaptive capacity in a world of transformations. AMBIO: A Journal of the Human Environment, 31 (5): 437-440.

FONAFIFO. 2005. The Environmental Services Payment Program: A Success Story of Sustainable Development Implementation in Costa Rica.

Frank R H. 1985. Choosing the Right Pond: Human Behavior and the Quest for Status. Oxford: Oxford University Press.

Frey B S, Stutzer A. 2010. Happiness and Economics: How the Economy and Institutions Affect Human Well-being. Princeton: Princeton University Press.

Friedlingstein P, Cox P, Betts R, et al. 2006. Climate-carbon cycle feedback analysis: results from the (CMIP) -M-4 model intercomparison. Journal of Climate, 19 (14): 3337-3353.

Friedman J, Harder L D. 2004. Inflorescence architecture and wind pollination in six grass species. Functional Ecology, 18: 851-860.

Frisch R. 1959. A complete scheme for computing all direct and cross demand elasticities in a model with many sectors. Econometrica, 27: 177-196.

Frost P G H, Bond I. 2008. The CAMPFIRE Programme in Zimbabwe: payments for wildlife services. Ecological Economics, 65 (4): 776-787.

Fu B J, Su C H, Wei Y P, et al. 2011. Double counting in ecosystem services valuation: causes and counter-measures. Ecological Research, 26 (1): 1-14.

Gabriel D, Sait S M, Hodgson J A. 2010. Scale matters: the impact of organic farming on biodiversity at different spatial scales. Ecology Letters, 13 (7): 858-869.

Galloway J N. 2001. Acidification of the world: natural and anthropogenic. Water Air Soil Pollut, 130: 17-24.

Gamfeldt L, Snäll T, Bagchi R, et al. 2013. Higher levels of multiple ecosystem services are found in forests with more tree species. Nature, 4: 1340.

Garrison T. 2007. Oceanography: an invitation to marine science. Sixth edition. Thomson Brooks//Cole, Belmont, California, USA.

Gascoigne W R, Hoag D, Koontz L, et al. 2011. Valuing ecosystem and economic services across land-use scenarios in the Prairie Pothole Region of the Dakotas, USA. Ecological Economy, 70: 1715-1725.

Geiger R. 1965. The Climate Near the Ground. Revised edition. Cambridge: Harvard University Press.

Geist H J, Lambin E F. 2002. Proximate causes and underlying driving forces of tropical deforestation. Bioscience, 52: 143-150.

Gerrard J. 1992. Soils Geomorphology. New York: Chapman & Hall.

Getter F. 1999. The role of plants in waste management. Agricultural waste management field handbook. United States Department of Agriculture.

Ghermandi A, van den Bergh J, Brander L M, et al. 2007. Exploring diversity: a meta-analysis of wetland conservation and creation//Proc. of 9th International BIOECON Conference on Economics and Institutions for Biodiversity Conservation. Cambridge, UK.

Gibson C C, Ostrom E, Anh T K. 2000. The concept of scale and the human dimensions of global change: a survey. Ecological Economics, 32: 217-239.

Gleick P H. 1996. Basic water requirements for human activities: meeting basic needs. Water International, 21: 83-92.

Goldman R L. 2009. Ecosystem services and water funds: conservation approaches that benefit people and biodiversity. Journal American Water Works Association, 101 (12): 20-22.

Goldman R L, Thompson B H, Daily G C. 2007. Institutional incentives for managing the landscape: inducing cooperation for the production of ecosystem services. Ecological Economics, 64 (2): 333-343.

Goldstein J H, Caldarone G, Duarte T K, et al. 2011. Integrating ecosystem-service tradeoffs into land-use decisions. PNAS, 109 (19): 7565-7570.

Gowdy J M. 2004. The revolution in welfare economics and its implications for environmental valuation and policy. Land Economics, 80 (2): 239-257.

Gowdy J M. 2007. Toward an experimental foundation for benefit-cost analysis. Ecological Economics, 63 (4): 649-655.

Greenleaf S A S. 2005. Local-scale and foraging-scale affect bee community abundances, species richness, and pollination services in Northern California. PhD Thesis, Ecology and Evolutionary Biology, Princeton University, Princeton.

Greenslade P. 1992. Conserving invertebrate diversity in agricultural, forestry and natural ecosystems in Australia. Agriculture, Ecosystems & Environment, 40: 297-312.

Grêt-Regamey A, Brunner S H, Altwegg J, et al. 2012. Facing uncertainty in ecosystem services-based resource management. Journal of Environmental Management.

Gruber T R. 1995. Toward principles for the design of ontologies used for knowledge sharing. International Journal of Human-Computer Studies, 43 (5-6): 907-928.

Guerry A D, Ruckelshaus M H, Arkema K K, et al. 2012. Modeling benefits from nature: using ecosystem services to inform coastal and marine spatial planning. International Journal of Biodiversity Science, Ecosystem Services & Management, 8 (1-2): 107-121.

Haase D, Nuissl H. 2007. Does urban sprawl drive changes in the water balance and policy? The case of Leipzig (Germany) 1870-2003. Landscape and Urban Planning, 80: 1-13.

Haase G, u. Mannsfeld K. 2002. Naturraumeinheiten, Landschaftsfunktionen und Leitbilder am Beispiel von Sachsen. Forschungen zur Deutschen Landeskunde, 250.

Haines-Young R. 2009. Land use and biodiversity relationships. Land Use Policy, 26: S178-S186.

Haines-Young R, Potschin M. 2010. Proposal for a Common International Classification of Ecosystem Goods and Services (CICES) for Integrated Environmental and Economic Accounting (V1). Report to the European Environment Agency. Centre for Environmental Management, University of Nottingham, Nottingham, UK.

Haines-Young R, Potschin M. 2010. The links between biodiversity, ecosystem services and human well-being//Raffaelli D, Frid C. Ecosystem Ecology: A New Synthesis. Cambridge, UK: Cambridge University Press.

Haines-Young R, Potschin M. 2013. Common International Classification of Ecosystem Services (CICES): Consultation on Version 4, August-December 2012. EEA Framework Contract No EEA/IEA/09/003.

Haines-Young R, Potschin M, Kienast F. 2012. Indicators of ecosystem service potential at European scales: Mapping marginal changes and trade-offs. Ecological Indicators, 21: 39-53.

Hardin G. 1968. The tragedy of the commons. Science, 162: 1243-1248.

Harrison P A, Vandewalle M, Sykes M T, et al. 2010. Identifying and prioritising services in European terrestrial and freshwater ecosystems. Biodiversity and Conservation, 19: 2791-2821.

Harsanyi J C. 1976. Cardinal welfare, individualistic ethics, and interpersonal comparisons of utility//Essays on Ethics, Social Behavior, and Scientific Explanation. Netherlands: Springer.

Hassan R, Scholes R, Ash N. 2005. Ecosystems and Human Well-being: Current State and Trends. Washington: Island Press.

Heal G, Daily G C, Ehrlich P R, et al. 2001. Protecting natural capital through ecosystem service districts. Stanford Environmental Law Journal, 20: 333-354.

Hector A, Bagchi R. 2007. Biodiversity and ecosystem multifunctionality. Nature, 448: 88-191.

Helliwell D R. 1969. Valuation of wildlife resources. Regional Studies, 3: 41-49.

Hinchcliffe S. 2009. South East Queensland regional plan 2009—2031. Queensland Department of Infrastructure and Planning, Brisbane, Australia.

Holdren J P, Ehrlich P R. 1974. Human population and the global environment. American Scientist, 62: 282-292.

Hou Y, Burkhard B, Müller F. 2012. Uncertainties in landscape analysis and ecosystem service assessment. Journal of Environmental Management.

Howarth R B, Wilson M A. 2006. A theoretical approach to deliberative valuation: aggregation by mutual consent. Land Economics, 82 (1): 1-16.

Hunt L M. 2008. Examining state dependence and place attachment within a recreational fishing site choice model. Journal of Leisure Research, 40 (1): 110-127.

Hunt L M, Haider W, Bottan B. 2005. Accounting for varying setting preferences among moose hunters. Leisure Sciences, 27 (4): 297-314.

Hutchinson J J, Campbell C A, Desjardins R L. 2007. Some perspectives on carbon sequestration in agriculture. Agricultural and Forest Meteorology, 142: 288-302.

ICSU, UNESCO, UNU, 2008. Ecosystem Change and Human Wellbeing. Research and Monitoring. Report, ICSU, UNESCO and UNU, Paris.

Ilbery B, Bowler I. 1998. From agricultural productivism to post productivism//Ilbery B. The Geography of Rural Change. London: Longman.

IPCC. 2000. IPCC Special Report Emissions Scenarios. Cambridge: Cambridge University Press.

IPCC. 2001a. Climate Change 2001: Impacts, Adaptation, and Vulnerability. Contribution of Working Group II to the third assessment report of the Intergovernmental Panel on Climate Change (IPCC). Cambridge: Cambridge University Press.

IPCC. 2001b. Climate Change 2001: Mitigation. Contribution of Working Group III to the Third Assessment Report of the Intergovernmental Panel on Climate Change (IPCC), Cambridge: Cambridge University Press.

IPCC. 2001c. Climate Change 2001: The Scientific Basis. Contribution of Working Group I to the third assessment report of the Intergovernmental Panel on Climate Change (IPCC). Cambridge: Cambridge University Press.

IPCC. 2007. Climate change 2007-the physical science basis: Working group I contribution to the fourth assessment report of the IPCC. Cambridge University Press.

Irwin E, Geoghegan J. 2001. Theory, data, methods: developing spatially-explicit economic models of land use change. Agriculture, Ecosystems and Environment, 85: 7-24.

Irwin F, Ranganathan J. 2007. Restoring natural capital, an action agenda to sustain ecosystem services. Report of World Resources Institute, Washington, DC.

Jacobsen J B, Hanley N. 2009. Are there income effects on global willingness to pay for biodiversity conservation? Environmental and Resource Economics, 43 (2): 137-160.

Jain A K, Duin Robert P W, Mao J C. 2000. Statistical pattern recognition: A review. IEEE.

Jenny H. 1994. Factors of soil formation. A system of quantitative pedology. New York: Dover Publications.

Jeong H, Haab T. 2004. The Economic Value of Marine Recreational Fishing: Applying Benefit Transfer to Marine Recreational Fisheries Statistics Survey (MRFSS). The Ohio State University, Columbus, OH: Department of Agricultural, Environmental and Development Economics.

Jiang Y, Swallow S K, McGonagle M P. 2005. Context-sensitive benefit transfer using stated choice models: specification and convergent validity for policy analysis. Environmental and Resource Economics, 31 (4): 477-499.

Johansen L. 1960. A Multi-sectoral Study of Economic Growth. Amsterdam: North-Holland.

Johnson G W, Bagstad K J, Snapp R R, et al. 2010. Service Path Attribution Networks (SPANs): Spatially Quantifying the Flow of Ecosystem Services from Landscapes to People. Computational Science and Its Applications—ICCSA 2010. Berlin: Springer.

Johnson K A, Polasky S, Nelson E, et al. 2012. Uncertainty in ecosystem services valuation and implications for assessing land use tradeoffs: an agricultural case study in the Minnesota River Basin. Ecological Economics, 79: 71-79.

Johnston R J, Russell M. 2011. An operational structure for clarity in ecosystem service values. Ecological Economics, 70: 243-2249.

Jordan S J, Hayes S E, Yoskowitz D, et al. 2010. Accounting for Natural Resources and Environmental Sustainability: Linking Ecosystem Services to Human Well-Being. Environmental Science & Technology, 44 (5):1530-1536.

Kadlec R H, Wallace S D. 2008. Treatment Wetlands. Second edition. Florida: CRC Press.

Kahneman D, Wakker P P, Sarin R. 1997. Back to Bentham? Explorations of experienced utility. The Quarterly Journal of Economics, 112 (2): 375-406.

Kaiser B, Roumasset J. 2002. Valuing indirect ecosystem services: the case of tropical watersheds. Environment and Development Economics, 7: 701-714.

Kalacska M, Sanchez-Azofeifa G A, Rivard B, et al. 2008. Baseline assessment for environmental services payments from satellite imagery: a case study from Costa Rica and Mexico. Journal of Environmental Management, 88: 348-359.

Kandziora, Burkhard, Müller. 2013. Interactions of ecosystem properties, ecosystem integrity and ecosystem service indicators—a theoretical matrix exercise. Ecological Indicators, 28: 54-78.

Kaoru Y, Smith V K. 1995. Can markets value air quality? A meta-analysis of hedonic property values models. Journal of Political Economy, 103: 209-227.

Kareiva P, Tallis H, Ricketts T H, et al. 2011. Natural Capital: Theory and Practice of Mapping Ecosystem Services. New York: Oxford University Press.

Kathy G, James H, Kathryn W, et al. 2010. Communication tools//Brown K, Hall W, Snook M H, et al. Sustainable Land Development and Restoration: Decision Consequence Analysis. Oxford: Butterworth-Heinemann.

Kavanagh R, Law B, Lemckert F, et al. 2005. Biodiversity in Eucalypt plantings established to reduce salinity. Rural Industries Research and Development Corporation, Barton, Australian Capital Territory, Australia.

Kenyon W, Hill G, Shannon P. 2008. Scoping the role of agriculture in sustainable flood management. Land Use Policy, 25: 351-360.

King R T. 1966. Wildlife and man. NY Conservationist, 20 (6): 8-11.

Kinzig A P, Perrings C, Chapin F S, et al. 2011. Paying for ecosystem services-promise and peril. Science, 334 (6056): 603-604.

Kiryakov A, Popov B, Ognyanoff D, et al. 2003. Semantic annotation, indexing, and retrieval. Semantic Web - Iswc 2003, 2870: 484-499.

Klein A-M, Steffan-Dewenter I, Tscharntke T. 2003a. Fruit set of highland coffee increases with the diversity of pollinating bees. Proceedings of the Royal Society of London Series B, 270: 955-961.

Klein R J T, Schipper E L F, Dessai S. 2005. Integrating mitigation and adaptation into climate and development policy: three research questions. Environmental Science & Policy, 8 (6): 579-588.

Klein A M, Steffan-Dewenter I, Tscharntke T. 2003b. Pollination of Coffea canephora in relation to local and regional agroforestry management. Journal of Applied Ecology, 40: 837-845.

Klein A M, Steffan-Dewenter I, Tscharntke T. 2003c. Bee pollination and fruit set of Coffea arabica and C. canephora (Rubiaceae). American Journal of Botany, 90: 153-157.

Koch E W, Barbier E B, Silliman B R, et al. 2009. Non-linearity in ecosystem services: temporal and spatial variability in coastal protection. Frontiers in Ecology and the Environment, 7 (1): 29-37.

Kokic P. 1993. Australian broadacre agriculture: forecasting supply at the farm level. Australian Bureau of Agricultural and Resource Economics, Canberra, Australia.

Kosoy N, Martinez-Tuna M, Muradian R, et al. 2007. Payments for environmental services in watersheds: Insights from a comparative study of three cases in Central America. Ecological Economics, (3): 446-455.

Kraufvelin P. 2007. Responses to nutrient enrichment, wave action and disturbance in rocky shore communities. Aquatic Botany, 87: 262-274.

Kremen C, Bugg R L, Nicola N, et al. 2002a. Native bees, native plants and crop pollination in California. Fremontia, 41-49.

Kremen C, Williams N M, Thorp R W. 2002b. Crop pollination from native bees at risk from agricultural intensification. Proc. Nat. Acad. Sci. USA, 99: 16812-16816.

Kremen C. 2005. Managing ecosystem services: what do we need to know about their ecology? Ecology Letters, 8 (5):468-479.

Kremen C, Ostfeld R S. 2005. A call to ecologists: measuring, analyzing, and managing ecosystem services. Frontiers in Ecology and the Environment, 3 (10): 540-548.

Kremen C, Williams N M, Bugg R L. 2004. The area requirements of an ecosystem service: crop pollination by native bee communities in California. Ecol. Lett., 7: 1109-1119.

Kreuter U P, Harris H G, Matlock M D. 2001. Change in ecosystem service values in the San Antonio area, Texas. Ecological Economics, 39: 333-346.

Krieger D J. 2001. Economic value of forest ecosystem services: a review. The Wilderness Society, Washington, D C, USA.

Kula E. 1992. Economics of natural resources and the environment. Springer.

Kumar M, Kumar P. 2008. Valuation of the ecosystem services: a psycho-cultural perspective. Ecological Economics, 64 (4): 808-819.

Laegdsgaard P. 2006. Ecology, disturbance and restoration of coastal saltmarsh in Australia: a review. Wetlands Ecology and Management, 14: 379-399.

Lamarque P, Quetier F, Lavorel S. 2011. The diversity of the ecosystem services concept and its implications for their assessment and management. Comptes Rendus Biologies, 334: 441-449.

Lambin E F, Turner B L, Geist H J, et al. 2001. The causes of land-use and land-cover change: moving beyond the myths. Global environmental change, 11 (4): 261-269.

Lamptey B L, Barron E J, Pollard D. 2005. Impacts of agriculture and urbanization on the climate of the Northeastern United States. Global and Planetary Change, 49: 203-221.

Land cover mappingof Southeast Queensland catchments area. 2007. Brisbane, Queensland, Australia: Terranean-Mapping Technologies.

Land Stewardship Project. 2004. Land stewardship project fact sheet #15: how farms can improve water quality. Agriculture's multiple benefits. Land Stewardship Project, Minneapolis, Minnesota, USA.

Landell-Mills N, Porras I T. 2002. Silver bullet or fools' gold? A global review of markets for forest environmental services and their impact on the poor. A Research Report Prepared by the International Institute for Environment and Development (IIED), London. 1-18.

Lane J E, Kruuk L E B, Charmantier A, et al. 2012. Delayed phenology and reduced fitness associated with climate change in a wild hibernator. Nature, 489 (7417): 554.

Lange G M, Jiddawi N. 2009. Economic value of marine ecosystem services in Zanzibar: implications for marine conservation and sustainable development. Ocean & Coastal Management, 52: 521-532.

Lant C L, Kraft S E, Beaulieu. 2005. Using GIS-based ecological-economic modeling to evaluate policies affecting gricultural watersheds. Ecological Economics, 55: 467-484.

Lant C L, Ruhl J B, Kraft S E. 2008. The tragedy of ecosystem services. BioScience, 58 (10): 969-974.

Larsen T H, Kremen C, Williams N. 2005. Extinction order and altered community structure rapidly disrupt ecosystem functioning. Ecology Letters, 8 (5): 538-547.

Larson J S. 1994. Rapid assessment of wetlands: history and application to management. Old World and New Elsevier, 623-636.

Lautenbach S, Volk M, Gruber B, et al. 2010. Quantifying ecosystem service trade-offs//International Environmental Modeling and Software Society (iEMSs) 2010 International Congress on Environmental Modeling and Software Modeling for Environment's Sake, Fifth Biennial Meeting, Ottawa, Canada.

Lautenbach S, Kugel C, Lausch A, et al. 2011. Analysis of historic changes in regional ecosystem service provisioning using land use data. Ecological Indicators, 11: 676-687.

Lavorel S, Grigulis K, Lamarque P, et al. 2011. Using plant functional traits to understand the landscape distribution of multiple ecosystem services. Journal of Ecology, 99: 135-147.

Lawler J J, Nelson E, Conte M, et al. 2011. Modeling the impacts of climate change on ecosystem services//Kareiva P M, Ricketts T H, Daily G C, et al. eds. The Theory and Practice of Ecosystem Service Valuation. New York: Oxford University Press.

Layke C, apendembe A, Brown C, et al. 2011. Indicators from the global and sub-global Millennium Ecosystem Assessments: an analysis and next steps. Ecological Indicators, 17: 77-87.

Leh M D K, Matlack M D, Cummings E C, et al. 2013. Quantifying and mapping multiple ecosystem services change in West Africa. Agriculture, Ecosystems & Environment, 165 (15): 6-18.

Leopold A. 1949. A Sand County Almanac and Sketches from Here and There. New York: Oxford University Press.

Leslie H M. 2011. Natural Capital Theory and Practice of Mapping Ecosystem Services. Science, 332 (6035): 1264-1265.

Lester S E, Costello C, Halpern B S, et al. 2013. Evaluating tradeoffs among ecosystem services to inform marine spatial planning. Marine Policy, 38: 80-89.

Li J, Ren Z. 2008. Changes in ecosystem service values on the Loess plateau in Northern Shaanxi Province. Agricultural Sciences in China, 7: 606-614.

Li, Jennifer Chung-I. 2002. A 1998 social accounting matrix (SAM) for Thailand: TMD Discussion Paper No. 95. Washington DC: International Food Policy Research Institute (IFPRI).

Lindhjem H, Navrud S. 2008. How reliable are meta-analyses for international benefit transfers? Ecological Economics, 66 (2): 425-435.

Lindhjem H. 2007. 20 years of stated preference valuation of non-timber benefits from Fennoscandian forests: A meta-analysis. Journal of Forest Economics, 12 (4): 251-277.

Liu J, Li S, Ouyang Z, et al. 2008. Ecological and socioeconomic effects of China's policies for ecosystem services. Proceedings of the National Academy of Sciences, 105 (28): 9477-9482.

Lloyd J, Cook S. 2002. Australia-wide assessment of river health: Northern Territory AusRivAS sampling and processing manual. Commonwealth of Australia and Department of Lands, Planning and Environment, Canberra, Australian Capital Territory, Australia.

Loomis J B, Roach B, Ward F, et al. 1995. Testing the transferability of recreation demand models across regions: a study of Corps of Engineers reservoirs. Water Resources Research, 31 (3), 721-730.

Loomis J B, White D S. 1996. Economic benefits of rare and endangered species: summary and meta-analysis. Ecological Economics, 18 (3): 197-206.

Loomis J B. 1992. The evolution of a more rigorous approach to benefit transfer: benefit function transfer. Water Resources Research, 28 (3): 701-705.

Loreau M, Mouquet N, Gonzalez A. 2003. Biodiversity as spatial insurance in heterogeneous landscapes. Proceedings of the National Academy of Sciences of the USA, 100: 12765-12770.

Lough J M. 1994. Climate variation and El Niño-Southern Oscillation events on the Great Barrier Reef: 1958 to 1987. Coral Reefs, 13: 181-185.

Lowe A J, Boshier D, Ward M, et al. 2005. Genetic resource impacts of habitat loss and degradation: reconciling empirical evidence and predicted theory for neotropical trees. Heredity, 95: 255-273.

Luck G W, Chan K M A, Fay J P. 2009. Protecting ecosystem services and biodiversity in the world's watersheds. Conservation Letters, 2: 178-188.

Ludwig D. 2000. Limitations of Economic Valuation of Ecosystems. Ecosystems, 3: 31-35.

Luers A L, Lobell D B, Sklar L S, et al. 2003. A method for quantifying vulnerability, applied to the agricultural system of the Yaqui Valley, Mexico. Global Environmental Change, 13 (4): 255-267.

MA. 2005. Ecosystems and Human Well-being: Current State and Trends. Washington, D C: Island Press.

Macmillan W, Huang H Q. 2008. An agent-based simulation model of a primitive agricultural society. Geoforum, 39 (2): 643-658.

Madin J, Bowers S, Schildhauer M, et al. 2007. An ontology for describing and synthesizing ecological observation data. Ecological Informatics, 2 (3): 279-296.

Maes J, Egoh B, Willemen L, et al. 2012. Mapping ecosystem services for policy support and decision making in the European Union Ecosystem Services, 1: 31-39.

Maes J, Paracchini M L, Zulian G, et al. 2012. Synergies and trade-offs between ecosystem service supply, biodiversity, and habitat conservation status in Europe. Biological Conservation, 155: 1-12.

Mäler K G, Aniyar S, Jansson A. 2008. Accounting for ecosystem services as a way to understand the requirements for sustainable development. Proceedings of the National Academy of Sciences of the United States of America, 105 (28): 9501-9506.

Marcot B G, Steventon J D, Sutherland G D. 2006. Guidelines for developing and updating Bayesian belief networks applied to ecological modeling and conservation. Canadian Journal of Forest Research—Revue Canadienne De Recherche Forestiere, 36 (12): 3063-3074.

Maritime Safety Queensland. 2007. Soundings and contours. Queensland Government, Brisbane, Australia.

Marsh G P. 1864 (1965). Man and Nature. New York: Charles Scribner's Sons.

Martinez-Alier J, Alier J M. 2003. The environmentalism of the poor: a study of ecological conflicts and valuation. Edward Elgar Publishing.

Martinez-Harms M J, Balvanera P. 2012. Methods for mapping ecosystem service supply: a review. International Journal of Biodiversity Science and Ecosystem Services Management, 8: 17-25.

Martín-López B, Iniesta-Arandia I, García-Llorente M, et al. 2012. Uncovering ecosystem service bundles through social preferences. PLoS One, 7 (6): e38970.

Maslow A H. 1954. Motivation and personality. New York: Harper.

Matson P A, Parton W J, Power, A G. 1997. Agricultural intensification and ecosystem properties. Science, 277: 504-509.

Maulik U, Bandyopadhyay S. 2000. Genetic algorithm-based clustering technique. Pattern Recognition, 33 (9): 1455-1465.

Maynard S, James D, Davidson A. 2010. The development of an ecosystem services framework for South East Queensland. Environmental Management, 45: 881-895.

Maynard S, James D, Davidson A. 2012. An adaptive participatory approach for developing an ecosystem services framework for South East Queensland, Australia. International Journal of Biodiversity Science, Ecosystem Services & Management, 7 (3): 182-189.

McCann R K, Marcot B G, Ellis R. 2006. Bayesian belief networks: applications in ecology and natural resource management. Canadian Journal of Forest Research-Revue Canadienne De Recherche Forestiere, 36 (12): 3053-3062.

McConnell V D, Walls M A. 2005. The value of open space: Evidence from studies of nonmarket benefits, Resources for the Future Washington, DC.

McCulloch M, Fallon S, Wyndham T, et al. 2003. Coral record of increased sediment flux to the inner Great Barrier Reef since European settlement. Nature, 421 (6924): 727-730.

McInnes K L, Walsh K J E, Hubbert G D, et al. 2003. Impact of sea-level rise and storm surges on a coastal community. Natural Hazards, 30: 187-207.

McIntyre P B, Jones L E, Flecker A S. 2007. Fish extinctions alter nutrient recycling in tropical freshwaters. Proc. Natl. Acad. Sci. USA, 104: 4461-4466.

McKenzie E, Rosenthal A, Bernhardt J, et al. 2012. Developing scenarios to assess ecosystem service tradeoffs: Guidance and case studies for InVEST users. Washington, DC: World Wildlife Fund.

McNally C G, Uchida E, Gold A J. 2011. The effect of a protected area on the tradeoffs between short-run and long-run benefits from mangrove ecosystems. PNAS, 108 (34): 13945-13950.

Meentemeyer V. 1989. Geographical perspectives of space, time, and scale. Landscape Ecology, 3: 163-173.

Metzger M J, Bunce R G H, Jongman R H G. 2005a. A climatic stratification of the environment of Europe. Global Ecol. Biogeogr, 14: 549-563.

Metzger M J, Rounsevell M D A, Acosta-Michlik L, et al. 2006. The vulnerability of ecosystem services to land use change. Agriculture. Ecosystems & Environment, 114 (1): 69-85.

Millennium Ecosystem Assessment. 2003. Ecosystems and Human Well-being: A Framework for Assessment. Report of the Conceptual Framework Working Group of the Millennium Ecosystem Assessment. Washington: Island Press.

Millennium Ecosystem Assessment. 2005. Ecosystems and Human Well-being: Our Human Planet: Summary for Decision-makers. Washington, DC: Island Press.

Millennium Ecosystem Assessment (MA). 2005. Millennium Ecosystem Assessment: Living Beyond Our Means—Natural Assets and Human Well-Being. World Resources Institute, Washington, D C.

Milly P C D, Dunne K A. 1994. Sensitivity of the global water cycle to the water-holding capacity of land. Journal of Climate, 7: 506-526.

MNP. 2006. An Overview of IMAGE 2.4. Bilthoven. // Bouwman A F, Kram T, Klein G K. Integrated Modelling of Global Environmental Change. The Netherlands: Netherlands Environmental Assessment Agency (MNP).

Moore I, Burch G. 1986. Physical basis of the length-slope factor in the universal soil loss equation. Soil Science Society of America Journal, 50: 1294-1298.

Moreton Bay Waterways and Catchments Partnership (MBWCP). 2005. Ecosystem health monitoring program EcoHplots spring 2004 and autumn 2005 (all SEQ EHMP sites). Healthy Waterways, Brisbane, Queensland,

Australia.

Morrison M L, Marcot B G, Mannan R W. 2006. Wildlife-habitat relationships: concepts and applications. Washington: Island Press.

Morrison M, Bennett J. 1998. Choice modelling, non-use values and benefit transfers. University of New South Wales, Australian Defence Force Academy.

Mortimore M, Ramakrishnan P S, Richards J F. 2001. The causes of land use and land-cover change: moving beyond the myths. Global Environ. Change: Hum. Policy Dimension, 11: 261-269.

Mougeot L J A. 2005. Agropolis: The Social, Political and Environmental Dimensions of Urban Agriculture. IDRC, Earthscan, London, 286.

Müller F. 2005. Indicating ecosystem and landscape organisation. Ecological Indicators, 5 (4): 280-294.

Müller F, Burkhard B. 2007. An ecosystem based framework to link landscape structures, functions and services //Wiggering H, Helming K, eds. Multifunctional Land Use Meeting Future Demands for Landscape Goods and Services. Heidelberg: Springe: 37-64.

Müller F, de Groot R, Willemen L. 2010. Ecosystem Services at the Landscape Scale: the Need for Integrative Approaches. Landscape online: The Official Journal of the International Association for Landscape Ecology (Chapter Germany).

Munoz-Pina C, Guevara A, Torres J M, et al. 2008. Paying for the hydrological services of Mexico´s forests: Analysis, negotiations and results. Ecological Economics, 65 (4): 725-736.

Murcia C. 1995. Edge effects in fragmented forests: implications for conservation. Trends in Ecology & Evolution, 10: 58-62.

Murphy B, Nance D. 2000. Earth science today. Brooks/Cole, California, USA.

Myers N, Mittermeier R A, Mittermeier C G, et al. 2000. Biodiversity hotspots for conservation priorities. Nature, 403 (6772): 853-858.

Nachtergaele F, van Velthuizen H, Verelst L. 2008. Harmonized World Soil Database. Food and Agriculture Organization of the United Nations.

Nahlik A M, Kentula M E, Fennessy M S, et al. 2012. Where is the consensus? A proposed foundation for moving ecosystem service concepts into practice. Ecological Economics, 77: 7-35.

Naidoo R, Adamowicz W L. 2005. Economic Benefits of biodiversity exceed costs of conservation at an African rainforest reserve. Proc. Natl. Acad. Sci. USA, 102: 16712-16716.

Naidoo R, Balmford A, Costanza R, et al. 2008. Global mapping of ecosystem services and conservation priorities. Proceedings of the National Academy of Sciences of the United States of America, 105 (28): 9495-9500.

Naidoo R, Ricketts T H. 2006. Mapping the economic costs and benefits of conservation. PLoS Biology, 4: 2153-2164.

Naidoo R, Weaver L C, Stuart-Hill G, et al. 2011. Effect of biodiversity on economic benefits from communal lands in Namibia. Journal of Applied Ecology, 48: 310-316.

Naiman R J, Décamps H. 1997. The ecology of interfaces: riparian zones. Annual Review of Ecology and Systematics, 28: 621-658.

Neal B, Erlanger P, Evans R, et al. 2007. Inland waters theme report. Department of the Environment, Water, Heritage and the Arts, Victoria, Australia.

Neilson R P, Drapek R J. 1998. Potentially complex biosphere responses to transient global warming. Global Change Biology, 4 (5): 505-521.

Nelson E, Mendoza G, Regetz J. 2009. Modeling multiple ecosystem services, biodiversity conservation, commodity production, and tradeoffs at landscape scales. Frontiers in Ecology and the Environment, 7 (1): 4-11.

Nelson E, Polasky S, Lewis D J, et al. 2008. Efficiency of incentives to jointly increase carbon sequestration and species conservation on a landscape. Proceedings of the National Academy of Sciences of the United States, 105: 9471-9476.

Nemani R R, Keeling C D, Hashimoto H, et al. 2003. Climate-driven increases in global terrestrial net primary production from 1982 to 1999. Science, 300 (5625): 1560-1563.

Nemec K T, Raudsepp-Hearne C. 2013. The use of geographic information systems to map and assess ecosystem services. Biodiversity and Conservation, 22: 1-15.

Newbold J D, Elwood J W, O'Neill R V, et al. 1981. Measuring nutrient spiralling in streams. Canadian Journal of Fisheries and Aquatic Sciences, 38: 860-863.

Nickerson D J. 1999. Trade-offs of mangrove area development in the Philippines. Ecological Economics, 28 (2): 279-298.

Niemeyer S, Spash C L. 2001. Environmental valuation analysis, public deliberation, and their pragmatic syntheses: a critical appraisal. Environment and Planning C, 19 (4): 567-586.

Nijkamp P, Vindigni G, Nunes P A L D. 2008. Economic valuation of biodiversity: a comparative study. Ecological Economics, 67 (2): 217-231.

Nordhaus W D. 2007. A Review of the "Stern Review on the Economics of Climate Change". Journal of Economic Literature, 686-702.

Notter B, Hurni H, Wiesmann U, et al. 2012. Modelling water provision as an ecosystem service in a large East African river basin. Hydrol. Earth Syst. Sci., 16: 69-86.

Nussbaum M C. 2001. Women and human development: The capabilities approach. Cambridge: Cambridge University Press.

Nyborg K. 2000. Homo economicus and homo politicus: interpretation and aggregation of environmental values. Journal of Economic Behavior & Organization, 42 (3): 305-322.

O'Farrell P J, De Lange W J, Le Maitre D C, et al. 2011. The possibilities and pitfalls presented by a pragmatic approach to ecosystem service valuation in an arid biodiversity hotspot. Journal of Arid Environments, 75: 612-623.

O'Neill R V, JohnsonA R, King A W 1989: A hierarchical framework for the analysis of scale. Landscape Ecology, 3: 193-205.

O'Neill B, Pulver S, VanDeveer S, et al. 2008. Where next with global environmental scenarios? Environmental Research Letters, 3 (4): 045012.

O'Neill J, Holland A, Light A. 2008. Environmental Values. London: Routledge.

Office of Urban Management. 2007. South East Queensland regional plan 2005-2026 implementation guideline no. 8: identifying and protecting scenic amenity values. Queensland Government, Department of Infrastructure, Queensland, Australia.

Oleson K W, Bonan G B, Levis S, et al. 2004. Effects of land use change on North American climate: impact of surface datasets and model biogeophysics. Climate Dynamics, 23 (2): 117-132.

Onaindia M, Fernández de Manuel B, Madariaga I, et al. 2013. Co-benefits and trade-offs between biodiversity, carbon storage and water flow regulation. Forest Ecology and Management, 289: 1-9.

Osborn F. 1948. Our Plundered Planet. Boston: Little, Brown and Company.

Ostrom E. 1990. Governing the Commons: The Evolution of Institutions for Collective Action. Cambridge, MA:

Cambridge University Press.

Ostrom E. 2005. Understanding Institutional Diversity. Princeton: Princeton University Press.

Ostrom E. 2007. A diagnostic approach for going beyond panaceas. Proceedings of the National Academy of Sciences, 104 (39): 15181-15187.

Ostrom E. 2009. A general framework for analyzing the sustainability of social-ecological systems. Science, 325 (5939): 419-422.

Pagiola S. 2008. Payments for environmental services in Costa Rica. Ecological economics, 65 (4): 712-724.

Pahari K, Marai S. 1999. Modeling for prediction of global deforestation based on the growth of human population. ISPRS Journal of Photogrammetry & Remote Sensing, 54: 317-324.

Parkes D, Newell G, Cheal D. 2003. Assessing the quality of native vegetation: the 'habitat hectares' approach. Ecological Management & Restoration, 4: 29-38.

Parsons G R, Kealy M J. 1994. Benefits transfer in a random utility model of recreation. Water Resources Research, 30 (8), 2477-2484.

Paulus B C, Kanowski J, Gadek P A, et al. 2006. Diversity and distribution of saprobic microfungi in leaf litter of an Australian tropical rainforest. Mycological Research, 110: 1441-1454.

Pauly D, Christensen V, Dalsgaard J, et al. 1998. Fishing down marine food webs. Science, 279 (5352): 860-863.

Perring M P, Standish R J, Hulvey K B, et al. 2012. The Ridgefield Multiple Ecosystem Services Experiment: Can restoration of former agricultural land achieve multiple outcomes? Agriculture, Ecosystems and Environment.

Petchey O L, Gaston K J. 2006. Functional diversity: back to basics and looking forward. Ecol. Lett, 9: 741-758.

Petchey O L, Hector A, Gaston K J. 2004. How do differentmeasures of functional diversity perform? Ecology, 85: 847-857.

Peterson G, Allen C R, Holling C S. 1998. Ecological resilience, biodiversity, and scale. Ecosystems, 1: 6-18.

Petrosillo I, Zaccarelli N, Zurlini G. 2010. Multi-scale vulnerability of natural capital in a panarchy of social-ecological landscapes. Ecological Complexity, 7 (3): 359-367.

Petter M, Mooney S, Maynard M, et al. 2012. A methodology to map ecosystem functions to support ecosystem services assessments. Ecology and Society, 18 (1): 31.

Phata N K, Knorra W, Kim S. 2004. Appropriate measures for conservation of terrestrial carbon stocks—Analysis of trends of forest management in Southeast Asia. Forest Ecology and Management, 191: 283-299.

Phelps J, Friess D A, Webb E L. 2012. Win-win REDD+ approaches belie carbon-biodiversity trade-offs. Biological Conservation, 154: 53-60.

Phillips J D, Slattery M C, Gares P A. 1999. Truncation and accretion of soil profiles on coastal plain croplands: implications for sediment redistribution. Geomorphology, 28: 119-140.

Phillips N. 2006. Freshwater ecosystems: functional biodiversity in streams. Water & Atmosphere, 14 (1): 22-23.

Pihl L. 1985. Food selection and consumption of mobile epibenthic fauna in shallow marine areas. Marine Ecology Progress Series, 22: 169-179.

Piper S, Martin W E. 2001. Evaluating the accuracy of the benefit transfer method: a rural water supply application in the USA. Journal of Environmental Management, 63 (3): 223-235.

Ponce-Hernandez R Koohafkan P, Antoine J. 2004. Assessing carbon stocks and modelling win-win scenarios of carbon sequestration through land-use changes. Rome, FAO.

| 参 考 文 献 |

Porter J, Costanza R, Sandhu H, et al. 2009. The value of producing food, energy, and ecosystem services within an agro-ecosystem. AMBIO: J. Hum. Environ, 38 (4): 186-193.

Potschin M, Haines-Young R H. 2011. Ecosystem services: exploring a geographical perspective. Progress in Physical Geography, 35 (5): 575-594.

Powell G, Barborak J, Rodriguez M. 2000. Assessing representativeness of protected natural areas in Costa Rica for protecting biodiversity: A preliminary gab analysis. Biological Conservation, 93: 35-41.

Power A G. 2010. Ecosystem services and agriculture: tradeoffs and synergies. Philosophical Transactions of the Royal Society B. 365: 2959-2971.

Prescott-Allen R. 2001. The Wellbeing of Nations. Washington DC: Island Press.

Preston R. 2001. Scenic amenity: measuring community appreciation of landscape aesthetics at Moggill and Glen Rock. Department of Natural Resources and Mines and Environmental Protection Agency, Brisbane, Queensland, Australia.

Pretty J. 2003. Social capital and the collective management of resources. Science, 302: 1912-1914.

Priess J A, Mimler M, Klein A M, et al. 2007. Linking deforestation scenarios to pollination services and economic returns in coffee agroforestry systems. Ecological Applications, 17 (2): 407-417.

Prosser I P, HughesA O, Rutherfurd I D. 2000. Bank erosion of an incised upland channel by subaerial processes: Tasmania, Australia. Earth Surface Processes and Landforms, 25: 1085-1101.

Queensland Fisheries Service—Marine Habitat. 2000. Metadata for fish habitat areas—Queensland. Brisbane, Queensland, Australia: Queensland Fisheries Service.

Queensland Government. 1997. Marine parks (Moreton Bay) zoning plan 1997. Queensland, Australia: Queensland Government.

Quilan J R. 1987. Simplifying decision trees internat. Journal of Man-machine Studies, 27: 221-234.

Rabus B, Eineder M, Roth A, et al. 2003. The shuttle radar topography mission- a new class of digital elevation models acquired by spaceborne radar. ISPRS Journal of Photogrammetry and Remote Sensing, 57: 241-262.

Rapport D J, Gaudet C, Karr J R, et al. 1998. Evaluating landscape health: integrating societal goals and biophysical process. Journal of Environmental Management, 53: 1-15.

Rapport D J, Singh A. 2006. An ecohealth-based framework for State of Environment Reporting. Ecological Indicators, 6: 409-428.

Raudsepp-Hearne C, Peterson G D, Bennett E M. 2010. Ecosystem service bundles for analyzing tradeoffs in diverse landscapes. Proceedings of the National Academy of Sciences of the United States, 107: 5242-5247.

Raudsepp-Hearne C, Peterson G D, Tengö M, et al. 2010. Untangling the Environmentalist's Paradox: Why Is Human Well-being Increasing as Ecosystem Services Degrade? Bioscience, 60 (8): 576-589.

Ready R, Navrud S, Day B, et al. 2004. Benefit transfer in Europe: how reliable are transfers between countries? Environmental and resource economics, 29 (1): 67-82.

Redondo-Brenes. 2006. Payment for Hydrological Environmental Services in Costa Rica: the Procuencas Case Study. Tropical Resources Bulletin, 24: 15-19.

Reichelt J L, Borowitzka M A. 1984. Antimicrobial activity from marine algae: results of a large-scale screening programme. Hydrobiologia, 116-117: 158-168.

Reid W V, Mooney H A, Cropper A, et al. 2005. Millennium Ecosystem Assessment Synthesis report. Washington, DC: Island Press.

Rekola M. 2003. Lexicographic preferences in contingent valuation: a theoretical framework with illustrations. Land Economics, 79 (2): 277-291.

Reyers B, O'Farrell P, Cowling R M, et al. 2009. Ecosystem services, land-cover change, and stakeholders: finding a sustainable foothold for a semiarid biodiversity hotspot. Ecology and Society, 14: 38.

Reynolds S G, Frame J. 2005. Grasslands: developments, opportunities, perspectives. Rome, Italy; and Plymouth, UK: Food and Agricultural Organization and Science Publishers.

Richardson J L, Epraskas M J. 2001. Wetland soils: genesis, hydrology, landscapes, and classification. Boca Raton, Florida, USA: Lewis Publishers.

Ricketts T H, Daily G C, Ehrlich P R, et al. 2004. Economic value of tropical forest to coffee production. Proceedings of the National Academy of Sciences of the United States of America, 101 (34): 12579-12582.

Ricketts T H, Regetz J, Steffan-Dewenter I, et al. 2008. Landscape effects on crop pollination services: are there general patterns? Ecology Letters, 11: 499-515.

Roberts C M, McClean C J, Veron J E N, et al. 2002. Marine biodiversity hotspots and conservation priorities for tropical reefs, 295: 1280-1284.

Roberts D, Dowling T, Walker J. 1997. FLAG: a fuzzy landscape analysis method for dryland salinity assessment. CSIRO Land and Water, Canberra, Australia.

Rodrigues A, Andelman S J, Bakarr M I, et al. 2003. Global gap analysis: towards a representative network of protected areas. Advances in Applied Biodiversity Science 5.

Rodríguez J P, Beard Jr T D, Bennett E M, et al. 2006. Trade-offs across space, time, and ecosystem services. Ecology and Society, 11 (1): 28.

Rodríguez J P, Beard T D, Agard J R B, et al. 2005. Interactions among ecosystem services. // Carpenter S R, Pingali P L, Bennett E M, et al. eds. Ecosystems and human well-being: scenarios. Island Press, Washington, DC, USA: 431-448.

Rogers K, Saintilan N, Heijnis H. 2005. Mangrove encroachment of salt marsh in Western Port Bay, Victoria: the role of sedimentation, subsidence, and sea level rise. Estuaries, 28: 551-559.

Rosenberger R S, Loomis J B. 2000. Using meta-analysis for benefit transfer: In-sample convergent validity tests of an outdoor recreation database. Water Resources Research, 36 (4): 1097-1107.

Rosenberger R S, Stanley T D. 2006. Measurement, generalization, and publication: sources of error in benefit transfers and their management. Ecological Economics, 60 (2): 372-378.

Rößler S. 2010. Freiräme in schrumpfenden Stäten. // Chancen und Grenzen der Freiraumplanung im Stadtumbau Berlin. Rhombos, 1-472.

Rozan A. 2004. Benefit transfer: a comparison of WTP for air quality between France and Germany. Environ. Environmental and Resource Economics, 29 (3): 295-306.

Ruhl J B, Kraft S E, Lant C L. 2007. The law and policy of ecosystem services. Cambridge: Cambridge University Press.

Russo R O, Candela G. 2006. Payment of Environmental Service in Costa Rica: Evaluating Impact and Possibilities. Tierra Tropical, 2 (1): 1-13.

Russo R O, Candela G. 2010. Certificate for Environmental Services. TEEB case available online at: TEEBweb.org.

Sagoff M. 1988. The economy of the earth: Philosophy, law and the environment. Cambridge: Cambridge University Press.

Sambasivam S, Theodosopoulos N. 2006. Advanced data clustering methods of mining web documents. Issues in Informing Science and Information Technology, 8 (3): 563-579.

Scarth P, Byrne M, Danaher T, et al. 2006. State of the paddock: monitoring condition and trend in groundcover across Queensland. 13th Australasian Remote Sensing and Photogrammetry Conference, Canberra, Australia, 20-24.

Schneider F I, Mann K H. 1991. Species specific relationships of invertebrates to vegetation in a seagrass bed. I. Correlational studies. Journal of Experimental Marine Biology and Ecology, 145: 101-117.

Schnitzer M, Khan S U. 1978. Soil organic matter. Amsterdam, Netherlands; New York, USA: Elsevier.

Scholes M C, Matrai P A, Andreae M O, et al. 2003. Chapter 2: Biosphere-atmosphere reactions// Brasseur G P, Prinn R G, Pszenny A A P, eds. Atmospheric chemistry in a changing world: an integration and synthesis of a decade of tropospheric chemistry research. Berlin : Springer Publishing: 19-72.

Schröter D, Acosta-Michlik L, Reidsma P, et al. 2003. Modelling the Vulnerability of Eco-Social Systems to Global Change: Human Adaptive Capacity to Changes in Ecosystem Service Provision. Paper Presented at the Fifth Open Meeting of the Human Dimensions of Global Environmental Change Research Community, Montreal, Canada. http: //sedac.ciesin.columbia.edu/openmtg.

Schroter D, Cramer W, Leemans R, et al. 2005. Ecosystem service supply and vulnerability to global change in Europe. Science, 310 (5752): 1333-1337.

Sears P B. 1956. The processes of environmental change by man//Thomas W L. Man's Role in Changing the Face of the Earth (Volume 2). Chicago: University of Chicago Press.

Selim S Z, Al-Sultan K S. 1991. A simulated annealing algorithm for the clustering. Pattern Recognition, 24 (10):1003-1008.

Sen A K. 1977. Rational fools: A critique of the behavioral foundations of economic theory. Philosophy & Public Affairs, 6 (4): 317-344.

Sen A. 1999. Commodities and capabilities. OUP Catalogue.

Sen A. 1999. Development as freedom. Oxford University Press.

Sen A. 2000. The discipline of cost-benefit analysis. The Journal of Legal Studies, 29 (S2): 931-952.

Seppelt R, Dormann C F, Eppink F V, et al. 2011. A quantitative review of ecosystem service studies: approaches, shortcomings and the road ahead. Journal of Applied Ecology, 48 (3): 630-636.

Shah H, Peck J. 2005. Well-being and the Environment: Achieving One Planet Living and Quality of Life. London, UK: New Economics Foundation.

Shelton D, Cork S S, Binning C, et al. 2001. Application of an ecosystem services inventory approach to the Goulburn Broken catchment// Sheldon F, Brierley G, et al. Proceedings of the Third Australian Stream Management Conference. Brisbane, Queensland, Australia: Cooperative Research Centre for Catchment Hydrology: 157-162.

Sherrouse B C, Clement J M, Semmens D J, et al. 2011. A GIS application for assessing, mapping, and quantifying the social values of ecosystem services. Applied Geography, 31 (2): 748-760.

Shi X. 1991. Modeling the Chinese economy: In a general equilibrium framework. Ph. D. dissertation, Stanford University.

Shrestha R K, Loomis J B. 2001. Testing a meta-analysis model for benefit transfer in international outdoor recreation. Ecological Economics, 39 (1): 67-83.

Silvestri S, Kershaw F. 2010. Framing the flow: innovative approaches tounderstand, protect and value ecosystem services across linked habitats. United Nations Environment Programme (UNEP).

Smith R, Grimshaw R, Romeo R, et al. 2007. Poverty and disadvantage among prisoners' families. York: Joseph Rowntree Foundation.

Smith V K, Kaoru Y. 1990. Signals or noise? Explaining the variation in recreation benefit estimates. American Journal of Agricultural Economics, 72 (2): 419-433.

Sodhi N S, Lee T M, Sekercioglu C H, et al. 2010. Local people value environmental services provided by forested parks. Biodiversity and Conservation, 19 (4): 1175-1188.

Soja A J, Tchebakova N M, French N H F, et al. 2007. Climate-induced boreal forest change: Predictions versus current observations. Global and Planetary Change, 56 (3-4): 274-296.

Sotherton N W. 1998. Land use changes and the decline of farmland wildlife: an appraisal of the set-aside approach. Biol. Conserv, 83: 259-268.

South East Queensland Healthy Waterways Partnership. 2007. South East Queensland Healthy Waterways Strategy 2007-2012. Brisbane, Queensland, Australia: Healthy Waterways.

South East Queensland Regional Organization of Councils. 2005. What's in a view? Report 1: Overview of the Scenic SEQ 2004 Public Preference Survey. Brisbane, Australia: Office of Urban Management.

Spash C L, Hanley N. 1995. Preferences, information and biodiversity preservation. Ecological economics, 12 (3):191-208.

Spash C L. 2008. How much is that ecosystem in the window? The one with the bio-diverse trail. Environmental Values, 17 (2): 259-284.

Spehn E M, Hector A, Joshi J, et al. 2005. Ecosystem effects of biodiversitymanipulations in European grasslands. Ecol. Monogr, 75: 37-63.

Steffen W. 2009. Interdisciplinary research for managing ecosystem services. PNAS, 106 (5): 1301-1302.

Steffen W, Tyson P, Jager J, et al. 2001. Global change and the earth system: a planet under pressure. IGBP Sci. 4: 2-32.

Stern N N H. 2007. The economics of climate change: the Stern review. Cambridge University Press.

Study of Critical Environmental Problems (SCEP). 1970. Man's Impact on the Global Environment. Cambridge: MIT Press.

Sturges W T, Bower K N, Choularton T W, et al. 2001. Atmospheric chemistry studies in the oceanic environment: achievements and scientific highlights. Swindon, United Kingdom: Natural Environment Research Council.

Su C, Fu B J, He C S, et al. 2012. Variation of ecosystem services and human activities: A case study in the Yanhe Watershed of China. Acta Oecologica, 44: 46-57.

Summers J K, Smith L M, Case J L, et al. 2012. A Review of the Elements of Human Well-Being with an Emphasis on the Contribution of Ecosystem Services. Ambio, 41 (4): 327-340.

Suppiah R, Hennessy K J. 1998. Trends in total rainfall, heavy rain events and number of dry days in Australia, 1910-1990. International Journal of Climatology, 18: 1141-1164.

Sutherland W J, ARMSTRONG-BROWNS, Armsworth P R, et al. 2006. The identification of 100 ecological questions of high policy relevance in the UK. Journal of Applied Ecology, 43: 617-627.

Swallow B M, Sang J K, Nyabenge M. 2009. Tradeoffs, synergies and traps among ecosystem services in the Lake Victoria basin of East Africa. Environmental Science & Policy, 12 (4): 504-519.

Swinton S M, Lupi F, Robertson G P, et al. 2007. Ecosystem services and agriculture: Cultivating agricultural ecosystems for diverse benefits. Ecological Economics, 64: 245-252.

Syrbe R. 2002. Biotisches Ertragspotential, Widerstandfähigkeit gegen Wassererosion, Erholungspotential (landschaftlicher Erholungswert). Haase G, U. bilderMannsfeld, K. (Hrsg): Naturraumeinheiten, Landschaftsfunktionen und Leitbilder am Beispiel von Sachsen. Forschungen zur deutschen Landeskunde, Flensburg.

Syrbe R U, Walz U. 2012. Spatial indicators for the assessment of ecosystem services: Providing, benefiting and connecting areas and landscape metrics. Ecological Indicators, 21: 80-88.

Tallis H, Kareiva P. 2005. Ecosystem services. Current biology, 15 (18): 746-748.

Tallis H, Kareiva P, Marvier M, et al. 2008. An ecosystem services framework to support both practical conservation and economic development. PNAS, 105: 9457-9464.

Tallis H, Polasky S. 2009. Mapping and Valuing Ecosystem Services as an Approach for Conservation and Natural-Resource Management. Annals of the New York Academy of Sciences, 1162 (1): 265-283.

Tallis H, Ricketts T, Guerry A D, et al. 2011. InVEST 2.4.5 User's Guide. Stanford: The Natural Capital Project.

Tallis H, Ricketts T, Guerry A D, et al. 2011. InVEST 2.0 Beta User's Guide. Stanford: The Natural Capital Project.

TEEB. 2010. The Economics of Ecosystems and Biodiversity: Mainstreaming the Economics of Nature: A Synthesis of the Approach, Conclusions and Recommendations of TEEB. Malta: Progress Press.

Temple L, Moustier P. 2004. Les fonctions et contraintes de l'agriculture périurbaine de quelquesvillesafricaines (Yaoundé, Cotonou, Dakar). Cahiers Agricultures, 13: 15-22.

Termansen M, Zandersen M, McClean C J. 2008. Spatial substitution patterns in forest recreation. Regional Science and Urban Economics, 38: 81-97.

Teschl M, Comim F. 2005. Adaptive preferences and capabilities: some preliminary conceptual explorations. Review of Social Economy, 63 (2): 229-247.

Thomas C D, Cameron A, Green R E, et al. 2004. Extinction risk from climate change. Nature, 427 (6970): 145-148.

Thompson B H Jr. 2000. Markets for Nature. Wm. & Mary Envtl. L. &Pol'y Rev., 25: 261.

Thuiller W, Araujo M B, Lavorel S. 2004. Do we need land-cover data to model species distributions in Europe? J. Biogeogr, 31 (3): 353-361.

Tilman D, Cassman K G, Matson P A, et al. 2002. Agricultural sustainability and intensive production practices. Nature, 418: 671-677.

Tockner K, Pennetzdorfer D, Reiner N, et al. 1999. Hydrologicalconnectivity, and the exchange of organic matter and nutrients in a dynamic river-floodplain system (Danube, Austria). Freshwater Biology, 41: 521-535.

Tomlinson P B. 1994. The Botany of Mangroves. Cambridge, UK: Cambridge University Press.

Troy A, Wilson M A. 2006. Mapping ecosystem services: Practical challenges and opportunities in linking GIS and value transfer. Ecological Economics, 60: 435-449.

Tschakert P. 2007. Environmental services and poverty reduction: Options for small holders in the Sahel. Agricultural Systems, 94 (1): 75-86.

Tscharntke T, KleinA M, Steffan-Dewenter I. 2005. Landscape perspectives on agricultural intensification and biodiversity-ecosystem service management. Ecology Letters, 8: 857-874.

Turner B L, Lambin E F, Reenberg A. The emergence of land change science for global environmental change and sustainability. PNAS, 104 (52): 20666-20671.

Turner II B L, Ross R H, Skole D L. 1993. Relating land use and global land cover change. IGDP report no. 24; HDP report no. 5.

Turner II B L, Skole D L, Sanderson S. 1995. Land-Use and Land-Cover Change—Science/ Research Plan. IGBP Report No. 35; HDP Report No. 7. Stockholm and Geneva.

Turner II B L, Skole D L, Sanderson S, et al. 1997. Land use and land-cover change. Earth Sci. Frontiers 4: 26-33.

Turner R K, Paavola J, Cooper P, et al. 2003. Valuing nature: lessons learned and future research directions. Ecological Economics, 46 (3): 493-510.

Turner R K, Adger W N, Brouwer R. 1998. Ecosystem services value, research needs, and policy relevance: a commentary. Ecological Economics, 25 (1): 61-65.

Turner W R, Brandon T, Brooks M. 2007. Global conservation of biodiversity and ecosystem services. BioScience, 57: 868-873.

Turpie J K, Marais C, Blignaut J N. 2008. The working for water programme: Evolution of a payments for ecosystem services mechanism that addresses both poverty and ecosystem service delivery in South Africa. Ecological Economics, 65 (4): 788-798.

UNEP. 1998. Human Development Report 1998. New York: Oxford University Press.

UNEP. 2002. GEO-3: Global Environmental Outlook Report 3. UNEP—United Nations Environment Programme.

UNEP. 2005. Millennium Ecosystem Assessment Ecosystems and Human Well-Being: Synthesis. Washington, DC, USA: Island Press.

United States Army Corps of Engineers. 1989. Environmental engineering for coastal protection. Washington DC, USA: United States Army Corps of Engineers.

United States Environmental Protection Agency, Office of Wetlands, Oceans and Watersheds. 2006. Wetlands: protecting life and property from flooding. Washington DC, USA: United States Environmental Protection Agency.

United States National Geospatial Intelligence Agency (USNGIA). 2005. Shuttle radar topography mission digital elevation model. Washington DC, USA: U. S. National Geospatial Intelligence Agency.

USDA Agricultural Research Service. 2000. Predicting soil erosion by water: a guide to conservation planning with the revised universal soil loss equation (RUSLE). Agriculture Handbook, No. 703.

Valdivia R O, Antle J M, Stoorvogel J J. 2012. Coupling the Tradeoff Analysis Model with a market equilibrium model to analyze economic and environmental outcomes of agricultural production systems. Agricultural Systems, 110: 17-29.

Van Ittersum, Leffelaar M K, van Keulen P A, et al. 2003. On approaches and applications of the Wageningen crop models. Eur. J. Agron, 18: 201-234.

Van Jaarsveld A S, Biggs R, Scholes R J, et al. 2005. Measuring conditions and trends in ecosystem services at multiple scales: the Southern African Millennium Ecosystem Assessment (SAfMA) experience. Philosophical Transactions of the Royal Society B: Biological Sciences, 360 (1454): 425-441.

Vandewalle M, Sykes M T, Harrison P A, et al. 2009. Review paper on concepts of dynamic ecosystems and their services. http://www.rubicode.net/rubicode/RU-BICODE_Review_on_Ecosystem_Services.pdf.

Vatn A. 2005. Institutions and the Environment. Cheltenham: Edward Elgar.

Vemuri A W, Costanza R. 2006. The role of human, social, built, and natural capital in explaining life satisfaction at the country level: Toward a National Well-Being Index (NWI). Ecological Economics, 58 (1): 119-133.

Verburg P H. 2004. Land use change modelling: current practice and research priorities. GeoJournal, 61 (4): 309-324.

Vermeer M, Rahmstorf S. 2009. Global sea level linked to global temperature. Proceedings of the National Academy of Sciences of the United States of America, 106 (51): 21527-21532.

Viglizzo E F, Paruelo J M, Laterra P, et al. 2012. Ecosystem service evaluation to support land- use policy. Agriculture, Ecosystems and Environment, 154 (1): 78-84.

Villa F. 2001. Integrating modelling architecture: a declarative framework for multi- paradigm, multi- scale ecological modelling. Ecological Modelling, 137 (1): 23-42.

Villa F. 2007. A semantic framework and software design to enable the transparent integration, reorganization and discovery of natural systems knowledge. Journal of Intelligent Information Systems, 29 (1): 79-96.

Villa F. 2009. Semantically driven meta- modelling: automating model construction in an environmental decision support system for the assessment of ecosystem services flows. Information Technologies in Environmental Engineering: 23-36.

Villa F, Athanasiadis I N, Johnson G W. 2007a. An ontology for the semantic modelling of natural systems. 15th Annual International Conference on Intelligent Systems for Molecular Biology (ISMB) & 6th European Conference on Computational Biology (ECCB). Vienna.

Villa F, Ceroni M, Krivov S. 2007b. Intelligent databases assist transparent and sound economic valuation of ecosystem services. Environmental Management, 39 (6): 887-899.

Villa F, Athanasiadis I N, Rizzoli A E. 2009a. Modelling with knowledge: A review of emerging semantic approaches to environmental modelling. Environmental Modelling & Software, 24 (5): 577-587.

Villa F, Ceroni M, Bagstad K, et al. 2009b. ARIES (Artificial Intelligence for Ecosystem Services): A new tool for ecosystem services assessment, planning, and valuation. 11th Annual BIOECON Conference on Economic Instruments to Enhance the Conservation and Sustainable Use of Biodiversity, Conference Proceedings. Venice, Italy.

Vina A, Chen X D, Yang W, et al. 2013. Improving the efficiency of conservation policies with the use of surrogates derived from remotely sensed and ancillary data. Ecological Indicators, 26: 103-111.

Vitousek P M, Mooney H A, Lubchenco J, et al. 1997. Human Domination of Earth's Ecosystems. Science, 277 (5325):494-499.

Vogt W. 1948. Road to Survival. New York: William Sloan.

Volkman J K. 1999. Australasian research on marine natural products: chemistry, bioactivity and ecology. Marine and Freshwater Research, 50: 761-779.

von Randow C, Manzi A O, Kruijt B, et al. 2004. Comparative measurements and seasonal variations in energy and carbon exchange over forest and pasture in South West Amazonia. Theoretical and Applied Climatology, 78 (1-3): 5-26.

Waage S, Armstrong K, Hwang L, et al. 2011. New business decision- making aids in an era of complexity, scrutiny, and uncertainty: tools for identifying, assessing and valuing ecosystem services. BSR's ecosystem services, tools and markets working group.

Wallace K J. 2007. Classification of ecosystem services: Problems and solutions. Biological Conservation, 139: 235-246.

Warburton K, Blaber S J M. 1992. Patterns of recruitment and resource use in a shallow- water fish assemblage in Moreton Bay. Queensland. Marine Ecology Progress Series, 90: 113-126.

Watson R T, Noble I R, Bolin B, et al. 2000. Land Use, Land use Change and Forestry. A Special Report of the Intergovernmental Panel on Climate Change (IPCC). Cambridge: Cambridge University Press.

WBM Oceanics. 2004. SEQ streams and catchments. WBM Oceanics, Brisbane, Australia.

WBM Oceanics. 2005. Sub catchment mean loads (SEQ EMSS modelling program). WBM Oceanics, Brisbane, Australia.

Wegner G, Pascual U. 2011. Cost-benefit analysis in the context of ecosystem services for human well-being: A multidisciplinary critique Global Environmental Change, 21 (2): 492-504.

Weitzman M L. 2007. A review of the Stern Review on the economics of climate change. Journal of Economic Literature, 45 (3): 703-724.

Wende W, Huelsmann W, Marty M, et al. 2010. Climate protection and compact urban structures in spatial planning and local construction plans in Germany. Land Use Policy, 27 (3): 864-868.

West P C, Narisma G T, Barford C C, et al. 2011. An alternative approach for quantifying climate regulation by ecosystems. Frontiers in Ecology and the Environment, 9 (2): 126-133.

Wheater H, Evans E. 2009. Land use, water management and future flood risk. Land Use Policy, 26: S251-S264.

White C, Halpern B S, Kappel C V. 2012. Ecosystem service tradeoff analysis reveals the value of marine spatial planning for multiple ocean uses. Proceedings of the National Academy of Sciences of the United States, 109: 4696-4701.

Whiting G J, Chanton J P. 2001. Greenhouse carbon balance of wetlands: methane emission versus carbon sequestration. Tellus B, 53: 521-528.

Wiggering H, Dalchow C, Glemnitz M, et al. 2006. Indicators for multifunctional land use-linking socio-economic requirements with landscape potentials. Ecol. Indicators, 6: 238-249.

Willemen L, Hein L, van Mensvoort M E F, et al. 2010. Space for people, plants, and livestock? Quantifying interactions among multiple landscape functions in a Dutch rural region. Ecological Indicators, 10 (1): 62-73.

Willemen L, Veldkamp A, Verburg P H, et al. 2012. A multi-scale modeling approach for analyzing landscape service dynamics. Journal of Environmental Management, 100: 86-95.

Willemen L, Verburg P H, Hein L, et al. 2008. Spatial characterization of landscape functions. Landscape Urban Plann, 88: 34-43.

Williams J, Read C, Norton T, et al. 2001. Biodiversity. Department of the Environment and Heritage, Canberra, Australia.

Wilson M A, Carpenter S R. 1999. Economic valuation of freshwater ecosystem services in the United States: 1971-1997. Ecological Applications, 9 (3): 772-783.

Wilson M A, Hoehn J P. 2006. Valuing environmental goods and services using benefit transfer: The state-of-the art and science. Ecological Economics, 60 (2): 335-342.

Winfree R, Gross B J, Kremen C. 2011. Valuing pollination services to agriculture. Ecological Economics, 71: 80-88.

Wischmeier W H, Smith D. 1978. Predicting rainfall erosion losses: a guide to conservation planning. USDA-ARS Agriculture Handbook, Washington DC.

Witte C, van den Berg D, Rowland T, et al. 2006. Mapping land use in Queensland-technical report on the 1999 land use map for Queensland. Brisbane, Queensland, Australia: Department of Natural Resources, Mines and Water.

Wood S, Ehui S, Alder J, et al. 2005. Food//MA. Ecosystems and Human Well-being, vol.1: Current State and Trends. Washington, DC: Island Press.

Woodward R T, Wui Y S. 2001. The economic value of wetland services: a meta-analysis. Ecological economics, 37 (2): 257-270.

Worm B, Barbier E B, Beaumont N, et al. 2006. Impacts of biodiversity loss on ocean ecosystem services. Science, 314 (787): 787-790.

| 参 考 文 献 |

Wu J, Boggess W G. 1999. The optional allocation of conservation funds. Journal of Environmental Economics and Management, 38: 302.

Wu J, Feng Z, Gao Y, et al. 2013. Hotspot and relationship identification in multiple landscape services: A case study on an area with intensive human activities. Ecological Indicators, 29: 529-537.

Wunder S. 2005. Payments for environmental services: some nuts and bolts. CIFOR Occasional Paper (42). Bogor: Center for International Forestry Research.

Wundera S, Albánb M. 2008. Decentralized payments for environmental services: The cases of Pimampiro and Profafor in Ecuador. Ecological Economics, 65 (4): 685-698.

Wünschera T, Engelb S, Wunderc S. 2008. Spatial targeting of payments for environmental services: A tool for boosting conservation benefits. Ecological Economics, 65: 822-833.

Yadav V, Malanson G. 2008. Spatially explicit historical land use land cover and soil organic carbon transformations in Southern Illinois. Agriculture, Ecosystems and Environment, 123: 280-292.

Yang D W, Kanae S, Oki T. 2003. Global potential soil erosion with reference to land use and climate changes. Hydrological Processes, 17 (14): 2913-2928.

Young A. 1989. Agroforestry for soil conservation. C. A. B. International, Wallingford, UK.

Young P, Dillewaard H. 1999. Southeast Queensland. The conservation status of Queensland's bioregional ecosystems. Brisbane, Queensland: Environmental Protection Agency.

Yu Guirui, Li Xuanran, Wang Qiufeng, et al. 2010. Carbon Storage and Its Spatial Pattern of Terrestrial Ecosystemin China. Journal of Resources and Ecology, 1 (2): 97-109.

Zasada I. 2011. Multifunctional peri-urban agriculture-a review of societal demands and the provision of goods and services by farming. Land Use Policy, 28: 639-648.

Zavaleta E S, Hulvey K B. 2004. Realistic species losses disproportionately reduce grassland resistance to biological invaders. Science, 306: 1175-1177.

Zhang L, Dawes W R, Walker G R. 2001. Response of mean annual evapotranspiration to vegetation changes at catchment scale. Water Resources Research, 37: 701-708.

Zhang Y, Holzapfel C, Yuan X. 2013. Scale-dependent Ecosystem Service//Steve Wratten, Harpinder Sandhu, Ross Cullen, et al. Ecosystem Services in Agricultural and Urban Landscapes. NewYork: John Wiley & Sons.

Zimmermann C, Dean R, Penchev V, et al. 2005. Environmentally friendly coastal protection. Dordrecht: Springer.

Zurlini G, Jones K B, Li L, et al. 2010. Potentials of ecosystem service accounting at multiple scales// Cleveland C J. Encyclopedia of Earth. Washington, DC: Environmental Information Coalition, National Council for Science and the Environment.

有关生态系统服务研究的几个问题*

我们 2012 年获得批准的重点基金课题是研究生态系统服务和社会福祉关系的,课题列在国家自然科学基金委员会地球科学部的"陆地表层系统变化过程与机理"这样一个研究方向。陆地表层需要做很多过程研究,列这个题目主要是为了从生态系统服务角度,用地理学综合视角来看待整个地球表层里面的自然过程与人文过程之间,尤其是社会经济过程之间的联系,所以把题目定为生态系统服务与社会福祉的耦合机制研究。

谈到生态系统服务研究的历史背景,比较早的是西方特别是美国从20世纪六七十年代环境运动后期关于环境问题的思考开始的。从早期流域水资源多用户分配以及其他环境经济问题的视角出发,开始重视自然环境的功能。刚才我说过,比较早的如 Pearce 和 Daily 等。Costanza 等(1997)在 Nature 发了文章,把全球生态系统服务分成17类,评估了每类服务功能价值,有几类生态系统没有评估(农田或城镇似乎没有)。这篇文章在1997年发表后,引领国内外对生态系统服务价值的评估研究热潮,持续10年左右。这一过程主要工作是试图通过币值化方法来衡量生态系统功能,就是把生态系统功能币值化。这方面工作经济学家是反对的,赞同的是生态学家、地理学家和环境科学家等。经济学家非常反对评估没有价格在市场体现的那部分价值功能,不赞成用很多替代的方法来评估。评估有许多不确定性、主观性。大家可以看看早期(2000~2005)的英文杂志 *Ecological Economics*(《生态经济学》),争论很多。但无论怎样,关于生态系统服务价值评估的热潮在我国持续了7~8年,从2000年开始,到2006年、2007年,热潮慢慢退去。从测定国家主要生态系统的价值到一个区域、一个市、一个县或一个自然区,这些工作慢慢少了。

除了币值化的工作以外,还有人从生态足迹、能值角度来测定生态系统服务功能,但都不够成功。为什么这种生态系统服务价值评估工作会慢慢冷下去?原因在于评估时很多的不确定性。首先,生态系统服务类型划分上,到现在为止没有一个统一的方案,Costanza 等分17类,千年生态系统评估分4大类等。有一次,我们开例会,我展示了各种各样的生态系统服务分类方案,生态学家认识不一致。这里有很多问题,生态系统服务到底有多少类,服务之间有没有共线性或冗余,生态系统功能划分上有很大不确定性,如何划分它或者说现在科学知识储备没有达到制定完善的生态系统服务分类体系的程度。另外,评估方法有很大的不确定性和主观性。有市场价格这部分核算没有问题,如木材,它的价值可以通过市场价格来衡定。除了有市场价值的以外,有些功能难以算得清楚,如很多的支撑功能、很多的调节功能——各种各样的功能,如何去测算?刚刚提到的影子工程、意愿付费、旅行费用等,还算靠谱的方法。到了文化价值认定,就有更大不确定性。所以,评估出的结果一方面有很大的误差,另一方面评估出来的价值结果对制定比较切实

---

* 根据2012年1月7日李双成在北京市蟹岛会议中心会议上的讲话录音整理

有效的生态系统管理政策没有多大用处。应该说，生态系统服务研究直接的应用出口，就是生态补偿。但事实上，通过生态价值评估出来的结果无法应用到生态补偿上去。比如，评出某一区域如青藏高原几万亿元生态价值，东部地区能不能享受到这么大的生态系统服务？国家拿出几万亿元去补偿，这是不可能的事情，所以只是在科学研究层面分析，很难应用到实际中去。所以，由于生态系统服务类型的认定以及评估方法的不确定性，从价值评估体系来研究生态系统服务工作2007年后越来越少。

值得注意的是，最近几年，关于生态系统服务的研究有一些新的热点出现，我们在基金申请书中提到了，我们发表在《地理学报》的文章可以归纳成几个方面：一是生态系统服务机制的研究。二是生态系统服务空间流动和空间制图。这是地理学家最擅长的，包括空间异质性、区域性和区域分异等。三是生态系统服务权衡。这在国际上很受重视。四是不同尺度下生态系统服务与人类福祉关系的研究。这四个方面在国际上是热点，当然还可总结出好多方面。

第一方面，有关生态系统服务的形成机制。在生态系统服务形成机制方面，大家应明确几个概念：生态系统、生态系统结构与功能、生态系统服务。生态系统的概念早期是英国学者Tansley在1935年提出来的，他在写《英伦三岛的植被》时提出了这个概念，后来这个概念泛化得很厉害。早期是"系统"概念的泛化，现在是"生态"和"生态系统"概念的泛化，泛化到各行各业各个领域任何人都可用这个词汇。没有什么样的自然存在物不能称为系统的？没有了，都可以称为系统，已经是非常泛化的词汇了。

什么叫生态？生态早期讲生物体和环境自然关系，现在也泛化了，台湾讲选举生态。生态系统已经从原来传统的描述生物体与它周围环境条件的整体关系扩展到任何方面，简单说就是主客体一体就是生态系统。生态系定义有几层含义：一是构成的核心体，生命体；二是周边的无机环境构成生境；三是生命体和环境的相互关系。所以我们归纳起来，生态学叫关系性学科。关系性学科的研究范式用二元论来看，是研究一个中心物体与周边环境关系的学科。传统的生态学是关系性学科范式，现在来看生态学在空间方面拓展也很厉害，不亚于地理学。地理学是区域学科范式或空间学科范式。传统上研究某个地理事物或现象在地球表层的分布，现在也在拓展和融合。

生态系统有关系存在，有生命体存在，有生境存在，这样的话有生命必定有空间结构，有结构就有功能。生态系统存在某一个地方后，它可以放出氧气，吸收二氧化碳，形成土壤等很多功能。生态系统有组成成分，有结构，必然产生并发挥功能，但这种功能如果没有人类社会的存在，它是谈不上服务的，或者没有对象利用这一功能是谈不上服务的。当然可以用生态中心主义的观点，说某一动物利用这一功能是不是也叫服务？这样太泛化。按照现在传统学科来讲，人类社会的存在是生态系统服务形成的必备条件或吸引力。所以，现在做生态系统服务研究，最关键的是研究如何从生态系统功能到生态系统服务。就像经济学领域研究，有这样一个产品，你要利用它，它可以提供服务，但消费方如何来使用服务，这种机制研究是热点。机制研究可以分成不同层面，就像经济学里讲的微观的经济单位，就像一个个体，一个人，他到底需要什么样的生态系统功能。一个微观单位需要什么样的生态系统功能，一个社区、一个县、一个国家需要的是不一样的。比如，生活在一个非常贫穷地方的人，还未脱离贫困线，他最关心的那一部分生态系统服务就是供给服务。吃都吃不饱,哪还会关注什么生态系统的美学功能。或许关注,关注权重程度远远不如生活富裕的人。从各个角度看,他的需要是不一样的,就像心理学家马斯洛理论一样,需求是有层次的。同样,一个个体、一个人对生态系统服务功能的需求是不一样的。这个机制,从个体来讲,生态系统功能和服务是第一个层次。第二个层次是微观的经济单位,如小的企业、社区,从这个角度看,它本身有一定的生产功能。在生产功能中,对生态系统功能如原材料、社区环境美化等各个方面的需求是不一样的。再上升到更高层次,国家层面,国际上可能更关注大的、跨国界的生态系统服务。一句话,不同的尺度对生态系统功能的需求不同。就生态系统服务的供给来说,有些生态系统的功能仅在很小的尺度上体现。以土壤为例,地球表层有各种各样的土壤,植物生长对土壤的影响仅限于它所在的地区。北京郊区这个生态系统对土壤形成的功能不可能直接影响到天津,间接有可能,更不可能影响到更大的尺度。调节径流的功能也就是在流域尺度上展开,但对大气调节功能,可能跨的尺度更大。所以,生态系统服务无论是供给还是需求,都有尺度效应,我们对生态系统服务形成机制的研究要在不同尺度上开展。看看究竟自然生态系统的哪些功能被人类社会,包括个体、群体、区域、国家、国际选择性吸收了、利用了,这就是它的形成机制。这实际上就是我说的几个热点,大家都在探讨,没有一个太好的研究成果出来,这是挑战也是机遇。如果大家都做得成熟了,事实上,也没太多意义了。另外,在形成机制方面,我想尽管经济学家反对搞生态系统服务价值评估,但我们可以用经济学理论乃至一些社会学理论、心理学理论来研究这些形成机制。

第二方面,生态系统服务空间流动和空间制图。无论是在理论储备方面还是技术掌握方面,这都是我们地理学的传统优势。用制图的方式表达空间存在物在地球表层的空间格局和区域差异,加上现在又有 GIS 手段,空间表达更为方便,这是我们未来所要研究的。另外一个方向,生态系统的空间流动,国外研究在 2003 年、2004 年已经提出了这个问题。当时我译为域内(on-site)和域外(off-site),后来译为场内和场外。这就说明某些生态系统服务功能形成后,有的在当地产生作用,有的影响要跨到区域之外。这特别类似于经济学里面的溢出功能,如经济溢出、创新溢出和区域溢出等。现在大家认识到,三江源是中国三大河流的发源地,青藏高原是中国的生态屏障,无论是防洪、调节径流还是大的区域气候调节,其功能都影响到东部地区,很多是要传递到东部地区的,传递的媒介可以是水、空气,也可以是人或交通线等。所以,生态系统服务在空间上是流动的。从消费角度也是如此。东部的人可通过旅行到青藏高原欣赏美景。虽然那里大气稀薄,氧气少,但青藏高原确实有一种美,让人有一种难以割舍的情怀,这也是外国人为什么对青藏高原特别感兴趣,朝拜圣地一样到拉萨去看看。某个地区的人通过旅行方式去另一个地区欣赏也是空间上的流动,只是服务没有流动,而享受消费者的流动。度量生态系统服务的空间差异及通过制图方式表达出来,是我们的强项,要做好。刚才金龙讲过用 InVEST 软件来做,它本来就是一个 GIS 插件,做出来就是一个空间结构。最关键的还是做出空间差异后,来识别"源"、"汇"。"源"、"汇"其实很好识别,如何用定量方法测量它,这个最难。原来在例会上给大家放过 PPT,有人用网络方法来做,那套计算方式到现在还没弄明白,通过网络形式肯定没问题。另外借助 GIS 中的水文模块,从流域角度来讲,水功能是很好的空间流动的例子。借助那套东西要做"源"、"汇"的识别。"源"就是算哪种功能在哪个区域提供最多。"源"是没有问题的。一方面,"汇"是自然生态系统消耗,没有人使用它,也消耗掉,比如它的传输也是有距离的。另一方面,"汇"是人类利用的汇,这也是最重要的,也最切合我们的主题,看看与人类社会有什么关系?度量时更多借助社会经济的方法,看看哪些地区的人口最多。刚才金龙提了那么多指数,比如人均 GDP 多少。生产 GDP 是要消耗资源和环境的,肯定要消费生态系统服务,这是没有问题的。所以要更多考虑从社会经济指标来看"汇"在哪儿,"源"在哪儿,这也正是生态系统服务供给的研究,完全可以借用经济学中的消费和供给。消费剩余多少,用边际曲线来描述它。

第三方面,是关于生态系统服务的权衡。一种服务有多种生态系统功能,一种生态系统可能提供多种生态系统服务。这里如何测度它?国外把多种生态系统服务称为生态系统服务簇(ecosystem service bundle),有人用主成分分析来确定主要的服务类型,我们也可以用神经网络聚类的方式来研究,具体怎么做,还要思考。人类对于多种生态系统服务的利用,他的偏好是不一样的。这里面就有权衡(trade-offs)的问题。对于 trade-offs,很不好翻译,中文的意思总感觉不到位。人类利用生态系统服务权衡的例子很多。比如,看重生态系统的供给功能,其他支撑和调节功能就会被弱化或者漠视。在农业生态系统中,人们拼命地提高粮食产量,就会铲除杂草,使得生物多样性功能降低很多。当然也有兼顾的例子。比如,在郊区农业生态系统中,通过观光、休闲、旅游等方式,能兼顾到它的文化价值等。不管怎么说,对于生态系统服务的权衡研究,我们要重视起来,可以和 LUCC 研究相结合,和土地利用政策相结合。

第四方面,是生态系统服务与人类福祉关系。还想起一个问题,就是生态系统服务消费市场的建构和推动,就是生态付费问题,当然这个看起来离我们现在学科背景稍有些远。如何建构生态系统服务消费市场?这方面看搞经济的,搞政策的,搞社会学研究的如何来做?这不是我们基金重点,我们基金重点研究生态系统服务和人类福祉的关系。这从几个层面来讲,最小的尺度研究农户,而不研究个体,个体需要考虑的因素其实很多。对于农户的生产行为和生态系统服务关系,当时在基金答辩时,我画出类似库兹涅茨的曲线图,现在看来大致没有问题,但需要通过案例实证它。所谓贫困生计、小康生计、富裕生计都与生态系统服务、选择性利用和消费差异联系在一起。这里做工作,王阳提出的智能体模型是很好的方式。另外,从整个区域角度出发,希望通过 CGE 来做,现在还看不出,CGE 能做出什么结果。虽能模拟这种关系,但想象不出能做出什么结果。我们还要抓紧。现在看来,大致运行调试没有问题,最难的是到底生态系统服务如何影响到社会经济系统,它的机制是什么?实际上就是生态系统服务机制在区域层面上的表现。没有弄清楚机制,所以使用 CGE,前提是把握机制。早先设想的是,把不同比例的生态系统价值加入模型,把比例加进去,是个情景问题,这是个假设。现在需要把实实在在的生态系统服务和能够较为可靠的量化的生态系统功能到底影响到哪些部门,要像列清单一样一一对应起来。比如说供给功能,粮食生产与农业部门对应起来没有问题,木材、林果产品与林业部门,有的功能是可以的,比如生态旅游也可以放进去。现在有这样的产业划分,如第三产业。但有的功能一方面度量较虚,另外它影响部门太多,到底哪一个是生态系统服务进入途径,路径是什么?影响范围有多大?这个需要认真讨论、考虑。有了这个机制的大致判断之后,CGE 模型建起来,才有说服力,否则和玩数字游戏一样,像早期的,实在没办法，也只能玩数字游戏。但这个机制搞清楚是比较重要的。所以，对于生态系统服务与人类福祉关系我们打算从两个尺度——一个是农户尺度，另一个是区域尺度来突破。如果在两个中做出任何一个，这个基金就有贡献，就有创新。最后是生态系统服务的政策制定和应用，主要是生态补偿问题。对于这个以后再去做。

我们谈谈地理学综合问题。地理学综合是我看重的领域，原来为什么做区划？我们一直认为，区划是地理学综合很好的表达方式。但事实上，光做区划，也不够。现在发展到通过数值模拟的方式来做地理学综合研究。我是黄秉维先生的学生，黄先生一辈子做地理学综合，当然还有需要改进的地方。但在他那个时代，就那时的科学技术发展水平和认知程度而言，做出那种工作，已是顶级水平。特别是他的综合自然区划方案，到现在为止依然是最经典的方案。他非常关注这个问题，对地理学很重要。但到我们做地理学综合时，仅仅做区划就不够了。所以，这两年，我们一直在思考这个问题，到底如何做地理学综合？现在正在做的一个面上基金是想通过用热力学方法做地理学综合。当时提出两个概念：一是同质综合，二是异质综合。所谓异质综合，就是现在以综合方式研究一个区域的自然或社会经济系统，找一些指标，赋些权重，得到一个评价结果。我们认为这个容易做，实际还是把自然-社会经济系统简单地累加起来，并且这种评价有很大的主观性。在指标选择、赋权、评价方法上任何评价都有主观性，很难脱离开研究者的因素。评价的门槛很低，质疑的人会很多。另外一种综合的方式就是用生态热力学包括㶲值和能值等方法，把自然-社会-经济复合系统所有的要素换算为统一的量纲。当然量纲换算过程中也有很大的不确定性，靠转换率来完成。但是毕竟最后累加的量纲是一致的，都是太阳能值或㶲值。所以通过这种方式，不论是核算一个区域的社会经济系统，还是核算一个城市或一个农场，大家都在做方方面面的工作。到面上基金结题时，我们要很好总结，通过生态热力学途径到底对地理学综合工作有什么贡献。稍微提高一个层次，稍微理论化，而不是一个个案例。再有就是这次重点基金课题的实施，通过生态系统服务如何影响社会经济系统，如何把二者结合在一起，这也是地理学综合的途径之一。

回到开始讲的，有人说生态价值评估不靠谱。不靠谱，是因为它把所有要素、功能都搞成一个币值。但从另一方面讲，货币单位量纲是统一的，可以累加，也可以定义指数、评价，这是很好的综合途径。现在有了CGE模型、系统动力学模型，包括其他模型方式，更可以把生态系统服务纳入社会经济系统。从影响方式讲，生态系统服务对社会经济的作用方式有几种：一种是冲击。作为外生变量，生态系统功能对社会经济系统有一种冲击作用。把它作为脉冲式，对于冲击一词，我是反对的。实际上，不一定是脉冲式作用，不一定是突然或短时的作用，也许是持久的、较稳定的持续作用，即外生变量对社会经济系统的影响。反过来，它有个反馈——社会经济系统对于生态系统服务的影响。黄姣讲的博士研究计划是生产方式影响土地利用和土地覆被，它反向也有作用。通过币值过程，把生态系统服务外生变量加入社会经济系统。当然还有其他方式。总之，应探讨一种或多种生态系统功能对社会经济系统的作用。

另一个大家考虑较多的问题是生态系统服务的正面功能。但事实上，对社会经济系统有没有负面作用？有。对负面的东西，大家在研究中也应注意，就像现在讲气候变化一样。现在大家已形成惯性思维，气候变化就是增加2℃、5℃，最高5.6℃，但事实上气候变暖不一定是坏事。中国历史时期的革命绝大部分处于寒冷期。气候变暖后，种植业范围和种植制度会有变化，水资源可能受影响。现在生态系统服务更多考虑的是正面。我们的研究也是先做正面，然后再看到底对人类社会发展有没有直接限制，现在考虑的是生态系统服务的稀缺。资源、功能和服务稀缺必然是限制。常举的例子，比如清洁的水、清洁的空气到了稀缺阶段就是一个制约。青藏高原尽管空气非常干净，$PM_{2.5}$很少，PM_{10}也很少，但是氧气太少了。干净的水在中国更是这样，地球表层河流、湖泊没有直接能饮用的水，到时我们还需买矿泉水来满足人们日常生活需求，这种稀缺肯定会对社会经济系统乃至人的身体健康造成危害，当然这是从经济角度来看。另外，从生态系统功能角度出发，有没有负面的问题，我们需要考虑。